普通高等教育国家级重点教材

中国艺术教育大系

美 术 卷

# 中国美术史

（修订本）

洪再新 著

中国美术学院出版社

责任编辑　章腊梅
封面设计　毛德宝
装帧设计　徐小祥
责任校对　杨轩飞
责任印制　娄贤杰

**图书在版编目（ＣＩＰ）数据**

中国美术史 ／ 洪再新著. -- 2 版. -- 杭州 ： 中国
美术学院出版社，2013.7（2024.8重印）
（中国艺术教育大系）
ISBN 978-7-81019-812-7

Ⅰ．①中… Ⅱ．①洪… Ⅲ．①美术史－中国－高等学
校－教材 Ⅳ．①J120.9

中国版本图书馆 CIP 数据核字(2021)第 151732 号

# 中国美术史（修订本）

洪再新　著

出 品 人：祝平凡
出版发行：中国美术学院出版社
地　　址：中国·杭州市南山路218号 ／ 邮政编码：310002
http://www.caapress.com
经　　销：全国新华书店
制　　版：杭州海洋电脑制版印刷有限公司
印　　刷：浙江省邮电印刷股份有限公司
版　　次：2013年7月第2版
印　　次：2024年8月第22次印刷
印　　张：31.75
开　　本：787mm×1092mm　1/16
字　　数：382千
图　　数：500幅
印　　数：104001－109000
书　　号：ISBN 978-7-81019-812-7
定　　价：62.00元

# 《中国艺术教育大系》总序

　　由学校系统施教而有别于传统师徒相授的新型艺术教育，在我国肇始于晚清的新式学堂。而进入民国后于1918年设立的国立北京美术学校，则可被视为中国专业艺术教育发轫的标志。时至1928年于杭州设立国立艺术院，1927年于上海设立国立音乐院，中国的专业艺术教育始具雏形。但在20世纪的上半叶，中国的专业艺术教育发展一直处在艰难跋涉之中。以蔡元培、萧友梅、林风眠、欧阳予倩、萧长华、戴爱莲等为代表的一批先贤仁人，为开创音乐、美术、戏剧、戏曲、舞蹈等领域的专业教育，筚路蓝缕、胼手胝足、呕心沥血、鞠躬尽瘁。

　　中华人民共和国成立后，对专业艺术教育的发展给予了高度的重视。1949年第一届中央人民政府成立伊始，即着手建立我国高等专业艺术教育体系，将以往音乐、美术、戏剧专业教育中的大学专科，提高到了大学本科层次。当时列为中专的戏曲、舞蹈专业教育，也于20世纪80年代前后逐一升格为大专或本科，并且自20世纪70年代末起，在高等艺术院校中陆续开始了硕士、博士研究生的培养。迄今为止，我国已形成了以大学本科为基础，前伸附中或中专，后延至研究生学历的完整的专业艺术教育体系，拥有30所高等艺术院校，123所中等艺术学校的可观的办学规模。

　　近一个世纪以来，在我国专业艺术教育体系的创立和发展的过程中，建立与之相适应的、中西结合的、系统科学的规范性专业艺术教材体系，一直是几代艺术教育家孜孜以求的奋斗目标。如果说20世纪上半叶我国艺术教育家们为此已进行了辛勤探索，有了极为丰厚的积累，只是尚欠系统的话，那么在20世纪50年代全国编制各艺术专业课程教学方案和教学大纲的基础上，于1962年全国文科教材会议之后，国家已有条件部署各项艺术专业教材的编写和出版工作，并开始付诸实施。可惜由于接踵而来十年"文化大革命"动乱，这项工作被迫中断。

新时期专业艺术教育的迅猛发展对教材建设提出了新的要求。高等艺术教育教学改革的深化、教育部提出的面向21世纪课程体系和教学内容改革计划的实施，以及新一轮本科专业目录的修订、教学方案的制订颁发，都为高等艺术院校本科教材的系统建设提供了契机和必要的条件。恰逢此时，部属中国美术学院出版社于1994年酝酿、发起了"中国艺术教育大系"的教材编写、出版工作。这提议引起了文化部教育司的高度重视。1995年文化部教育司在听取各方面意见后，决定把涵盖各艺术门类的"中国艺术教育大系"的编写与出版列为部专业艺术教材建设的重点，并于1996年率先召开美术卷论证会，成立该分卷编委会，1997年又正式成立了"中国艺术教育大系"的总编委会，以及音乐、美术、戏剧、戏曲、舞蹈各卷的分编委会。为了保证出版工作的顺利进行，同时组建了出版工作小组。

在世纪之交编写、出版的"中国艺术教育大系"，是依据文化部1995年颁发的《全国高等艺术院校本科专业教学方案》，以专业艺术本科教育为主，兼顾普通艺术教育的系统教材。在内容上，"中国艺术教育大系"既是20世纪中国专业艺术教育优秀成果的总体展示，又充分考虑到了培养21世纪合格艺术人才在教育内容上不断拓展的需要。因此，"大系"于整体结构上，一方面确定了5卷共计77种98册基本教材于2000年出版齐全的计划；另一方面，为使这套教材具有前瞻性和开放性，对于在21世纪专业艺术教育发展过程中，随教学课程体系改革、专业学科更新而形成的较为成熟的新的教学成果，也将陆续纳入"大系"范围予以编写出版。

在教材中如何对待西方现代派艺术，是一个无法回避的问题。邓小平同志在1983年说过："我们要向资本主义发达国家学习先进的科学、技术、经营管理方法以及其他一切对我们有益的知识和文化，闭关自守、固步自封是愚蠢的。但是，属于文化领域的东西，一定要用马克思主义对它们的思想内容和表现方法进行分析、鉴别和批判。"（《邓小平文选》第三卷第44页）对此我认为对西方现代派艺术也需要加以具体分析。一方面应该看到，从19世纪末以来在西方兴起的种种现代派艺术思潮，是西方资本主义文化的产物，我们必须以马克思主义观点对它们的思想内核及美学观一一进行分析、鉴别和批判扬弃，绝对不能盲目推崇追随；另一方面，伴随西方现代艺术共生的种种拓展了的艺术表现形式、方法和手段，则是可能也应当为我所用的。鉴此，前者的任务由"中国艺术教育大系"中的《艺术概论》来完成，而后者则结合各门类艺术的具体技法教程来分别加以介绍。

　　作为文化部"九五"规划的重点工程，拟向全国推荐使用的专业艺术教育的教材，"大系"的编写集中了文化部直属的中央音乐学院、中国音乐学院、上海音乐学院、中央美术学院、中国美术学院、中央戏剧学院、上海戏剧学院、中国戏曲学院、北京舞蹈学院等被称为"国家队"院校的各学科领导人，以及中央工艺美术学院、武汉音乐学院等相关学科的翘楚，计国内一流的专家学者数百人。同时，这些教材都是经过了长期或几轮的教学实践检验，从内容到方法均已被证明行之有效，而且是比较稳定、完善的优秀教材，其中已被列为国家级重点教材的有9种，部级重点教材19种。况且，这些教材在交付出版之前，均经过各院校学术委员会、"大系"各分卷编委会以及总编委的三级审读。可以相信，"大系"的所有教材，足以代表当今中国专业艺术教学成果的最高水平；也有理由预见，它对规范我国今后的专业艺术教育，包括普通艺术教育，将起到难以替代的作用。

　　"中国艺术教育大系"的工作得到了文化部、教育部、国家新闻出版总署等方面的高度重视。在此我谨代表参与教材编写的专家学者和全体参与组织工作的有关人员，对上述领导部门，特别是联合出版"大系"的中国美术学院出版社、上海音乐出版社、文化艺术出版社致以崇高的谢意！

教育部艺术教育委员会主任
"中国艺术教育大系"主编

赵　沨

1998年6月18日

# 目　录

# 中国文化史纪年表

旧石器时代·····················约公元前100,000—约前10,000

新石器时代·····················约公元前10,000—约前2070

夏·····················约公元前2070—约前1600

商·····················约公元前1600—前1046

周·····················公元前1046—前256

　　西周·····················公元前1046—前771

　　东周·····················公元前770—前256

　　春秋·····················公元前770—前476

　　战国·····················公元前475—前221

秦·····················公元前221—前206

汉·····················公元前206—公元220

　　西汉·····················公元前206—公元25

　　新莽·····················公元9—23

　　东汉·····················公元25—220

三国·····················公元220—280

　　魏·····················公元220—265

　　蜀·····················公元221—263

　　吴·····················公元222—280

晋·····················公元265—420

　　西晋·····················公元265—317

　　东晋·····················公元317—420

十六国·····················公元304—439

南北朝·····················公元420—589

　　北朝·····················公元386—581

　　南朝·····················公元420—589

隋·····················公元581—618

唐·····················公元618—907

# 中国地图

图 例

★ 北京　首都

○ 天津　省级行政中心

—— 未定　国界

———　省、自治区、直辖市界

- - - - -　特别行政区界

1：30 000 000

审图号：GS(2016)2888号

国家测绘地理信息局 监制

# 导　论

　　21世纪各国的高等教育，正在日益重视艺术史的地位与作用。中国也不例外。美术史作为基础课，从我国近代美术院校建立之初就开始设置，作为必修的人文课程。其中，中国美术史教材，从1925年以来，已出版了多种。近三十年间，由于全球化经济和中国作为世界大国和平崛起的影响，中国美术史研究的国际化程度继续强化，像欧美国家的艺术史课程中，中国和非西方美术史的比重已经显著增加，有关教材也在不断翻新。中国高等教育的迅速发展，突出"人本"理念，对包括中国美术史在内的艺术史教材的编写工作，提出新的要求。

　　这一情形，使得本教材的修订和扩充势在必行。从新世纪的第二个十年，重看初版导论，就发现一些重要观念的更新。如十余年前强调的"开放"的观念，被赋予了时代的意义。生活在网络时代，其基本特征是信息共享，实现着中外志士仁人千百年来所憧憬的"学术为公"的理想境界。在此开放的信息空间里，以往关心的一些问题，像美术史和文化史的关系，在近十年中国艺术院校和综合性大学的美术史系科建制变化中，自然得到化解。随之出现的美术史与视觉文化研究的关系，也会在这一过程中得到调整。它们表明，美术史学科建设的基本问题和最新进展，亟待在新版中加以体现。新版在内容上精简了古代美术的部分，增加了第十章"20世纪及其后的美术"，更新了部分插图、彩版、思考题和参考文献，添加了《中国文化史纪年表》和《中国地图》，并编制了人名索引。

　　回顾上世纪以来——特别是21世纪头十年来——国内外中国美术史教材的编写情况，可以注意到三个带普遍性的问题：一、中国美术史和世界美术发展的关系；二、图像与文本的关系；三、中国美术史教学中师生互动的关系。希望这些问题的讨论能有助于高校师生深化和提高对中国美术史作为一门人文学科的基本认识。

# 第一节　中国美术史和世界美术发展的关系

今天，不论是在博雅教育（liberal arts education）、综合教育或专业教育的体制中，世界各国的高校学生选修中国美术这门课程，首先会想：中国美术史和世界艺术发展有什么关系？这个问题对中国的高校学生也有同样的意义，尤其是在21世纪的第二个十年，面对国内生产总值跃居世界排名第二的现实，有必要把中国美术史的教学上升到世界美术发展的高度来思考。

艺术史学史告诉我们，既有的中国美术史教材，不论出于何人之手，也不论编写者有意与否，都具备一个共性：它们都是世界美术研究的有机组成部分。这些教材，或注重中国美术发展的独特性，或留意中国美术在人类艺术活动中的普世性，取决于每一位编写者采用的文化参照系和实际所处的历史情境。而普世性的最突出特点就是其多元性。

在当前全球经济一体化的潮流中，学术界对于"世界美术"的争议，再次提上日程。就像探讨"马克思（Karl Marx，1818—1883）与世界文学"或"鲁迅（1888—1936）与世界文学"等命题一样，"世界美术研究"源自19世纪的欧洲学术界提出的"包罗万象史（universal history）"的理念，是考察世界各地的艺术传统和实践在人类文明发展中总的状况，将其作为一个独立的研究对象。由于多元性的普世价值，"包罗万象史"的理念始终具有跨语境研究（cross-contextual study）的鲜明特点。

区别于单一的比较研究（comparative study），跨语境研究是指在两种和两种以上语言文化系统中，对在各自语境中的现象进行比较研究。它也发生在许多文化区域之间的比较。它承认多元价值存在的事实与重要性，进而寻求其普世的意义。例如，从17世纪开始，中国与欧洲之间开始了自大航海发现以来的早期对话。其中意大利耶稣会士利玛窦（Matteo Ricci，1552—1610）和清宫廷画家邹一桂（1686—1772），都参照中西双方的绘画传统，寻找两者的差异。到20世纪之交，"西学东渐"与"东学西渐"在世界的大舞台上产生全面的碰撞，对参与的各方，都发生了极为广泛的影响，启发了知识精英对人类文明发展共性的体认。1911年辛亥革命前夕，王国维（1877—1927）第一次明确地提出了"学无新旧，无中西，无有用、无用"的过人见解。令人警醒的是，王国维是在《国学丛刊》创刊号上发表这振聋发聩的普世理念，提升了人们对跨语境研究的总体认识。在20世纪画坛上，有黄宾虹（1865—1955）这样的革新大师，在1948年发出了"向世界伸开臂膀，准备和任何来者握手"的豪语，传达了相同的精神。

在各国认识世界艺术的努力中，以德语为母语的欧洲近代艺术史传统，对中国学术界的影响巨大，格外值得重视。被誉为"中国现代美术史学之父"的滕固（1901—1941），接受沃尔夫林（Heinrich Wölfflin，1864—1945）的形式分析方法，希望写出中国版的"没有艺术家的艺术史"，以区别于中国以纪传体为主的书学和画学传统。1925年他的《中国美术小史》，不但是在断代方法上采用艺术进化观点的早期尝试，而且是在1911年邓实（1877—1951）、胡韫玉（1878—1947）、黄宾虹编辑《美术丛书》以来对中国传统艺术观念进行重新分类的初次实验。20世纪20年代后期，郭沫若（1892—1978）受米海里斯（Adolf Michaelis，1835—1910）《美术考古一世纪》田野考古方法的启示，直接运用了历史唯物主义方法，通过整理研究甲骨文、青铜器来重新认识中国古代社会，不仅确定了先秦美术风格断代的一系列标准器物，而且续写了恩格斯（Friedrich Engels，1820—1895）《家庭、私有制和国家的起源》的"中国编"。而范景中（1951—　）主编的《美术史的形状》丛书，可视作潘诺夫斯基（Erwin Panofsky，1892—1968）"作为人文学科的美术史"的新篇。需要一提的是，日本学术界在这个跨语境研究中起着不可忽视的特殊作用。滕固留学德国之前，先在日本接受新学；而郭沫若则完全是在日本吸收马克思主义思想方法，都表明跨语境研究的复杂性与多元性。20世纪五六十年代，中国受苏联及东欧社会主义阵营美术教育体制的影响和制约，艺术社会学的方法一度被教条化，和20世纪70年代在欧美出现的新艺术史学派的研究形成强烈的反差。20世纪八九十年代，中国学术界重新对欧美艺术史学理论方法作了系统的译介和借鉴，恢复了20世纪二三十年代学术界极为活跃的氛围，强有力地推进了中国美术史学科的建设。

与此同时，海外及中国香港、台湾地区的中国美术史研究，也经历了各自的跨语境特点。20世纪末，美国学者埃尔金斯（James Elkins，1954—　）出版了《西方美术史学中的中国山水画》一书，以西方对中国山水画的研究为例，提出了一系列充满争议的假说，认为20世纪有关中国山水画的论述，都归属于西方近代艺术史学方法的演绎。这个假说的合理部分是反映了近代学术跨语境研究的特点，但埃氏忽视了一个事实，即近代西方艺术史学方法被用来研究中国艺术时，并非单向的"舶来而非送出的历史"，而是多方面吸收东方的学术精华，带动自身的变化。以1887年柏林大学东方学研究所的建立为例，同年其聘请的亚洲教习中，就有潘飞声（1858—1934）这位广东书画收藏名家潘正炜（1791—1850，听帆楼）和潘仕成（1804—1873，海山仙馆）的族裔。德国汉学界对中国的认识，在此前欧洲启蒙时代积累的东方知识的基础上，又直接借助了中国知识精英的才智，渐次丰富起来。

强调这个跨语境研究的特点，可以明确当今中国美术史教材编写的一个方向。越重视中国美术在世界美术研究中的普世性，就越能显示其多元性特征。离开了跨语境研究，中国美术史的这一特征就难以界定。

中国的漫长历史、广袤疆域、多元文化和多民族成分，从一开始就有本土和外来因素相互作用，在不同地区、不同时代形成一定的文化中心。这种巨大的差异在中国文明起源的过程中，就十分显著。考古学家在内蒙古兴隆洼、辽宁牛河梁、浙江良渚等地发现的玉器文化，使古史所谓"以玉为兵"的时代，各具特色；而长江上游四川广汉三星堆遗址的发现，改变了以往所知同一时期河南安阳殷墟古城在黄河中游作为单一文明起源的认识。西周王室在确立孔子（前551—前479）所崇仰的"郁郁乎文哉"的礼乐文化过程中，申辩华夷之别，体现出中原王朝建立过程中与北狄、匈奴等诸多边地民族的共存关系。从秦始皇帝嬴政（前259—前210，前247—前210在位）建立大一统中央集权国家、汉武帝刘彻（前156—前88，前140—前88在位）继而采用"罢黜百家，独尊儒术"，形成封建史官文化，到20世纪，中国社会在游牧、农耕和逐步工业化的不同经济模式中，出现了十分多样的政治文化格局。汉民族在和其他民族的融合过程中不断发展。其组成成分的复杂性，只要从延续至今的汉语方言系统就可窥见一斑。这些方言区域，若和欧洲各国的语言系统作一比较的话，其繁复程度不相上下。加上全国各族其他语系的语言状况，关系就更加复杂。其中一些边疆民族，如六朝时期"五胡"建立的地方政权，晚唐五代十国时期边疆的辽、西夏等少数民族政权，摧毁北宋的金朝，灭掉金和南宋、组成欧亚蒙古草原帝国的元朝，和最后一个统治中华大地的清王朝，曾在中国甚至世界的舞台上发生过很大影响。置身如此众多的语言文化系统，跨语境研究的作用，不仅可以深化我们对中国各民族（包括历史上影响巨大但早已消亡的民族如匈奴等）美术成就的具体认识，而且有助于我们寻找由多民族共同形成的中国美术的普遍特征。例如，历史上辽、西夏、金、蒙古等统治者，都曾创立了和汉文方块字文化系统相关的契丹文、小字，西夏文，女真文，八思巴蒙文，帮助说明了汉文和书法传统在中原文明史上的重要性，体现出后者在中国美术史发展中的普遍意义。

通过认识中国美术的多元性，其在世界美术研究中的普世性才彰显出来。且不谈历史上的中外美术交流过程，单举20世纪以来中国美术状况为例，我们来看其两端的情况，都和国际化的中国艺术市场的出现有密切的关联。在20世纪初，美国收藏东亚美术品（其中大量为中国美术品）对美国文化的形成产生了巨大的影响；而中国现代绘画在欧洲展出对西方现代派的发展也起了积极的作用。到了20世纪末21世纪初，中国的前卫艺术和生活在欧美等地的中国艺术家的创作，不仅在国内当代美术发展中异军突起，而且直接成为世界当代艺术新潮的重要内容。这既包括对个体艺术家的认可——像2008年纽约古根海姆美术馆举办"蔡国强（1957—  ）——我想要相信"大型展览，成为华人艺术家在这一现代艺术象牙塔的首次亮相，也注重对整个艺术群体的评介——从1998年"从内转外：当代中国艺术"和2009年"从外转内：中国×美国×当代艺术"两个在美国举办的大型展览的标题，我们可以看出他们受国际影响的变化所出现的新走向。不言而喻，中国美术史的多元性，必将随着世界美术研究的展开而体现其普世价值，继而转化为世人的共识。

修订和扩充这本教材，我们采用跨语境研究的方法，来重新认识中国美术史实及其人们对史实的诠释，以探寻中国美术史和世界美术发展之间的有机联系。

## 第二节  图像与文本的关系

和世界其他主要的艺术传统一样，中国美术史的史实不外乎图像与文本两部分历史。作为教材，首先要了解对这两部分内容及相互关系的基本认识。

这里提到中国文物庋藏和古代葬仪的传统，即通常所说地上和地下文物的保存。前者为历代传世递藏，后者多为考古发掘所得。

一个社会对于文物庋藏的重视，通常是和国家的经济发展情况呈正比的。20世纪90年代以来，中国经济的持续走高，开始了一个博物馆、美术馆的黄金时代，促成了国内文物收藏的繁荣，也改变着国际中国美术品市场的总体格局。值得注意的是，当代美术的市场和古代美术市场一道，共同推动着中国美术在全国和世界范围流动。各种美术展览和文物拍卖（包括其出版的图录），其频繁程度，就像考古发现和田野报告一样，反映出当代美术活动的亢奋状态。在20世纪，最有代表性的艺术成就，应该是多媒体艺术电影和电视，尽管它独立于美术收藏的范围以外。进入数码时代，跨媒体、超媒体的制作，成为21世纪中国实验美术的主体，所以这一类作品的收藏，也成为时尚。由此联系到美术史与视觉文化（visual culture）的关系，涉及的图像范围可以说无所不包。视觉文化这个概念，是由英国美术史家巴克桑德尔（Michael Baxandall，1933—2008）提出的，很快就被演化成一个独立的学科。如果就大众的收藏范围来做比较，视觉文化涵盖的内容，几乎也都有收藏家给予关注。

由此上溯一百五十年，我们可以注意到，正是这个逐渐国际化的中国美术品市场，把中国美术史的写作带入"包罗万象史"中，用图像呈现了被中国文人收藏家视为另类的"艺术"，如建筑、雕刻、工艺美术。并且在一向注重器物收藏的基础上，很快也开始了书画的收藏，大有后来居上的势头。尤其是一些世界著名博物馆，成为中国美术品收藏的重镇。清皇室的收藏，奠定了在1925年成立的故宫博物院的基础。这些中外公私藏家的藏品也通过现代印刷技术，公诸于世，不断丰富着美术史叙述的内容。

再由此上溯一千八百年，我们可以注意到，宫廷的艺术收藏至迟在东汉已经颇具规模。虽然无数珍藏遭遇了战乱与各种厄运，后代的皇室和私人藏家，继续以不同的方式赞助艺术创作，积聚起数量庞大的图像实物。他们对藏品的鉴别、欣赏和保存，形成了传世文物的品质。这样共同的努力，使地面的文物能代代相传。其中，以北宋徽宗赵佶（1082—1135，1101—1125在位）宣和画院的藏品和清代乾隆皇帝弘历（1711—1799，1735—1795在位）的宫廷藏品，代表了两个皇家收藏的高峰，蔚为大观。除了书画收藏外，他们艺术赞助的范围非常广泛，涉及建筑园林、雕刻、玉器、陶瓷、青铜器、织锦刺绣、文房四宝、各种宗教与民俗器具、中外珍奇秘玩等。在近代照相技术发明和引入中国之前，著录这些文物珍宝的形式，是版画插图。南宋史学家郑樵（1104—1162）由此注意到图像作为史料的重要作用，推动了各种图谱在宋元时代的大量刊行。而晚明的书贾通过印刷文化看到图像在大众消费中的商业价值，投资提倡，促进套色刻版等技术与表现形式臻于完美，使版画也成为特别的收藏对象。

从中国美术的图像历史来看，当今学术界正在建立的"墓葬学"，实际上关系到中国古代文物收藏保存的一个重要实践和基本传统。试想，如果没有先民们的各种葬俗，2011年翻新后的中国国家博物馆"古代的中国"展出的2000多件国宝级文物，有一大半就无从谈起。远古、中古的情况不用说，因为美术史主要靠地下出土品来呈现。从绘画作品看，传世的卷轴画，构成了中国传统书画史的主流。即使如此，中古以降的葬仪习俗，仍然保存了有价值的作品。在近古墓葬中，除了有墓室壁画这一古老的形制，也发现了个别卷轴画。典型的有辽宁法库叶茂台辽墓出土的《竹雀双兔图》《深山会棋图》和江苏淮安明王镇（1424—1495）墓出土的元明书画。至于明末收藏家吴洪裕嘱家人焚烧黄公望（1269—1354）《富春山居图》的殉葬之举，则是仿效唐太宗李世民（599—649，627—649在位）以王羲之（303—361）法书陪陵的先例，属于葬仪中的极端行为。这些地下文物能够重见天日，是靠传统的考古实践和近代的田野考古学。特别是通过后者科学发掘与研究，使地下宝藏成为美术史的物质实体。从方法上讲，考古工作为我们认识古代葬仪这一保存物质文化品的主要途径提供了原始材料。美术史的任务是努力呈现被入葬和出土的先民遗物怎样告诉世人它们自己的故事。重构古代地下文物保存这个习俗，我们就可能总结出若干类型，从文物的不同功能，进而明确它们在美术史上的价值。

正是中国文物庋藏和古代葬仪的传统使地上文物的传承和地下文物的发现，组成洋洋大观的中国美术图像历史。进入数码时代，建立国际性的大型的中国美术图像数据库，正在成为现实。最近的范例，是继《中国美术全集》（古代部分）六十卷问世后，《中国美术分类全集》的浩大工程，将存世的中国美术作品，做了相当系统的调查清点，分类编辑出版，是史无前例的一个壮举。值得一提的是，古代绘画的图像库，正在世界各地专家学者的努力下，渐趋完备。其中有东京大学东洋文化研究所出版的两套《中国绘画总合图录》共九卷，台北"故宫博物院"以《故宫书画录》为底本出版的《故宫书画图录》（已出版二十六卷），和中国古代书画鉴定组汇编的《中国绘画全集》共三十卷。这样系统的图像库，比较欧洲学者喜龙仁（Osvald Sirèn，1879—1966）1957年出版的《中国绘画：大师和原理》7卷本所调查整理的中国古代绘画，真是今非昔比。

从六朝以来到20世纪，中国美术史学的文献可谓汗牛充栋。以847年张彦远《历代名画记》开创的专题和纪传体相结合的绘画通史体裁，奠定了传统中国画学史的基本结构。这位"中国艺术史之父"充满自信地认为，他在画学和书学两方面的研究，可以帮助人们穷尽书画的要义。站在中国史官文化的立场，他力图将画学的作用提升到正统史学地位的努力，具有划时代的意义。这一努力旨在打通艺术和历史的界限，把书画创作、鉴赏、收藏等各类实践，作为人类智性活动不可分割的组成成分，纳入一个时代的文化建设中。其十五篇专题论述，一一呈现了独到的见解。其中，他对南朝谢赫绘画"六法"标点，就成为美术史上最为重要的话语之一。

《历代名画记》对画学地位的提升，有着普世的意义。

15世纪意大利文艺复兴巨匠达·芬奇（Leonardo da Vinci，1452—1519）曾为提升绘画的社会功用大声疾呼，身体力行。1550年，被誉为"西方艺术史之父"的瓦萨里（Giorgio Vasari，1511—1574）在其《名人传》中也强调："当我着手编写这部传记时，并不打算光是列一串艺术家及其作品的名单。我不但力图将他们所作的一切联系在一起，而且尝试将他们的作品加以区分，定出优劣高下，并用心地揭示这些画家、雕塑家们的手法、风格、经历、习性以及思想，考察事物的起因和根源，还有艺术兴盛与衰亡的原因。"有趣的是，中西这两个美术史学古典传统，有着相似的出发点。

余绍宋（1882—1949）在《书画书录解题》中这样评价《历代名画记》，认为它和《史记》在中国传统史学中的地位旗鼓相当，代表了画学史中的"正史"。笔者认为，张彦远以后的中国古代书画研究，基本上是在一个"外儒内道"的超稳定体系中延续发展。在著录、整理和重新出版历代书画文献过程中，明中期以来有若干的丛书，而20世纪中编辑出版的《美术丛书》（以书画篆刻为主）、《画史丛书》和《中国古代书画全书》，已经成为建设中国美术文献数据库（古代部分）的主要内容。这部分文献学研究，各国学者正在不断展开，其价值将随着世界美术研究的深入，体现出特殊的重要性。

自从19世纪末20世纪初西方和日本的中国美术研究传入中国之后，传统画学和美术研究的局面才发生了革命性的转变。其基本的原因，是"包罗万象史"的参照系和中国传统画学不同。以法国人帕莲劳（Maurice Paléologue，1859—1944）1887年编写的《中国美术》的目录为例，其包括的门类，如果与《四库全书》子部"艺术类"的门类比较，其侧重面就很不一样。这种差异其实在中西古典艺术史写作中已经存在。与瓦萨里记述画家、雕塑家传记不同，张彦远专长研究书画家的活动，尽管唐代杨惠之以"善塑"得名，也只是在画圣吴道子的故事里，一笔带过而已。而经由日文翻译自德文的"美术"的概念，在中国大行其道，人们一方面用它来传译西方美术史，另一方面也用来改写由前代文人所塑造的"艺术史"。如前面提到的，近代以来中外人士在研究中国古代美术方面的著述（包括教材），组成了世界美术研究的重要内容。

但这还远不是我们所说的文本历史的全部。因为20世纪直至今天的中国美术活动，本身所留下的文献，数量和规模都是空前的，而目前已经整理的部分，可以说是冰山一角。举例来说，当我们在研究上世纪初上海的国际书画交易时，除了查阅上海主要的中文媒体像《申报》《时报》《神州日报》和各种小报如《民报》《太平洋报》《春江花月报》外，还需要参考上海的外文报刊，像英文《字林西报》（*North China Daily News*）、法文《上海日报》（*Le Journal de Shanghai*）、日文《中国日报》等，北京、广州、中国香港等地的大众媒体，以及其他国家刊行的全球性报刊如《纽约时报》《泰晤士报》《伦敦画报》，诸如此类。至于这一研究所涉及的档案文献，同样遍布世界各个角落。凡是有中外交流的地方，都可能保存有这一类材料，亟待我们去发掘和利用。面对这样浩如烟海的近现代中国美术史文本，更加使人感到跨语境研究带来的挑战和机遇。

如何对文本与图像做出诠释，体现出一个人的见地与眼光？对处理这两者关系，王国维、陈寅恪（1890—1969）等早就提出了有效的实证方法，即文字材料要和实物材料相比较，地面文物要和地下文物相比较，汉文材料要和其他语文材料相比较。据此，我们在诠释史实时，要特别注意以下两点：

一是关于文本的可信度。文本资料是感性知识的书面整理，构成了我们对知识宇宙的间接认识。中国艺术家在审美感受方面达到的高度和精微程度，不仅见于中国的诗学和文学，而且见于中国的书论、画论、篆刻理论、建筑造园理论，是认识中国美术辉煌成就的原典。同时，我们也必须注意到中国美术史文本的局限性。古人有"尽信书，不如无书"之说，指出了文本叙述的选择性。跨语境研究也告诉我们，历代文人的取舍，出于其特殊的立场和知识背景，曾忽略了许多非文人、非男性、非汉族、非中国的艺术实践。这体现在他们的收藏实践中，以及关于其收藏实践的著述中。前揭中国古代美术文本的状况，就清楚地证明了这一点。

二是关于图像的真实性。19世纪英国艺术理论家罗斯金（John Ruskin，1819—1900）认为，"艺术之书"是任何一个伟大民族所写三部自传（另外两部是"行为之书"与"言词之书"）中唯一真实可信者。我们看中国的"艺术之书"，像西汉霍去病（前140—前117）墓前的伏虎雕像、北宋范宽的《溪山行旅图》、明清的北京故宫，诸如此类，千百年来，不管人们如何描述，还是依然故我，矗立在世人面前。罗斯金的看法值得重视，因为对于这些图像的评价，只是来自观看者的释读。问题是，图像如何讲述自己的真实故事？

有些类似图版说明的教材存在这一问题，既无认识这些图像相互关系的头绪，也未提供形成这些图像的文化情景，就显示不出其所构成的"视觉命题（visual argument）"。要改变这种局面，王国维等学术大师采用的实证方法十分有效。譬如，在分析10世纪中国大幛山水图式出现的情况，传世的卷轴山水画由于存在真伪和断代方面的问题，亟须像辽墓出土的《深山会棋图》那样的山水，提供具有第一手认识价值的图像。另一方面，明代王镇墓出土的真伪混杂、水平参差不齐的元明山水花鸟，则真实地反映出当时一般士大夫在笔记文献中描述的艺术消费状况，以及当时画坛上主流与非主流不同风格并存的现象。

图像的"视觉命题"是反思中国传统画学的有效参考框架。中国人从六朝就开始注重书画的风格研究，构成"笔墨风格论"这个基本的"视觉命题"。笔墨的重要性，可以从中国书画的鉴定学来说明一二。传统鉴定学认为，图像的形色、结构，一般易于复制，只有笔墨，带有鲜明的个性特征，最难模仿。这种创作上的独特性，从古到今，成为关键的"视觉命题"。

其实，这个命题还关系到更一般的问题，即书画的关系——笔墨把书法与绘画这两种不同的视觉图像传统联系在一起。当然，将书法作为视觉图像的精英表现或大众符号，都给罗斯金解释"艺术之书"和"言词之书"的异同增加了难度。究竟书法是属于哪一本书，或者说属于艺术之书中的哪一种门类，都有探索的必要。其实，中国书法的成就，并不是世界艺术中的孤立现象，而是一个极具特点的普遍艺术实践。德国学者雷德侯（Lothar Lederose，1942—）在《万物：中国艺术的模件化和规模化生产》一书中，把书写与绘画的流程纳入到中国艺术的模件化生产中，又提供了一个崭新的视角。如果我们能够对"笔法"和"笔墨风格"这一类视觉命题做出精深的研究，那必将对人类早期美术（见于埃及、两河流域、印度和玛雅文化）、东亚美术和伊斯兰美术在图像文字和书法（汉字书法圈和伊斯兰书法圈）方面的研究，提供具有普世意义的认识模式。

在笔墨之上更进一步，传统画学还有决定图像作品的优劣高下的一系列命题。谢赫提出绘画"六法"中的"气韵论"，就超越了真伪鉴别的层面，对图像创作的目的作了明确的界定。但是，关于这类命题的讨论，最后落实在人们对图像功能终极目标的关怀。在扩大风格分析社会内涵的同时，中国台湾学者石守谦（1951—）新近在《从风格到画意——反思中国美术史》一书中，对比潘诺夫斯基强调的"人文精神"，提到"主题的传统"对形成中国传统绘画的特殊意义，并援引古代文献中常见的"画意"一词，作为其反思中国美术史的突破口。这涉及的还是艺术家的终极关怀问题。如果从文字书法的演进看，"六书"之一的"会意"，则是其在书法图像中的体现。而界定"画意"方面，美国学者高居翰（James Cahill，1926—）通过《诗之旅：中国和日本的诗意画》（1993）和

《致用与娱情的图绘：盛清时期的市井画》（2010）这两个案例，做了大胆的尝试。

图像的"视觉命题"也是跨语境研究的产物。像明清之际的历史文献不曾详细记录的中国绘画和欧洲美术的交流，则可以在同时代错综复杂的绘画作品本身寻找答案，进而重新认识17世纪中国社会所经历的第一次中西文化碰撞和明清易代的巨大变化。在提出和处理这样重大的"视觉命题"方面，高居翰1979年在哈佛大学的诺顿诗学讲座《气势撼人——17世纪中国绘画的风格与自然》，堪称楷模。他新近完成的《溪山清远——早期中国山水画的视觉呈现》视频讲座系列，在绘画通史教材的组织方面，提升到新的高度。每讲在两小时左右，共有高像素绘画作品两千二百多枚，是作者自1960年《中国绘画精萃》出版半个世纪以来的又一贡献。

既有的教材主要用于大学和研究所，代表了美术史的一个传统。而现代博物馆和美术馆的展览及其图录，则代表了美术史的另一种实践，有学者直接提出"两种艺术史"的分类。国内外一些名牌院校大都有自己的博物馆、美术馆，那里的展览，多和研究生的教学有关。而国内外著名博物馆、美术馆，它们的对象则是广大的公众，通过大众传媒，产生普遍的社会效应。以美国纽约大都会美术馆2005年举办的"走向盛唐"大型展览（翌年回国在湖南省博物馆展出）为例，向中国多个省市博物馆借调了三百件最新考古实物，刷新了我们对六朝到盛唐美术与视觉文化演变历程的认识。其展览图录，也是关于这一时段图像和文本研究的重要结晶。这两种美术史研究交相发展的趋势，值得我们重视。

## 第三节　中国美术史教学中师生互动的关系

本节论述的师生互动关系，是把编写教材作为这种互动提供条件，使参与教学的各方在认识与诠释中国美术史图像与文本的过程中，发挥独立思考的能力。

独立思考的能力，以陈寅恪的学术生涯为例，体现在他"独立之人格"和"自由之思想"上。他生命的最后二十年，在双目失明的情况下，撰写了八十万字的《柳如是别传》，成为研究女性艺术家的世界名著。冥冥之中在反思同一时期一位美国艺术史家提出的"为什么没有伟大的女性艺术家"的问题。

在很长一个时期，中国美术史教学基本采用灌输式方法，而不是鼓励学生自己去发现问题。在今天，国际互联网提供的中国美术史图像和文本的数码信息，不仅在改变传统的教学方式，而且在改变着传授信息的教学目的。举例来说，学生去敦煌参观考察，每到一处，他们可以现场手机上网，进行检索，观看到联合国教科文组织为莫高窟这一类世界文化遗产所制作的360度全景录像纪录片（http://whc.unesco.org/en/list/440/video）。敦煌研究院和浙江大学联合开发的敦煌数码虚拟空间项目，在不久的将来，可以让学生在世界任何一个地方参观这个沙漠中的佛教宝窟。在此情况下，教材的作用何在？这一困惑对于教材编写者和使用者也同样无法回避。它的启发性在于：只有把培养独立思考能力作为教学的根本目的，参与各方就能借助各种技术手段，发现更多新的、更具普世性的学术问题。

现有的中国美术史教材，大致有历时性结构（diachronic structure）和共时性结构（synchronic structure）这两种叙述体例的灵活应用，以解决所有人文学科研究都面临的历史与逻辑如何统一的问题。

历时性结构即中国史学传统中的编年与纪传相结合的叙述体例，以历史朝代为经，以美术门类为纬，提供一个关于美术品图像与文本存在的时空构架。张彦远《历代名画记》开了这方面的先河。其长处首先是体现中国美术史的基本脉络，给人一种游弋于历史之中的感觉，有助于培养T.S.艾略特（Thomas Stearns Eliot，1888—1965）所说的"历史意识（the historical sense）"。在形式上，能把相关图像与文本材料尽可能纳入其构架，而且便于取舍。同时，中外作者对于美术的分类和发展断代的认识，因为有不同的参照系，其取舍也各有侧重。像美国学者杜朴（Robert Thorp）、文以诚（Richard Vinograd）的教材《中国艺术与文化》，侧重文化史，所以在处理近世以来的内容时，调整了王朝断代法，采用元朝到明前期，明中期到清中期，清后期到20世纪的时段结构，便于说明这些时段中美术与文化的发展关系。

结合的叙述体例，以美术门类为经，以历史年代为纬。其长处是类似专题史的汇合，解构那些"宏大叙述（meta-narrative）"所沿用的历时性体例。

共时性结构类似中国史学传统中的记事本末体，以事件为经，以编年为纬，突出同一时期某些共生的历史现象。近有英国学者柯律格（Craig Clunas，1954—）的《在中国的美术》（2007年修订版），作为新版牛津艺术史丛书之一，自成面貌。它以墓室、宫廷、寺观、文人精英生活和市场五种情景中发生的美术活动为经，以美术的这五类功能在不同时代的演变发展为纬，显示它们在中国社会中的作用。各专题之间的一些联系，亦便于得到说明。像书法在文人精英生活中的重要性，也可以体现在其他社会功能之中。

上述的体例都有自身的局限性，需要编写者做出合理的判断。从编撰者的情况看，不论中外，可以分出个人和集体两种编写形式。国内篇幅较大的集体项目，普遍采用历时性的体例。虽然每一部分的执笔者大多是专家，但为求结构一致，容易流于平稳，缺乏整体的交代和概括。其篇幅可随着具体门类的不断划分而扩大，但教材的主旨却未必因此变得更加清楚。共时性/历时性结合的叙述体例，在目前所见的个人著述中，也面临一个悖论：一方面，它强调所有美术现象存在的或然性，挑战任何寻求普世性的努力；另一方面，它又无法回避某种带普世意义的艺术史问题。柯氏《在中国的美术》对五种美术活动情境的历时性考察，最后还是归入到某艺术社会史中美术功能的若干类型的大叙述之中。

根据这些考虑，本教材的编写与修订，选择了历时性叙述途径，从每一时段的主要美术成就，以及这些成就的源流和影响，为读者提供一个在国内外从事教学和研究三十年的中国美术史工作者的个人视角。笔者由此想到英国美术史家肯尼斯·克拉克（Kenneth Clark，1903—1983）的BBC电视演讲系列《文明的轨迹——肯尼斯·克拉克爵士的个人视角》，因为没有一种教材可以面面俱到，也没有一个学者能穷尽美术史的信息。尽管如此，我们仍然可以在认识中国美术史与世界美术发展的关系中，在认识中国美术的文本与图像的关系中，铺陈出中国美术史的宏大画面。因为在学科分工越来越细的今天，教材的使用者就越需要大的画面来帮助构筑每个人的知识宇宙。

本书将中国美术漫长的历程，按大的朝代分为若干个单元，除导论外共十个章节。如果从本科一学年七十二课时来计算，扣除复习考试的四课时，以及教学实习的八课时，剩下的实际为六十课时，每章约六课时。为了把美术发展贯穿于文化史的宏大背景中，笔者通过史实与对史实的诠释两点来组织行文。一是美术史料的发掘研究情况，如最新的出土文物、最新的艺术鉴定成果，诸如此类，使每个章节的内容，在材料本身就体现出新意。二是在图像方面，以《中国美术分类全集》收录的内容为主，包括相关的著录文字，既可保证本教材选择材料的权威性，也能帮助学生熟悉使用这类数据库。三是兼顾国内外学术界对每个时代主要艺术问题的争鸣，体现历代和当前学术研究中的主要论点。每章附有课堂讨论题、名词解释（即关键词）、进一步阅读的文献书目，以帮助教学双方可以对图像与文本所涉及的事件、人物与观念，提出新的问题。作为本教材的配套内容，有笔者编著的《中国美术史图像手册·绘画卷》，有一千二百枚黑白图版，以及有同样数量黑白图版的《中国美术史图像手册·雕塑卷》（孙振华编著），均可以参阅。

要改善课堂教学中的师生关系，教师对本行的热爱，对学生的关心和对教学方法的重视，是一些关键的因素。美术史能够给学生带来什么益处，使学生愿意来选修，这很大程度上取决于教师的影响，特别是教师对教材的创造性发挥。他们在专业研究上的特长，可以引导学生指出教材中存在的各种问题，鼓励学生通过发现问题来提高独立思考能力。

在学习动机理论中，特别重视培养对一个事物、观念或问题的兴趣，因为它是完成该项学习的基本动因。这种好奇的兴趣，在美术史课程中很容易得到培养。在历代美术家们的天才经历中，最吸引我们的就是他们认识和表现这个世界的独特兴趣。要是没有这种不同凡俗的个人兴趣，他们是不可能在人们司空见惯的生活中发现真、善、美的。由于这种强烈的个人兴趣，他们才能克服常人所不能想象的困难，到达理想的目标。所以，在编写本教材的过程中，我们特别注意把每个时代的艺术问题强调出来，看那些艺术大师是如何发现它们，并通过天才的创造，形成伟大传统的有机组成部分。从这些艺术问题的发现历史中，我们可以更具体地掌握美术和社会文化之间的内在联系。

根据学习能力理论，学生之间存在着认识差异。譬如，美术专业的同学大都长于形象记忆，因此本教材在图像的选择和编排上，就有意同作为正文的内容相互参见，以增强印象；对风格特征的体会，我们还建议不同系科的学生动笔临摹部分经典，然后写出心得。在实地考察的内容上，我们也提供了一些参考，因为每所学校的地理分布不同，所以需要因地制宜。我们主张这门课程教完时，能至少有一次这样的经历，这对增强学习兴趣，会起积极的作用。对长于文字语言，喜欢理论思辨的学生，课堂讨论和课外阅读的议题与参考书目，将起辅助的作用。而对以音乐听觉见长的学生，我们也建议他们从书法、建筑等不同门类的艺术比较中找到乐趣。所有这些，都是把学生参与教学看作是观众对视觉艺术的观看和投入，由此来丰富美术史和美术史教学。除了纠正传统方法中不利于学生主动参与教学的问题，还需要因人而异地设置一些教学辅助方法，来调动每个人的学习积极性。令人庆幸的是我们生活在数码时代，网络和虚拟空间技术的普及，正在引起美术史教学的一场革命。像2012年在美国弗利尔美术馆举办的"响堂山石窟雕刻大展"，就已经把流散到世界各地一百多个藏家手中的六朝雕刻，通过虚拟空间技术，重新复原其位置，对重构该石窟的状貌，意义重大。类似的新型教学模式会层出不穷。如果我们的教材设计不把学生的主动参与作用充分考虑进去，那么，教师的课堂引导作用，就会失去意义。

生活在21世纪是一种奇遇。在这个"亚洲的世纪"，中国美术史的教学和研究正在成为国内外高等教育中日益受到重视的一门人文学科。在跨语境研究中，这门学科引来了一个新的、全面开放的时代，以达到王国维所说的"学无新旧，无中西，无有用、无用"的学术境界。

**思考题：**

1. 作为人文学科的中国美术史有哪些基本的特性？
2. 中国美术在人类艺术发展中体现了哪些普世价值？
3. 在数码与网络时代，为什么要强调中国美术史教学本身的研究？
4. 怎样通过学生主动参与的教学模式来强化对中国美术特点的认识？

**课堂讨论：**

如何在数码与网络时代文献图像数据库日渐完备的条件下，把握中国美术史教学中的"开放"结构，追求"学无新旧，无中西，无有用、无用"的学术境界？

**参考书目：**

[美]潘诺夫斯基：《作为人文学科的美术史》，曹意强译，范景中校，《图像与观念——范景中学术论文选》，岭南美术出版社，1993年，页409—35

范景中主编：《美术史的形状》，中国美术学院出版社，2003年

范景中、高昕丹编选：《风格与观念：高居翰中国绘画史文集》，中国美术学院出版社，2011年

曹意强：《包罗万象史的观念与西方艺术史的兴起》，《学术思想评论》，1997年第2辑，页369—388，http://book.chaoxing.com/ebook/detail.jhtml?id=10381706&page=369

洪再新：《中国美术史图像手册·绘画卷》，中国美术学院出版社，2003年

王朝闻主编：《中国美术史》，齐鲁书社、明天出版社，2006年

[美] 杜朴、文以诚: *Chinese Art & Culture*, Harry N. Abrams, 2001

[英] 柯律格: *Art in China*, 2nd ed., Oxford Press, 2007

［英］苏立文（Michael Sullivan）：*The Arts of China*, 5th ed., Berkeley: University of California Press, 2008

《中国美术分类全集》，包括《中国美术全集》（古代部分全60册，人民美术出版社、上海人民美术出版社、文物出版社等分别出版，1985—1993年）、《中国法帖全集》、《中国玺印篆刻全集》、《中国壁画全集》、《中国殿堂壁画全集》、《中国敦煌壁画全集》、《中国新疆壁画全集》、《中国画像石全集》、《中国绘画全集》、《中国建筑艺术全集》、《中国金银玻璃珐琅器全集》、《中国民间美术全集》、《中国漆器全集》、《中国青铜器全集》、《中国石窟雕塑全集》、《中国寺观雕塑全集》、《中国藏传佛教雕塑全集》、《中国陶瓷全集》、《中国玉器全集》、《中国现代美术全集》

卢辅圣主编：《中国书画全书》，上海书画出版社，1993—1998年

杨新、聂崇正、郎绍君、［美］巫鸿、［美］高居翰、［美］班宗华（Richard Barnhart）：《中国绘画三千年》，外文出版社、耶鲁大学出版社，1997年

［美］高居翰: *A Pure and Remote View: Visualizing Early Chinese Landscape Painting, 2011,* http://www.jamescahill.info/a-pure-and-remote-view

［美］巫鸿：《美术史十议》，生活·读书·新知三联书店，2008年

［美］方闻：《心印——中国书画风格与结构分析研究》，李维琨译，陕西人民美术出版社，2004年

洪再辛编：《海外中国画研究文选（1950—1987）》，上海人民美术出版社，1993年

［德］雷德侯：《万物：中国艺术中的模件化和规模化生产》，张总等译，生活·读书·新知三联书店，2005年

石守谦：《从风格到画意——反思中国美术史》，台北石头出版有限公司，2010年

石守谦：《移动的桃花源：东亚世界中的山水画》，台北允晨文化实业股份有限公司，2012年

［美］埃尔金斯：《西方美术史学中的中国山水画》，潘耀昌等译，中国美术学院出版社，1999年

［英］柏拉威尔：《马克思和世界文学》，梅绍武等译，生活·读书·新知三联书店，1980年

袁荻涌：《鲁迅与世界文学》，中国文联出版社，2000年

# 第一章　史前美术

## 引　言

现代宇宙学把星象作为人类的祖先。而大诗人屈原（前340—前278）在其旷世杰作《天问》中提出了一百八十多个问题，其中就有"女娲有体，孰制匠之"的妙问。更妙的是，诗人的灵感不是来自别处，而是来自楚国先王庙及公卿祠堂内诡谲神奇的神话壁画，因而诗兴勃发，浮想联翩。当诗人无法从史官文献中知晓"我们从何处来"时，就以充满幻想的绘画形象来"思接千载"，把神话传说作为其文化根基的出发点。这种大气浑然的文化原型，构成了中国美术的源头之一。

基于19世纪以来的"进步"观念，人们在认识人类起源的问题上，采用了不同于先秦时期的文化参照系，形成了多种多样的研究方法和途径。身处21世纪这个全球化的时代，我们可以更开放的观念，来探索人类和艺术起源的问题，进而思考包括中国在内的人类美术为什么会有一部历史。

事关中国美术的源起，牵涉一些比较宏观的问题。譬如，"史前"的概念是相对于什么人类社会发展阶段而划分的，所谓最初的"美术品"有哪些功能特点，而所谓"原始"的概念为什么会用在史前社会上，这种用法对了解史前美术有什么问题。以人类社会发展的共性而言，应考虑人类早期创造和使用的石器工具和艺术起源究竟是什么关系。而就中国史前时期的发展特性来看，应考虑其和世界各地史前艺术的发展的差异。比较以往的教材，我们对新旧石器和岩画的讨论侧重于共性问题，而在玉器部分侧重于特性问题，显示在中国文明起源中的先兆作用。

# 第一节　旧石器和新石器时代

追溯美术的源头，我们回到人类漫长的童年时期。具有五千多年文明史的中华民族，对此充满了想象。在近代考古学出现之前，中国的创世神话中就有关于美术各门类起源的传说——伏羲氏创制八卦；神农氏结绳记事，发明陶器；黄帝之时，仓颉始作文字，史皇发明绘画，嫘祖则养蚕织丝；等等——多被归于圣人名下，格外神奇；其中有一些和当时的社会经济生活与文化发展状况相关，隐约地透露出中国美术源起的情形。

现代田野考古学根据人类生产工具的演变，把整个史前时期定为石器时代，以区别于此后使用青铜等新工具并有文字记载的历史时期。史前考古从不同的石器类型，划分出新旧两大阶段：旧石器时代的上限大约在一百万年前，和中国猿人的进化同时；发现于江西万年仙人洞距今八千多年前的原始陶片，表明新石器时代业已开始；而在四千多年前高度成熟的良渚文化玉器则显示了文明的曙光。随着考古学方法的不断更新，中国原始社会美术遗存的总体情况正在世界史的范畴里得以呈现。尽管如此，我们对不同艺术形式起源的了解，犹如对人类语言起源的认识，仍在探索阶段。和世界其他民族的祖先一样，我们的先民以石器、陶器、玉器等可视之物来记录他们的生活、思想、情感和信仰，留待后人去释读和理解。

在1929年发现北京猿人以来，现代人在中国境内的活动遗存已发现多处，分布在东西南北中不同地点。北京猿人生活在距今四五十万年前，活动于北京西南郊周口店一带。在狩猎劳动中，他们能制造简单的石器，有的只是略加敲打的石英片石。他们用石刀把兽骨制成了骨器，付诸日用或装饰。到旧石器时代中期的"丁村人"和旧石器时代后期的"山顶洞人"，这种能力变得越来越成熟。随着石器制作的精细化，距今二十多万年和两万年左右的这些先民，便能够利用更多的自然资源来改善低下的生产和生活条件。我们在认识先民留下的石器遗存时，清楚地看到这些器物在从野蛮向文明进化过程中的实际功用。这表明先民们开始并不是把可视的物象作为审美的对象，而是把它们和现实的物质与精神需要联系在一起。这些需要在原始先民的思维中是没有明确界线的，处于混沌朦胧的状态。从物质方面来认识，石器工具制造的过程总在不断进步，使器物的形制变得越来越讲究——从粗略简单到精细复杂，从一次打击到多次加工，从单一制到复合器物，从就地取材到异地寻求，体现出生产活动趋向专门化的特点。而从精神方面来认识，工艺技能的进步，构成了美术之所以有历史的一个方面，因为先民们思维能力的发展并没有把物质视为机械的存在，而是将其视为体现造化神力的实际载体。物质材料越是丰富，就越能满足不断增长的精神需要。早期先民物我不分的巫术观念，崇信万物有灵，可能是促成史前艺术创造的主要动力。这就解释了在山顶洞人的遗物中，装饰品为什么要比石器工具更引人注目。像表面磨得十分光亮并刻有纹饰的鹿角短棒，磨制得很精细的骨针，一端尖，一端有孔，代表当时高超的工艺技能。除了那些穿孔的石珠、兽齿、蚌壳和砾石外，还发现有一些作染料的赤铁矿粉块和用它染红的椭圆形砾石。这表明旧石器时代后期的先民们已经有意识地在装饰自己，传达原始的思维活动。

来自新石器时代趋于多样化的美术门类有助于认识混沌朦胧的原始思维。在工艺制作上，所谓新旧石器的最大区别是磨制石器和陶器的发明。陶器因质地、形制、纹饰的不同，表明了新石器时代前后各个阶段与不同文化区域的鲜明特征，通过艺术形象反映出从母系氏族向父系氏族过渡的社会进程。采集渔猎生活的发展，保障了稻米、蚕桑等农耕业的发达，定居的生活导致了手工业和农业的分离，以及贸易交换活动的普及化。古史传说中，黄帝之时有了专门负责制陶的"陶正"，由昆吾氏担任其职。陶器和玉器的出现，使装饰艺术成为史前美术的主流。其装饰性和象征性充分体现了这些工艺品的特定社会功用。

从世界范围来看，在中国史前美术考古中，尚未发现如欧洲旧石器时代出现的洞穴壁画。不过，在黄河以北贺兰山、阴山山脉所见的前匈奴时期的岩画创作具有人类早期岩画的一些共性。中国远古先民的艺术创造力，集中地体现在新石器时代的陶器和玉石器上，把器物造型和图案艺术推向了高峰。后者不仅影响了早期中国绘画装饰风格的形成，而且对汉字艺术的出现也起了积极的作用。玉器所具有的特殊的社会功用，喻示史前雕刻艺术和象形文字的某种联系，承载社会部落的信息，将审美与道德伦理价值融为一体，在中国传统的审美体系中占有崇高的地位。

认识美术的源头，一般有三种方法：一是结合文物考古和史前史研究来探讨中国美术的起源，展示原始社会物质和精神文化的基本特征，而考古发掘的成果和方法，特别值得重视。二是通过考察近代尚存的中外原始部落文化，作为史前美术的活化石。由于中国各少数民族社会历史发展的不平衡性，以这种人类学和民族学的方法来比较和分析考古出土文物，总是有所助益。三是儿童心理学的研究，对于认识人类早期艺术的形成也富于启发性。方法由认识对象而定。只要根据具体的作品，采用有效的研究方法，就可以努力呈现原始先民的创作环境，揭示史前美术品"原始性"的神奇魅力。无论人们怎样界定美术的起源，有一点是明确的，即艺术在与宗教和科学共生的过程中，不断地在呈现人的创造力和想象力，并将其物化于美术这一可视的形态。

## 第二节　南北建筑

在以往的建筑史上，"风水"的观念深刻地影响着人们看待周围世界的认识方法。远古先民有关建筑艺术的科学与迷信就包含在"风水"之类实践中。这种整体的宇宙意识显然出自他们物我不分的原始思维。当山顶洞人在北京西南郊周口店一带的洞穴中建立临时居所时，他们的生产方式主要是狩猎。从考古发掘的遗址可以看到，即使在生活水平十分低下的情况下，山顶洞人已注意选择依山傍水、面南向阳的山洞作为栖息之地。

进入新石器时代农耕定居生活以后，住房就成为氏族社会成员生活的必需品，建筑艺术也就根据不同地域的自然环境和资源发展起来。近几十年来考古学家重视聚落形态的发掘，使我们对早期聚落形态景观中的建筑功用有了更多的了解。

在辽河流域的兴隆洼文化中，其一期环壕聚落，距今八千年，共有8排，每排10～13座，每座面积50～80平方米的房子，是迄今保存最完整的新石器时代聚落之一。所有的房址均沿西北—东南方向成排分布，排列整齐。房址均为半地穴式建筑，平面呈长方形或圆角方形，均无门道。

在黄河流域新石器时代前期的仰韶文化中，陕西西安半坡原始社会遗址保存的半地穴式建筑，和兴隆洼聚落房址类似，体现了长江以北的环境和生活住房的关系。由于气候寒冷，半坡人利用了洞穴居室的优点，把地基建在深挖的土中，再用木柱支撑梁架和棚顶。房屋朝南开门，棚顶用草席等依人字形两面披落，使建筑物尽可能少地暴露在寒风冰雪中。在干燥的秋冬时节，这样的结构可以起到很好的保暖作用。

1973—1974年在长江下游浙江余姚河姆渡文化遗址中出土的干栏式木结构建筑构件，是迄今所见最早的榫卯结构实物遗存，其年代距今已有六千七百年左右，和半坡半地穴建筑的时期相仿，但功用特征则大不相同。河姆渡位于东南季风带，依山傍海，地势低洼，湿润多雨。河姆渡人发展了远古传说中有巢氏构木为巢的手法，用木料筑成栏柱，再在上面构搭房屋，以和潮湿的地面隔开距离。在盛夏时节，这种干栏式木结构能够使住房通风凉爽，同时也可以避免蛇虫和野兽的侵扰。令人难以置信的是，在金属工具尚未出现时，河姆渡人已经很好地掌握了凿制卯孔、拼接榫头的工艺。所用的木料十分结实，表明其有较大的承重量（图1-1），后来中国木结构建筑体系就发端于此。

在新石器时代，几大流域的文化中都出现了大型公用建筑，是后世宫殿建筑和宗庙建筑的雏形。在黄河中上游的甘肃秦安大地湾仰韶文化遗址的大房子，开始出现中国古典建筑物的三大组成部分：台基、墙柱和屋面。每一房屋由立柱分开若干开间，每一开间组成为最小的建筑单元。这一形制是中国古代建筑物所恪守的规范，与木结构体系相始终。大房子的功用可以从那里发现的一幅地画得到说明。画上用粗线条勾画了两个人物，他们可能是在围着灶头从事祭奠活动（图1-2）。如果这一理解成立的话，那么，人们在大房子中活动的内容就会与祭祀等巫术礼仪活动有关。此外，在辽宁喀左牛河梁红山文化遗址发现的"女神庙"和积石冢群，似为后来宫殿格局之先声，其中有女神头像及身躯残片，动物塑像和玉雕猪龙，呈现了氏族宗教活动场所的宏大规模和里面陈设的丰富内容。还有，在杭州西北发现的良渚古城，是长江下游首次发现的城址，南北长1800～1900米，东西宽1500～1700米，总面积290多万平方米。布局略呈圆角长方形，正南北方向。汇观山良渚文化高台墓地，有呈长方形覆斗状的祭坛，从清理分布其西南面的四座墓葬内容来看，规格很高，和荀山、反山、瑶山、莫角山和土垣等共同构成了

图1-1　干栏式木结构建筑残件，1974年浙江省余姚河姆渡文化遗址考古发掘现场

图1-2　双人图，地画，110cm×120cm，甘肃秦安大地湾仰韶文化晚期遗址出土

良渚遗址群。其中莫角山遗址，从位置、规模和特征上，都是面积达40平方公里、包含上百个遗址的中心聚落。据考古学家推测，它可能作为某个统治集团的权力机构所在地，并以反山墓地作为王陵，格局十分壮观。安徽含山县凌家滩新石器时代后期遗址也有城市的规划，值得重视。

## 第三节　陶器艺术

陶器是用泥土作为坯胎，用火低温烧制而成的新器物，标志了先民们生产能力的一大进步。采集、耕织和手工业的发展，使定居之后的氏族成员需要有一些器物来保存种子，储藏粮食，要有适合日用炊饮的各种器皿。最初的这类器物很可能是用植物为材料制作的，如草、藤、木头等，如在近代中国北方狩猎民族的原始部落中，便可看到木碗、木勺、木盘之类日用器物，皮革制品也很常见。由于编织器不能放在火上作为炊具，人们就用黏土涂在木制或编织的器皿的表面，增强其耐火性，很可能就由此发明了陶器。一旦发现陶土成型后能够烧制出各种器皿，原先由编织或缝制技术而产生的形式，就脱胎成为陶器的最初形式。一部分木器也被陶器取而代之。从陶器的质地、器形、制坯和烧制工艺等形态学特征来看，能够区分出各地氏族文化的主要特点。

在长江、淮河、珠江流域的新石器时代文化遗址中，最常见的陶器是泥质灰陶和几何印纹陶。目前发现最早的陶器是出土于江西万年县仙人洞的几何印纹陶，器形优美，有不同的简单几何纹样压印在器表上。其质地与泥质灰陶类似。早期的陶坯是手制的，像我们从近代中国西南少数民族原始部落中看到的情形，用黏土搓出泥绳，盘旋而成一定的器形，再用手掌或木板拍击，使之固定成型。显然，几何印纹的印制方法可能与拍板的使用有关。但有关几何纹的产生原因，详细情况仍不清楚。

泥质灰陶碎片在浙江余姚河姆渡文化遗址中有大量出土。其陶土内掺入了稻谷谷壳等物，因此烧制后成为夹炭灰陶。这很能体现长江流域稻米文化的特色。在出土的陶盆残片上，刻有禾苗稻穗的图案，表明河姆渡人是环太平洋地区最早种植水稻的部族之一。河姆渡陶器也是手制的，器形多不规整。除陶罐等盛器外，有一细心制作的猪纹陶钵（图1-3），器壁厚，器表光洁。

黄河流域是中国彩陶文化的策源地，以河南新郑的裴李岗为代表，距今八千年，有大地湾文化、磁山文化、后李文化、

图1-3　猪纹钵，高11.7cm，口边长21.7cm，宽17.5cm，浙江省余姚河姆渡文化遗址出土，浙江省博物馆藏

北辛文化、白石村文化等类型。裴李岗遗址发现横穴式陶窑，这是我国迄今知道最早的陶窑。

在彩陶文化中期，主要有仰韶文化和大汶口文化，为繁荣时期。仰韶文化以河南省渑池县仰韶村的新石器考古发现命名。该文化地域分布在黄河沿岸的河南、山西、陕西、青海和甘肃等地。代表性类型有半坡类型和庙底沟类型，以磨光红陶和彩陶著称，造型多样。器物手制成型，即用泥条盘筑法，实用美观；纹饰多以黑地绘红彩，其纹饰精美，如庙底沟类型的彩陶几何纹盆，就是鱼纹的抽象表现，极为精彩（彩图1）。大汶口文化分布于黄河下游，以其发现地山东省泰安市大汶口镇而得名，分布于山东和苏北地区。以红褐色陶为主，灰、黑陶不多；纹饰有划纹、堆纹、锥刺纹、戳印纹、花瓣纹、涡纹、星纹；均为手制，晚期出现轮制。代表性器物有釜形鼎、钵形鼎、觚形杯、圆孔的圈足豆等。

彩陶的原料即普通的黄土，去掉钙质和钾质，方法可能是将陶土加以过滤清洗，再加上细沙与含镁的石粉末。陶土有很高的含铁量，占百分之十。在陶器烧成后，就呈现黄色或红色。装饰陶器器表的彩绘原料大多是天然的赭石、红土或锰土。也有的器物涂红色或白色的陶衣。彩陶最初为手制，有的经过慢轮修整，将陶器表面砑磨光亮。烧制彩陶的窑火温度可达一千摄氏度以上，这表明那时已经有了鼓风炉等设备。陶窑分横穴窑与竖穴窑两种。随着窑温的提高和手制向轮制的演变，彩陶工艺有了很大的进步，为一些陶艺精品的产生提供了重要的技术条件。

晚期彩陶文化有黄河上游的马家窑文化，因发现于甘肃省临洮县马家村而得名，以"马家窑型"、甘肃省和政县洮河半山遗址的"半山类型"和以青海省乐都县马厂（塬）沿遗址的"马厂型"为代表。其中"半山类型"的代表器型是敛口罐和大敞口的盆。彩陶罐分有颈和无颈两种，在造型上，各部分成一定的比例，如高与宽之比，底径与腹径之比，都极具匠心，形成了饱满优美的外轮廓线（彩图2）。彩陶盆和彩陶罐一样，都是宽度超过高度，小底，以柔和的曲线勾出整个器形的侧影。这一造型又经过几何形花纹的巧妙装饰，结构设计新意迭出，根据器形的变化或疏或密，虚实相间，变幻莫测。通过旋涡纹和波状弧线来贯通全局，使图案纹饰极具律动感。而由黑白相互衬托组成的"双关图案"，表明半山人已善于利用视觉负像来激发人们的联想力。这些杰出的创造都极为成功地展现了彩陶艺术充满张力的形式美，成为不朽的陶艺经典。黄河中游有中原龙山文化，下游有龙山文化，而以下游的龙山文化

图1-4 黑陶蛋壳杯，通高17.5cm，口径11.2cm，山东省章丘龙山文化遗址出土，山东省博物馆藏

最为卓越。

黑陶是较彩陶烧制技术更成熟的又一辉煌的工艺成就。它是龙山文化最重要的代表，分布在东部沿海一带，北至辽东，南抵浙江，西及河南。山东省章丘市龙山城子崖的龙山文化遗址出土的黑陶器物，堪称典型：色泽乌黑锃亮，表面光润；器壁极薄，一般厚度为3毫米，最薄不足1毫米，故有"蛋壳陶"之称（图1-4）；轮制坯胎，形成器物清晰整齐的棱角，并在器物上附有牵绳或手执的鼻。黑陶造型丰富，代表性的器型有三足器，如陶鬶（图1-5）。其他三足器如鼎、鬲和平底圈足器如豆，则接近青铜器的形制。其风格简洁明快，以造型而非纹饰见长，反映了轮制在促进器物造型方面起了积极的作用。

在塑造立体形象方面，各种器物已经清楚地体现出先民们天才的想象力和创造力。从实用科学的角度，像鬲、鬶、鼎等三足器是稳定性最佳的形制，可能是受到篝火支架的启发创制而成。半坡出土的尖底汲水陶瓶，也是源自生活经验的智慧结晶。从工艺美观的角度看，马家窑和半山彩陶代表了器物造型的完美典范。又如陕西北首岭出土的彩陶船形壶、青海柳湾齐家文化遗址中的鸮面罐等等，是早期陶塑的一种表现。黄河流域常见有人头形器口陶瓶，半身人形的后脑有呈蛇形的发辫。其中在青海柳湾的一件彩塑陶壶上，塑有一裸体人像，但经过了变形处理，以浮雕形式强调了两性的性特征。根据齐家文化的时代特点，它可能与母系氏族向父系氏族的转换有关，体现了关于人类自身再生产的原始崇拜（彩图3）。陶塑的另一类形式是脱离器物专门捏制的动物和人物形象。早期的如河姆渡文化的陶猪，具有写实的特征，把圈养的母猪形象表现得生动可爱，可以和刻在陶盆上的猪纹图案媲美。陶猪的体积很小，用黏土捏成，烧制以后出现了黑和灰两种不同的颜色，十分真切（图1-6）。晚期的如红山文化的陶塑女神头像和裸体女神身躯残片，它们在表达原始人的宗教信仰方面，具有不可低估的作用。女神头像，似真人大小，面涂红彩，五官的比例匀称，立体感突出。双眼镶嵌青色玉片，目光慑人（彩图4）。首次在中国新石器时代文化中出土的几件女神身躯残片（图1-7），虽然没有欧洲旧石器时代的女神雕刻那样夸张的特征，却也表明红山人关于生殖崇拜的观念。

陕西省西安市临潼区姜寨出土的一套绘画工具表明陶工使用相同的工具制作图像和纹饰。有石砚、砚盖、磨棒、陶杯以及黑色颜料（氧化锰），并用兽毛扎制成笔，常见的写生形象与几何图案笔画流畅，线条变化丰富，应是毛笔的效果。这对后来的中国画用笔影响深远。研究表明，先民们在认识和

图1-5　陶鬶，高29.2cm，山东潍坊姚官庄龙山文化遗址出土，山东省博物馆藏

图1-6　陶猪，高4.5cm，长6.3cm，浙江省余姚河姆渡文化遗址出土，浙江省博物馆藏

图1-7　陶裸体女神像，残高5.8cm，辽宁东山嘴红山文化遗址出土，辽宁省考古研究所藏

表现物象时有多种方法，思维也不是单向的，而是取决于作画的目的与功能。比如，作为中华民族古老的生殖崇拜的象征，鱼在仰韶文化陶绘中是出现最多的图像之一，具象者使人如同欣赏水里的游鱼，而概括者则往往只能得其仿佛。两者之间有许多互通的关系，却很难确定孰先孰后。以几幅典型作品为例，不难认识这一点。半坡遗址出土的人面含鱼纹彩陶盆（图1-8），以图案结构线作为抓形的基础，画面简洁有力。覆扣在婴儿瘗骨罐上的这种器物纹饰，呈现了半坡人的生死观，很可能是一种巫术图腾，象征着氏族的人丁昌盛，由此形成"视死若生"这一视觉命题的原型。以鱼纹图案作装饰的陶器在仰韶文化中已发现近十件，因此对人面鱼纹盆的所有纹饰之含义，也提出了多元的看法。1974年出土于姜寨遗址的人面鱼纹盆，高22厘米，口径40.2厘米。其口沿用露地线纹作等距离的四方八位式分割，内壁绘画两个人面鱼纹、两个网格纹分置四正方位各自对称。这种网格纹为45度角斜置正方形，每边作十等分，整体上被划分为100（10×10）格，其四角上又各接一个涂实的等腰三角形的情况，学者们从天文历法角度获得较完整而合理的释读。而在河南省临汝县阎村仰韶文化遗址出土的鹳鱼石斧图彩陶缸（彩图5），形象均用色彩表现，再以线条勾形，显得浓重华丽，绘画性堪称中国史前艺术之冠。据分析，斧柄上所画的X形符号，在西亚史前文化中代表富有。从比较文化论的立场看，也可能是阎村人表达富有的方式：鱼、鹳和石斧共同表达了氏族首领坐拥财富，泱然自足的心态。

陶饰纹样包括动物、人物、植物和杂物，分别和不同氏族的现实生活或巫术仪式发生关系，如猪纹、鸟纹之于河姆渡人，鱼纹、人面纹之于半坡人那样。在山西陶寺遗址出土的

图1-8　彩陶人面鱼纹盆，高16.5cm，口径39.8cm，陕西省西安半坡仰韶文化遗址出土，中国国家博物馆藏

图1-9　彩陶舞蹈纹盆，高14.1cm，口径29cm，青海省大通县上孙家寨马家窑文化遗址出土，中国国家博物馆藏

图1-10　灰陶大酒尊，日月山形纹局部，高59.5cm，口径30cm，山东省吕县陵阳河大汶口文化遗址出土，中国国家博物馆藏

图1-11　夹砂红陶残片刻画符号，直径9cm，高5cm，厚1cm，陕西省黄龙县仰韶文化庙底沟类型遗址出土

彩陶盘上有蠕龙图形，彩陶罐上也有龙纹为饰，是目前发现最早的龙图腾形象，其身体分别为鱼形和蛇形。比较具象的饰纹与陶绘相近，显示出早期绘画的水平。在青海省大通县上孙家寨马家窑文化遗址出土的舞蹈纹盆，有与鱼、龙之类图像相似的的巫术功用。盆内绘有五人一组的三队舞蹈者在手舞足蹈，劲歌健舞，气氛十分热烈。这一纹饰既具象又很概括，介于绘饰之间，有很强的表现力（图1-9）。类似的人数组合，也出现在甘肃省会宁县头寨子镇牛门洞村出土的一件舞蹈纹盆上。在青海省同德县巴沟乡宗日遗址出土的舞蹈纹盆，则有十一人和十三人各一组的两队舞蹈者，比甘肃武威市凉州区新华乡磨咀子遗址九人一组的两队舞蹈纹的人数还要多。值得注意的是，所有的人物都戴着头饰和尾饰，表明他们正在操演某种原始的祭祀活动。如果放入半盆水，就会看到舞者们的倒影，画面更加奇幻。趋于抽象的纹饰对工艺美术的发展意义重大。河南陕县庙底沟仰韶文化彩陶上，除有象形的蛙纹外，大量的都是以圆点、曲线、涡纹、弧线、方格纹、三角涡纹组成的繁复图案。黄河上游的马家窑文化彩陶，发展了这一趋势，半山型彩陶上采用红黑相间的锯齿纹构成的旋涡纹、菱形纹和葫芦形纹；而马厂型彩陶上多有变体蛙纹、螺旋纹、菱形纹和编织纹。在运用点、线、面等图案组织要素方面，这些彩陶的描绘者创造了一个个抽象的世界。很难想象，从社会形态上说蛮化未开的原始艺匠，能表现出如此完美的饰纹图案，这显然是对"原始"概念运用在艺术史上的一种质疑。

史前社会常见的另一记事方式为刻画符号，它和陶绘纹饰图案一起，是文字发明的前奏。半坡遗址出土的圆底钵口沿的宽带纹上，有二十二种不同的刻画符号，姜寨半坡文化彩陶上有三十三种刻画符号一百二十多个，而柳湾马厂类型彩陶壶上则出现了一百三十多种符号，表明了先民们记事能力的发展。这些符号与商代甲骨文中的象意、指事类文字有比较直接的关系，体现出人的抽象概括能力。象形的文字符号以山东大汶口文化出土的灰陶大酒尊上的"𤸷"为代表（图1-10），从它上中下结构来看，"日""月""山"三个象形的部首一目了然，但现有的解读，却分歧很大，或有视之为酒神者。类似的符号也在皖北尉迟寺大汶口文化出土的几件儿童瓮棺葬具上出现，但字意尚难定论。其他一些象形符号的部首结构则没有这么明确。在山东邹平丁公村的龙山文化遗址中，还出土了一陶片，刻有五行十一个互不相连的文字，和方块字的书写结构不同，呈现出汉字起源非常复杂的现象。2009年陕西省黄龙县出土一块带有刻画符号的重唇口尖底瓶口部残片，属仰韶文化

庙底沟类型的泥质和夹砂红陶，残片直径9厘米、高5厘米、厚1厘米，重唇口部有十二个烧制前刻好的符号，与现在的罗马数字或英文字母相像，可认作是"| |1 x | x v | x v x |"（图1-11）。结合对陶文与陶绘关系的考察，也能够注意到"字画艺术"的源远流长。

## 第四节　玉器之美

在人类最初的艺术发展史上，中国史前时期创造的玉器工艺是非常独特的。除了在新西兰毛利人和中美洲原住民的文化中有玉器的使用，迄今所知其他的古文明中，都没有发现类似的美术遗存。

从旧石器时代后期出现磨制石器，即细石器后，石工们对石料的质地积累起丰富的知识，逐步认识了玉石的特殊价值。细石器选用的石料，有石英、玛瑙、碧玉、黑砾石等，都是光亮、半透明、颜色美丽的矿物。现代矿物学把玉分为软玉和硬玉（又称翡翠）两类。史前考古常见的是软玉，硬度为六度到七度半，不易受磨蚀，有红、黄、绿、青、黑、乳白等色，呈玻璃状光泽，不透明或半透明，手感冷而柔和，叩击声音清脆。先民们把好的矿石，即坚硬而色泽亮丽的所谓"美石"，都称为玉，作为琢玉器的原料，并不限于合乎近代矿物学界定的某种矿石。琢制玉器的工艺技术要求极高，处理硬度较高的玉料，主要的技术有剖、磨、琢、碾、钻等，专业性很强。

新石器时代由内蒙古兴隆洼文化、辽宁红山文化、山东龙山文化、江南良渚文化和凌家滩出土的玉器，在从野蛮向文明飞跃的社会形态转换过程中，创造了"以玉为兵"的"玉器时代"，受到学术界越来越多的重视。其最辉煌的典范是良渚文化。以玉器为核心，在浙江、上海、江苏等地的良渚文化遗址中大量出土，尤以1986年以来在杭州良渚反山、瑶山遗址发掘的大型墓葬玉器群为代表。这些完整的出土文物，比较清楚地反映出良渚人制作和使用玉器的方法与途径，呈现出玉器与新石器时代后期社会生活的特殊关系。

玉器是典型的磨光石器，以研磨和钻孔的技术和严格对称整齐的形式（方、圆、长方等），标志着新石器时代石器工具发展的高级阶段。这一发展过程，在选择石料上经历了由粗到精的变化；形式上也是由不固定变为固定，不整齐变为整齐，不对称变为对称，逐渐产生"美"的形式。值得指出的是，石器的演进是适应劳动的需要，反映了人的手工与思维能力的进步，但是在良渚文化和新石器时代后期其他文

图1-12　"玉殓葬"，江苏省武进寺墩良渚文化3号墓出土

化中，并没有被作为劳动工具，而是作为精神和物质财富的精华，为氏族首领所拥有。良渚玉器具有多种形式——璜、璧、环、琮、钺、管、珠、簪、坠饰、冠状器，以及不同造型的玉雕物，作为生活装饰品，象征富有、权力和地位。它们有些从劳动工具的形式演变而来，如玉璧和玉环，据考证可能来自纺轮或环形石斧。璧、环同是中间有孔的圆形器，因孔径不同而在后世称谓各异。又如玉钺的原形是石斧，后来成为用于礼仪场面的祭器。

和红山文化的源头兴隆洼文化以玉玦为主的情况不同，玉琮是良渚玉器的代表性器物，出土的数量很多，其形制与功用都非同一般。以江苏武进寺墩良渚文化3号墓的情况看，为约20岁的男子墓主陪葬的大量玉器，即以玉琮和玉璧是主要形制的最高级别之"玉殓葬"（图1-12）。和同一墓葬出土的玉璧等器物相比，大多数玉琮是成套地安置在墓室里，比重很大。其形制是外方内圆，在器物中心琢有圆孔。体积与高度按一定的比例，有长有短，大小各异。在反山遗址出土的"琮王"，高8.8厘米，直径49厘米（图1-13），玉质洁白，器表抛光，明如镜面。玉琮的平面呈现了清楚的方圆规矩，分别在一块中央钻孔的立方或长方形玉石的上下两端琢出一轮玉璧。其立面的四个转角有凸起槽面，分别刻出两层左右对称的浅浮雕兽面纹样；而在四壁的中央，都刻有上下相同的两个浅浮雕族徽，精美无比。对玉琮的具体功用和象征意义，目前学术界存有不同看法，但一般认为它是早期巫术祭祀活动使用的一种法器，应该没有太大的疑义。玉琮中空外实，方圆一体，并且有氏族图腾和四方神灵的形象附着其壁，典型地代表了原始先民天地浑一、万物有灵的思维特点。

图1-13　玉琮，高8.8cm，直径49cm，浙江省余杭反山良渚文化12号墓出土，浙江省文物考古研究所藏

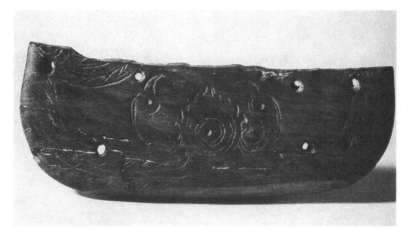

图1-14 双鸟朝阳纹牙雕，长16.6cm，残宽6.3cm，厚1.2cm，象牙质，浙江省余姚河姆渡文化遗址出土，浙江省博物馆藏

大量出现在玉琮上的良渚人族徽是一个戴有冠状饰物的头像，它和琮的社会功用共同构成了非常重要的原始文化现象。早在河姆渡文化中，已经出现了双鸟朝阳纹，刻画在蝶形骨器和象牙匕状器上，可能是当时的图腾（图1-14）。良渚玉器上的族徽显然是远古时期刻画得最精美的氏族标志之一（图1-15），对人们认识物我合一、人神杂陈的世界，起着分辨善恶的作用。良渚还出土有单独的冠状器，以透雕的手法琢出冠状神人的族徽符号，更加突出了这一标识的重要性。在琢玉工艺上，良渚人在尚无金属工具的原始生产状态中，能够达到如此精致的程度，确实是奇迹。据一些出土的实物分析，当时曾以线切割的方法剖琢玉材。那些细如丝发的浅浮雕纹样，则可能是用硬度较玉器更高的石刀琢成。

由于社会的高度重视和专业分工的强化，良渚玉工精湛的技能得到了最充分的发挥。在昆山赵陵山良渚文化遗址中出土的镂空人鸟兽复合形佩饰件，在头戴冠冕的人物顶上，雕有一

图1-15 玉雕族徽，良渚文化

图1-16 蜷体玉龙，高26cm，直径2.3～2.9cm，内蒙古自治区翁牛特旗三星他拉红山文化遗址出土，中国国家博物馆藏

图1-17 直立玉人（正反面），高8.1cm，肩宽2.3cm，厚0.5cm，安徽省含山县凌家滩遗址出土，安徽省文物考古研究所藏

只跃跃欲飞的神鸟，而人物背后，一只侧身的松鼠，在人、鸟之间跑动，可能是反映鸟图腾崇拜。无论是在形式上还是在功用上，这些玉制品和先秦玉器有直接的承启关系，其纹饰和青铜器上用来"辨神奸"的兽面纹在观念上也一脉相通。

在红山文化中出土的玉龙（图1-16），也出现在凌家滩出土的近千件玉器中。后者有肖生类玉器如龙、鹰、龟、虎、兔、猪、蝉等，工具与兵器类有铲、斧、钺等，装饰类有璧、璜、环、玦、镯、珠、管等。其中一件直立玉人（图1-17）的背后，玉工钻出直径0.15毫米的管孔芯。如此精湛的微型管钻成就，结合同一遗址发现的厚大的坩埚片，据推测可能已掌握了金属冶炼技术，否则难以达到这比头发丝还细的钻孔效果。而置放于墓主胸部的一套的玉版及玉龟甲（图1-18），尤为学术界所关注。按陈久金（1939—　）、张敬国（1948—）的释读，玉版（图1-19）刻纹的八角星纹外大、小圆之间八等分扇面中的八个圭形箭标，指向四方八位，以示四时八节，为原始八卦的表示方法，而周缘钻孔按"四、五、九、五"布数，合于古代太一行九宫学说"每四乃还于中央"［《易纬·乾凿度》郑玄（127—200）注］，故玉版的设计涉及洛书和十月太阳历。尽管易学研究界仍有不同意见，含山玉版的宗教功能是非常突出的。

玉器在新石器时代不同的文化中如此繁盛，除了工艺的进步之外，更主要的原因是社会交换活动的增长。先民们对玉石原料的认识过程十分缓慢，受到各种社会条件的制约。玉石不同于普通的岩石，有产地的限制，因此没有一定规模的社会交换，人们是难以得到它来加工制作或使用欣赏。到良渚文化时期，氏族社会正在解体，贸易甚至战争带来了很大的财富，玉器便成为权力与财富的最重要的象征。它的审美功能也随之得到强化。现已知道，红山文化的玉器，用的是辽宁东部的岫岩玉，有其地利之便。良渚玉器的玉料产地尚未确定，在山东日照两城镇龙山文化遗址所见的软玉双孔斧，以至河南安阳殷墟出土的大量商代玉器，玉料产地有不同来源，包括新疆和田玉。这都说明人们需要通过一定的手段去获取它们，或以物物交换，或以兵戎相见。若以目前的矿物知识而言，汉代以来的大部分玉料都来自新疆的和田，表明"丝绸之路"同时也是"玉石之路"。

越来越多的史前考古发现，提供了认识玉器和文字艺术源起关系的新材料。例如甲骨文以及后来的汉字中的龙、凤、龟、祖、鱼、虹、祝等字都和史前玉器的象形样式有极其类似之处。还有，单体的和复合体的勾云佩玉器，类似后来汉字复

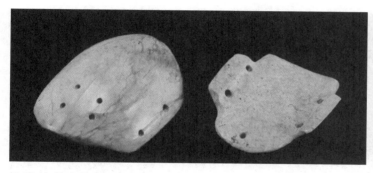

图1-18 玉龟版（上下两部分），背甲长9.4cm、宽7.6cm、厚0.8cm，腹甲长7.9cm、宽7.5cm、厚0.5cm，安徽省含山县凌家滩遗址出土，安徽省文物考古研究所藏

图1-19 玉版，长11.4cm，宽8.3cm，厚0.7cm，安徽省含山县凌家滩遗址出土，安徽省文物考古研究所藏

合体的基本构架——四角结构。

　　在良渚等玉器被现代考古发现之前，古代典籍对远古玉器的情况有所记载。进入文明社会之后，玉器与商周时期的社会等级、政治仪式和宗教活动一起，共同形成了一整套制度。在安阳殷墟发掘的器物中，玉器和青铜器在数量与质量方面旗鼓相当。经过儒家学说的整理，它被系统地解释为人们道德生活的化身，代表着美善合一的儒家美学思想的主要内容，也指出了中国传统艺术一个基本的审美趋向。检视东汉许慎（约58—147）《说文解字》卷一上"玉部"一百二十七个字，足以发现玉在中国思想文化中的深刻寓意。与此同时，汉代的道家思想也在对于玉的认识和使用上留下了永久的印记。加上民间对于玉器的物疗作用的重视，更使它成为人们健康生活中的象征。

## 第五节　早期岩画

　　除了前述个别地画和大量彩陶绘饰等图像制作外，在黄河以北的阴山山脉、贺兰山山脉和内蒙古草原的岩石上，则有各原始氏族部落留下的大量岩画，其年代之久远，内容之丰富，很值得重视。因为中原地区在新石器时代已经开始定居并发展起农业经济，而周边其他许多原始部族，像前匈奴一系的部落，由于自然环境和生产方式的制约，长期保留着狩猎和游牧生活的传统，岩画作品也就成为其主要的视觉记录。

　　北方早期岩画的分布地点很广，其特点是，岩画大都在石质坚硬、石面平滑的岩石上创作，狼山一带的岩画刻凿在黑色光滑的石块上，硬度在7度以上。也有敲凿在红色砂岩上的，但以石面大而平整为限。贺兰山脉桌子山的岩画大部分磨刻在石灰岩盘石上，硬度也有7度。同时，岩画大都刻画在避风向阳之处，风光奇秀，有很好的自然环境。

　　从画面内容来看，石器时代在阴山地区可称为狩猎时期，包括新石器时代早、中、晚各期，甚至更早。当时人们以狩

图1-20　围猎，岩画，104cm×46cm，
新石器时代，内蒙古自治区阴山几
公海勒斯太地区

猎和采集为主。画面以动物和狩猎场面居多，动物群落有大
角鹿、驼鸟、野马、野驴、野牛、羚羊、马鹿、驯鹿、北山羊
等，还有舞蹈场面、祈祷场面和人（兽）画像场面等。类似的
内容也出现在乌兰察布岩画和桌子山岩画中。

　　岩画可划分出狩猎、畜牧、人（兽）面像、舞蹈、天象、
印迹等类型。远古时代阴山和内蒙古草原自然环境良好，有森
林、草场，也有溪涧，植物生长茂盛。各类野兽在森林中出
没，游荡于旷野，往来于溪涧，提供了理想的狩猎场所。因此
阴山地区表现狩猎的岩画的时代很早，延续时间也较周围地区
长。由于猛兽对猎人的威胁很大，所以岩画中看到的各种集体
行猎以及双人猎和单人猎场面，往往都刻凿得非常惊心动魄。
围猎场面最扣人心弦，如几公海勒斯太岩画，高1.37米，宽
1.83米，生动地再现了这一场景。七个猎人，正在围猎一群动
物，四人张弓待发，一人站于山羊背上，两人徒手而哄，使被
追捕的野兽四处奔逃，惊恐万状。画面气氛紧张而生动，似乎

围猎情景就在眼前。猎人在出猎前举行祈祷仪式，以求神灵佑助，因为猎物是他们的衣食之源。从所有类型的图像都可以看出，岩画的创作是一种巫术活动的产物，成为人们消解生活困苦的精神寄托。

早期岩画制作是磨刻法，图形是用石器反复研磨而成的。磨刻一幅岩画十分费力，通常表现人面像和一些后来绝迹的动物，如大角鹿等。磨刻的纹路很圆润，纹路也很深。在工具非常原始的条件下能达到如此圆浑的画面效果，实在令人难以置信。利用尖利的石器工具敲凿岩面制成作品的方法称为敲凿法，它以小而深的麻点连缀成岩画图像，点上落点，制作很认真。在使用金属工具后，这种方法更为普遍。后期的轮廓法是双钩物象，时代就比较晚了。

早期岩画风格豪放粗犷，有很强的感染力。在所有题材中，动物凿刻得最具风采。其手法简练，形象完整，风格质朴，在写实的基础上进行夸张，突出最主要的对象特征。这些岩画擅长动态和神态的刻画，给人难忘的印象。（图1-20）可以看出，岩画作为一种美术形式，最初在匈奴先民那里并不单纯被用来作"审美"观赏的，而是融合在原始的信仰之中，如操演巫术活动一样。所以人们作画都极为认真，达到了非常虔诚的境地。这一点与黄河流域的彩陶艺术和长江流域的玉器艺术一样，也是岩画艺术之所以动人的关键所在。

# 小　结

人类社会石器时代经历了从打击石器（即旧石器）到磨光石器（即新石器）的进化过程。先民们生产、生活方式也从游猎向耕织定居过渡，其居住空间从山崖洞穴发展为地穴式和干栏式建筑，整个建筑体系包括民居和公共建筑（即氏族议事用的大房子和神庙祭坛）两大部分。在干栏式建筑中，大约七千年前河姆渡文化遗址所创造的木结构形式，成为中国古典建筑的先声。

史前艺术的特色集中在四千年至七千年前新石器时代的陶器和玉器上。陶器以黄河中上游的彩陶和黄河下游的黑陶为典范，它们在造型、彩绘和陶文方面，体现出具象和抽象的双重含义。彩陶文化体现了母系氏族社会的若干特点，表明人们在物质生产和人的再生产（即人自身的繁衍）方面的愿望和努力，提出了关于生死关系的永恒的视觉命题。和社会结构变化关系最直接的是玉器的出现，不仅代表了父系氏族社会的权力和财富，而且作为文明时代的曙光。玉器除了像玉琮之类作为原始信仰中的神圣法器传达古老的宇宙观念外，更以其质地和技术，成为美善合一的象征。

尽管田野考古发掘主要得之于地下文物，保存于地面的岩画也提供了史前时期的信息。阴山等地石器时代的岩画，数量和内容都很可观，功能和洞穴壁画相似，大都和巫术礼仪有密切的关系，是认识人类原始文化整体面貌的内容之一。还有，游牧部族在欧亚大陆的北方所进行的各种交流，对认识"草原之路"的形成，具有铺垫的作用。

## 术语

**史前社会** 是指人类在有文字记载之前存在的社会，其生产力和生产水平相对于文明社会都比较低下，所以又通常被称为原始社会。

**石器时代** 是根据人类生产工具的进化过程划分出的社会发展阶段，代表了最初的生产力水平。它又可以细分为旧石器（约距今10,000～100,000年前）和新石器（约距今2,070～10,000年前）两个阶段。前者以打击石器为代表，后者以磨光石器（包括玉器）和陶器为代表。石器时代以后有青铜器、铁器等时代。

**原始思维** 是相对于现代思维的一种思想认识方法，主要特点在于受自然神论的影响，不分物我，所以长于整体地把握事物。加上没有书面语言，不能对认识对象作明确的分节。

**陶器** 是用陶土作为坯胎，用火烧制而成的器物。窑温一般在600到1000摄氏度之间。根据陶土质地分为红陶、黑陶、白陶和灰陶。用彩绘原料装饰过的陶器，称为彩陶。在器物表面印有几何纹样的陶器，称为几何印纹陶。

**陶轮** 是运用轮制方法制作陶坯的工具，按其旋转的速度分为慢轮和快轮。轮制是比手制先进的制陶工艺。

**图腾** 是美洲印地安语TOTEM的音译，指原始部落奉为祖先并加以崇拜的特定物象或神灵。

**具象** 是抽象的反义词，表示具体地描绘某一物象，具有较强的写实性。而抽象则表示对某一物象的本质特征进行概括，具有较强的表现性。

**玉器** 是磨光石器的一种，因其特殊的玉石质料独立成为一类宝石。玉石因其硬度不同可分为软玉和硬玉两种。琢玉是制作玉器的主要手段，工艺十分精致。

**思考题：**

  1．艺术有一部历史吗？如果有的话，为什么？

  2．史前的艺术是否都很原始？如果不是的话，为什么？

  3．"进化的观念"对于认识艺术的起源有何作用？

  4．中国史前艺术有哪些主要的功能和特色？

  5．彩陶纹样如何呈现关于生死关系的视觉命题？

  6．中国史前玉器在人类艺术史上有什么重要意义？

**课堂讨论：**

  中国史前艺术在世界史前艺术中有哪些共性和特性？

**参考书目：**

朱狄：《艺术的起源》，中国社会科学出版社，1982年

李文儒主编：《中国十年百大考古新发现1900—1999》（上册），文物出版社，2002年

杨鸿勋：《中国早期建筑的发展》，《建筑历史与理论》，江苏人民出版社，1981年第1辑

吴山：《中国新石器时代陶器装饰艺术》，文物出版社，1982年

郭大顺：《龙出辽河源》，百花文艺出版社，2001年

严文明：《〈鹳鱼石斧图〉跋》，《文物》，1981年第12期，页79—82

程晓钟主编：《大地湾考古研究文集》，甘肃文化出版社，2002年

欧阳希君：《古代彩陶中的原始舞蹈图》，《文物鉴定与鉴赏》2011年第3期，页62—66

浙江省文物考古研究所编：《良渚古玉》，浙江人民美术出版社，1996年

张光直：《谈"琮"及其在中国古史上的意义》《文物与考古论集——文物出版社成立三十周年纪念》，文物出版社，1986年，页252—260

段渝：《良渚文化玉琮功能象征系统》，《考古》，2007年12期，页56—68

梅宇：《牛河梁出土玉器和中国象形文字源起的探索》，收入杨伯达等主编：《朝阳牛河梁红山玉文化国际论坛文集——古玉今韵》，中国文史出版社，2008年，页285—301

陈久金、张敬国：《含山出土玉片图形试考》，《文物》1989年第4期，页14—17

张敬国：《凌家滩玉器》，文物出版社，2000年

中华玉文化中心网站http://www.zhywh.com/index.html

陈锽：《凌家滩长方形玉版"式图"探微》，范景中等编：《考古与艺术史的交汇：中国美术学院国际学术研讨会论文集》，中国美术学院出版社，2009年，页140—177

孙新周：《中国原始艺术符号的文化破译》，中央民族大学出版社，1998年

陆思贤、李迪：《天文考古通论》，紫禁城出版社，2000年

中国岩画全集编辑委员会编，陈兆复主编：《中国岩画全集》，辽宁美术出版社、人民美术出版社，2007年

# 第二章　先秦美术

## 引　言

　　文明的概念区别于文化的概念，是指人类从自然的生活状态分离出来的创造过程，形成以阶级社会为特征的国家政权。中国文明是独立发展起来，还是受其他文明影响派生而来，或两者兼而有之，对这些重大的学术问题，先秦美术将以视觉材料提供自己的答案。比较人类早期各大文明的发展，中国文明的独特性特别清楚地体现在美术作品上。同样被称为青铜时代，先秦的青铜艺术朝着礼制化的传统展开，伴随着中国王朝史上夏、商、周三代社会制度逐渐兴盛而转向消亡。在这约两千年的时段中，中国文明在建立国家政权、采用新的生产工具、发明独立的文字系统等方面，体现了鲜明的个性。它通过视觉形式，传达出了文明的基本特征，而且以多中心的形态形成。

　　要理解先秦文化中的视觉形象，必须了解同时期的思想潮流。始于公元前7世纪的春秋战国时期的社会巨变，是中国文化史上第一次思想大解放。在"礼崩乐坏"的激烈的社会动荡之中，出现了被称为"先秦诸子"的思想家们，如老子（前600—前470）、孔丘（前551—前479）、墨翟（约前479—前381）、孟轲（前372—前289）、庄周（约前369—前286）、荀卿（前313—前238）、邹衍（约前305—前240）、韩非（约前281—前233）等，即"百家争鸣"的局面。几乎与此同时，在希腊和印度，也出现了一批伟大的思想家，为东西方文明创造了各自辉煌的学术传统，即德国哲学家雅斯贝斯（Karl Jaspers，1883—1969）所说人类思想史上的"轴心时代"。强调这一传统，可以从哲学的高度来认识"道"和"艺"的关系，它构成了中国美术发展的理论基础。儒、道两家的美学思想，尤为重要。

　　孔子从周的明堂所画前代帝王画像就想到："尧、舜之

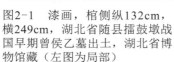

图2-1　漆画，棺侧纵132cm，横249cm，湖北省随县擂鼓墩战国早期曾侯乙墓出土，湖北省博物馆藏（左图为局部）

容，桀、纣之像，各有善恶之状，以垂兴废之戒焉。"他用玉的美好品质来比喻君子的德行，将真、善、美有机地统一起来。他强调玉器、青铜礼器的象征意义，视其为社会等级的标志。他整理《周礼》，记录保存了周代许多器物上所绘的象征性图像。他的"绘事后素"说，是用染织刺绣的程序说明文与质的关系，突出"文质彬彬"的统一性。他重视《周易》，从阴阳两极的对立统一，认识大千世界的运行规律。基于中庸哲学的"中和之美"，追求人、社会和自然三者间的完美和谐。儒家重视实践理性的审美观，突出了美术活动的社会性。

　　和儒家审美观相反相成，道家学说重视认识和发挥人的自然天性。老子主张"归璞返真"，庄子重视主观意兴的发挥，由"艺"近乎于"道"。《庄子》中有"解衣盘礴"的故事，讲述的正是这种境界。宋元君请一批画师来作画，他们都"受揖而立，舐笔和墨"，毕恭毕敬的模样。唯有一人姗姗来迟，独自在偏房"解衣盘礴，裸"。宋元君对此大为欣赏，称之为"真画师"。这里赞美的是自由的创作思想和自然的创作方法。庄子为后世书画家树立了理想的偶像，启发那些富于自觉意识的艺术家抒发鲜明的艺术个性。源于楚文化原始巫教传统的道家思想，具有强烈的幻想色彩和浓郁的浪漫气息。如诗人屈原看楚国壁画，就和孔子看画的角度很不相同，联想到了无穷无尽的奇妙问题。这在楚国的漆画（图2-1）和帛画艺术（图2-2）上有特别神奇的表现，并为随后的汉代美术所继承，显示出中国艺术"大气磅礴"的美学品质。

图2-2　人物御龙图，帛画，墨笔淡设色，纵37.5cm，横28cm，湖南省长沙市子弹库一号战国墓出土，湖南省博物馆藏

　　概言之，春秋战国时期"诸子百家"的学说，对后世美术的发展产生了深远的影响。它们虽然不是对美术创作的评论，但却从思想的高度，点明了美术和整个文化传统的关系，是认

识中国美术史不可忽视的理论源头。顺便带一笔，20世纪70年代中国出现的"儒法斗争"讨论，曾涉及其对美术领域的影响，注意到法家对视觉文化的态度和措施。

# 第一节　中国文明的起源

从世界古代史来看，每一种文明主要包括三个方面：一是都城的建立，行使国家的权力；二是使用青铜工具，创造出比石器时代先进的社会生产力水平；三是文字的发明，以记录思想和语言，书写历史。中国作为古文明的发源地之一，在这三个方面都有鲜明的特性。

古史传说中我国最早的统治王朝始于夏代。考古发掘表明，在河南偃师二里头文化遗址出土的早期青铜器，时代大约与之相近。河南省辉县孟庄遗址所发现的龙山、二里头及商代时期三叠城，为研究原始社会向阶级社会过渡，夏商更替等重大事件提供了佐证。

继夏代之后，关于古史记载的商朝历史，大部分已为出土的史料所证实。商族兴起于黄河中下游一带，大约在公元前16世纪建立国家，前后共六百多年。在这期间，商朝曾多次迁都，最后商王盘庚在公元前13世纪末迁至"殷"，在今天的河南安阳一带定居。商代以农耕、畜牧和手工业为主，石器仍然是农业生产的主要工具，青铜器和玉器则作为宗庙祭祀的礼器。"殷墟"出土了早期汉字的形式——甲骨文。同一时期长江流域的文明开化，在四川广汉三星堆和成都金沙、湖南宁乡、江西新干大洋洲等地创造了具有鲜明地方特色的青铜文化，挑战了长期以来将中原作为唯一文明摇篮的认识。而作为

图2-3　长枋和有凿眼凿痕的木板，公元前11世纪至西汉末期，云南省剑川县海门口遗址

长江流域河姆渡文化木结构建筑的延续，云南省剑川县海门口遗址出土的大量干栏式建筑结构的遗存（图2-3），其年代从公元前11世纪至西汉末期，使我们对古典建筑的形成，在地域的分布和时代的连续性方面，提供了十分宝贵的实物资料。

在黄河中游渭水流域的周族建都西安附近，以农业见长，实力日渐强大，最后由周武王（约前1087—前1043）领导，于公元前1046年或前1045年灭掉商纣王（？—约前1046或前1045），建立周王朝。从建立到公元前771年，史称西周。这个时期的青铜器和晚商相衔接，继续处于鼎盛状态。周族实行了分封诸侯的制度，以周天子为全国最高统治者，再依次划分出诸侯、卿大夫、士等不同等级的贵族阶层。封建制使贵族拥有土地和民众，这就形成了维护其统治的意识形态。周朝在前代基础上，利用玉器、青铜器确定了封建等级制度。以新近山西翼城大河口西周墓地的发掘为例，该地埋藏西周墓葬约一千五百余座，时代横贯西周，晚期进入春秋初年。从发掘情况看，大型墓随葬青铜器较多，包括非常罕见的鼎式簋、三足盉、鸟形盉、青铜灯等器型；数十件青铜上铸有铭文，最长者一百一十余字；在多数铭文中提到"霸伯""霸中"，还提到"芮公""井叔""佣伯""格伯"等，提供了周王室与诸侯国之间关系的重要资料。其中"霸"与"格"为同字异构，为不见于文献记载的霸和格国族的传世器物找到了归属。其人群应为媿姓狄人系统的一支，是被中原商周文化同化的狄人人群。

文明带给中国社会的宗法礼教观念，是对原始巫教的更新。它把万物有灵的泛神论转向以祖先崇拜为主的巫史文化和史官文化。西周末年，贵族之间的利益冲突加剧，各诸侯的势力随着地方经济的发展日益强大，周王室的地位日渐衰微。在北方和西部各族的威胁下，周王室于公元前770年被迫东迁到洛邑。这开始了东周列国"五霸争强""七国称雄"的局面。历史上称之为春秋、战国时期，直到公元前221年秦统一中国为止。"礼崩乐坏"成为社会变革的标志。它对青铜器等礼器的风格转变有直接的影响，直至其消亡。唯有玉器经过儒家礼教的提倡，继续成为礼乐文化的象征。

先秦美术的主线就是中国文明的主要标志，有助于我们认识其在人类文明史上的重要性。青铜器不像在埃及、两河流域、印度等文明中起促进社会生产发展的作用，而集中体现在社会等级的礼制上，表现宗教与艺术的感染力。从迄今所知考古文物看，中国文明在包容外来文明的传播与影响的同时，大体上是独立发展而来的。

## 第二节　城市的观念

　　河南偃师二里头文化与郑州二里冈文化遗址都有商代早期城址及宫宅建筑遗存。2004年，偃师二里头遗址宫殿区发现了宫城城墙以及大型夯土基址、车辙、绿松石器及其制造作坊等重要遗存。商代中期的城址和宫殿遗址也在郑州和湖北黄陂盘龙城被发现。当然，在河南安阳小屯发掘的"殷墟"，是更完整的城市范例。它作为公元前13世纪末至公元前11世纪初商朝最后的都城，很好地体现了中国文明的一个重要组成部分。

　　自1899年发现甲骨文后，殷墟考古硕果累累。在1928年至1937年间，中央研究院进行了十五次科学的发掘；1950年以来，中国科学院又组织了多次发掘，不断深化着我们对商代社会和文明的认识。殷墟城址中，洹水南岸小屯村以北一带集中了宗庙宫室建筑，是商王活动的中心，因为商王最重要的职权就是主掌祭祀活动。在发现的几十处基址中，面积大的有10米×40米见方，小者为5米×3米见方。基址尚存夯土墙脚、成排的石柱础、木柱的残烬、垫在柱础之间的铜椹，以及卵石铺成的入口过道。和甲骨文象形字中的建筑类形象相对照，这些建筑遗址表明殷人已经能够运用木结构形式营造大型的宫殿屋宇，即所谓"四阿重屋"的重檐大屋顶样式，并以单体建筑组成一定规模的建筑群。像商纣王时修筑的异常华丽奢侈的宫室殿堂，在建筑群之间，有人工修筑的地下水沟，布局错综复杂。

　　在宗庙基址附近有许多墓坑，用以埋葬在宗庙"奠基"和整个建筑过程中杀殉的人和动物。这反映出祭祀活动的原始性。在一个基址前后出土了生产各种祭器的工场，有石、玉、骨、铜器等原料，还有半成品、成品、废品和工具，显示了它们在宫廷中的制作和分布状况。

　　穴窖是殷人居住和储藏东西的地方，在殷墟大量发现。穴的形状不定，深度为0.5～4米，有的穴口有出入的台阶，可能是住人的。窖小而深，多为长方形，也有圆形的，深4米至9米。这类建筑都是挖成的，和新石器时代的半地穴建筑相类似，适合北方自然环境的特点。

　　众多殷代贵族和平民的墓葬分布在洹水两岸，规模不一，大小及随葬物相去悬殊。1950年在北岸发现的武官屯大墓，全部占地面积1200平方米，而其中最大的1217号墓，墓室面积就有380平方米。其墓底深达地面以下13.5米，有东西南北四个墓道。在这里曾出土了中国青铜时代最重的器皿——后母戊（旧释"司母戊"）方鼎（彩图6）。这些大墓显然是商王室的陵墓。1976年在小屯"妇好墓"大墓中有"后母辛（旧释"司母辛")方鼎"等青铜器四百六十余件，玉器七百五十余件，是空前的考古发现，反映出殷人对葬仪的重视。

继殷墟之后，陕西岐山、扶风出土了先周至西周中期的城址及宗庙建筑遗址；陕西长安县发掘了西周丰、镐二京遗址，王城的规模也很可观。《诗经·小雅·斯干》篇形容周初的宗庙建筑的美丽，"如鸟斯革，如翚斯飞"，给人难忘的印象。《周礼·考工记》所描绘的"王城图"，把早期文明发展起来的城市的观念进行了总结。其核心的内容是"王化"，强调周王的统治，因为"溥天之下，莫非王土；率土之滨，莫非王臣"。都城区别于周边的疆土，以"王城"来统辖"王化"未及的蛮荒之地，由此形成正统的观念。建立在农业文明基础上的商周民族，形成了一套与农耕有密切关系的天文、历法知识。他们的宇宙观有不同的模型，但古老的"天圆地方说"最后被儒学统治者定为正统的学说，直到17世纪欧洲耶稣会传教士传入"大地球形说"，认识才有所改观。关于"天圆地方说"的产生，与我们在良渚玉琮上看到的形象，可能是同一个出典。周人把"王城"的规划按这种宇宙观礼制化，经由儒家的提倡，被后代封建王朝奉为圭臬。明清两朝的都城中"皇城"——紫禁城的建筑布局，是对周代"王城"制度的复古实践，在世界都城规划和宫殿建筑中独领风骚。

## 第三节　汉字艺术

传说黄帝的史官仓颉造字时，"天雨粟，鬼夜哭"，是惊天动地之举。而从中国的语言定型到文字的形成，更有意想不到的重要性，这就是汉字系统延绵不绝的历史活力。从仰韶文化彩陶上的刻符与图像，红山玉器的若干造型，到大汶口文化陶文和丁公山陶文，再到商周甲骨文，汉字的形成过程已日渐清晰。

1899年，王懿荣（1845—1900）发现一些作为药材的龙骨（即甲骨）上刻有文字，由此意识到其学术价值。此后，孙诒让（1848—1908）率先着手研究甲骨文。罗振玉（1866—1940）则结合实地考察，肯定了出土甲骨文的安阳小屯是"殷墟"所在。王国维开了用甲骨文研究商代社会历史的先河。近百年的甲骨学进展，不断地勾画出了商朝社会生活的场景，也呈现出甲骨文自身的功用与特色。

殷商巫史文化是甲骨文所体现的最重要的社会文化特征。商人敬鬼神，甲骨主要用于记录商王占卜的内容，又称为"卜辞"。占卜的方法是用龟的腹甲和背甲或牛的肩胛骨和肋骨，在其背面凿槽，灼之以火，则在正面有细小的龟裂纹出现，称为"兆"。巫史的职责就是专司占卜之事，根据兆纹的变化来预测未来的凶吉。早在龙山文化中已有用兽骨占卜的巫术活动。殷人把每次占卜的过程，从发问到验证，都一一记录在甲骨卜辞中。这些占卜之事和事后应验与否的结果，刻在兆纹旁边，当时的文字就是"甲骨文"。从迄今出土的十五万片甲骨来看，甲骨文大约有四千五百个单字，三分之一左右已可解读，内容涉及了占卜的所有方面，包括祖先祭祀、预卜天时、风雨晴雪、年成、疾病、狩猎、征伐战争等。它们大体可以归纳为八类：人物、地名、祭祀、战争、纪年历法、占梦、数字、卜辞格式等。

有一些甲骨刻辞与占卜无直接关系，像纪年用的六十甲子排列表、专为学习用的习刻文字，不过仍能反映巫史们使用甲骨文的情况。从殷墟第127坑的发掘来看，甲骨文献有专门的窖藏，并有专人管理。整坑一万七千余片未经翻扰的甲骨，有完整的龟甲约三百版，全部经过缀合得总数近四百五十个整甲，很多特大的龟甲都来自南方。很多龟甲上穿孔，目的是可以编串成册，是书籍最早的形式之一。一同埋在土中的有一具蜷曲侧置的人骨，或许是当时负责王室档案的巫史。这批甲骨保存了从盘庚到武丁时期的历史，显然是有意窖藏的。和殷墟花园庄甲骨窖藏出土的"非王卜辞"一起，可以看到巫术占卜与殷王室和一般家族头领们重视先人历史的关系，中国文明的特点由此可见一斑。

甲骨文造字的规律体现了汉字构成的基本途径，以方块字的形式体现了汉语单音节发音的特点，不同于其他文明字母文字表现多音节语言的情形。许慎《说文解字·序》指出，古人造字的方法是以人为中心，仰观天象，俯察万类，"远取诸物，近取诸身"，表现了独特的思维形式。他和班固（32—92）等虽然不知道甲骨文，但他们总结的六个造字法则，有不少可从全方位传达信息的甲骨文上表现出来。甲骨文在表形、表意和表音三方面兼而有之，实用性很强。较多的绘画形象，属于"象形字"：以简练的手法描绘人、动物和事物（如"日""月""牛""马""羊""虎"等），概括其形象特征。表达事理的字属于"指事字"（如"上""下"等）。"象形"和"指事"类似彩陶纹饰上具象与抽象两种手法并存的状况。造字中最具审美意味的是用两个或更多的"象形字"组合成新字的"会意字"（如"日月"为"明"，"人言"为"信"等）。这种"会意"或"象意"的表达形式，唤起艺术想象力。这几种方式所造的字，受形象本身的限制，数量不多。所以，用象形的部首和象音的部首进行组合，就能创造出大量的新字，如"木""水"等象形的部首和"可""勾"等象音的部首组合，造出了"柯""河""构""沟"等，这类"形声字"在甲骨文和此后的汉字字汇中占的比例最大，达

图2-4  祭祀狩猎涂朱牛骨卜
（刻）辞（正面），高32.2cm，
宽19.8cm，河南安阳出土，中国
国家博物馆藏

80%以上。甲骨文也采用"转注""假借"等方法，扩大词汇量，丰富其语文表达能力。

甲骨文是书法艺术的早期代表。在《祭祀田猎涂朱牛骨卜辞》（图2-4）上，就反映出其书写、刻画的特点。从书刻的顺序来看，甲骨上的文字，有用朱笔书写后用刀契刻的，也有先刻出文字后再在笔画里涂朱的。在习刻用的甲骨片上可以看到，甲骨文的刻画是以直线为主，先刻所有竖画的右边一刀，再转甲骨方向，刻所有竖画的左边一刀。然后把甲骨片转90度，按同样顺序刻所有横画左右两刀。刻完一篇卜辞要调转四个方向，使横直的笔画都很到位。由此可以看出，笔画是甲骨文的骨架，由此发展出中国书法的核心——笔法。刻画线条有粗细方圆的变化，字体大小也不尽相同，尤其是书刻的行序有其随意性，有竖写左行的，也有竖写右行的，依"兆纹"分布情况而定。在《祭祀田猎涂朱牛骨卜辞》上，刻有四篇卜辞，行序各异。中国书法的行列顺序要到秦始皇统一中国，实行"书同文"之后，又根据简牍的物质形态，才确定了竖写左行的章法。

周人早期也使用甲骨进行占卜，如陕西岐山凤雏就出土一万七千多片甲骨，可见用量之大。陕西岐山周公庙遗址出土的七千六百五十一片西周卜甲，其中有刻辞者六百八十五片，可辨识刻辞字数约一千六百字。周人的甲骨文作品在陕西扶风齐家发现了五片，刻辞字体很小，笔画纤细，书刻技艺娴熟，秉承殷人而来。

青铜铭文的演变历程是认识青铜时代艺术风格发展的四个

图2-5  石鼓文拓片，秦，北京
故宫博物院藏

方面之一，详见后文。秦统一以前，六国文字各异，保存在不同材料上，种类繁多。先秦时期的石刻文字当以秦国的石鼓文最具代表性。其年代有不同的意见，内容是以四字句的诗篇颂扬宫廷的生活（图2-5）。作为官方文学的书写形式，石鼓文和周王室青铜器上的铭文都被称为古籀大篆。这一字体也见于先秦的玺印印文。大篆笔法圆润，字体瘦长，大小相仿，章法整洁，有庙堂之气。在19世纪末甲骨文发现之前，两周的青铜器铭文和石刻文字早在北宋已成为金石学的主要内容，到清代中叶，备受学术界和书画界的重视，形成影响深远的金石运动。如湖南长沙子弹库出土的楚缯书（图2-6），包括图像与文字，墨书字体与秦隶接近。楚国的毛笔也有出土，用兽毛扎制的笔锋具备了"尖、齐、圆、健"四德，表明书法艺术的工具和后代已基本相同。

图2-6　楚缯书，长38.76cm，宽47cm，湖南长沙子弹库战国楚墓出土，美国华盛顿赛克勒美术馆藏

# 第四节　商周青铜艺术

风格作为艺术史的基本问题，可以商周青铜器作为研究范例。除了传世和考古出土的青铜器有比较清楚的消长时段和地理分布，甲骨文和金石文字所提供的历史文献，便于我们认识装饰性风格在先秦的演变。郭沫若在20世纪30年代的参照，采用的是标准器法。那时田野考古才刚在中国起步，郭沫若就将两周传世的青铜器加以排比分析，建立起那些器形、铭文、纹饰都能代表某个阶段风格特点的标准器。然后，以此为标准，把其他风格类似的器物归并在一起，进行综合研究。在同一时期，瑞典学者高本汉（Bernhard Karlgren，1889—1978）开始根据海外收藏的青铜器进行形式风格的分析，而秉承沃尔夫林形式风格分析理论的德裔美籍中国艺术史家罗樾（Max Loehr，1903—1988），在20世纪中期根据饕餮纹样提出青铜的五种风格演变特点（图2-7），把形式作为不受外在社会诸因素影响而独立发展的自律因素，在西方的中国美术研究界，有很大的影响。但随着考古学新材料的大量涌现，这种形式风格演变的示例，就显得过于单一，有待修正了。到20世纪60年代，郭宝钧（1893—1971）采用了标准器群法，他全部以田野考古出土的青铜器群为依据，从青铜工艺、器物造型、纹饰图案和铭刻文字四个方面，更精确地考察了青铜器演变的每一过程，不断深化对青铜时代的认识。在郭宝钧之后，商周青铜器考古又有多项重大的发现，研究方法也更趋综合多元。划分青铜艺术装饰风格的发展轨迹，主要是依据为数可观的传世作品和层出不穷的考古新发现。中国组织的"夏商周断代工程"，在多学科合作方面取得新的进展。周武王伐纣，一方面有1976

图2-7　罗樾提出饕餮5种风格演变示例，引自李济《中国考古》1964年第1期，页71，1972年第2期，页48，100和图版15

年临潼出土的利簋铭文四行三十二字，记"珷征商"之事；另一方面，天文、历史等各学科的考证，可以推定到公元前1046—前1045年，前后误差仅一年。

商周青铜器的消长过程，经历了育成期、鼎盛期、转变期、更新期、衰落期等几个阶段，也反映在装饰风格的自身发展上。随着先秦时期中原以外青铜文化的考古发现，提出了一些装饰性风格研究的崭新课题。1986年在四川广汉三星堆出土的公元前12世纪巴蜀文化的大型青铜塑像，史无前例。2001年成都金沙出土的巴蜀文化青铜塑像和纯金面具，以及两千多件玉器，琮、璧、戈、璋、圭、钺、斧、凿、刀、剑、矛、环、镯等，其中最大一件高约22厘米的十节玉琮，呈现了与良渚文化的直接联系。而1989年在江西新干大洋洲进行的考古发掘，出土了四百多件青铜器，是继殷墟和三星堆之后又一重大发现，并突出地表现了长江流域文明的土著传统。这些发现震惊世界，极大地丰富了我们对中国文明多元化特征的认识，意义重大。

进入晚商和周初青铜器鼎盛阶段之后，先进的工艺技能未能给农业经济带来效益，因为用于农耕器具仍以石器为主。这种情况，要到春秋中期铁器工具的应用才改变。在北宋以来的金石学中，商周青铜器通称为"彝器"，以概括青铜器的功用特点。如同用"卜辞"来指代甲骨文一样，"彝器"就是礼器，深得其旨趣。商周贵族统治集团用它们来祭祀、享受和征战，体现了统治的特权，使之构成了宗庙活动中巫史和史官文化的主旋律。礼器的装饰风格发展可从郭宝钧强调的几个方面来了解。

青铜器的材料是铜锡合金，有一定的比例。锡大致在百分之五到二十之间，其特点是硬度较纯铜高，又保持较好的韧度，表面光泽明亮。青铜合金的配置比例一方面体现了古人科技能力的进步，如《周礼·考工记》列出了铸造不同器物需要的六种不同的配方比例，使器物具有不同的性能。另一方面，各种金属原料的使用也反映出不同风格、不同阶段社会需要的变化，如晚商周初青铜器鼎盛阶段的国家重器，合金材料纯度高，经过几千年的时间，仍然保持着原有的青铜光泽，古朴典雅，典型如湖南宁乡出土的四羊方尊（彩图7）；而在战国后期的礼器，尽管数量不少，但在质地即合金比例与材料上，大都粗制滥造，偷工减料，呈现了锈蚀破败的状况。

青铜器通过铸造工艺完成，是和青铜器整体设计连在一起的。铸造工艺要同时考虑造型、纹饰和铭文。常见的铸造方法是直接用陶范翻铸青铜器，也有工艺更精致的蜡模法。

用陶范铸造青铜器，需要内范和外范两大部分，由陶土制成。内范和外范分别刻出青铜器的纹饰或铭文，其凹凸和左右正好与实际器物上的凹凸和左右相反，因此，把内外范全部拼合在一起时，两者之间的空隙部分，就是铜液填充后所铸成的铜器形制。陶范的拼合有不易完全密合的问题，工匠们在设计时就有意将铸造时留下的觚棱化为纹饰的组成部分。青铜器上的装饰面就由分块的陶范来界定，而且每一块陶范上的花纹自成一组，既避免拼接时两范花纹相错，也使整个装饰达到对称或几方连环的图案效果。商代已有多种铸造办法，其中两次铸法创造的铜器上的提梁或链条，特别是链条的铸造，是金属熔冶技术上的重大发明。冶炼青铜需要一千摄氏度左右的高温，熔化铜液的锅是陶质的，现已发现的熔锅可装12.7公斤的铜液。浇铸过程需要严密的组织，群力合作。像重达832.84公斤的后母戊方鼎，在一次浇铸完成的过程中，就调动了上千工匠共同参与，其伟大的创造力，都融化在不朽的青铜器巨迹中。蜡模法是先用石蜡雕刻出模型，再用陶泥涂在外面，干后自然成范。再加热熔解蜡模，故又称失蜡法。然后在空隙中注入铜液，铸成器物。这种技术能够铸造结构复杂的器形和纹饰，精确度比合范拼接法高。它的应用年代约在春秋中期以后。直到战国，铁制工具出现，青铜器的装饰才可能从铸造工艺中独立出来。

青铜礼器的功用分为几类：日用器、乐器、兵器和车马饰具等。

日用器又可细分为炊器、食器、酒器、水器和杂器。炊器中最重要的是煮肉的锅——"鼎"。器型分为三足圆鼎及其变形四足方鼎，如商代早期大小不一的一对杜岭方鼎（图2-8）和大圆鼎，就很典型。鼎足有柱足、扁足、兽形足等形式。按照礼制，容量不同的鼎根据享用人的社会等级，有三、五、七、九的数目成套地使用，依其大小分别烹制牛、羊、猪、鱼等不同的肉食。新石器时代陶器中出现的三足器"鬲"、"甗"（图1-5），也保存在青铜器中。它和鼎一样直接可以支在火堆上，但三条腿似皮囊，中空，故称"款足"。"甗"的下半是鬲，上半是个蒸锅，上下之间通气（典型如妇好三联甗）。食器中最常见的是"豆"和"簋"。豆是一种高足的盘子。簋是有把手，圈足的圆盆。它们是盛食物的器物。商朝的饮食风尚特别好酒，这与殷人重巫术活动很有关系，因为酒是兴奋剂，可以帮助大脑产生幻觉。因此，商代的酒器很发达，共有四种类型。有三足的温酒器，如"爵"（有偃师二里头文化出土的乳钉纹铜爵，图2-9，年代约在夏商之间）、

图2-8　杜岭方鼎，青铜，高87cm，口边61cm，郑州商城遗址出土，河南省博物馆藏

图2-9　乳钉纹爵，青铜，通高26.3cm，长31.5cm，河南省偃师二里头文化遗址出土，偃师商城博物馆藏

图2-10　虎食人卣，青铜，通高35.7cm，商代后期，日本泉屋博古馆藏

图2-11　天觚，青铜，高26cm，口径15cm，河南安阳殷墟西区出土，中国社会科学院考古研究所安阳工作队藏

"罍"；有储酒的"瓶"、"卣"（如湖南宁乡出土的虎食人卣，图2-10）、"壶"、"彝"等；有酌酒的"勺"；还有一些功用待考的酒器，可能和巫术活动的法器有关。从周礼的记载和考古发掘来看，"觚"（图2-11）或"觯"和"爵"或"斝"多配对成双，表明古人饮酒礼节的繁缛。水器有储水的"瓶"和"鉴"，盛水的"盘"（如周宣王〔？—前782〕时硕大的虢季子白盘，图2-12）和注水的"匜"。杂器有作砧板用的"俎"，叉肉用的"匕"，还有梳妆用的铜镜。

青铜乐器中最贵重的是"钟"，它和日用器中的"鼎"一起，提供了一种"钟鸣鼎食"的贵族生活方式。"钟"于是成为礼乐文化中的主要象征。它有直悬和侧悬两种挂法，这使钟上的纽有不同的形状。青铜编钟将若干大小不同的钟按音阶高低编排成组，和石制的磬配置，成为古代基本的打击乐器。在湖北江陵楚墓出土的大型青铜编钟，就是世界乐器史上的奇迹（图2-13）。它有铜人作的支架，架身上有非常繁复的立体动物纹饰，是典型的战国风格。另有一种执在手中的敲打乐器叫"钲"，往往大中小三个一套。其他还有一些小的乐器，都有特定的功用。

兵器有很多种，用于实战的如"镞""矛""戈"，都是装上长柄使用的。"剑"是春秋以后流行于南方的手提兵器，典型如"越王勾践剑"，剑身上有错金鸟虫书"戉王鸠淺

图2-12　虢季子白盘，青铜，长137.2cm，宽86.5cm，高39.5cm，西周宣王时期，中国国家博物馆藏

自乍用鐱（越王勾践，自作用剑）"八字铭文（图2-14）；在北方，则有前匈奴时期的"鄂尔多斯青铜佩刀"。用于祭祀的"钺"，就是斧头，很有装饰性，如商代后期人面纹钺，正反铸铭"亚丑"二字，系族徽，张口露齿，可怖狰狞。

　　除礼器外，殷墟、三星堆、金沙、大洋洲等地出土的宗教类型青铜、玉石雕塑的造型，则自成一格。三星堆出土的独立青铜塑像，其年代正值中原青铜艺术的鼎盛时期。其中真人大小的青铜立像，高172厘米，赤足立于90厘米高的台基上，神态庄重。他身材削瘦，双手前举，手掌为圆圈形，上下斜对相承，像持着旌旗或兵器，可能是执掌祭祀活动的祭师。他穿的紧身衣袍上有暗纹相饰，后袍有燕尾，样式不同于中原。（图2-15）这种夸张

图2-13　编钟，青铜，前433年，1978年湖北省随县战国早期曾侯乙墓出土时照片

图2-14　越王勾践剑及铭文局部，长55.6cm，柄长8.4cm，剑宽4.6cm，湖北省江陵县望山一号楚墓出土，湖北省博物馆藏

图2-15　立像，高262cm，四川省广汉市三星堆遗址出土，三星堆博物馆藏

图2-16　面具，通高65cm，宽138cm（以两耳尖为准），厚0.5～0.8cm，四川省广汉市三星堆遗址出土，三星堆博物馆藏

图2-17　面具，金，高3.7cm，四川省成都金沙遗址出土，成都金沙遗址博物馆藏

图2-18　双面神人头像，青铜，通高53cm，面宽14.5cm×22.0cm，銎径4.5cm×5.0cm，管径6.0cm，江西新干大洋洲商墓出土，江西省博物馆藏

的技巧在一件硕大的青铜面具上运用得出神入化，给人极其深刻的印象。它削去额头，高60厘米，宽1.34米，用简练的线条勾出五官，再以突出的圆柱状眼珠、鹰钩状的鼻子、前倾的下巴和两只招风大耳，塑造出异常神奇诡谲的形象，是古代文明中罕见的青铜面具。（图2-16）三星堆青铜神像的装饰性风格和中原的青铜器纹饰基本一致。金沙出土的金面具（图2-17），和出现在三星堆的不少单独镶有金面具的头像，在功用上有相同之处。江西新干出土的神面造型，地方色彩更浓。（图2-18）中原地区的早期雕刻延续了新石器时代后期的石雕、玉雕和骨雕的传统，商代的龙虎纹大石磬、虎纹扳手象牙杯，以及大量的玉雕人物、动物形象，都具有浓重的巫教和礼教的色彩，成为贵族使用玩赏的宝物。西部地区的青铜塑像突破了玉、石、骨器雕刻形制较小的局限，使巫教艺术达到一个新高峰。结合北方鄂尔多斯青铜器中的动物雕塑，以及后来汉代西南滇文化中的青铜器成就，我们对周边民族在中原文明形成过程中的作用，可以有更为全面的认识。

在青铜器物的装饰上，可分为图案和雕塑两种形式，但彼此并无绝对的界线。

图案纹样以动物形象为主，具有强烈的象征性。在鼎盛期的青铜器上，流行饕餮、夔龙、夔凤等幻想的动物纹样（图2-19）。"饕餮纹"和良渚玉器上的族徽图案很接近。北宋人根据《吕氏春秋》的记载把它定为此名。饕餮兽面两角尖如牛角，应为牛头。它的双眼双角对称，呈正面形象。这种正面取势的手法，有如湖南宁乡出土的商代人面方鼎（图2-20）上的直面视人的造型（图2-20局部），和四川广汉三星堆出土的"纵目人"铜像面具，具有威慑人心的视觉冲突效果。和饕餮纹相配，夔龙、夔凤都是侧面形象。相对称的两条夔龙，就共同组成了一个饕餮纹。在器物的主要部位装饰饕餮纹，夔龙、夔凤纹出现在次要的装饰面上。直接取材于现实动物形象的青

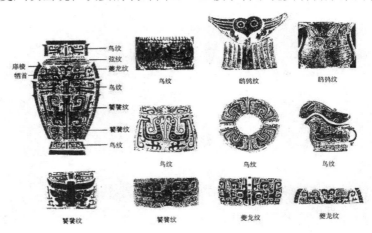

图2-19　商周青铜器动物纹样拓片

铜纹饰，常见的有蛇、牛、虎、象、鹿、蝉、蚕等，手法有写实的，也有抽象的，根据造型和功能的需要而定。几何纹样以不规则的云雷纹为多，装饰在器物上作为底纹，或装饰在动物纹样上，组成重叠花纹。还有排列成行的四瓣纹和圆涡纹，弦纹也用得很多。春秋时代装饰风格的转变，主要是铜器上的装饰花纹趋于简易，纹样多窃曲纹、环带纹和双头兽纹。其他尚有重环纹、垂鳞纹等。窃曲纹和双头兽纹都是鼎盛期流行的饕餮纹和夔龙纹的变体，按图案规律重新组织而成。工匠们对二方连续的图案组织运用得更为纯熟。战国是青铜器的更新时期，装饰纹样以蟠螭纹最普遍，往往布满器物的表面，图案组织繁复重叠，流于琐细造作。错金银法也给铜器的纹刻带来了新的画面，如河南汲县等地出土的战国时期水陆攻战纹鉴和其他纹饰的铜鉴、铜壶（图2-21）等，可以看出装饰图案包括的丰富内容，有早期园林建筑的诸要素，并和早期壁画的设计，也有渊源关系。又如楚国等地的铜镜背面，其图案组织却特别严密完整，多在繁密的底纹之上有旋转纵放的云雷纹或幻想的动物纹样。上下两层因反光不同而呈现出对比的效果。这种铜镜纹样是中国图案纹样的典范之一。

青铜器立体造型的装饰有浅浮雕、高浮雕和圆雕几种手法。它们和先秦的石雕、玉雕和骨雕艺术的表现手法相一致，生动地刻画了各种物象。有的器形就模仿动物造型，如陕西兴平出土的战国时期的犀牛尊（图2-22）就很有代表性。它比商朝的鸮形尊（图2-23）、象形尊在写实性上更进一步，具有浓厚的生活气息。有的是在装饰细部模仿动物、人物造型。立体装饰有器物的耳上或扳手上的牺首，或某些器盖上的兽形钮。在殷墟妇好墓出土的偶方彝（图2-24），盖为一宫殿建筑的大屋顶，中间有代表太阳的"囧"形纹。而河南新郑出土的一对立鹤方壶盖上的仙鹤，更是春秋前期社会变革的象征。它引

图2-20　大禾人面方鼎及局部，青铜，高38.5cm，口长29.8cm，宽23.7cm，湖南省宁乡出土，湖南省博物馆藏

图2-21　宴乐渔猎攻战纹青铜壶及拓片，高31.6cm，口径10.9cm，腹颈21.5cm，战国时期，四川省成都百花潭出土，北京故宫博物院藏

图2-22　犀牛尊，青铜，通高34.1cm，长58.1cm，陕西兴平县豆马村战国墓出土，中国国家博物馆藏

图2-23　妇好鸮尊，青铜，通高45.9cm，口径16.4cm，河南安阳殷墟妇好墓出土，河南省博物院藏

图2-24　妇好偶方彝，青铜，高60cm，长88.2cm，河南安阳殷墟妇好墓出土，中国国家博物馆藏

图2-25　莲鹤方壶，高118cm，宽54cm，河南新郑春秋中期郑公大墓出土，河南省博物院藏

图2-26　鹰形冠饰，金质镶绿松石，高7.1cm，额圈直径16.5cm，内蒙古鄂尔多斯市杭锦旗阿鲁柴登战国匈奴墓出土，内蒙古自治区博物院藏

吭高歌，振翅欲飞，形象极其矫健优美，正好和壶身上繁复缠绕的螭虺纹及其他饰件形成鲜明的对照。（图2-25）青铜车马饰件在"鄂尔多斯青铜器"中造型水平很高，生活在北方草原的游牧民族对家畜野兽的认识与刻画都格外生动。像老虎的凶猛，绵羊的驯服，山鹿的优美，小刺猬的可爱，无一不给人们留下难忘的印象。鄂尔多斯青铜器的冠带（图2-26）、带饰、扣饰（图2-27），多用透雕的手法，把单个或成双的动物形象表现得真实生动，具有很强的观赏性。

　　铭文从殷商大方鼎"后母戊""后母辛"等三五字的铭刻，到周宣王时毛公鼎上四百九十九字的长篇铭文（图2-28），以及春秋战国时期诸多美术字体的出现，反映了书法艺术的日趋成熟。比较第一次有明确纪年的西周初标准器"利簋"（图2-29），新近在陕西眉县杨家村出土的二十七件窖藏青铜器，引人注目。所有器物均为有为西周望族单氏所有，件件都有铭文，使单氏家族史拥有总数四千零四十八字的文字记载，前所未见；其中逨盘，铭文多达三百五十多字（图2-30），字数超过著名的史墙盘（284字），是1949年以来出土的文字最多的一件，记载单氏家族八代与周王十一代十二位王的对应关系，极具史料和艺术价值。工匠

们在青铜器上镌刻文字图案，有的还镶嵌金银，形成一种"错金银"的装饰工艺，但那已是青铜文化的尾声。青铜器上的铭刻，过去都是书刻在陶范上浇铸而成。到战国时期，刻工们有了铁制工具，较多的自由，导致了多种书体的产生，很多是装饰器物用的美术字，如公元前323年的鄂君启铜节上的文字（图2-31）。

图2-27 虎咬牛纹饰牌，金，长12.6cm，宽7.4cm，内蒙古鄂尔多斯市杭锦旗阿鲁柴登战国匈奴墓出土，内蒙古自治区博物院藏

图2-28 毛公鼎铭文拓片

青铜器作为一种专门的手工艺创作，集中体现了中国文明形成时期的社会特点。从事这项活动的工奴称为"宰"。管理宰的人叫作"百工"。"百工"之上还有"冢宰"。有一定政治地位的冢宰，对如何运用器物造型、装饰纹样或饰件，以及铭文族徽来反映贵族的社会关系，负有主要责任。他们的作

图2-29 利簋铭文拓片，前1046年或前1045年

图2-30 逨盘铭文拓片，西周

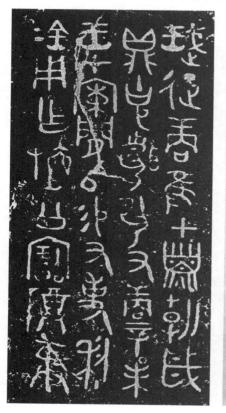

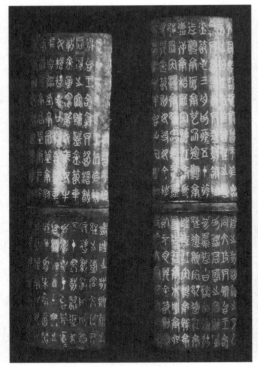

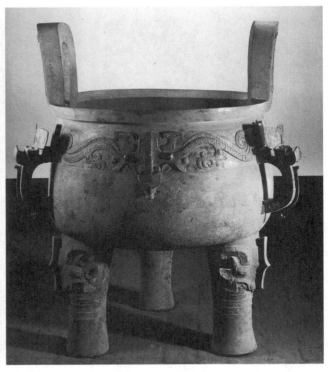

图2-31　鄂君启节，铜，舟节长30.9cm，宽7.1cm，厚0.6cm，车节长99.6cm，宽7.3cm，厚0.7cm，前323年，安徽省寿县城东丘家花园出土，安徽省博物馆藏

图2-32　淳化大鼎，青铜，通高122cm，口径83cm，陕西省淳化县史家塬西周早期墓葬出土，陕西省淳化县博物馆藏

用，相当于书刻甲骨文的巫史。百工们世代传习一门手艺，积累了丰富的经验，保证了青铜艺术的极高水准。由于是专为贵族统治者定制的，又特别使用在宗庙祭祀等神圣庄严的场合，因此整个制作过程凝聚了百工们集体的创造力，其作品也就格外深沉厚重，蕴蓄了伟大的历史感。在鼎盛期涌现出来的一大批青铜重器，都是时代的瑰宝。商代最重的后母戊方鼎，高1.33米，鼎耳、鼎身和鼎足都有饕餮等诡秘的饰纹，呈现了狞厉恐怖的骇人气势。这上千人的共同创造就足以表明它所象征的绝对威严。张光直认为，青铜器纹样中对称形象的运用，如后母戊鼎鼎耳外侧正在食人的双虎纹样，分别代表着祭祀同一祖先的两支宗族派系，是当时宗庙制度的形象化表现。1979年在咸阳市淳化县史家塬出土的西周大鼎（图2-32），重226公斤，是目前所见周朝最重的青铜器。其三足圆鼎的造型，有一对高耸的鼎耳，敛口，侈腹，鼎足上下粗，中间稍细，似动物之足。鼎足上半均有兽面饰纹。鼎腹上半部分饰有两组由一对夔龙纹组成的饕餮形象，中间立体铸有一生动的牛头，形态典雅端庄。整个器形轮廓呈连续的优美曲线，是周人用国家重器象征礼制的一个典范。它与商代后母戊方鼎可谓一文一武，前后辉映。

为贵族社会服务的青铜艺术，必然随着统治阶层的变化而变化。西周后期至春秋时期王室衰微，诸侯列国在政治上走

图2-33　大克鼎铭文，西周晚期

向独立，这一趋势引起了青铜器风格的转变。西周青铜器多是王室及王臣之器，器形大，铭文长（图2-33），显示了王室对礼器的制作有全权的控制。到了东周，王室及王臣之器锐减，而诸侯列国之器骤增，明显看出周王室与地方诸侯权力关系的变化。这一变化预示着青铜器艺术开始走向衰落，成为一个悖论。冶铸技术和铁器工具的应用，的确提高了青铜器制作的精细程度，却无法和增进青铜器的艺术品质画等号。诸侯列国凭着经济、政治和军事实力，可以很快掌握前代的工艺并加以革新，却难以重现鼎盛期作品那种不可抗拒的神秘魅力。千百人集体创造的艺术结晶，是新工艺模仿不了的。在春秋时期"礼崩乐坏"的风气中，青铜器物功用与形制纷纷脱离殷周巫教和礼教所规定的旧制，如炊器中鬲、方鼎，酒器中爵、觚、觯、角、觥等，这时已经销声匿迹。鼎的地位虽然始终如一，象征了最高的政治权力，如楚庄王（？—前591）的"问鼎之心"就昭示了诸侯公卿想要称霸天下的野心，但是这时的"列鼎"已大多空有其形式，所用的人力、物力和财力不能和鼎盛期的国家重器同日而语。当时许多诸侯公卿都不顾原有的贵族身份地位，自己铸造过去只有天子享用的"九鼎"和大型编钟等器物，纷起效仿王室的生活，行使着霸主列强的特权。可正是这种"钟鸣鼎食"生活的泛滥，瓦解了周代社会等级次序。偏离了殷周礼制等级规范的战国青铜器，在更新前代艺术风格的同时，也就预示了青铜文化的衰亡。这个情况很像殷周甲骨文。随着人的理性的觉醒，人们在金石竹帛上书写或刻铸的文字，宣告了甲骨占卜这种书刻活动的寿终正寝。战国青铜器的

图2-34　彩漆虎座鸟架鼓，高150cm，通长130cm，湖北省江陵县望山一号战国墓出土，湖北省博物馆藏

图2-35　彩漆凤鹿木雕座屏，通高15cm，长51cm，座宽12cm，厚3cm，湖北省江陵望山一号墓出土，湖北省博物馆藏

新工艺创造了华美瑰丽的装饰风格，但它的服务对象不完全是礼器了。像河北平山中山王墓出土的错金银四龙四凤铜方案，动物器形设计得神妙出奇，工匠们主要是采用了器物上镶嵌金银的技术，用金、银、红铜等金属，玉、玛瑙、水晶、绿松石等矿石来填充或镶嵌青铜器花纹的隙缝，造成了多种色彩的华丽效果，极尽变化之能事，堪称中国工艺史上的绝品（彩图8）。这类青铜工艺与楚文化中的漆器艺术如彩漆虎座鸟架鼓（图2-34）和彩漆凤鹿木雕座屏（图2-35）异曲同工，已经和体现王室最高权力的青铜礼器分道扬镳，走上了适合于日用观赏的工艺装饰之路。在诸多的先秦工艺类别中，唯有玉器一直伴随着青铜器在发挥其特有的礼教功能，并继续为封建社会确立等级次序的基本规范。

## 小　结

先秦文化中儒、道、法、兵、农、阴阳等诸子百家的学说，从思想的高度揭示了美术创造的不同功能和方向。对城市、文字和青铜器三个文明要素作对比分析，可以看出商周各个时期，城市与文字的发展有比较一致的性格，体现人们观物取象的时空观念。

甲骨文和金石文字代表的汉字艺术，作为中国人的思维——语言模式，形成了社会信息传播的特殊结构。和西亚腓尼基人创造的拼音文字不同，甲骨文采用的是方块字，有象形字、指事字、形声字等造字方法，成为人类文明中所独创的文字体系。它在学术思想史上的意义，已经远超过了美术本身的范围。汉字文化对中国历史上一些少数民族和周边国家的文字产生了很大的影响，其书法价值也代表了世界艺术的精华。

考古学家把夏、商、周三代称为“青铜器时代”，不是仅

图2-36　太阳神鸟金箔，外径12.5cm，内径5.29cm，厚0.02cm，四川成都金沙遗址出土，成都金沙遗址博物馆藏

仅从生产工具的进化上来谈论其时代特征，而且是从早期文明形态的演变来认识其社会功用。它们在器物造型、铸造工艺、纹样和铭刻文字四个方面，汇聚了先秦时期最高的艺术成就。在艺术风格上，青铜器所展示的特征和新石器时代后期陶器、玉器的装饰传统共同构成了中国早期美术发展的基调。中国美术发展中装饰风格最典型代表的产生、发展、繁荣、转变和消亡，深刻地反映了商周社会整个文化史发展的过程。而在中原以外出土三星堆铜像、金沙出土的太阳神鸟金箔（图2-36）等，则打开了新的认识窗口，使我们重新认识多元的中国文明起源。

## 术语

　　**文明**　是人们通过自己创造的生活环境，包括城市、青铜工具和书写文字，以区别他们在原始时期自然环境中的生活。

　　**城市**　是社会政治、经济、文化的汇聚中心，它是在国家形成以后的主要产物，代表着社会生产从分散落后向集中专门化的进步。

　　**甲骨文**　是目前发现最早的汉字形态，因其书刻在龟甲和牛肩胛骨上而得名。它记录的是甲骨占卜的整个过程，故又称"卜辞"。

　　**史官文化**　是中国古代文化的基本特点，它以祖先祭祀崇拜为基础，从早期的巫术占卜记事发展成宫廷史官记事编年，由此保存和资鉴一个国家每一朝代的连续不断的历史活动。

**金石学**　是从北宋兴起的考古学门类，到清代有更大的发展。主要以先秦青铜器和历代碑刻文字为研究对象，偏重器物文字的艺术审美价值。它在学术史上独树一帜，对中国书画的创作也有直接影响。

**大篆**　又称"籀书"，是早期书体的一种，西周至春秋多数青铜器铭文采用该体，代表了官方正规书风。秦国的石鼓所刻文字，是大篆书体的范例之一。公元前221年秦统一中国后，李斯（？—前208）在大篆基础上创造了秦篆，即小篆。

**青铜礼器**　是商周统治集团用于祭祀、丧葬、朝聘、征伐、宴饮、赏赐、婚冠等场合的青铜器，包括日用器、乐器、兵器等，它们按照当时的贵族身份等级制作使用，由器种、形制、大小、组合关系，"藏礼于器"，体现严格的社会等级次序。

**钟鼎**　是青铜礼器中主要的代表。钟是青铜乐器中主要的打击器，通常按不同音阶组成编钟。鼎是日用器中主要的炊器，它在庙堂之上象征着最高的权力，因此备受重视。"钟鸣鼎食"是商周贵族生活的形象写照。

**饕餮纹**　商周青铜器上的纹饰母题，以兽面牛首为主体，左右对称展开夔龙或夔凤图案。其形象狞厉可怖，是用来"辨神奸"的图腾符号。到春秋时期，就基本消失。

**模铸法**　是商周青铜器铸造的主要方法。它用内外陶范拼合成中空的铸模，再注入铜液，制成器物。

**失蜡浇铸法**　是春秋以后采用的铸造青铜器的方法。它用石蜡做成器物模型，用陶泥敷施其上成一外模，再加热脱去石蜡，得到中空的铸模。它能铸造精密度较高的器物纹饰。

**错金银工艺**　是战国时期流行的铜器装饰工艺。它用金、银及红铜等金属和绿松石、玛瑙等矿石填充或镶嵌在铜器的花纹隙缝间，产生色彩斑斓的装饰效果。早在殷商时期，宝石镶嵌就已应用在玉器和象牙器上，技术非常成熟。

**思考题：**

1. 为什么先秦时期被考古学家称为"青铜时代"？

2. 甲骨文和六国金石文字对中国书画发展有什么深远的意义？

3. 三星堆青铜造像和中原青铜礼器的制作有什么异同？

4. 如何从中原以外的青铜文化来看待中国文明的多元发展？

5. 先秦艺术的装饰风格在中国美术上有什么重要性？

**课堂讨论：**

从美术角度比较中国文明和世界其他文明的特性与共性。

**参考书目：**

夏鼐：《中国文明的起源》，文物出版社，1985年

郭沫若：《两周金文辞大系图录考释》，科学出版社，1957年

郭宝钧：《商周青铜群综合研究》，文物出版社，1981年

邹衡：《夏商周考古学论文集》，科学出版社，2001年

［美］张光直：《中国青铜时代》，生活·读书·新知三联书店，1983年

［美］张光直：《美术、神话与祭祀》，郭净译，辽宁教育出版社，2002年

［美］贝格利（Robert Bagley）: *Max Loehr and the Study of Chinese Bronzes: Style and Classification in the History of Art*, Cornell University Press, 2008

［美］贝格利: et al. *Ancient Sichuan: treasures from a lost civilization*, Seattle: Seattle Art Museum; Princeton, N.J.: Princeton University Press, 2001

夏商周断代工程专家组：《夏商周断代工程1996—2000年阶段成果报告（简本）》，世界图书出版公司，2000年

董作宾：《甲骨文断代研究例》，中国台湾"中研院"语言历史研究所，1965年

李文儒主编：《中国十年百大考古新发现1990—1999》（上册），文物出版社，2002年

李济：《殷墟青铜器研究》，上海人民出版社，2008年

中国社会科学院考古研究所编：《殷墟的发现与研究》，科学出版社，2001年

中国社会科学院考古研究所编：《安阳殷墟小屯建筑遗存》，文物出版社，2010年

中国社会科学院考古研究所编：《殷墟妇好墓》，文物出版社，1989年

江西省博物馆、江西省文物考古研究所、新干县博物馆编：《新干商代大墓》，文物出版社，1997年

郭宝钧：《山彪镇与琉璃阁》，科学出版社，1959年

陕西省考古研究院、宝鸡市考古研究所、眉县文化馆编：《吉金铸华章：宝鸡眉县杨家村单氏青铜器窖藏》，文物出版社，2008年

湖北省博物馆编：《曾侯乙墓》（上下），文物出版社，

1989年

　　曹春平：《东周青铜器上所表现的园林形象》，《中国园林》，第16卷，第69期，2000年第3期，页31—35

　　王玉东：《关于幻化艺术：艺术史研究方法的一个实验》，广州美术学院《美术学报》，第68期，2011年第5期，页45—57

　　［英］罗森（Jessica Rawson）：ed. *Mysteries of Ancient China: new discoveries from the early dynasties*, New York: G. Braziller, 1996

　　成都文物考古研究所编：《金沙玉器》，科学出版社，2006年

　　成都文物考古研究所编著：《金沙考古发现》，四川文艺出版社，2006年

　　楚文化研究会编：《楚文化考古大事记》，文物出版社，1984年

　　漆器数据库，中国考古网http://www.kaogu.net.cn

# 第三章 秦汉美术

## 引 言

在秦汉时期视觉形象的制作者中，个人的因素随着各自不同的社会地位发挥影响。如秦代丞相李斯的小篆风格，因为被秦始皇帝钦定为"书同文"的标准，其象征性在中国文化史上是没有先例的，也是人类历史上一次大规模的语言规划。而在一代君王的胸襟、抱负和视野的影响下，这一时期能工巧匠创作了一大批划时代的杰作。默默无闻的制作者们将自己的存在价值和秦皇汉武的统一业绩连在一起，千古不朽。从西汉霍去病墓石雕的艺术成就，树立了汉代的纪念碑式风格（图3-1），与此前秦陵兵马俑的写实作风构成强烈的对比，揭示出秦汉艺术的多元面貌。

从绘画史的角度看，汉画的风格由于楚汉帛画的内在联系，不仅体现在一脉相通的文化传统上，而且在技巧上也表现

图3-1 霍去病墓冢及马踏匈奴像，陕西省兴平县茂陵，前117年，1914年3月6日，法国维克多·谢阁兰（Victor Segalen，1878—1919）拍摄

出承上启下的关系。不同介质的汉代绘画的题材和手法，创造了几种不同的地域风格。因为通过汉代画像石、画像砖的各大分布点，可以注意到汉代社会经济文化发展的重要特征。除了宫廷的黄门画工遵循帝王的意愿从事政教一类作品的创作，各地豪门望族的生活，也离不开艺术工匠的装点美化。绘画与政治、经济、社会的关系，变得尤为密切。

　　"中国"的概念从夏、商以来不断扩大其外延。先秦时期的周边民族，经过战争与和平，逐步融入汉文化的传统，成为中华民族的新鲜血液。秦汉文化的重要内容是表现中原与边疆的关系，或"我者"与"他者"的关系。例如北方匈奴的草原文化、西南滇族的铜鼓文化和东北高句丽的美术成就，显示了民族艺术传统中的独特精华。西汉武帝开疆拓域的壮举，打通南疆西域，开辟"丝绸之路"，积极地推进了中外文化艺术的交流。与政治、军事、经济等多种因素糅合在一起的文化活动，也深刻地影响了世界文明的进程。

## 第一节　一统山河

　　公元前221年秦始皇帝建立的秦朝，结束诸侯争霸的局面，实现统一大业，是我国第一个中央集权的封建王朝。秦国从商鞅（前395—前338）施行变法起就积聚了强大的实力，代表了当时社会生产的发展主流。秦始皇帝通过法制的手段，确立中央集权统治，影响深远。他废除西周的分封制，建立起郡县制，分天下为三十六郡，规定了中央和地方金字塔形的权力隶属关系。他实施了车同轨、书同文、统一货币、统一度量衡的政策，同时修长城（图3-2）、筑驰道、建宫殿、造陵墓，耗尽了国家的民力、

图3-2　金山岭长城，明重修，位于河北省滦平县与北京市平谷区交界处，全长10.5公里

财力和物力，使封建帝国建立伊始，就被农民起义的燎原之火所摧毁。"汉袭秦制"，刘邦（前256—前195，前202—前195在位）在公元前206年建立汉朝，定都长安（今陕西西安），史称"西汉"。中央朝廷采用了休养生息的"黄老之术"，终于在汉武帝刘彻在位的半个世纪达到了繁荣的高峰。在一个群星灿烂的时代，武帝开疆拓域，西有"丝绸之路"的贯通，北击匈奴，南下交趾，东至高句丽，建立了中原与边地的经济文化交流，也开始了中外交通的新纪元。

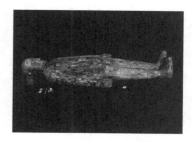

图3-3 金缕玉衣（附玉枕、玉璜），全长188cm，前113年，河北省满城县西汉中山靖王刘胜墓出土，河北省文物研究所藏

西汉后期，社会危机频繁，国家和地主豪强之间的利益冲突加剧。公元8年，内戚王莽（前45—23）篡汉建立"新"政权，不久就爆发了"绿林"和"赤眉"农民起义，最后由西汉皇室的一支刘秀（前6—57，25—57在位）在南阳起兵，于公元25年恢复刘汉王朝，建都洛阳，史称"东汉"。这一时期，豪强地主尽管受到减轻田税、解散奴婢等政令的限制，但却过着像西汉初年分封的同姓王那样的奢侈生活，将社会财富集中在少数人手中，重生厚死，由此成为全国各地文化艺术，特别是墓葬艺术的赞助人。东汉主要的美术遗存就是他们的墓葬文化消费。由于在利益分配上的矛盾趋于白热化，东汉后期统治阶级内部出现了极大的混乱，最后引发了以"黄巾军"为核心的全国范围农民大起义，到公元220年曹魏灭掉东汉，中国转入了三国鼎立、分裂割据的历史阶段。

秦汉思想文化的发展经过了几个重要的转变：

秦始皇"焚书坑儒"，禁设私学，规定了严酷的律令来强行统一人们的思想和行为。这完全改变了春秋战国"百家争鸣"、学术繁荣的局面。秦朝立国时间短，其采用的法家艺术政策十分务实，使文化建设为统一服务的大型工程服务。借鉴了亡秦的教训，西汉前期的统治者实行"无为而治"的黄老之术，不仅给百姓休养生息的时机，以恢复社会生产力，而且使先秦的各家学说得以重新传播。重生厚死的社会风尚见于西汉的几处王侯墓葬中。如江苏徐州狮子山楚王刘戊（？—前154）墓、河北满城中山靖王刘胜（前165—前113）墓、广州南越王赵眜（前137—前122在位）墓等出土的几套玉柙（又称玉衣、玉匣），形象地重现出贵族们祈求长生不死的梦想。缀合成百上千块玉片的材料，前两者为金缕（图3-3），后者为丝缕，说明西汉时期，玉柙初行，已由宫廷玉工琢制，但制度尚未确立。到了东汉，才规定金缕、银缕和铜缕三个等级，直到曹魏黄初三年（222）才被禁用。厚葬的典型还有长沙马王堆出土西汉轪侯利仓的妻子辛追（？—前186）的墓葬。由于四棺一椁的密封保存，她的躯体两千年下来没有朽烂，达到了死者生前的愿望。覆在其内棺上的T字形帛画，和其他艺术品一起，反映出黄老思想"视死若生"视觉命题上的深刻影响。

到汉武帝时，董仲舒（前179—前104）"罢黜百家，独尊儒术"的主张被采纳，确立了儒学的统治地位，奠定了汉民族文化心理结构的基石。逐步神学化的儒家思想，认为"天不变，道亦不变"，以"天人合一"说来维护"君权神授"的认识。这与法家重视法规律令，道家主张无为而治的统治方法有明显的区别。尽管如此，和前代的巫术文化有千丝万缕联系的"天人合一"说，也为道家所重视，因此，落实在艺术观念上，这一思想构成了与道家"法自然"的思想互为表里的汉民族审美心理结构。

战国时期，中原和周边游牧民族的主要冲突来自匈奴的侵扰，因此在燕、魏、赵、秦等国的北部边境纷纷修筑了长城。秦统一全国后，遣蒙恬（？—前210）率三十万人把战国长城连接起来，西起临洮，东迄辽东，很有效地防御了匈奴的入侵。其观念来自农耕民族的定居生活，以区别于游牧民族"逐水草而居"的生活方式。长城的意义首先是确保统一的局面不受侵扰，代表了秦王朝的对外政策。汉代长城的作用随汉王朝的国力强弱而变化。汉武帝对匈奴的征伐规模强大，使漠南和漠北的匈奴分为两部分，削弱了匈奴的势力。漠南的匈奴最后同化于山西、陕西一带的汉族，漠北的匈奴则在汉王朝的攻击下西走中亚、东欧，成为影响西方历史的一个因素。由此可见，长城是特定历史条件下的产物。秦汉以后，中原王朝在防御和抵抗北方游牧政权入侵方面，很大程度上也有赖于长城。如明朝大范围地修复长城，主要就是为了对付瓦剌的侵扰。从世界建筑史上看，在崇山峻岭间修筑延绵不断的万里长城，以示华夷之别，是一项罕见的壮举。

秦汉时期在中原地区的建设可以从都城的发展得到很好的说明。秦始皇帝徙六国贵族豪富十二万户于咸阳，这反映出秦朝都城的规模与功能之强大。他大兴土木，修筑了阿房宫和供他身后享用的陵寝。阿房宫在渭河南岸，共二百七十座宫殿，最后被西楚霸王项羽（前232—前202）付之一炬，成为唐代文学家杜牧（803—约852）赋辞中永为后人追思的话题。《史记·秦始皇本纪》所描述的秦陵，让人惊叹不已，到1974年兵马俑坑被考古学家发现，更显露出非同凡响的大手笔。两汉都城的宏大布局，在当时的辞赋家笔下已成为专门的题材，如史学家班固《西都赋》《东都赋》，驰骋文思，抒发才情，极尽"铺陈"之能事，形容两都宫殿祖庙的状貌，以及都城内外的万千气象。汉家陵阙也是后人凭吊的去处，像汉武帝陵的陪陵霍去病墓，其墓形状就特意修成像河西走廊的祁连山，巍峨壮

图3-4　高颐阙正面，主阙13层，高约600cm，宽160cm，厚9cm，子阙7层，高339cm，宽110cm，厚5cm，209年，四川省雅安市郊姚桥镇汉碑村

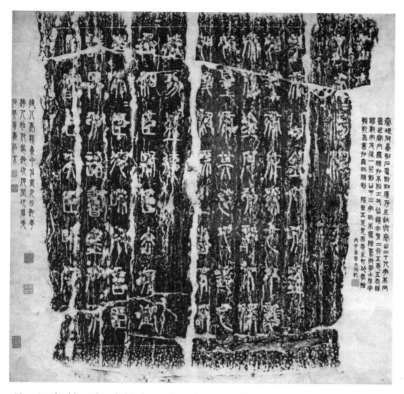

图3-5 琅琊台刻石拓片，前219年，北京故宫博物院藏

观。汉代的石阙建筑在山东、河南、四川尚有遗存，如四川雅安高颐石阙（图3-4），是其中的代表作品之一。汉代大型建筑的构件也很有象征性，如覆于屋顶上筒状瓦的头上的四象瓦当，用陶土模压焙制出青龙、白虎、朱雀、玄武浅浮雕形象，分别象征东西南北四个方向，以呼应传统的"天圆地方"观念，并确立"中国"的概念。

实行"书同文"是秦始皇实施统一大业的妙笔。李斯在古籀大篆基础上创造的秦小篆，作为全国标准字体，用来书写诏令文书和度量衡铭文。秦始皇帝深知，要做到上情下达，必须要有信息交流的平台。在巡视各地时，他每到一处，都让李斯篆书赞辞，刻石记功。现残留在泰安岱庙的李斯《泰山刻石》，以及《琅琊台刻石》拓片（图3-5）等，体现特殊的心理认知作用。书体在中国统一大业中的阶段性与长久性，比埃及法老的金字塔、罗马皇帝的凯旋门，更深刻地影响着某一文明的性格。从实际书写的情况来说，秦篆的笔法、结构和章法比较规整，不宜日常书写，所以，秦度量衡器上的秦篆也出现草写。作为"官书"，秦篆只在玺印、字典和少数公文上使用。秦代出土文献中，还有包括中央官署、地方官署和私人封泥在内的一批封泥，对了解当时的玺印文字，有重要价值。秦篆作为象征官方正统的书体，长久地存活在中国文化和书法历史中。

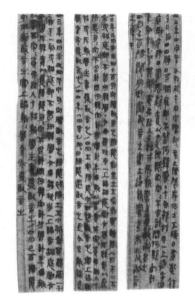

图3-6　湖南里耶秦简，湖南里耶秦简博物馆藏

图3-7　乙瑛碑拓片，153年

　　秦隶和汉隶取代在秦代短暂使用的篆书，对笔法的发展意义重大。书法运笔有三种运动形式：一是笔锋在金石竹帛上前后平行运动，如篆书运笔；二是笔锋的左右绞转运动，如隶书运笔；三是笔锋的上下提按运动，如唐人的楷书运笔。汉代的书体发展也经历了几个阶段，使隶笔的绞转表现得日渐充分。从湖北云梦县睡虎地出土的秦简看，秦人日常书写采用的书体是秦隶，运笔流畅，起止略带波折。而从湖南龙山县里耶古城一号井出土的三万六千多枚秦代简牍中，绝大多数为木质，极少数为竹质，均为毛笔墨书。（图3-6）秦隶的出现，上承篆体，下启汉代的简书和隶体，成为以后真、行、草各体的发展基础。西汉至东汉前期，书写在竹帛上的隶体，运笔的转折幅度一步步增大，字体结构也各有不同，呈现了灵巧活泼的风格，与秦篆正面取势的庙堂之风形成对照。20世纪在敦煌、居延先后有三次汉晋简牍的大发现，其中1987年在敦煌悬泉发现的一万五千余枚简牍，两千六百五十余件纸、木类文物，尤为重要。大量西汉宣帝、元帝时期（前74—前33）的麻纤维纸，四件有墨书文字，不仅提前了纸的发明时间，而且证明纸在西汉时期已成为书写材料。公元150年左右，汉隶进入了碑刻的鼎盛期。从学宫到祖庙，从官方到私人，树碑立传的风气流行，给了汉代的隶书书家英雄用武之地。代表作品如《乙瑛碑》

图3-8　礼器碑拓片，156年

图3-9　曹全碑拓片，185年

（153年，图3-7）、《礼器碑》（156年，图3-8）、《曹全碑》（185年，图3-9）、《张迁碑》（186年）等，把汉简的随意书风提炼成具有优美典雅气质的隶书精品。秦汉的摩崖刻石也开了后世摩崖书体的先河。和正规化的隶体相比，在安徽亳县出土的东汉桓帝、灵帝时期曹氏墓三百多块带字墓砖，字体更为丰富，既有隶书、篆书和章草，也有真书、行书和今草。这很好地说明了隶书对笔法发展的巨大影响。（图3-10）和汉碑同样大气的汉印篆刻艺术，是中国艺术史上的又一珍品。它分铸印和刻印两类，质地多为铜制。汉印的艺术性集中体现在它的金石趣味上，其篆刻的形式有朱文和白文两种，章法变化多端，不可穷诘，是后世篆刻的典范。此时的书法篆刻艺术，大到摩崖刻石，小至方寸之间的印章，无不呈现出汉代艺术大气的风格面貌。（图3-11）

秦汉美术反映出来的时代风貌，不只是历史瞬间的形象记录，而是把汉文化的心理结构，通过走向再现的风格，积淀在视觉作品中。纵观世界历史，当时在西方也出现了大一统的格局。希腊化时代的文化和罗马帝国的宏大版图，给西方世界增添了新的文明因素。希腊和希伯来文化的传统，对罗马帝国及其以后的欧洲发展意义深远。北方蛮族入侵造成欧洲的分裂局面，使不同的民族和国家向着独立的方向发展，直至今日。西方文化和艺术在此格局下，经历的变化特别剧烈。而中国社会则不断地在分裂与统一的王朝更替中持续发展，而具有装饰和象征性趣味的中国艺术，从秦汉时期起，呈现出了明确的再现性倾向。艺术家们在表现视错觉的过程中，逐步掌握了再现的技巧，大约在元代文人写意蔚成风气以前，这一风格走向，成为除希腊古典雕刻、意大利文艺复兴绘画以外的又一个表现视错觉的传统。

图3-10　刑徒墓砖铭，洛阳南郊东汉刑徒墓出土，112年

图3-11　大富贵十六字印，1.9cm²，汉，天津市艺术博物馆藏

## 第二节　秦汉雕塑

与汉代象征风格不同，秦始皇帝陵兵马俑是写实风格的代表，这批保存于地下两千一百年之久的旷世杰作，在秦以后的雕塑发展史上寂然无声，没有发挥直接的影响。它们的出土，使原来知之甚少的秦代雕塑顿生一片光辉。

秦统一后的几项雕塑工程，体现出始皇帝的天才想象力。他下令收缴六国的兵器，铸成十二个铜人置于宫中。关于铜人的形象和功用，史书缺载，其气派壮观，可惜毁于楚汉之争。

位于西安以东40公里的骊山是秦始皇帝登基之初就选定的陵址，规模宏大。全国统一，他动用了七十万劳力修筑这一

图3-12　秦始皇陵一号兵马俑坑正面全景，秦，陕西临潼秦始皇陵兵马俑博物馆

图3-13　战车和步兵俑队列，秦，陕西临潼秦始皇陵兵马俑博物馆藏

图3-14　军吏俑，高186cm，秦，陕西临潼秦始皇陵兵马俑博物馆藏

工程。主陵园有内外两道墙环绕，布局非常复杂，雕塑也是重头之一。在主陵西过道中发现彩绘铜车两乘，分别由铜驷马牵引，车上各有一铜御官俑，概括出雕塑艺术的成就。陵园外现已发掘西部有工匠的墓葬，东北面有铜天鹅和乐师俑坑，而东侧的三个兵马俑坑（第四个坑原本没有完成），成就最为突出。每个坑的平面布局不同，以一号坑规模最大（图3-12），呈长方形，东西长230米，南北宽62米，深约5米，总面积14260平方米。这一向东行进的布阵设计，代表了秦军由西而东消灭六国的锋芒所指。（图3-13）在一号坑中已发掘出武士俑500余件，战车6乘，驾车马24匹，还有青铜剑、吴钩、矛、箭、弩机、铜戟等实战用的青铜兵器和铁器。俑坑东端有210个陶武士俑，面部神态、服式、发型各不相同，个个栩栩如生，形态逼真，排成三列横队，每列70人，其中除三个领队身着铠甲外，其余均穿短褐，腿扎裹腿，线履系带，免盔束发，挽弓拷箭，手执弩机，似待命出发的前锋部队。其后，是众多铠甲俑组成的主体部队，个个手执3米左右长矛、戈、戟等长兵器，同35乘驷马战车间隔在11条东西向的过洞里，排成38路纵队。南北两侧和两端，各有一列武士俑，似为卫队，以防侧尾受袭。二号坑在一号坑北面20米，形制接近一号坑，有160个半跪的射手，172个站立的射手。其后有6辆战车，有116个骑手。坑内一大半为骑兵和步兵的混合，89乘战车。三号坑只有一号坑的七分之一面积，形制不规整，是指挥部所在地，68位武士俑都像是军官（图3-14）。估计武士俑的总数有7000个之多，130乘战车，520匹乘骑俑，150匹战马俑。这地下军阵，重现了秦始皇指挥千军万马所向披靡的历史场景。如果不是亲自统率这场划时代的统一战争，恐怕很难想象得出如此宏伟的画卷。创作兵马俑的工匠就像铸造后母戊青铜方鼎的工匠一样，把成千上万人的集体力量凝聚在一个统一的意志

上，使之升华为推动历史前进的巨大动力。和后母戊鼎不同的
是，一千年后秦陵兵马俑没有诉诸巫术鬼神，而是通过强大的
军事组织，显示出墓主的雄才大略。就单个兵马俑而言，其等
身高大写实的造型在中国美术史上没有先例。在数千官兵的面
部造型上，其真实性体现得更为清楚：不是千人一面，而是各
个不同，表明塑工对士卒、将领形象的深入观察和认识。陶俑
的身躯，按各人的军衔等级分类烧制，手和头单独制成，再套
进袖口和领口，组合而成。然后涂上鲜艳的色彩，有的还不止
一层，可见绘塑工艺互为表里。兵马俑不只是个体的表现，而
是与实际的军阵排列组合，成为陪伴墓主在冥界生活的"明
器"。墓主希望身后继续君临天下，检阅神采焕发、威武雄壮
的统一之师。这是秦始皇对其一生功业的最高评价。

从秦国的地域传统分析，其写实风格可上溯到陕西兴平
县出土的战国后期青铜犀牛尊（图2-22）。而其塑造大型人物
的规模，则可追寻到中晚商时期的巴人三星堆青铜神人立像
（图2-15）。兵马俑的风格之谜有待进一步的研究，例如晋人
王子年《拾遗记》有传说，称有西域骞霄国献刻玉善画工烈裔
到秦，"使含丹青以漱地，即成魑魅及诡怪群物之象"。这类
外来影响尚可考虑。可悲的是，凡掌握兵马俑写实风格的工匠
都惨遭杀害，使艺术再现技巧及身而止，昙花一现。"三千兵
马"俑的墓葬制度，在汉代得到延续，如西汉景帝（前188—
前141，前157—前141在位）阳陵出土的微笑的男女人物俑，
咸阳杨家湾出土周氏家族的兵马俑，江苏徐州狮子山楚王刘戊
墓的兵马俑，只是其形制、规模和风格，都选择了与秦人分道
扬镳的不同路数。

汉代雕塑突出了楚文化的象征性表现手法，成为古代雕
塑艺术风格衍变的主流。道家思想使汉代雕塑蒙上了一层浪漫
色彩。和秦始皇帝一样好大喜功的汉武帝，在东岳泰山顶上的
碑铭，竟是一块无字碑。作为抽象的艺术象征物，它留给人们
无尽的想象，也启发了此后中国唯一正统的女皇帝武则天（名
曌，624—705，690—705在位，国号周），同样以无字碑让历
史评说其"千秋功罪"。

追求纪念碑的效果，在陕西兴平汉武帝茂陵陪葬的霍去病
墓前，有一组经典的石雕作品。它们大约制作于公元前117年，
分为主题雕刻和动物雕刻两类，安放在墓地旷野中，经过了两千
多年的自然风化，显得格外地古朴厚重，极富艺术魅力。墓主是
威名远扬的骠骑大将军，以抗击匈奴的显赫战功，深得武帝器
重。墓前的主题雕刻造型简洁，一匹昂首抬足的骏马，踩踏一
挣扎的匈奴酋首，以象征墓主人的战功业绩。雕工在几处关节

图3-15　马踏匈奴像，石雕，高168cm，长190cm，宽48cm，前117年，陕西兴平县茂陵霍去病墓前，1914年3月6日法国谢阁兰拍摄

图3-16　伏虎，石雕，高48cm，长200cm，宽84cm，前117年，陕西兴平县茂陵霍去病墓前

图3-17　人与熊，石雕，高277cm，宽172cm，约前117年，陕西省兴平县茂陵霍去病墓前

图3-18　马超龙雀，青铜，高34.5cm，身长45cm，宽13cm，185年，甘肃武威雷台东汉墓出土，甘肃省博物馆藏

眼上略施线刻，使战马精神倍增。（图3-15）此外还有15件动物雕刻，有虎、马、牛、象、野猪等，以及人抱熊和怪兽食羊的形象。以伏虎为例，体形以圆雕为主，略施线刻。着重刻画的虎头，块面清晰，一双锐目，虎视眈眈，凝聚了全部的精神，仿佛随时准备搏击。其身上线雕刻出老虎的斑纹，简洁含蓄，洋溢着蓬勃浩荡的生命活力，成为汉代艺术大气磅礴的典范。（图3-16）而人熊相抱的造像（图3-17），则和商代青铜器的虎食人造型（图2-10）与纹饰（彩图6），都是巫术信仰的遗存，表现通灵的法力。这些动物都是用整石雕成，长度在两三米之间；因势象形，利用大的体面关系，抓住对象的特征进行概括，吸收了草原之路上动物雕塑的特长，创造了古代雕刻中宏伟的艺术成就。

汉武帝对异国风物充满了幻想，他派遣探险家张骞（约前164—前114）"西域凿空"，将许多中亚的物产带回汉朝，尤以"千里马"备受武帝宠爱。太初四年（前101），武帝下令铸大

宛汗血马铜像立于未央宫，表现对良马的癖好。茂陵东侧陪葬墓出土的"汗血马"鎏金铜像，高62厘米，长76厘米，可能就是类似的仿制品。秦汉塑工在马的造型方面，积累了丰富的经验。不同材料的绘画，各种介质的雕塑，都留下了骏马的矫健身影。其中出土于甘肃武威雷台的"马超龙雀"铜像（图3-18），堪称精品之最。它制作于公元185年，已是东汉后期。矫健的千里马，侧首嘶鸣，三足腾空，奔驰向前。蹬地的一足落在展翅飞翔的龙雀背上，轻巧地化解了铜像全部的重力，把力学的平衡原理运用得出神入化，显示出艺术和科学的完美结合。在三维空间里加进时间维度的同时，它又体现了凌越时空的美感，以象征永恒。

图3-19　击鼓说唱俑，陶塑，高55cm，四川省成都天回山东汉墓出土，中国国家博物馆藏

在汉代的厚葬之风中，大量的陪葬明器都是木俑、陶俑或铜兵马俑。它们的表现手法以象征和夸张为主，具有很强的艺术感染力。早期的木俑身体扁平，拱手直立，下部裙裾呈喇叭状，面部是笔绘的。陶俑也与之相同，但面部表情较为生动。前述汉俑眉宇间的和善神情，成为陶俑制作中的常见手法。汉代后期捏塑的陶俑，形象更为传神。出土于四川成都、新都、郫县、金堂、乐山、遂宁、重庆等地汉墓的几件说唱俑，在刻画人物精神世界方面，达到了惟妙惟肖的地步。（图3-19）说书人手舞足蹈的滑稽相，靠面部和身段的强烈变化来表现。他们的身材比例是变形的，为的是增强减弱，突出表演时忘我的神情。说书是汉代文化生活中的重要内容，宫廷和民间都喜闻乐见。俳优虽然社会地位卑微，但所起的社会作用却不同寻常，往往能讽谏朝政，影响舆论。他们的形象寄托了塑工深切的同情和共鸣。1987年在贵州出土的抚琴俑（图3-20）也是传神的杰作。乐师双手抚按琴弦，蓦然翘首远眺，传达了悠扬的弦外之音，给人无尽的遐想。

东汉后期，雕塑题材中石狮子的形象引人注目。现存其一的山东嘉祥武氏祠前的一对石狮，出自石工孙宗之手，雕刻于

图3-20　弹瑟俑，高36cm，贵州省兴仁县东汉墓出土，贵州省博物馆藏

图3-21　辟邪，石雕，宽293cm，河南省孟津县出土，河南省洛阳博物馆藏

建和元年（147）。而在雅安高颐墓前的一对石狮，左侧一尊较完整，刻于建安十四年（209），很有代表性。1992年河南孟津出土的辟邪，更是经典之作。它们都是昂首、张口、吐舌的姿态，表情十分夸张，反映了雕工在吸收外来艺术方面的创造才能。狮子是从西亚传入的猛兽，其名直接音译波斯语。汉语又名"天禄"及"辟邪"，如南阳宗资墓前的一对石狮，各在肩上刻出了名字。1992年河南孟津出土的辟邪（图3-21），更是经典之作。辟邪流行于汉至六朝时期，成为传统文化中喜闻乐见的表现题材。

## 第三节　汉画艺术源流

秦代绘画遗存，有秦咸阳宫的壁画残片、画像砖和漆绘作品。壁画总计发现七套车马图像，每套四马一车，结构严谨，阵势强劲，可与兵马俑互相参照。（图3-22）各地出土的画像砖和瓦当，有动物、植物纹样，大多是墨笔线描的造型，比较简略。而漆器上的装饰风格，则前后时代的美术风格没有明显的区别。

汉代绘画逐步从装饰化风格朝图像再现的方向发展，就其功能而论，体现了巫鸿指出中国古代宗教美术发展的关键问题，即从"庙"到"墓"的过渡。屈原《天问》对庙堂壁画的提示，可以在秦以后墓室壁画中找到对应物。它在两汉四百

图3-22　佚名：车马图（局部），壁画，高86.7cm，陕西咸阳秦三号宫殿遗址出土，陕西省秦都文物管理委员会藏

年历史中有统一的基调。厚葬的习俗把现实生活和多种神话传说编织在一起，构成了汉画表现的基本主题。汉画的质地包括帛画、壁画、漆绘、画像石和画像砖，都表现出大气磅礴的共性。考察汉画发展的源流，其主要承接楚文化的画法。在内容方面，汉初崇尚黄老思想，社会风气与楚国相通。道家的"齐物论"把生死大事等量齐观，包含了万物有灵的巫术信仰。形式方面，主要文体有汉赋，从楚辞演变而来，对绘画创作有直接的作用。汉画铺陈物象的外部关系、追求强烈的律动感，就源于辞赋的影响。它以线描为基础，形成勾画立体形象的能力，并运用平涂的色彩，来丰富画面的表现力。

西汉绘画可以用长沙马王堆轪侯利仓妻辛追墓出土的帛画和漆绘作为典型的代表。这里是楚文化的重镇，屈原在此留下过行吟的诗篇，战国时的缯书帛画（图2-6）和漆器渊源有自，可以作为汉代画家的创作样板。作为目前存世最早的卷轴画作品，《龙凤仕女图》（彩图9）和《人物御龙图》（图2-2）在内容和形式方面，都对楚地的汉画有直接的影响。战国帛画的主题是远古巫术文化的孑遗，分别描绘女巫男觋与图腾神灵交互沟通的场面。它们和楚辞中《招魂》的篇章相表里，呈现楚人神奇浪漫的幻想世界。如《龙凤仕女图》中祝祷的巫女，通过凤鸟和夔龙的搏斗，展示出自然界生生不息的永恒活力。但是在表现形式上，战国帛画虽然采用了线描造型的手法，其人物、动物和器物的描绘，仍旧和同时期青铜、漆器等图案装饰形式相似，基本上是剪影式全侧面的造型。不过，楚国画工的勾线已经十分准确，并在人物面部略施粉彩，作为装点。显而易见，它们为楚地汉画的出现提供了基本的绘画程式。在马王堆一号利仓之妻和三号利仓之子的墓中，各有一件"T"形帛画。汉代称之为"非衣"，又作"飞衣"，是送葬出殡时用的"魂幡"，最后覆盖在内棺上。它们的内容相同，以一号墓帛画绘制更精。（彩图10）画面分上中下三层，描绘天庭、人世和冥界，这是在楚帛画的基础上扩展而成的。西汉画工在构图上已经可以较好地组织大型的图案，同时把写实的内容添加在里面。三界的描绘相互独立又彼此关联，靠的是龙和其他神话动物的穿插配置，其气氛是人神合一的。在天庭中，神话世界的色彩最浓。日月之神是生命的象征，铺陈得鲜艳明亮。冥界中的巨人擎举起大地，使墓主人得以在人世享用富贵荣华，那正是画工所要表现的重点。在这一部分，人们看到了一位老妇人的侧身画像，她在几位侍女的陪同下，持杖前行。身穿绮罗的贵妇，面带笑容，愉快地享受生活。她的周围陈放着许多华贵的祭器贡品。它们和同墓出土的漆器、陶器和

图3-23　佚名：轪侯子墓帛画（下图为局部），墨笔设色，纵233cm、上横141cm、下横50cm，西汉，长沙马王堆三号汉墓出土，湖南省博物馆藏

图3-24　漆棺彩绘山鹿图，木胎漆绘，53cm×69cm，前186年，长沙马王堆一号汉墓出土，湖南省博物馆藏

丝绸织物是对应的，很有真实感，富有生活气息。所有形象都用墨笔勾画，轮廓十分清晰。这是战国楚帛画的表现手法，也是整个中国传统人物造型的基础，通常称之为"白描"。马王堆的画工在技法上更进一层，创造了重彩画形式，是人物画发展中的重大贡献。重彩的颜料有矿物和植物两种质地：像石青、石绿、朱砂、赭石等矿物质颜料，色泽鲜艳，质地厚重，不易褪色；像花青、胭脂、藤黄、靛蓝等植物质颜料，色泽透明，容易褪色。西汉的帛画用矿物质颜料为主，因此保存了原来的色彩效果；重彩的画法以原色平涂为主，调和的间色不多，所以色彩的对比度很强。这和漆绘的配色法相通。三号墓帛画（图3-23）用色的平涂块面更大，也就更接近漆绘。不过这件绘制相对简略的作品，却在刻画人的立体形象上有一个很大的发明。和一号墓帛画中央全侧面的老妇形象不同，三号墓利仓之子的脸相用四分之三侧面画出，使以往在楚帛画及战国铜器人物纹样的图案式处理转到绘画式的面相表现，生动地展开了再现对象的探索过程。由于这个转变，汉画的人物描绘走上了较为具象的阶段。

马王堆还出土了一些帛画残片，有大型的车马出行，也有练功的《导引图》，后者属于道家养生用的实用图例。"飞衣"的形式在山东临沂金雀山汉墓也有出土，但基本是白描稿，很简略。在甘肃武威汉墓出土的"魂幡"，简略到只剩下圈符和墓主名号。可见马王堆的"飞衣"是艺术价值最突出的。

汉代称漆绘为"油画"，在马王堆文物中有惊人的表现。和帛画一样，汉代漆绘继承了楚国的漆器工艺，在图案中加入再现的内容，增添其叙述性。一号墓出土四棺一椁，从外到内，依次是黑地素棺、黑地彩绘棺、朱地彩绘棺和锦饰内棺，并按照汉代漆器彩绘"墨漆其外，朱画其内"的制度，以朱漆为底，髹饰装有锦饰内棺外的棺木，其南北外端绘有玉璧和山字形几何符号，再画上白鹿等祥瑞之物，色调和煦热烈。（图3-24）朱地彩绘棺外的一层棺，用黑漆打底，其两端外部的漆绘特别大气。先以多色镶嵌的数道几何条块框出一个正方形的外廓，犹如订出一个画框，让漆工在里面尽情发挥。画工用S形的白色云气作为贯通画面的主线，再画上五十个牛头马面的神灵怪物飞走其间，它们或张弓射箭，或擂鼓鸣阵，或吹笙弹瑟，或挥戈进击，到处是流动变化的精气，洋溢着永不停息的生命活力。（彩图11）这些难以名状的神灵是冥界的护卫神，它们给死者的亡灵注入了勃勃生机。它们的力量是如此强大，以至把飞动的云气挤压出层层框住的边界。漆绘的色彩对比极为强烈，乌黑发亮的底色上，厚厚堆沥的云彩洁白明亮，而朱笔勾画的云气线条也耀眼夺目。色彩的对比效果使精彩的构图设计更富律动感。汉代盛行漆绘，由私人和官府工场同时经营。像在东汉乐浪郡故地（今朝鲜平壤附近）出土的漆器，记有产于四川广汉郡或蜀郡皇家工场的文字。乐浪出土的漆盒铭文中还有"画乙丰"等漆工的名字。在绘彩漆（荚）上面绘有商纣王等历史故事和丁兰、老莱子等孝子故事，还有在云气中飞走的动物，风格类似马王堆漆绘，但更多写实的画法。

据记载，西汉有黄门画者，著名的如毛延寿（？—前33）等，专门为帝王作画。东汉在"少府"下属有"黄门署长，画室署长"，负责绘画活动。汉宣帝（前91—前49，前74—前49在位）时的麒麟阁画匈奴单于像，光武帝时的南宫云台画二十八功臣名将，还有图画经史故事的作品。汉明帝（28—

图3-25　朱雀，壁画，47cm×32.7cm，河南洛阳卜千秋墓出土，河南省博物馆藏

图3-26　君车出行（之一），壁画，70cm×134cm，176年，河北安平逯家庄东汉墓中室北壁出土，河北省博物馆藏

75，57—75在位），雅好图画，别立画官，成为汉代宫廷绘画最盛的时期。东汉时，一些郡县官署也用壁画来扬善抑恶，教化民众。同姓王侯中也有重视绘事的，如广川王刘海阳（前64—前50在位）喜饮食男女的放纵画面，而鲁恭王刘余（？—前128）建造灵光殿，"图画天地，品类群生。杂物奇怪，山神海灵。写载其状，托之丹青"。内容是人物故事，并有山水背景为衬。但是这些宫殿壁画没有存世，只有大量的墓室壁画和装潢墓室的画像石或画像砖，可以重现当时的壁画创作状况。

　　迄今发现较早的墓室壁画，见于西汉昭帝、宣帝时期（前87—前49）的洛阳卜千秋墓。内容有四象和十二生肖的动物形象（图3-25）。进入东汉以后，墓室壁画出现得越来越普遍，在中原、华北、西北、东北和河套地区，都有发现。其中河北平陆枣园村新莽时期墓、河北安平逯家庄东汉墓（图3-26）、河北望都东汉墓、河南密县打虎亭东汉墓、辽宁辽阳北园（图3-27）和棒台子屯东汉墓以及内蒙古和林格尔东汉墓等，是较有代表性的壁画遗址。这些壁画墓的主人大都是地方上的名门望族、官宦之家或行政长官，所以他们在身后冥界中，也念念不忘生前的荣华富贵，希望借助绘画来继续享用其拥有的一切。因此汉代墓室内的壁画或画像砖石的题材类型是比较一致的。从出土的汉画来看，其题材大体可分为日常生活、历史故事、神话传说和天象图四个方面。

　　日常生活题材是画工们用心之处，以满足墓主人身后继续享乐的意愿。大型的宴饮聚餐，在密县打虎亭汉墓主室正壁上就有生动的表现。宾主围着各自的几案，席地而坐，开怀痛饮。（图3-28）画面描绘宅第的内景，如辽阳棒台子屯汉墓壁画上庖厨烹调的活动。从饲养家禽到屠宰猪羊，一应俱全。还有像辽阳北园汉墓后室后壁右下侧对庭院外景的表现，在百

图3-27　门卒，壁画，59cm×33cm，辽宁辽阳北园三号汉墓出土

图3-28　宴饮歌舞，壁画，70cm×184cm，河南省密县打虎亭二号汉墓出土

戏杂技中，有弄丸（向空中连续抛递六丸）、跳剑（向空中轮流抛耍三剑）、舞轮（仰面接住掷向空中的车轮）、反弓（后仰弯腰，以手撑地）、长袖舞等，还有斗鸡走狗的活动。车骑出行的排场在和林格尔汉墓壁画中气势宏大。（图3-29）出任边郡长官的经历，通过前呼后拥，相望于道的车骑人马，很能显耀一番。而从陕北定边郝滩汉墓、靖边杨桥畔汉墓（图3-30）、老坟梁汉墓、陕西省旬邑县百子村汉墓发掘的"车马出行图"，更是体现出汉代画工描画车马的精湛水平，将出行的画面描绘得变化多端。这一场面有时和出猎活动穿插在一起。真正反映生产劳动的画面大多出现在画像砖石上，像纺织、农耕、弋射、采盐等，多半和墓主人经营的买卖有关。

历史故事有前代政事，体现史官文化特点，如历代的明君忠贤、乱臣贼子，把宫廷官署的说教性壁画用到墓室或家祠之中。还有家族史的内容，如望都汉墓壁画的题榜，说明墓主人或是协助汉顺帝（115—144，125—144在位）登基的大宦官孙

图3-29　牧马（局部），壁画，132cm×195cm，内蒙古和林格尔一号东汉墓出土

图3-30　车马出行图，壁画，109cm×171cm，陕西靖边老坟梁东汉墓地M119墓出土

程（？—132）。其墓室构造复杂，分主室、中室和前室。前室的墓壁画有随主人当事的各类僚属，如南壁门内两侧的"寺门卒"和"门亭长"，北壁门洞外两侧的主簿和主记吏。前室东西两壁上半部分所画的幕僚，在向死者躬身致敬。东西两壁依次有各位吏员。通往中室的过道两侧，东西两边也是随从吏员，这些都突出了墓主人对显赫身世的强烈意识。画工以僚属不同身份的描绘，和他们对主人唯命是从的态度，重现了汉末宦官当政、飞扬跋扈的骄横气焰。

汉代开始对远古神话进行系统的整理，根据地域的不同，可分为东部沿海的蓬莱系和西部内陆的昆仑系统。也有许多神话出现在各地的绘画中，如创世神话中伏羲、女娲，见于全国很多地方，只是画工的取舍不同。汉民族的民间文化传承，由此得以保存，也引起共同的心理认同。因此汉明帝时开始正式传入的印度佛教，便与昆仑系统的图像如西王母等，开始互用，见于巴蜀等地的摇钱树造像上。

农耕民族历来重视天象，天时节气直接影响年成的丰欠。先秦诸子中即有农学一派。另一方面，天象四时被阴阳家诠释为"天人合一"的政治理念，使新莽和东汉前期盛行谶纬迷信，"星宿"被指代为有帝王之命的人物。汉代画工在表现天象时，常常附会一些神灵怪物，而不是单纯地画出天文星象。这类图像的出现，反映了汉代普遍的社会意识形态。

墓室壁画的制作方式根据各地墓室的结构材料而有所区别。多数墓室是用砖券构成，一般的就直接在砖壁上作画，如密县打虎亭汉墓，讲究的则先打磨砖面，使之平整，再敷白灰浆，画工就在这上面用毛笔勾线着色，创作壁画。汉墓壁画的线描风格受隶书笔法的影响很大。西汉以后的简书和碑刻字体，对隶书用笔的绞转效果，已经掌握到家。这就丰富了早先篆书游丝般生动的笔法。望都汉墓没有像打虎亭汉墓那样注重用色，却能以笔墨渲染衣褶及人物形象，表现其明暗和体积，体现了隶书用笔的妙处。用来书写壁画榜题的隶笔，对刻画人物动态、面部表情和眼神，效果出色。像"寺门卒"和"辟车伍佰"怒张的须眉，极有勇猛的神气。汉墓壁画的侍从人物造型与明器中的陶俑很像，身体扁平，下部裙裾作喇叭状，面部表情比较丰富。现藏美国波士顿美术馆的一块木板画，在白粉打底之后彩绘出两个躯干瘦长的人物，墨笔勾画的轮廓，由于笔锋转动的效果，显得很有生气。眼睛与嘴角的表情传达得尤为出神。在甘肃嘉峪关出土了一大批从汉代到魏晋时期的彩绘砖画，画法很随意，有如儿童的信手涂鸦。有的造型很质朴，如平陆枣园村新莽墓壁画上的村居人物和树木，直接用鲜艳的原色画出，具有很强的装饰性。把大片的树叶画成朱红色，给人秋天的感觉。和林格尔汉墓壁画也擅长敷色，在有限的几种原色配置上，形成生动的变化。

画像石和画像砖分别以刻凿方法和模压焙制方法制成，在汉画创作中占有非常重要的位置。画像石刻凿完，画像砖焙制好后，是作为建筑构件镶砌在石阙、石祠或砖石墓的规定部位，因此创作时都有事先的设想。工匠在构思时，兼顾墓室、祠堂的特点，并非单纯的绘画。汉代不少画像石、画像砖墓在画像上敷色着彩，视觉效果立体真实。与墓室壁画相比，这两类艺术表现形式有明确的程式。从画史上看，墓室壁画直到元代仍在创作，但画像砖石到汉以后就基本中止，只有魏晋南北朝少数例外，体现汉代社会经济实力所支撑的厚葬风气。需要指出的是，北宋和清代金石学家通过拓片建立的汉画图像，脱离砖石而独立，与汉代消费这些图像的本意不同。

画像石祠以山东的"郭巨祠""武氏祠"最有代表性。这些石祠用立体的建筑及绘画形式重现出汉代的精神与物质的世界。它们没用木材，而是用石料仿木结构建筑建成这类家族祭祀用的享祠，营造了小型的家庭历史博物馆，是认识汉代思想活动的个案实例。其公共空间的出现，说明在中国文化史上的重要性。从北宋起，像"武梁祠"等刻石图像及文字就被作为实物文献，引起金石古物学家的重视，不但对书画艺术界产生了直接的影响，而且在社会历史研究中也发挥了积极的作用。

"郭巨祠"在山东省长清县孝堂山（图3-31），据永建四年（129）过路人的题字，可知该祠建于此前。北齐武平元年（570）立的碑文根据传说定为东汉有名的孝子郭巨的享祠，但未必可靠。这是由左、右、后三面石壁组成的小石室，正面有三个八角形石柱，左右两柱经宋代重修，中间一柱把石室分为左右两间。所有画像刻画在石室内部打磨光滑的三面石壁上。

石室左右壁画像石分上下六层布置，从下到上表现由今到古直至创世神话的丰富内容。后壁正面的画像分上下两层。下层有夹在四座楼亭之间的三座楼阁。在并列的楼阁上，人们两两相对地端坐着，楼下的众人正在向王者行礼；上层是车队出行图，以两辆车和两行骑士为前导，后有击鼓奏乐的车，再以"大王车"殿后。屋顶上刻有各种鸟和猿猴之类。石室中央的三角石左面是天象图，有日（中有赤乌）、月（中有蟾蜍）及北斗七星等，还有彩虹和神人；右面是"泗水取鼎"的故事和祥瑞之物，如连理枝、比翼鸟等。工匠在处理图像时，尚未考虑相互间的内在关系。唯有若干画面运用故事情节，但还不纯熟。从济宁两城山发现的20块画像石，可能是东汉任城贞王刘

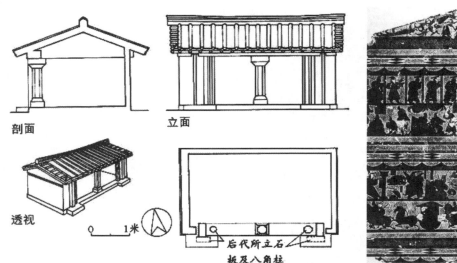

图3-31　孝堂山石祠线描平面图，129年，山东长清县孝里铺

图3-32　西王母·历史故事·车骑画像拓片，186cm×136cm，东汉，山东嘉祥武梁祠西壁

安（102—121在位）的石祠，建于永初七年（113），年代和"郭巨祠"相仿，其刻画的风格技巧则成熟许多。

"武氏祠"位于山东省嘉祥县城南15公里处，建于元嘉元年（151），是金石学的传统中久享盛名的作品。宋人赵明诚（1081—1129）《金石录》著录了一部分碑记和画像石，洪适（1117—1184）《隶释》也曾加以描述。此后人们习惯以"武梁祠"指代武氏祠的全部画像石。清人黄易（1744—1802）1786年发现了武氏祠的各个组成部分，加上他以后的零星发现，武氏家族有四个石祠，四十五块画像石，武氏双阙（147年立），武斑碑（147年立），武荣碑（167年立），石柱及柱头各三个，以及石狮一尊。宋人记载的武梁碑和武开明碑，则已佚失。武梁和武开明为兄弟，武斑和武荣是武开明之子。在当代学术史上，这一遗存成为解构宋以来金石学传统和重构汉代社会、思想、文化史的焦点，不断引起学术界的争议。

武梁祠确切的是指五块画像石，它们构搭成石祠的左、右、后三面，以及屋顶向前向后的两披。由此可知，它和"郭巨祠"相似，结构简单，体积不大。如果恢复它的建筑原貌，其面宽约2米，进深约1.5米，山墙面高约1.6米，正面高约1.2米，而正面中央的石柱则已遗失。刻凿在石室内壁的画像，布局比"郭巨祠"严谨完整。左、中、右三面石壁的图像是连续的，上半分为两列，下半左右两墙为两列，而集中到后墙的整幅楼上楼下的宴饮场面。每一壁面分为三或四层。第一层是古代帝王和列女；第二层是孝子义士；第三层多是刺客；第四层是死者的生前生活，其最后一段"县功曹迎处士"，就是武梁本人的事迹，因为他以毕生精力研究和传授《诗经》以及古文典籍，曾屡次谢绝州郡征召作官的机会。左右山墙尖下分别为东王公和西王母，并有围绕

图3-33　武氏祠乐舞·庖厨·升鼎画像拓片，98cm×209cm，东汉，山东嘉祥武梁祠左石室东壁

他们奔走飞翔的怪兽和仙人。屋顶内面是各种瑞象，如神鼎、麒麟、青龙、白虎等。（图3-32）

　　武开明祠的十块画像石内容以神话题材为多，而武斑祠的十块画像石以历史故事居多，构图也更完整。著名的荆轲（？—前227）刺秦王、泗水取鼎和祁弥明踢獒犬等故事，都是武氏祠画像中重要的代表作。（图3-33）武荣祠建于永康元年（167），如将其画像石放回原来的位置，结构要比武梁祠略为复杂，后墙中央向后伸出一个小龛，面宽也增大为3.2米。该祠的画像设计与题材类似武梁祠。武氏祠包括了汉画的绝大部分题材。

　　汉代鲁、苏、浙、皖、豫、晋、陕、川等地的石墓中，有为数可观的画像石作品。通常刻凿在门楣、门槛上，雕出朱雀、衔环铺首或其他动物形象。在山东省沂南县西八里的北寨村的画像石墓，建于初平四年（193）之前，保存完好。整个墓室由八室组成，仿造现实生活的需要设计，分前、中、后三个主室和五个侧室，左侧最后一间为厕所，可见墓主人对后事安排之周到。墓室前门外面和里面各处石壁上，雕满了图画装饰。很多神话动物，特别是大型的现实生活场面，为汉代画像

图3-34　乐舞百戏画像拓片（局部），48 cm×236cm，东汉，山东沂南北寨村出土，原地封存

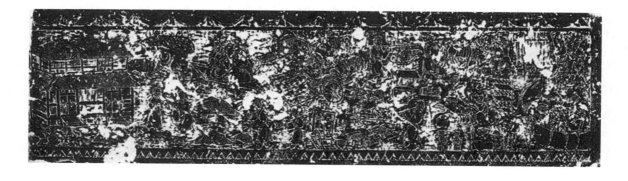

图3-35　牛耕画像石拓片，67.5cm×29cm，100年刻，陕西绥德东汉王得元墓出土

石中所罕见。在前室南额及东西额上的献祭图，中室东额的乐舞百戏图，横条大幅构图，长达2米多（图3-34）。南额东半还有收粮和庖厨图。这众多的人物、丰富的内容，表明工匠过人的构图才干，也说明其观察和再现能力的进步。

画像石刻画技法以单线勾勒为主，以阴刻法直接在石面上凿出形象，如"郭巨祠"刻石，相当质朴；浅浮雕法，将画像刻得像浮雕凸现在石面上，如两城山画像石；"平面减底法"，所有的形象都是平面凸出，以细密的纵行线铲平底面，形成剪纸的效果，如武氏祠的画像石。此外，如徐州地区出土的画像石棺表现汉代纺织技术的画面，在浮雕形式上强调了轮廓线的作用。四川崖墓中的伏羲、女娲像在凸起的平面形象和背景上，则凿出纵横交错的粗线，增加厚重的感觉。陕西绥德王得元墓画像石（图3-35），在"减底法"的运用上结合了单线阴刻的技巧，把画像的某些局部画到边框上，造成了奇妙的底图互换的视觉双关效果。而沂南画像石以不规则的刀法薄薄地铲去背景，使形象凸出画面，再用细细的阴线刻画平面凸起的形象。

墓室画像砖主要流行在川、豫两地。成渝地区的汉代砖墓，讲究位置和内容，如成都扬子山第一号墓，在甬道式狭长的墓室左右两壁上，都嵌有相对的画像砖和画像石。画像砖共四对八方，第一对是阙，然后有车马、骑吹、收获，与骑吹、车马、骑吏依次在左右两边。画像石的内容与之相仿。从出土的实物看，四川的画像砖共有五十余种不同的画面题材，它们大小相当，每块高约49厘米，宽43厘米，都是模压而成的薄浮雕。砖模

图3-36　弋射收获画像砖拓片，39.6cm×46.6cm，四川大邑安仁乡出土，原砖四川省博物馆藏

可批量生产，出现在不同的墓室中，并根据墓主人的需要，加以组合变化。它们镶嵌在墓道两边，犹如画廊陈列的画作。每个画面都相当完整。画工提炼了常见的构图，精益求精。像车骑出行的场面，有六骑两排并列缓步的，有四骑奔驰的，有两骑引导篷盖之车的，还有二步卒追随一战车的，把马的各种动态刻画得十分传神。另一方面，添加蜀地特有的风物场景，像弋射收割图上的荷塘一角（图3-36），寥寥数笔，勾画了鳞潜羽翔、生机盎然的美景。而描绘庭院的画面中，有信步闲庭的双鹤，一派恬静自然的气氛。尤其可珍视的是，画工们对自贡盐井生产的场面的描绘，不但记录了汉代采盐的实况，而且对山水景色的表现，也有新的探索。单线阳刻的手法接近于绘画，发挥勾线的能力。

河南等地的画像砖是西汉后期建造椁室的空心砖。形状多为长方形，长100～150厘米、宽20～50厘米、厚13～14厘米。也是模压图形，正面或侧面重复压印各种花纹，以几何纹为主，还有龙、凤、虎、豹、树木、楼阙、车舆、铺首，以及猎骑人物和执戈的"亭长"，后者是汉代专职缉盗的官。此外，南阳一带也有画像砖墓，内容相当新奇，如刻画西域来的魔幻师的形象，高鼻深目，不是中原常见的相貌。

汉代文学艺术都强调大气铺陈。从先秦的装饰风格转向注重再现性的风格，画家们将现实与理想糅合在一起，采用俯视的角度，扩展画面空间。这得益于汉代绘制地图的网格状方法。因为这一构图形式，能满足铺陈物象的要求，由此形成中国画置阵布势的方法，北宋沈括（1031—1095）用"以大观小"概括之。在写实水平较弱的"郭巨祠"画像上，仍可表现有六十人出现的战争场面，使故事情节首尾相连。画工们巧妙地运用了淮南王刘安（前179—前122）所说防止"谨毛而失貌"的原理，突出画面的整体效果。

图3-37 荆轲刺秦王画像石拓片，57cm×106cm，东汉，山东嘉祥武梁祠左石室后壁小龛西壁

汉画具有强烈的运动感，其铺陈不是停留在简单的物象堆砌上，而是通过人物举手投足的动态来互相呼应，并用充满表现力的线条将生命注入其中。像观看百戏杂技的画面，飞动的长袖舞姿和令人目眩的弄丸、跳剑形象，都是非常高明的传神手法。飘拂的衣袖裙带成为古典艺术中表达内心活动的重要技巧，人物画中经常使用，还出现在戏曲表演的程式中。它们的魅力不在于细节刻画的真实与否，而在于笔墨线条的流转飞动。这是汉画对后世影响最为深远的精华所在。

按照汉代的世界观，艺匠们把众多画面加以组合，对一些大场面作情节化处理，表现较为完整。即使是并置关系，也以汉赋的手法，"铺陈"出总体效果。在处理人物外在联系方面，武氏祠的"荆轲刺秦王"和"泗水取鼎"可为范例。前者描写荆轲"图穷匕首见"的绝境：秦舞阳匍匐在地，秦王和荆轲两人绕柱而走；被人抱住不能脱身的荆轲奋力掷出匕首，仍然未中；匕首深深陷入柱中。穿透柱子的匕首，露出了锋尖，极度夸张了荆轲孤注一掷所用的全身气力。（图3-37）后者也表现事态转折的瞬间：铜鼎即将出水之时，系鼎的绳子却被龙咬断，使拽绳的人们纷纷仰身跌倒。此前，人尚未跌倒；此后，铜鼎又坠入水中。表现"取鼎"事件从将要成功转为失败的刹那间变化，清楚地点明了事件的要点，而且制造了紧张的戏剧性效果。此外，画工还用题榜文字提示画像内容，使画面易于理解，开了此后卷轴画落款题跋的先河。

## 第四节　艺术市场与地域风格

秦代历史短暂，美术家的主要活动是围绕着秦始皇帝的个人兴趣展开的，各种美术形式的运用要服从帝王的好恶取舍。汉代四百年间，朝廷统治者的意识形态，如西汉初崇奉的黄老思想，西汉后期儒教的正统化，东汉初的谶纬迷信等，和各地的美术创作有密切的关系，前揭汉画的四类内容就是其体现。汉代其他艺术形式，如汉赋的表现手法，对美术创作的影响也十分明显，形成了相对统一的汉代艺术风格。值得注意的是，实际影响汉代美术风格发展的因素主要不是来自宫廷，而是经济文化发达地区的艺术市场。宫廷对绘画雕塑等创作活动的作用是象征性的，其影响几乎被异常活跃的地方美术创作活动所掩盖。如汉明帝重视绘画，却没有像各地王公贵族那样有力地左右着具体的创作风格。在工艺美术方面，汉代官府掌管的匠作机构起了主导作用。两都的宫殿和庙宇建筑，在全国也具有重要影响。每个时代都有一定形式的文化消费市场，但艺术家身处的创作氛围却各不相同。对汉代的美术家来说，宫廷的黄门画工不如在作品上刻留姓名的民间艺匠自由，因为后者可以自设作坊，靠地方上的文化消费市场的生存发展所形成的更活泼的气氛来从事创作。

统一的政局保证了生产的发展和物产的交流。《史记》《汉书》《后汉书》都专门描述了盐铁生产和商贾买卖的热闹场面。王公诸侯、富豪大族聚敛财富，想方设法营造奢华的生活环境，并倍加重视身后之事。战国时期荆楚、齐鲁和西蜀地区经济就十分发达，到汉代继续成为经济文化中心，由此形成强有力的消费市场，为艺术创作提供良好的环境。贵族和商贾们争奇斗富，主要的形式就是物质文化的视觉表现。安逸富足的汉代社会，大部分财富都被用来装饰和美化统治阶级的生活。汉代大气磅礴的美术风格，就是在互相竞争和交流的状况下展开的。

楚地的文化有深刻的精神性，同时又达到了高度的艺术性。马王堆墓葬中出土的各类美术品，除前揭多幅帛画和彩绘漆棺外，还有竹简一千余枚，衣物十五件，单幅的绢、纱、绮、罗、锦和绣品四十六卷，漆器五百件，木俑一百余件，无一不是西汉前期物质文化的杰出代表。T形"飞衣"的构图方法与工笔重彩的风格，是早期人物画发展史上的里程碑。而从丝织品的生产来看，一件素纱襌衣仅49克重，其工艺之精巧，象征整个古代手工艺的技术水平。离开强大的物质基础和手工生产传统，轪侯利仓一家就难以聚敛起惊人的艺术珍宝。

山东为齐鲁故地，占有盐铁之利，又是西汉前期同姓王的封地，所以奢侈之风极盛。汉景帝时鲁恭王的鲁灵光殿就给人深刻的印象。画工们在它的檐下木构部分画上云气和水藻，并用飞禽走兽的形象装饰其他木构件，甚至画有胡人、神仙、玉女的形象，和殿内的壁画相映成趣。据王延寿《鲁灵光殿赋》的描写，壁画把神话和历史用浪漫的手法结合在一起，"千变万化，事各谬形；随类象色，曲得其情"。这类绘画程式在存世的画像石上运用得很普遍，成为民间工匠的看家本领。他们各有专长，在地方上颇有名声，经常受雇于有钱人家。他们继承了战国时期"物勒工名"的传统，像肥城市奕镇村建初八年（83）画像铭文有刻工王次作名。他们还外出打工谋生，如元兴一年（105）北京石景山汉幽州书佐秦君石柱题字，该柱为"鲁工石巨宜造"。在嘉祥建和元年（147）建的武氏双阙上，刻有修建该阙的石工姓名。从九十三字的隶书铭刻可以知道，武梁、武开明等兄弟以孝子之名，为其父母出资十五万，请孟孚、孟卯兄弟造此双阙。另请石工孙宗造石狮一对立于阙前。武氏拥一方土地，财大气粗，所以能给擅长绘画雕刻艺的匠人一展身手的机会。公元151年建的武梁祠，请了手艺出众的卫改来主持其事，为武氏创作了传世之作。正如武梁碑铭文所记："……良匠卫改，雕文刻画，罗列得成行。摅聘技巧，委蛇有章。"卫改和孟氏兄弟等良匠的画像石雕刻风格，上承元和三年（86）和章和元年（87）在平邑县建的"皇圣卿阙"和"功曹阙"的传统，下启嘉祥各地的汉画像石的创作，表明了他们的源流所在。年代更晚的沂南画像石墓的刻画手法，显然也带有其流风遗韵。

陕北画像石的地域风格与其粗犷的剪纸风格是相通的，长期保存在民间艺术中。东汉中期修建的绥德苏家圪坨画像石墓、王得元画像石墓和米脂官庄村四号画像石墓，其刻石的表现手法就比较统一。它们采用阴刻和"平面减底法"，多以淳朴的民俗为题材，对神话故事的刻画很简略，体现了陕北本地的朴素民风。

四川一带的画像风格有自己的面貌。东汉时期在成都、郫县、乐山、新津、彭山、青神、犍为、重庆等地，有画像石棺和摩崖画像石棺，其造像的风格比较厚重，浮雕式手法运用得较多。四川现存的汉代石阙数量最多，它们和山东平邑、嘉祥石阙以及河南嵩山三阙相似，不少阙上都刻有动物或人物画像，有很高的成就。如渠县冯焕（88—121）阙画像是在檐下刻出龟蛇和飞龙逐鬼等浮雕图像。沈府君阙画像更有艺术性，如矫健的朱雀、有角的虎首和衔环的飞龙等，都是精心之作。如此之多的官宦贵胄建立墓阙，足见天府之国的富庶程度。蜀地的画像砖多为单线阳刻，风格以细腻精美见长。其作风在当地自成系统。即使在同一墓道中，画像石与画像砖的表现方法可各显其长，墓主人并不强求一致。表明刻石与制砖的工匠来自不同的作坊，共同承接装饰墓道的活计。

河南嵩山太室、少室和启母三阙，分别建于元初五年（118）和延光二年（123），上面刻有龙、虎、麟、凤、象、羊、鹤、人物等。但这类石阙不是为私家营建的，颇能反映出中原一带画像艺术的赞助特点。早在秦代，画像空心砖就出现在咸阳秦宫殿遗址等地，内容有狩猎侍卫、宴享苑囿等纹样。西汉时期洛阳、郑州等地的模印人物、动物纹空心大砖，也和宫殿建筑有关。南阳是汉光武帝的故里，随着东汉政权的建立，南阳地区的皇族新贵们纷纷建造讲究的宅第与陵寝。画像石、画像砖也成为这些建筑的必要装饰。

活跃在两汉社会的艺匠百工，根据所在地的美术传统，加上全国流行的时尚，有效地满足了雇主的需求。中山靖王刘胜墓的出土器物，就是范例。汉武帝元鼎四年（前113）去世的刘胜，其墓葬比长沙轪侯利仓妻子的墓更为奢侈，满城的工

图3-38　长信宫灯，铜质鎏金，通高48cm，人高44.5cm，河北省满城县西汉中山靖王刘胜妻窦绾墓出土，中国社会科学院考古研究所藏

匠擅长玉器和金属工艺，所制作的两套"金缕玉衣"、"长信宫"灯（图3-38）、错金博山炉、错金银鸟篆纹壶、鎏金银蟠龙壶、铜羊灯等，都是巧夺天工的杰作。因为在河北一带的地域传统中，曾有战国时中山国的错金银铜器制作的典范，因此汉代工匠有可能继承创新。不论在什么地区，采用何种材料，创作何种题材，汉代的艺术市场激励了天才美术家的想象力和创造才能，使诸多的地方特色汇聚成大气磅礴的主流风格，成为汉民族视觉文化的重要根基。

## 第五节　边疆和外来艺术

两汉时期奠定了中华民族作为多民族共同体的基础。秦汉的大一统局面强化了中原与边疆的联系，也增进了对周边国家和民族的了解。丝绸之路的开通，以高度的物质和精神文明建立起东西方互相交流的金色纽带。这一文化传播和影响的途径，在人类文明史上占有重要地位。

在广袤的北方草原，匈奴文化从战国到汉代发展到了一个新的时期。内蒙古西部河套以南鄂尔多斯草原，早在先秦时期就出现了很多小件青铜器和金属工艺品，以镂空的狩猎题材的铜饰牌和柄端装饰着兽头的刀剑为代表，因此被命名为"鄂尔多斯青铜器"。它们虽然和南西伯利亚（如明诺辛斯克地区）以及黑海沿岸发现的"斯基泰"（Scythia，古代的游牧部族）的青铜器相似，与北亚、西亚的青铜器共同表现了狩猎、游牧生活的题材，却并不隶属于"斯基泰艺术"。这种特殊风格在千余年间自成一系，是草原文化的瑰宝。从青铜短剑的演变看，它属于直刃剑系统。剑首由兽首向瘤状首、"触角式"（即呈双鸟头回首状）首、"变形触角式"首和环首（包括双环首）发展，特色分明。兽鸟形象是持刀剑者的崇拜物和护身符，后来渐渐简化，以环首为主，实用性增强。工匠在表现兽形和鸟形时，只以头部为重点，其中呈双鸟头回首状的造型比较突出。有的较写实，以双鸟的钩喙相触形成一个既美观且实用的环状柄首。有的鸟头比较简略，取一轮廓而已。匈奴民族在与周边民族，特别是和中原汉族的文化交往中，形成了一些定居点，使当地金属工艺得以提高。工匠们对锻、铸、锤、铆等技术都很在行，像西沟畔汉代匈奴墓地出土的包金卧羊纹带饰，就很能说明问题。工匠在薄金片上敲打出圆雕与浮雕相间的金羊，突出敲打出大盘角的羊首，工艺难度很高。可能是先压模有个粗糙的外形，再做精细的加工。由于起伏变化大，对加工时锤打力量的控制就很重要，以保证整片带饰纹样的和谐

图3-39　虎牛铜案，高43cm，长76cm，云南江川县李家山西汉滇文化古墓群遗址第24号墓坑出土，云南省博物馆藏

图3-40　祭祀铜储贝器，通高53cm，云南晋宁县石寨山M12出土，中国国家博物馆藏

美观。在流行的狩猎、人兽搏斗等装饰题材上，可以看到生动的情节变化，如虎咬马、怪兽食羊以及单独、成双或成群的动物形象。其艺术处理非常简洁而单纯。汉代匈奴的岩画在阴山和漠南草原也有遗存，同样体现了游猎生活的风情特色。

　　在西南地区，古代"滇族"创造的各种青铜器最引人注目。它们有丰富的装饰，艺术和历史价值突出，取得了很高的成就。在云南晋宁石寨山甲区第一号墓出土的随葬品是其中的代表。（图3-39）它们和汉代西南边疆的社会现实密切相关。像有一个鼓形的飞鸟四足储贝器，盖上铸有18个小铜人，表现一女性奴隶主监督奴们从事织布及其他劳动的情景。又有一储贝器，盖上有41个小铜人，像是举行杀人祭祀铜柱（柱上立一虎，柱身为二蛇缠绕）的仪式。鼓身上为阴线浅刻的8个人形，手中各执武器作追逐的姿态。这类记事性的作品，形象地刻画出滇族重大的社会仪式活动。另外有一四足器，器盖中央有一小铜鼓，鼓上有巨角的野牛及其他六头牛。器腰上有立雕虎形的双耳，并阴线浅刻云形带状纹三道。同墓出土的还有铜质立在杖头上的兔、鹿、鹦鹉、人物等形象。又有一高约43厘米的女人像。以上这些人物及动物形象都很生动真实。人的形象都富于地方的及种族的特色，并具有生活的内容。在一铜储贝器（图3-40）的器腰上，其虎的形象和后母戊方鼎及立鹤方壶上的虎的造型相类似。石寨山墓中发现的铜鼓是西南地区铜鼓文化中现存最早的一种。鼓上装饰有船、羽人、鸟、牛等纹样。铜鼓文化是西南部族的重要文化艺术遗物。它在不同地区和民族中，分为多种类型。"滇族"的铜鼓在造型、纹饰和工艺上都是最具代表性的，对后来的铜鼓工艺有着深远的影响。

　　汉代在东北地区设立的乐浪郡，是高句丽文化的发源地之一。乐浪出土的漆盒产自四川官府工场，上面的绘饰比较生动。

图3-41　神像龙纹罽残片，棉布蜡染，48cm×89cm，新疆维吾尔自治区南民丰县尼雅河遗址出土，新疆维吾尔自治区博物馆藏

那些飘动的云气和飞走于云中的动物，体现了汉画的总体风格。那里还发现有装饰着类似题材的金银错铜筒。汉代文化对日本的影响也很大，流传到日本的铜镜，艺术价值十分突出。汉镜背面的装饰和瓦当一样，是在圆形的平面范围内，以镜钮为中心进行的构图设计，形式多样，匠心别具。西汉末和东汉初的"规矩镜"，因图案中出现"T""V""L"等字体形状的纹样而得名。出现在"T""V""L"等字体形状之间，由极其疏朗的细线组成的写实的动物形象，其外围以铭文及齿纹圈为饰，最外缘是一圈曲线的云纹。整个构图，除中间一圈动物（青龙、白虎、朱雀、玄武等）外，是由许多同心圆组成的，具有稳定而严谨的效果。到东汉后期，这种铜镜的动物形象浮雕化，而且加入神仙人物等，外缘的云纹复杂化，更自由灵活；规矩纹消失，齿纹或圈数增多。汉代的这些铜镜，把汉民族文化艺术的种子播撒到扶桑之国，促进了东亚各国间的文化艺术交流。

　　在西北地区，和丝绸西传有关的文物有重要的考古发现，证实了中西交流的丰富内容，并在汉代画像上体现出非常具体的外来影响。在希腊罗马的东方概念中，秦汉所在地都被通称为"赛以斯"，即生产丝绸的国度。张骞开通西域各国与汉代的联系，主要的交换物就是丝绸。在近代的西域探险和考古中，丝绸古道上出土的织锦和其他织物大多精美工细，体现了汉代纺织工艺的高超水平。新疆曾发现成匹的汉绢，绢端上注明产地、长度和重量。它们产自山东临淄及其附近的齐郡，是作为商品贩往国外的。齐郡的丝织品名目繁多，有平织的"纨素"、轻而薄的"绢"、提花的"绫"、纠织有孔的"俪"等，还有刺绣织品。从甘肃武威出土的汉代帛画，可以注意的是帛画这一形式的西传，把丝织的产品当作媒介。在新疆出土的本地艺术品，更值得重视。在天山以南民丰县尼雅河遗址出土了汉代的棉布蜡染和人兽葡萄纹罽（图3-41），其质地、形式和内容都很奇特。这是蜡

图3-42　人首马身武士纹绵毛织物残片，116cm×48cm，汉，新疆维吾尔自治区洛浦县山普拉古墓3号坑出土，新疆维吾尔自治区博物馆藏

图3-43　龙凤纹重环佩，透雕玉器，直径10.6cm，西汉，广州南越王博物馆藏

染工艺迄今所见最早的作品，也是早期的棉布织物。这一残片上，有希腊化风格的佛像和中原的龙纹形象以及几何方块纹，把中西艺术结合在同一画面上。人兽葡萄纹则明显地受到中亚及西亚的风格影响。希腊化风格在另外出土的人首马身纹罽残片（图3-42）上有更鲜艳的希腊化风格形象，它们表明新疆地区在中外艺术交流的进程中，从很早就发挥了积极的作用。日益增多的比较研究表明，像盛见于汉代画像石的正面车马图像，就是早期中西文化交流最直观的实证。

# 小　结

在秦汉时期，统一的中央集权王朝对美术创作带来巨大的影响。个人在历史上的作用，涉及风格的时代性问题。上古时期视觉形象的制作服从于统治者的意愿，进行群体的分工合作，创造具有时代感的精品。从晚商的后母戊方鼎、西周大鼎、春秋莲鹤方壶、战国编钟，到秦陵兵马俑、汉霍去病墓前石雕，这类煌煌巨迹，刻画出中华民族大气磅礴的艺术特质，像界标一样，辉耀古今。秦汉文化的特征通过一批纪念碑式作品得以体现，边处岭南的西汉南越王墓中的透雕龙凤纹重环玉佩（图3-43），也同样浑然一体，完美和谐。而绘画装饰风格的演变，以长沙马王堆出土的西汉帛画为中心，显示其艺术发展的源流。结合汉代墓室壁画与画像石、画像砖的创作情况，可以了解汉画题材的四大类型，认识其大气铺陈的总体风格。而古代艺术活动和社会经济发展的相互关系，可以从画像砖石的制作上来认识画工们在中国古代艺术市场里生存发展的共同特点。最后，"丝绸之路"促成的中外文化艺术交流，结合匈奴、滇族、高句丽等边疆民族的美术创作一同展开，揭示出中华民族文化多元成分的丰富内涵。这种多元性正好与中央集权的王朝制度形成深刻的反差，体现了中国文化艺术发展的内在张力。

**术　语：**

　　**帛画**　是在素绢上绘制的图画。现存最早的帛画是战国时期楚国的作品，到汉代后期发展成卷轴形式，成为独立欣赏的画幅形式。帛画的形制没有定则，有直幅和T字形条幅，功用以随葬品为主，大都表现灵魂升天的主题。楚汉帛画有"白描"和"工笔重彩"两种技法，是早期人物画的重要发明。

　　**玉柙**　汉代帝王贵族死时穿用的殓服，又称玉衣、玉匣，系全部用玉片制成。玉片之间，根据不同质料，可用金丝、银丝、铜丝或丝缕编缀，成为汉代葬仪等级的标志。

　　**漆绘**　是漆艺的工序之一，以色漆绘制图案画面。由于漆料的质地黏稠，所以要以植物油调和，汉代称之为"油画"。

　　**画像石**　是刻凿在石料上的图画作品，在汉代的石祠和墓室中大量使用。技法有单线阴刻、平面减底刻凿和浅浮雕刻凿等，图像风格质朴古拙，大气浑成。

　　**画像砖**　是模压焙制的砖像图画，作为墓室的主要装饰。以单线阳刻的线条造型，画风细腻生动。

　　**俑**　是古代人殉制度的代用品，是明器的组成部分。有木头、陶器和金属材料几种质地，体积大小相距很远。

　　**丝绸之路**　1877年由德国汉学家李希霍芬（Ferdinand von Richthofen，1833—1905）命名，是指横贯欧亚大陆的贸易通道，通常以汉武帝时张骞出使西域为历史起点，联结整个东亚、中亚和西亚的丝绸交易及其他交流活动。

　　**白描**　是以墨笔勾勒绘画形象的基本手法，在中国人物画发展中有重要地位。

　　**工笔重彩**　是在白描基础上敷以重彩的画法，具有工整精细的风格特征。

　　**隶书**　是秦汉时期主要的书体，以绞转的笔法书写文字，字体多为扁平状，行距整齐，风格典雅。隶书经历了秦隶、汉简书和汉碑等几个阶段，对形成真书（即后来的楷书）、行书和草书（包括章草和今草），都有直接的影响。隶书笔法与汉画的线条也有密切的关系。

## 思考题：

　　1．汉霍去病墓石雕和秦陵兵马俑在艺术风格上有什么区别？

　　2．西汉马王堆帛画和先秦楚帛画的渊源关系是什么？

　　3．从技法上讲，楚汉帛画在中国绘画史上有什么重要价值？

　　4．汉代绘画的基本表现手法是什么？有哪些主要的题材内容？

　　5．汉代艺术中的西方影响表现在哪里？

## 课堂讨论：

　　汉代墓葬艺术基本的视觉命题是什么？汉代画像石、画像砖的主要分布点有哪些？其不同的风格内容反映出哪些汉代社会的经济文化特征以及外来影响？

## 参考书目：

　　［英］罗森(Jessica Rawson), Kristian Gransson: ed. *China's Terracotta Army*, Östasiatiska Museet, 2010

许倬云：《我者与他者——中国历史上的内外分际》，生活·读书·新知三联书，2010年

陕西省博物馆编：《霍去病墓石刻》，陕西人民美术出版社，1985年

刘晓路：《中国帛画》，中国书店，1994年

湖南省博物馆、中国社会科学院考古研究所编：《长沙马王堆一号汉墓》（上下集），文物出版社，1973年

［美］巫鸿：《武梁祠：中国古代画像艺术的思想性》，柳扬、岑河译，生活·读书·新知三联书店，2006年

［美］巫鸿：《礼仪中的美术》（上下卷），郑岩、王睿编译，生活·读书·新知三联书店，2005年

［美］巫鸿：《时空中的美术：巫鸿中国美术史文编二集》，梅玫、肖铁、施杰等译，生活·读书·新知三联书店，2009年

［美］巫鸿：《中国古代艺术与建筑中的"纪念碑性"》，李清泉、郑岩等译，上海人民出版社，2009年

［美］巫鸿：《黄泉下的美术：宏观中国古代墓葬》，施杰译，生活·读书·新知三联书店，2010年

［美］包华石（Martin Powers）：《早期中国的艺术与政治表达》，生活·读书·新知三联书店，即出

［美］刘怡玮 (Cary Liu), Anthony Barbiei-Low, Michael Nylan: *Recarving China's Past:art, archaeology, and architecture of the "Wu Family Shrines"*: New Heaven, Princeton Univ. Art Museum/Yale Univ. Press, 2005

信立祥：《汉代画像石综合研究》，文物出版社，2000年

吴曾德：《汉代画像石》，文物出版社，1984年

刘志远、余德章、刘文杰：《四川汉代画像砖与汉代社会》，文物出版社，1983年

李发林：《山东画像石研究》，齐鲁书社，1982年

缪哲：《汉代艺术中外来母题举例——以画像石为中心》，南京师范大学，博士论文，2007年

邱振中：《论笔法运动的基本规律》，《新美术》，1986年第2期

陕西省考古研究院：《壁上丹青：陕西出土壁画集》，科学出版社，2008年

［日］桑原骘藏：《考史游记》，张明杰译，中华书局，2007年

［法］谢阁兰、伯希和等：《中国西部考古记 吐火罗语考》，冯承钧译，中华书局，2004年

# 第四章　魏晋南北朝美术

## 引　言

　　和秦汉时期相比，魏晋南北朝最明显的特征在其动荡不定的政局。历史学家曾将其和西方中世纪相提并论，称为"黑暗时期"。但是，政局的动荡对美术发展有何影响？在此期间，视觉形象的制作非但没有停滞，而且随着文化冲突的展开走向繁荣。在佛教文化全面传入中国的新形势下，继春秋战国时期"百家争鸣"之后，出现了第二次思想解放运动，使中国艺术从内外两个方面有重大突破。内是指在汉代美术基础上继续深化传统艺术的表现性，外是指吸收消化佛教、祆教的外来文化艺术的精华，开创前所未有的审美境界。

　　这一时期的文化开放状况，基于汉族与边疆民族政权并存的现实，区别于汉唐时期或蒙古帝国时期采取的文化开放局面。这种多元的政权组织结构，使统治者和平民百姓都不可能像在太平盛世中那样，恪守某一传统而无所忧虑。不同民族、区域和文化传统的发展都受到急剧变化的政局影响。这一时期美术的主要内容就是中外文化交流，体现了文化史上全面对外开放活动的重要意义。

　　这一时期的视觉形象制作者们在认识上出现了巨大的飞跃。在汉代，大气铺陈的风格多表现人们外在的社会关系，重视总体的视觉效果。在魏晋，艺术家如王羲之（303—361，或321—379）、顾恺之（344—405，或348—409）等，将书画艺术作为体现自我意识的理想形式，就像当时的文学家和诗人所追求的那样，将丰富的人生阅历通过书画表现得以升华，使视觉艺术达到前所未有的深度和高度。这标志着中国艺术内向化的开端，指出后世文人画家要努力的方向。如书画品评风气盛行于六朝，是社会人物品评制度与文学批评传统的产物，而山水画肇端于魏晋，更是受到佛教和道教自然观的启示。

魏晋南北朝宗教美术直接体现了印度文化和泛希腊化文化以及波斯文化等在中土遍地开花的情况。各地官方与民间资助建造的佛教石窟遗迹，是其存留的硕果。杜牧咏史，有"南朝四百八十寺，多少楼台烟雨中"之句，给人无尽的想象：仅南朝就有如此之多的佛教艺术化为乌有，全国范围内，其不复存世的功德，又不知凡几。作为综合性艺术，石窟寺的形制显示了外来文化的特色。通过介绍石窟文化的主要面向，可集中了解这一外来艺术综合性的风格特点，以及古代艺术家在吸收、借鉴的同时所作的独特创造。

## 第一节　中外文化交融

从秦汉到隋唐之间，不同民族和国家的分立对峙，中外文化的冲撞会合，成为魏晋南北朝美术发展的大背景。东汉末年黄巾军起义失败后，统一的政局也随之消失。220年，魏文帝曹丕（187—226）夺取东汉政权，改称为"魏"。与此同时，割据西蜀和东南的蜀、吴政权，形成了三国鼎立之势。不久，司马懿（179—251）篡夺魏室。265年，晋武帝司马炎（236—290）自立为帝，国号"晋"，先后灭了蜀和吴，重新统一。他分封子弟为王、以郡为国，让各王国自己拥有军队和领地，结果削弱了中央集权的统治，在其死后爆发了持续十五年的"八王之乱"，最后在316年引起了北方各游牧部族推翻西晋政权的大变动。逃亡到东南的司马睿（276—323）在建康（今南京）建立了东晋政权。公元383年东晋在"淝水"击败苻秦的南侵之后，确定了南北政权的对峙状态。但东晋统治集团内部冲突不断。军阀刘裕（363—422）在420年取代东晋，建立"宋"。此后政权像走马灯一样频繁交替：宋相继为军阀所建立的齐、梁、陈所更替，史称"南朝"。从东吴、东晋到宋、齐、梁、陈，均以建康为都，故有"六朝"之称。

自西汉末年以来，汉帝国西部和北部一带的边疆部族就大量移居内地。三国时在山西、陕西的人口比例中，他们占了大约半数。这些史书上被称为"五胡"的少数民族，有匈奴（大多住在山西）、鲜卑（在东北、内蒙古一带）、羯（在山西南部）、氐和羌（在甘肃、青海一带）。他们或从事农耕，或参加"部曲"（地主的私人武装组织），成为军阀混战中主要的军事力量。率先起事的匈奴族在311年攻占西晋首都洛阳，开始了长达百余年的北方大骚乱。各族军阀前后建立了十多个国家，史称"五胡十六国"。其中作用较大的有：羯人石氏的后赵（319—

352）、氐人苻氏的前秦（351—394）、鲜卑人慕容氏的前燕
（345—376）、匈奴人沮渠氏的北凉（397—439）等。这些文化
较中原落后的"蛮族"政权此消彼长，最后以鲜卑人拓跋氏征服
整个北方而告终。

　　鲜卑族从游牧到农耕的转化，在辽宁北票喇嘛洞墓地
四百一十九座墓葬出土的近三千件文化遗物中有清楚的呈现。
439年建立的北魏，在近百年历史中实行了胡汉融合的国策，通
过"均田制"，完成了鲜卑人从家长奴役制向封建制度的转化。
孝文帝拓跋宏（467—499，471—499在位）采用了一系列强硬的
"汉化"政策，包括从平城（今山西大同）迁都洛阳，禁止鲜
卑人同族通婚，禁止穿胡服，禁止官方用鲜卑语，模仿汉姓，改
国姓"拓跋"为"元"。这些措施激化了北魏的种族和阶级矛
盾，边地的百姓尤为不满，反抗和起义连绵不断。军阀尔朱荣
（493—530）带兵进入洛阳，造成内乱。534年，北魏分为东魏
和西魏：前者由鲜卑化的汉人高欢（496—547）、高洋（529—
559）父子掌权，占据今河南、山西、河北等地；后者为宇文泰
（507—556）、宇文觉（542—557）父子当政，占据今陕西、甘
肃一带。高洋改东魏为北齐，宇文觉改西魏为北周，先后称帝。
577年，北周东灭北齐后，北周的外戚杨坚（541—604）夺取了
政权，建立隋朝。隋朝从581年起，经过八年，南下灭陈，统一
了全国，结束了汉晋以来几百年的分裂割据局面。

　　在社会制度方面，汉族统治地区虽然有西晋曾实行"占田
制"，允许各级官僚按照等级的不同占有不同数量的土地和佃
客，把失掉土地的农民重新安置在土地上，一度缓解了社会的矛
盾，但是东晋和南朝少数大地主又大批蓄养佃客，恣意霸占山林
湖泽，将财富聚敛在自己手中。频繁的改朝换代，一方面削弱了
中央集权的影响，强化了地方割据势力，另一方面，却对局部地
区的发展起了积极的作用。在西南和东南一带的开发中，蜀、吴
两国对促进当地经济采取了有效的措施。尤其是晋室南迁，中原
文化迅速传播。经过两百多年的发展，长江流域从地广人稀、火
耕水溽的状态变为经济繁荣的富庶之地。南方的土著人（如江浙
的山越，四川的宾人，湖南的溪、蛮，等）也和汉族进一步融
合。曹魏西晋的士族制度在南方实行，名门望族在政治权力、社
会地位和经济利益上，按等级享有特权。家学渊源与文化艺术素
养，使士族豪门成为中古时代主要的精神贵族。

　　中外文化的冲撞与融合促成了思想意识形态的多元倾向。
儒学信仰的动摇和中央集权的削弱彼此关联。就汉文化而言，魏
晋玄学是这场思想解放运动的主流。它始于曹魏时期，反对汉末
腐败的政治，冲击虚伪腐朽的旧观念，用老庄思想抨击"礼教"

和烦琐的经学。西晋和南朝盛行"玄学"，显示人的自觉意识，突出个人的存在价值。玄学与清谈汇成一股强大的社会批评力量，在品评官僚机构的人选、左右舆论倾向以及处理人际关系方面，举足轻重。它具体而又深刻地渗透到各种艺术风格之中，对文学、哲学影响至深，对艺术创作也是如此。"魏晋风骨"成了玄学名士精神境界的体现。但另一方面，"玄学"也有消极负面的作用。处在险恶的政治斗争旋涡之中，名士们大都明哲保身，思想也往往流于空疏和放荡，连同其生活趋于颓唐。

儒学统治地位的动摇，造成了道教的大繁荣。在汉族民众中间，从道家演变出来的道教，经过汉末的农民起义，形成了"天师道"，具有较强的声势。南朝的士族中，也有为数众多的信徒。作为汉民族本土的宗教，道教是在这一时期定型的，对六朝美术也颇具影响。

南北朝时期儒学衰弱更直接的结果，是印度佛教在中国的全面传播。起源于印度的佛教正式传入中原，是东汉明帝（刘庄，28—75，57—75在位）之时。永平十一年（68），"白马驮经"西来，朝廷改洛阳鸿胪寺为白马寺，中土出现了第一座佛寺。以后，民众和统治者对此外来宗教的响应逐渐增强，到南北朝时期遍地开花，果实累累。从南到北，从中原到边疆，从统治者到被统治者，佛教以其强大的信仰力，征服了大多数的中国人。佛教和中国本土的民间信仰不同，有严密的教理、戒律、仪典和组织，加上一整套图像制作程式，适合了各个阶层的精神需求，特别能够被统治者拿来作为自己和百姓的人生寄托。由于图像的视觉阐释作用，故佛教在中国亦被称为"像教"，构成世界宗教艺术史上极为重要的视觉命题。在这第一次中外文化大冲撞中，不但儒道等汉文化经受了严重的挑战，而且中国文化因此输入了新的养分，成为它的有机组成部分。

佛教文化的本源是在公元前6世纪的印度，大致和我国道家、儒学产生的年代相近。佛教教义认为：众生皆苦，万事万物均在苦海中轮回，因此强调因果报应。通过轮回，解脱今世痛苦，寄希望于未来。佛（Buddha）就是普度众生的主神。经过修行，可入涅槃界，得到真正的超脱。佛教主张平等，认为人人都能成佛，这在广大民众中很有召唤力。印度佛教艺术的发展，经历了从象征性表现到人像具象表现两个阶段。在孔雀王朝（Mayūra Dynasty，约前324—前185）第三代君主阿育王（Ashoka，约前304—前232在位）时，定佛教为国教，并以基本统一的印度次大陆的强大国势，在亚、非、欧各地传播教义。佛教艺术广泛采用了如窣堵坡（stūpa）、法轮、菩提树、足印、本生故事等象征性图像，间接表现佛陀的伟容。其中本生（Jataka，阇陀伽）内容来自《本生经》，讲述释迦牟尼（Śākyamuni）成佛前的故事，别具一格。由大月支人在印度西北部建立的贵霜王朝（Kushan Empire，45—250）后，有迦腻色伽王一世（Kanishka I，127—151在位）提倡大乘佛教，以普度众生，并将亚历山大大帝（Alexander the Great，前356—前323）于公元前4世纪东征带来的泛希腊化艺术融入佛像制作，形成了"犍陀罗风格（Gandhara style）"，标志着佛教艺术史上一个巨变。到了统一的笈多王朝（Gupta Dynasty，320—540），这一造像风格，参考印度本土的造像传统，构成具有国际色彩的佛像制作手法，为佛教在东亚和东南亚地区的普及，提供了艺术范式。这一东西方艺术的结晶，对中国的思想、文化和艺术影响巨大。

公元1世纪以来，佛教文化的东进序曲主要分两路展开：一是海路，从南方经印度洋过马六甲海峡入太平洋至中国南海、东海，在中国登陆，南朝大部分佛教美术遗存由此传来；二是陆路，从印度北部入新疆，经丝绸之路传入中原。像新疆天山以南的佛教遗迹，敦煌莫高窟以及河西一带的石窟壁画、雕塑，云冈、龙门、华北一带的石窟造像，甘陕等地的炳灵寺及天水麦积山的壁画、雕塑，都是规模宏伟、制作精妙的巨迹。无论海路、陆路，视觉形象都是佛教传播直接有效的工具。还有，中国版本的像教，最早传入越南，其后传到朝鲜，再由朝鲜三国时期的百济，传入日本，扩展其巨大的影响。在此过程中，中土的佛教艺术发挥了重要的桥梁作用。

对于佛教文化的冲击，汉族士大夫主要是接受佛学义理，引申出新的精神价值取向。他们引进印度的因明学，使中国传统哲学的基本命题更加周密和逻辑化；在表现佛教绘画、雕塑题材方面，突出思辨性与山水的观念。在南朝的萧梁统治时期，佛教几乎等同于国教，梁武帝萧衍（464—549，502—549在位）三次舍身"同泰寺"，助长了佛教的繁荣。

和南朝文人士大夫的倾向不同，北方少数民族族统治者则重视功德，把佛学义理通过视觉形象来表现，感动广大的信徒。北魏流行弥勒（Maitreya）菩萨的信仰，就是相信世界末日到来之时，弥勒佛即未来佛将降世，佛陀在人世间的现身就是菩萨（bodhisattva），能普救众生，重建真正幸福和平的世界。一些民众领袖利用它来发动起义，反抗现实的黑暗统治。而统治阶级更是利用佛教来为自己的政权服务。北方出现的各个蛮族政权，由于自身的文化程度低，故在接受佛教影响上，不像汉族聚居地区受儒家影响，有观念上的冲突。尤其是通过系统的造像，

图4-1　佛菩萨三尊像，石刻贴金彩绘，高121.5cm，北魏—东魏，山东省青州市龙兴寺遗址出土，青州市博物馆藏

使处于文盲状态的大众，也能接受其教义。北魏太武帝拓跋焘（408—452，424—452在位）时，曾因佛道冲突而导致中国历史上首次大规模灭佛，但很快出现了更大的崇佛热潮。北魏帝后出资赞助的云冈和龙门石窟，专设皇家寺庙，平城、洛阳等都城中，佛教寺庙多不胜数。让文盲像读书人那样接受西来佛理，美术家成了传道的主角。北方艺匠的文化程度有限，主要模仿既成的小样画稿进行发挥。画样有的取自西来的佛教艺术家，有的则变通中土神话故事类题材。通过老百姓喜闻乐见的形式，来达到教化人心的目的。佛教美术的普及和北魏的汉化进程同步，从吸收外来成分到发挥汉族本土传统，彼此是互相促进的。这既体现在由边地向中原的风格演进中，也存在于由早及晚的时代风格变化之中。1996年在青州龙兴寺遗址出土的佛教造像窖藏（图4-1），出土了石、玉、陶、铁、木和泥造像二百余尊，时间跨度大，从北魏到北宋，前后五百余年，以北齐石像最多，题材有佛、菩萨、弟子、罗汉（Arhat）、飞天（Apsara）、供养人等，手法包括浮雕、镂雕、线刻、贴金、彩绘等，具有很高的水准，是佛教艺术的奇葩。

随着中西文化的冲撞交会，南北艺术也相互影响。书法的交流是其中的重要内容。汉隶碑刻的鼎盛期在曹操（155—220）建安十年（205）下令严禁厚葬与立碑后告一终结。而南方各地仍有零星碑刻、墓志及摩崖刻石作品，著名的东吴天玺元年（276）立的《天发神谶碑》、义熙元年（405）立的《爨宝子碑》、宋大明二年（458）立的《爨龙颜碑》等，在书法史上有重要的地位。1996年在长沙走马

图4-2　郑昭道：郑义下碑拓片，碑高195cm，宽337cm，北魏，511年

图4-3　顾恺之：女史箴图卷（局部，唐摹本），绢本，墨笔淡着色，24.8cm×348.2cm，英国伦敦大英博物馆藏

图4-4　佚名：屏风漆画列女古贤图（正反两面），木质漆绘，约81.5cm×40.5cm，山西大同石家寨司马金龙墓出土，山西博物院藏

图4-5　佚名：仪卫出行，壁画，160cm×202cm，570年，山西省太原市王郭村北齐娄睿墓道

楼出土的十几万枚东吴纪年简牍，不仅在史学研究上意义重大，而且极大地丰富了人们对这一时期书法成就的认识。而在北朝，宗教信仰主导了书法创作。遍布于各地的功德碑，是施主们出资修建佛教和道教窟龛及造像刻石的铭记。大多出自无名书手的作品，水平高下不一，但总体风格却是相通的：以浑然厚重见长，与南方清俊飘逸的书体形成反差。后世的"帖学"与"碑学"两大书学传统，就基于南北朝不同地域文化中的书法成就。北朝民间书家在陕西户县、磁州药王山等地的碑林中留下了丰富的宗教碑刻。经过刻手加工的魏碑，将主要笔锋都切齐，在结体的顿挫转折上增强减弱，显示了金石的感染力。北魏代表性的书作是龙门石窟古阳洞中的二十方碑铭，即"龙门二十品"。山东掖县的云峰山《郑义碑》上下二处刻石（图4-2），由其子郑昭道（？—515）书写，是书法史上的经典之一。

　　在人物造像上，作为魏晋南北朝时期总体特征的"瘦骨清相"，形成于东晋顾恺之的《女史箴图》（图4-3）等作品，而以同一题材创作的山西大同司马金龙（？—484）墓木板漆

图4-6　竹林七贤与荣启期拓片（局部），砖印模画，88cm×244cm，南京西善桥南朝墓出土，南京博物院藏

画中的人物（图4-4），风格十分近似，连敦煌壁画上的人物描绘也大致如此。在山西太原王郭村出土的北齐娄睿（531—570）墓（图4-5）和太原王家峰北齐徐显秀（？—571）墓（彩图12）大型壁画中，是推陈出新的重要典范。经过中外南北的文化大融合，各地艺术风格呈现出共同的特征，它们为隋唐美术的繁荣奠定了统一的基调。

图4-7　青瓷莲花尊，高通79cm，口径21.5cm，底径20.8cm，江苏南京南朝梁墓出土，南京市博物馆藏

图4-8　将军坟，石结构，长315.8cm，高124cm，吉林省集安市

受不同外来文化的冲击，魏晋南北朝各地的宫殿、祠宇、墓室中的建筑、雕塑、壁画及工艺制品，都做了很多创新的努力。像中原和南京的画像砖（图4-6），南朝帝王陵墓前的建筑造像刻石，东北高句丽的墓室壁画，北朝的司马金龙墓出土的漆绘和娄睿墓，徐显秀墓出土的绘画作品，南朝与河北等地烧制的青瓷艺术（图4-7），都有出色的成就。在边地出现了一些中原罕见的美术作品，如集安高句丽的金字塔状石墓（俗称"将军坟"）（图4-8），整个结构用巨大的条石筑成，造型雄伟壮观。高句丽建国初期的都城——纥升骨城遗址在辽宁本溪桓仁五女山山城发现，别具一格。新疆尉犁县营盘发掘清理的一百三十二座汉晋墓，体现了东西方多种文化的交会。其中15号墓出土的红地对人兽树纹双面罽袍，面料为双层两面纹组织的精纺毛织物，通幅有成组的以石榴树为轴心的成对裸体人物、动物，具有泛希腊化与波斯风格的典型特点。而在南京梁朝萧景（477—523）陵墓的墓表（图4-9）上，汇集了中原、印度、波斯和希腊四种艺术风格，把中外文化的特点集于一身，尤为珍贵。

据记载，南朝的画家张僧繇特别善于描绘有立体效果的"凹凸法"，北朝的曹仲达则有"曹衣出水"的逼真画法。根据新近的研究，"曹家样"是属于昭武九姓中曹国粟特人在华开创的画派。它和南北朝时传入中国的祆教有密切的关系。祆教（Zoroastrianism）到唐代曾建寺于长安，是古代流行于今伊朗（波斯）和中亚细亚（粟特）一带的琐罗亚斯德

图4-9　萧景墓墓表，石雕，通高650cm，523年，江苏省南京市

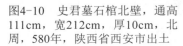

图4-10　史君墓石棺北壁，通高111cm，宽212cm，厚10cm，北周，580年，陕西省西安市出土

（Zoroaster）的宗教，以礼拜"圣火"为主要仪式。20世纪以来中国境内陆续出土了属于粟特系统的七套石棺床，其主人有的是萨保（音译自粟特文s'rtp'w，即粟特聚落首领），有的则是管理粟特聚落的官员。从时间上看，这些墓葬建于北朝末到唐朝初年之间；从出土的地域来讲，它们位于甘肃天水、陕西西安（图4-10）、山西太原、河南安阳、山东益都（图4-11）等地，与粟特人来华迁徙路线大致吻合。石棺床上有线刻或高浮雕镌刻的图像，多有惊人的相似之处，有鲜明的粟特美术特征，且具浓重的祆教色彩。

## 第二节　书画的自觉

　　书画的自觉是指自我存在的价值观，对美术（特别是书画）发展史有重要的意义。先秦工匠们以"物勒工名"表明自身的存在，出于同行竞争的考虑，用姓名显示其过人本领。秦汉有一批见于史册的宫廷和士大夫书画家，表明书画的创作开始成为相对独立的审美活动。武梁碑称道"良匠卫改"，就是山东嘉祥地区著名的民间美术家。不过美术创作尚未脱离实用的目的。只有当美术家清楚地意识到个人存在的价值时，其掌握的书画形式才能表现自觉的观念。东汉后期朝政腐败，士人学子被无辜杀戮，导致许多人消极隐退，以草书创作自遣。魏晋的社会状况更加黑暗，文人士大夫无法回避这残酷的现实：经历连绵的战争所造成的苦难，面对尸横遍野的悲惨世界。频繁的改朝换代，对抱有治平理想的儒生来说，难以找到精神上的归宿。曹操在《短歌行》中有"对酒当歌，人生几何"的怅叹，而曹丕的《典论》则给出了明确的答案：一个人享受荣华

图4-11　粟特线刻石墓廓拓片二份，北齐，573年，山东益都1971年出土

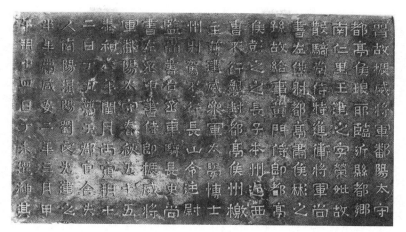

图4-12 王建之墓志正面，长37.4cm，宽28.5cm，372年，南京象山王建之夫妇墓出土，南京市博物馆藏

富贵最多不过百年，只有其文章诗赋可以千古流芳。人的自觉意识，集中在对不朽理想的追求。玄学名士共同努力，促成了抒情诗的流行和书画创作的新面貌。

东汉的正统儒士赵壹曾有《非草书》一文，责难那些专注于草书而不问世事的士大夫。这从一个侧面，揭示了美术发展的新趋势，预示着魏晋书学"自觉"时代的到来。东汉书法名家如蔡邕（133—192）、张芝（？—192）等人，启发了稍后的钟繇（151—230）、索靖（239—303）的章草，而钟繇又影响了卫夫人（272—349），卫夫人再传授给王廙（276—322）、王羲之，这样的师承与家学，体现了王廙所说的书学之道："学书知积学而致远。""积学"是文化积累，而目的是要体现文人的远大理想，关键在于书家有强烈的自我意识。"远"的境界流露在信笔挥洒的表现中，其精妙全在点画之间。若无良师，很难体会前代杰作的蕴含。在家学方面，世族士大夫得天独厚。借助传承关系，书法成为传达心志的特殊视觉语言。书体的形式演变，和隶书关系密切。由隶书化出正、行、草各类书体，如汉末安徽亳县曹氏墓字砖显示的那样，在隶书绞转的运笔中添加上下提按的动作，就变化为正书，或曰真书。从《王兴之（310—340）墓志》、《王建之（？—372）墓志》（图4-12）及北朝大量碑刻墓志显示，正书的字体结构方整，大小相同，是唐楷的雏形。较正书潦草的是章草，竖行的字可以笔画相连。今草比章草还要疏放，有"一笔书"的自由形式，是唐代狂草的前身。介于正书和草书之间的字体是行书，在用笔、结字和章法上自成一体，在魏晋南朝大为流行。如此多样化的书体风格，不断强化笔墨技巧。从创作、收藏、欣赏、批评各方面，南朝许多帝王和阀阅世家，不但忘我地参与其中，表达精微的书法审美感受，而且能把书法的自觉意识上升为理论，把书法艺术提到前所未有的高度，确立其在视觉艺术中精英的地位。因为绘画的理论术语大都来自书法。像《书品》的用语，是品评绘画时经常使用的。

画学在南北朝都有清楚的传脉。《历代名画记》专门有"师资传授"的论述，说明其重要性。正如王廙向王羲之传授画艺时所强调的："学画知弟子行师己之道。"这在士大夫的传统中突出了个性精神，绘画不仅是技艺，而且是高尚的精神活动。由此艺术观念，引导了有家学渊源的士族弟子参加绘画创作。他们不再是传说故事中的画家，也不是"百工"出身的画匠，而是以绘艺著称的魏晋名流，翻开了中国画史新的一页。

东吴的曹不兴、西晋的张墨和卫协是早期名画家。曹不兴最早创作佛像，祖本传自中亚（康居国）僧人康僧会（？—280）的图式。他以画龙出名，唐人曾保存其画龙真迹。卫协、张墨在当时有"画圣"之称。卫协声誉尤高，受到顾恺之和南朝画家及评论家一致赞扬。谢赫认为卫协有划时代的意义，"古画皆略，至协始精。六法颇为兼善。虽不该备形似，而妙有气韵。凌跨群雄，旷代绝笔"。就记载中的作品题目看，多为历史故事画和佛画内容。

东晋有顾恺之、戴逵（326—396）父子、史道硕、王廙等绘画名家。关于顾恺之，下一节将重点叙述。这里只介绍戴氏父子。戴逵，字安道，是南渡的北方名士，晚年寓居会稽（今浙江绍兴），与一时名流交往甚密。《世说新语》传述的"雪夜访戴"故事，虽然是突出王子猷"乘兴而来，何必见戴"的高致，但却说明戴逵在士林中的盛名。年轻时，他因为画《南都赋》，改变了乃师范宣认为"绘画无用"说。他多才多艺，绘画之外，善弹琴，擅长雕刻及铸造佛像。曾造一丈六尺高的无量寿佛〔（Amitoyus），即阿弥陀佛（Amitabhah）〕木像及菩萨像。在创新样式时，他重视观众的反馈。根据褒贬意见，加以研究，积思三年而成。戴逵首创了佛像的中国样式，以夹苎漆像的作法，把漆艺运用到雕塑方面。他在南京瓦棺寺作的五躯佛像，与顾恺之的《维摩诘（Vimalakīrti）像》及狮子国（今斯里兰卡）的玉像，共称"三绝"。其子戴勃（371—396）和戴颙（378—441）也极聪明。宋太子刘劭（424—453）在瓦棺寺铸的丈六铜像，看起来面太瘦。经审看，戴颙认为毛病出在肩胛太肥，于是削减臂胛，面瘦之病即除。这说明戴颙对于制作巨大的立像很有经验。

和顾恺之并提，陆探微、张僧繇在南朝享有这样的评价："张得其肉，陆得其骨，顾得其神。"陆探微活跃于刘宋文帝（刘义隆，407—453，424—453在位）至明帝（刘彧，439—472，466—472在位）期间（424—472），与北魏开凿云冈石窟的时间（460年以后）约略相当。陆以描绘古代、近世及当时的名人肖像为主，也有佛教的图像。其人物画曾被形容为"秀骨清相"，属于清瘦一路；他的笔迹"劲利，如锥刀焉"，似表现出很锐利的笔锋转折，其线条因"连绵不断"而被称为"一笔画"。这和王献之（344—386）创造书法上的"一笔书"，具有同样的影响。陆的儿子陆绥、陆弘肃均善画，而受陆影响的画家，有顾宝光、袁倩、袁质、江僧宝等人，他们除创作壁画和绢帛画外，也在麻纸及木板上作画，成为5世纪后半叶的重要画派。

张僧繇是梁武帝时最活跃的画家。他有较高的写实能力，曾为梁武帝分封在各地的诸王子画像，据说"对之如面"。他真实地表现古今中外各种人物、鱼龙花鸟，留下诸多传说：他在金陵安乐寺画四白龙，未曾点睛。应众人之请，两条龙被画上了睛目。顿时雷电交加，二龙竟破壁而去。润州兴国寺有鸠鸽栖息梁上，秽污了佛像，张僧繇被请去，在东壁画一鹰，西壁画一鹞，均侧首向檐外看——自此以后，鸠鸽就不敢再来。他曾在南京一乘寺门上用天竺画法画的"凹凸花"，"朱及青绿所成。远望眼晕如凹凸，就视乃平"。观众极为惊讶，称该寺为"凹凸寺"。可见此画法十分稀罕，作为建筑装饰画，并非一般的绘画。此种印度画法，近似装饰图案中的"退晕"的方法，依色彩浓度顺序排列，产生浮雕效果。他"手不释笔，俾昼作夜，未尝倦怠，数纪之内，无须臾之闲"。他创立的佛像绘画及雕刻中的"张家样"，用笔有"点、曳、斫、拂"，与顾、陆的连绵循环不断的线条不同，是唐朝吴道子出现以前流行最广泛的艺术风格。

南朝的画家，还有受外国画风影响的画家，大多是外国人，如周昙研（师塞北勒，授曹仲达）、僧吉底、僧摩罗菩提、僧伽佛陀。他们外国风格的作品，被陈朝的评论家姚最认为是自成一体，和汉地画风不是一个范畴，难以比较。这些外国画家的作品没有留存，也许会在今后的考古发掘中重见天日。

北朝对于画迹的收藏不及南朝重视，画卷保留至唐朝者较少，也无绘画理论的著述。北朝画家及其活动，因为史料缺乏，只有几位重要画家：北魏蒋少游是由俘虏擢升为高官的多才多艺的工艺家，善画人物，兼擅雕刻及建筑等。北齐杨子华是很受重视的宫廷画家，善于描写贵族生活，有《北齐贵戚游苑图》《邺中百戏狮猛图》等，在武成帝高湛（537—569，561—565在位）时号称"画圣"。传说他在墙壁上画的马，夜里作各种声音如索水草。他在绢上画的龙，开卷就有云气萦集。唐代画家阎立本（601—673）认为他画

图4-13　佚名：夫妇宴饮图，壁画，4m×6.65m，571年，山西太原市王家峰村北齐徐显秀墓室北壁

的人物是空前的，"简易标美，多不可减，少不可逾"。北齐曹仲达在宗教雕塑和绘画中，都有"曹家样"之称，显然和波斯风格有关，而为唐朝几大流行的样式之一。唐人概括其"曹家样"的特点为"曹衣出水"，而与吴道子的"吴带当风"相辉映。"曹之笔，其体稠叠，而衣服紧窄"；"吴之笔，其势圆转，而衣服飘举"。

北朝绘画文献不多，但现代考古发现却极大地增进了人们对当时绘画状况的认识。在北齐娄睿墓出土的壁画，表现墓主人的日常生活，有壮观的仪卫和出行场面。所绘人物鞍马，摆脱了时兴的"瘦骨清相"的作风，显得健壮饱满。这些作品勾线敷色，富有生气。比较汉晋以来的墓室壁画表现世俗的题材，这是难得的精品，即使与南朝画家的成就相比，也不逊色。新近所见，北齐徐显秀墓的壁画（图4-13），总面积为三百余平方米，气势恢宏、色彩斑斓，是目前在山西、河北、河南、陕西、宁夏等省区已发现的北朝晚期砖构壁画墓中唯一完好的例子，对了解墓室壁画绘制的技法，具有重要价值。娄睿、徐显秀生前共事北齐，前后仅差一年去世，其精彩的墓室壁画风格体现出画工新的表现力。

宗炳（375—443）是不同凡响的南朝画家。他居江陵（今湖北江陵），精通佛学义理，朝廷屡召不就，时人目为高士。他的艺术理解，受佛学影响很深，对山水画的创作，认识尤为精到。他壮年曾漫游山川美景，师法造化；晚年病居，将写生所得山水稿绘于壁上，以畅神达意，谓之"卧游"，对自然有独特的理解。作品见于著录者有《颖川先贤图》，已佚。所撰《山水画序》为画史上第一篇山水画专论，他提出了关于"山水以形媚道"的本体构造方法，"澄怀味象""应目会心"的观照方式，以及"畅神"的审美体验，多为后人所重，是认识中国山水画的基本概念。其同好有王微（415—453），与王羲之同宗，性好山水，宋文帝时屡召不就。他工诗文，解音律，擅长山水。所著《叙画》一篇，对早期山水画的发展，提供了理论指导。山水画是和山水诗同时出现，成为认识世界的新看点：将佛教所宣扬的富于音乐性的大千世界的神奇变化、儒学所向往的"仁者乐山，智者乐水"的高远境界，以及道家所主张的"道法自然"的宇宙观融为一体，表现出人的觉醒。从山水题材的产生，人们经历了重要的认识飞跃。对自然的描绘，是随着人对自我认识的深化展开的。从满城西汉刘胜墓出土错金银的薰香博山炉上可以体会人们对仙山阆苑的神往。通过漫长的认识过程，宗炳、王微才指出中国山水画的基本方向。如果说原始时代后期的玉器和先秦的青铜器是把审美方向指向庙堂的话，那么，魏晋南朝的山水画，则是把这个目标指向了自然。对宗炳来说，山水旨在"畅神"——"神之所畅，孰有先焉！"王微说得更清楚："望秋云，神飞扬；临春风，思浩荡；虽有金石之乐，璋圭之琛，岂能仿佛哉！"五代以后的中国画史，将集中在"思"与"景"（即风格和自然）这对关系范畴内，叙述其视觉命题的无穷变化。

从宗炳的《颖川先贤图》的品名，说明政教一类的内容和屈原见到的楚王公先贤图异曲同工。在开辟山水画境的过程中，一方面把神仙灵怪一点点排除出去，另一方面，又从人物画的背景一步步地走到前台。当宗炳、王微在研究山水的义理时，山水画自身的表现手法还不很完善，或者把它看作由"树石"一类形象发展而来的技法。从南朝的《竹林七贤与荣启期》画像砖（图4-6）可以了解这一渐进的过程。在这组以勾线来刻画魏晋名士的人物作品中，每个人都有表示其个性特征的道具，以及各种树木的表现，作为点景之用，具有象征的意义，如同称"七贤"而冠之以"竹林"一样。很显然，它要从充满陷阱的政治斗争中跳脱出来，回到"此君不可一日无"的竹林，即自然的环抱中。到了五代以后，人物画从画坛主导地位渐次退出，而由山水画作为大端。那时不是点景的山水画，而是点景的人物了。这和魏晋南北朝时期山水画艺术的形成，实际上是同样的道理，只不过题材互相置换而已。

## 第三节　王羲之、顾恺之与谢赫

中国文化史上备受称道的成就之一是"晋字"。其突出的特点，是第一次将个人的价值完美地表现在书法中。在上一节的概述中介绍了为什么"晋字"到王羲之的时代会有空前的飞跃。王羲之被奉为"书圣"，在文化史上的地位始终如一，尤其当书法被作为视觉艺术最高成就时，他的意义就更为重要。作为每个受教育者首先要掌握的文化基础，书法本来应是大众化的艺术表现形式。可是在漫长的文明史上，只有少数统治者垄断这种受教育的权力。代神灵而言的巫史是最早使用甲骨文的，就使文字本身蒙上了神秘的色彩。到魏晋时，书法脱离了单纯的书面文字的功用，成为显示书家个人魅力的理想载体。王羲之的出现，开辟了表现个人风格的新纪元。

图4-14　王羲之：兰亭序（冯承素摹，神龙本）（左上为局部），绢本，43cm×80.5cm，北京故宫博物院藏

关于王羲之的生卒有不同说法，他约生活在公元4世纪初叶至中叶，字逸少，琅琊临沂（今山东临沂）人。他出身世族，居会稽，官至右军将军、会稽内史，世称"王右军"。他以世族大家的社会身份，享有崇高的名望，而他却不在乎这些外在的条件。其名士风度，在于蔑视礼教，视个人才情为最可贵的品质。他因事辞官，与当代名流悠游自适，以书法词章闻名于世。书法转益多师，自开生面。尝云："予少学卫夫人书，将谓大能；及渡江北游名山，见李斯、曹喜等书；又之许下，见钟繇、梁鹄书；又之洛下，见蔡邕《石经》三体书；又于从兄洽处，见张昶《华岳碑》，始知学卫夫人书，徒费年月耳。"自述把书家和书学传统联系在一起，表明他如何承前启后，继往开来。唐张怀瓘称其古质的书风"耀文含质"，"动必中庸"。这使人仿佛看到庄子所称颂的"解衣盘礴"的自由人格。如果说李斯创造小篆是国家集权的文化象征的话，那么，王羲之的情形，则是对国家意志樊篱的革命性突破。因为他在书写作品时，不再有"书同文"

的政治使命在身，个人存在的意义成了他的终极关怀。

东晋永和九年（353）三月三日，王羲之和友人孙绰（314—371）、谢安（320—385）等四十一人，在山阴兰亭行"修禊"盛会。其间诸人流觞饮酒，赋诗酬唱，畅叙情怀。作为这次雅集的序文，王的《兰亭序》体现了晋人的风骨，其文心与书艺，将文人对人世和自然的感悟上升到了新的高度。序文传达出的深沉的历史感，体现了《古诗十九首》中"生年不满百，常怀千岁忧"的意识，使"后之览者，亦将有感于斯文"。王羲之乘兴所书之作，也因此成为千古绝唱，字字精妙无比，若有神助。行笔轻重疾徐，跌宕起伏；笔断意连，法度谨严；结体欹正相间，遒媚劲健。章法上凡几十八行，计三百二十四字，长短配合，疏密相间，深得似欹反正、若断还连之妙。这篇杰作，奠定了妍美流便的新体行书风格，经后世千百年的发展而未有大变，显示了它既深且巨的影响所在。然而，包括《兰亭序》在内的王羲之的书迹多种传本，多为唐人勾摹而成，已下真迹一等。以《兰亭序》为例，唐太宗得到原作后，就有褚遂良（596—658）、冯承素（617—672）等人的临本，真迹作为殉葬品没入昭陵。冯本因其帖前后钤有"神龙"半印，又称"神龙本"（图4-14）。和《兰亭序》相似，王字的法帖中，多为传达个人心绪的书札。像《上虞帖》，寥寥数行，以草书一气呵成，表达了思念友人之情。晋人"送往迎来，吊死问疾"的信札，使"见书如见人"的实际感受流露于点画之间。

王羲之的周边，有一批重要的书家。其第七子王献之（344—386）影响突出，故有"二王"或"大小王"之名。献之

图4-15 王献之：鸭头丸帖，绢本，26.1cm×26.9cm，东晋，上海博物馆藏

字子敬，官至中书令，人称"王大令"。张怀瓘评价说："子敬之法，非草非行，流便于草，开张于行，草又处其中间。无籍因循，宁拘制则；挺然秀出，务于简易；情驰神纵，超逸优游；临事制宜，从意适便。有若风行雨散，润色开花，笔法体势之中，最为风流者也。"近人沈尹默（1883—1971）以其多年研习的心得，分析了二王的区别。羲之的古质风格，用内擫笔法，故字显收敛含蓄；献之的新妍风格，用外拓笔法，故字呈散朗骏快。后者的一笔书，也正是借着外拓的笔势而创造的抒情手法。献之的《鸭头丸帖》（图4-15）是一佳例。它因起首"鸭头丸"三字得名，内容与"问疾"之类相同，共两行十五字，笔法圆润流畅，枯湿交替；结体因采用侧笔而取侧势，俯仰含情。全篇一气旋折，把小王开朗多姿的书风充分体现出来。

二王率先把中国艺术从实用功利的目的中解放出来，选择书法作为个性表现的形式，体现出书法在精英文化中的主导作用。最高统治阶层对王字的推崇，于现代印刷术发明之前，在北宋初开始了"帖学运动"，用以扩大二王的影响。不管人们离"王字"的真迹有多远，二王已经成为晋人书法的化身，成为后来每个艺术运动中文人理想的偶像。而在普及视觉文化过程中"帖学"所呈现的流弊，则与二王本人没有直接关系。

在绘画史上，比王羲之年代略晚的顾恺之，是一个偶像人物。顾恺之，字长康，小字虎头，江苏无锡人。生卒年有两说，主要活动在4世纪后期和5世纪初期。当时以王、谢两家为首的士族门阀制度已经形成，其子弟如晋简文帝司马昱（320—372）、谢安和王羲之等人，在贵族社会中引人注目。顾恺之的父亲顾悦之（320—?）是其同游。东晋统治阶级内部，以谢安为代表的士大夫们，不仅创造了383年"淝水之战"以少胜多的显赫战绩，也对当时的文化和思想做出了重要贡献。谢灵运（385—433）咏歌大自然的诗篇，开这一题材的先河。他们和后来的士族子弟不同，继承嵇康（223—263）、阮籍（210—263）的崇尚真性情，重视文化修养，提倡健康的人生观。顾恺之最初曾在桓温（312—373）和殷仲堪（?—399）幕下任职，和温之子桓玄（369—404）颇有来往，很受桓温和谢安的赏识。晚年任散骑常侍，62岁时去世。他不只是在绘画艺术方面表现了卓绝的才能，而且也擅长文学。《世说新语》中有他游历浙东山水的感受，所谓"千岩竞秀，万壑争流，草木蒙笼其上，若云兴霞蔚"，是广为传诵的隽永之辞。他的鲜明个性，被誉为"才绝、画绝、痴绝"三绝。"绝"表示"独一无二，举世无双"。他曾在桓玄处寄存了一橱绘画作品，桓玄竟从橱后将画全部窃走。对此，他以"妙画通灵，变化而去，亦犹人之登仙"，一笑了之。其通达的人生观，表现出画家独立的人格特征。顾恺之在绘画上的声誉，源于他所具备的个人品质。谢安惊叹其艺术"苍生以来未之有也"。

顾恺之认为："凡画，人最难，次山水，次狗马，台榭一定器耳，难成而易好，不待迁想妙得也。"从他表现的佛教题材可以说明其"以形写神"的方法。所绘维摩诘形象，有"清羸示病之容，凭几忘言之状"，是魏晋时期世族大夫的现实写照。东晋兴宁年间（363—365），金陵修建瓦棺寺，他认捐了百万钱。主事人开始以为是戏言，结果顾以一个月时间，在该寺闭户绘制了维摩诘像；最后要点眸子时，他才向主事人提出要求：第一天来参拜者须施舍十万钱，第二天要五万，第三天随意。到开光的一刻，维摩诘像竟"光照一寺"，施者填咽，俄而得百万钱。没有顾恺之那样的智慧，是难以传达出维摩居士洞悉人心的魅力的。这一创造说明中土流传的佛教图像，不再是单纯模仿印度艺术的舶来品。顾恺之对汉晋以来人物画方面的技法总结，考虑到画面主人公的性格处理。他把谢鲲（281—323）的形象放置于岩石中间，烘托主人公志在山川自然的性格特征。在《女史箴图》（图4-3）的片段中，他画出了宫女在观镜子时的镜像，反映了人物内省的全新图式。他从汉代绘画处理不"谨毛失貌"的总体关系，上升到对人物内心世界的刻画。他明白地提出了"传神写照，正在阿堵中"的主张，突出眼睛作为"心灵窗户"的重要性。

顾氏真迹今已无传，只有若干流传已久的摹本，如《女史箴图》（伦敦大英博物馆藏唐代摹本）、《列女仁智图》（北京故宫博物院藏宋人摹本）和《洛神赋图》（图4-16）（分别有北京故宫博物院、辽宁博物馆和美国华盛顿弗利尔美术馆藏宋代摹本），大致可反映六朝的画风。其中值得重视的是顾恺之的线描造型语言。前两者属于政教类的题材。《女史箴图》是根据《女史箴》这篇文章所画的插图。该文由西晋张华（232—300）所作，其内容是教育封建宫廷妇女的一些道德箴条。与此政教题材不同，《洛神赋图》表现了曹魏时期诗人曹植（192—232）的《洛神赋》，以沟通诗歌与绘画两种艺术形式。曹植所爱的女子甄氏，在他父亲曹操的决定下，为其兄曹丕夺去，甄氏在曹丕那里不久就去世。此后，曹丕将甄氏的遗物——玉镂金带枕还给曹植。曹植在回归他自己的封地时经过洛水，夜晚梦见了甄氏来会，悲痛之余，作了《感甄赋》，塑造了洛神（传说伏羲的女儿，在洛水溺水后为神）的动人形象，也就是他情人的形象。甄氏的儿子曹睿（205—239）将它改名为《洛神赋》。《洛神赋图》画卷伊始，是曹植和他的侍从在洛水之滨遥望，他所苦恋

图4-16 顾恺之：洛神赋图卷（北宋摹本），绢本，墨笔设色，27.1cm×572.8cm，北京故宫博物院藏

的洛水女神，出现在平静的水面上，只见远水泛流，洛神神色默默，似来又去。洛神的身影传达出一种无限怅惘、可望不可即的情致。这样的景象正是诗人多情之眼之所见。曹植在原来的诗篇中曾用"凌波微步，罗袜生尘"来形容洛神在水上的飘忽往来。这两句充满柔情蜜意和微妙感受的诗句，成为长期传诵的名句，也有助于我们理解画中的诗意。这一富有文学性的《洛神赋图》，描绘了人的感情活动。

在《女史箴图》和《洛神赋图》中，顾恺之塑造了动人的形象，其笔墨"简淡"，强调了古质的精神，勾勒轮廓和衣褶的线条，"如春蚕吐丝"，"春云浮空，流水行地"，被后人称为"铁线描"，体现了遒劲的骨力。对比楚汉帛画（图2-2，彩图9、10）中的人物勾线方法，画工凭图案造型的经验，将人物、动物、器物等组合在一起，线描本身的水平还不突出。经过五六百年的笔法演变，到顾恺之时代，勾线技巧在摹状形物的同时，成为传达对象特点和画家情感的媒介。《历代名画记》把顾恺之的笔法风格概括为"密体"，和唐代吴道子创造的"疏体"形成两大笔法传统。张彦远甚至认为，只有

"知疏密二体，方可议乎画"，可见顾在绘画风格发展史上的特殊地位。《洛神赋图》与汉代绘画的区别，是绘画再现能力的提高，画家调动外在的因素，达到传神的基本目的。如果说汉代表现舞蹈杂耍场面的画像砖石，是靠"长袖善舞"的带饰来建立人物之间关系的话，那么，顾恺之笔下的洛神，则通过飘动的衣带，将人物的内心情感抒发出来。

顾恺之作品中的山川云气，以古拙的风格来表现，出现了"人大于山，水不容泛"的状况。把装饰性的树木花草点缀在人物故事中，与南朝墓室砖画《竹林七贤与荣启期像》（图4-6）所见的树木十分相像。山水的技法经历了由装饰风格向再现风格的过渡，其核心是在笔法的变化。赋色方面，早期的装饰效果十分明显，《洛神赋》图上的色彩点染，基本上继承了汉代墓室壁画的传统，以原色为主，没有层层晕染，看上去相当单纯。关于人物画中山水背景的设计，顾恺之留下了一篇很有价值的文章《画云台山记》。它告诉读者，魏晋时期画家在创作一些专题作品时，往往有十分清楚的构思交代。在这篇带有特殊艺术史价值的文章里，我们应该注意哪些重要的问题呢？从题材上，它讨论的是怎样完成分为三段的道教故事图。从这篇文字的完整构思中，可以看到早期山水画的内容和风格。从早期山水画包含的神仙怪异的因素，不难了解魏晋以来对山水的认识，大都从求仙访道的宗教观念出发。画家的立意和实际表达手段之间的差距，在于如何从装饰性的形象组合发展成为独立完整的山水场面。对此，在南北朝石刻以及敦煌壁画中，都有相关的图像，是认识山水画早期历史的一手资料。

古典艺术的法则是和具体的书画实践联系在一起的。如绘画"六法"的提出，不仅是认识魏晋南北朝美术史的纲领，也是把握古典绘画艺术的关键所在。总结这一纲领的谢赫，是南齐时期（479—502）的人物画家。他的仕女画作品全部佚失，但他从人物画创作中总结出的画论，却成了"千古不易"的经典，被后来艺术家们引申发挥，影响了中国画的发展。他的《古画品录》是绘画史上完整的绘画理论著作，意义重大。

"成教化，助人伦，明劝戒，著升沉，千载寂寥，披图可鉴。"这是绘画的目的，也是从汉晋以来的人物画的智性作用。像汉明帝诏画功臣像，顾恺之画列女图，都有相似的功能：通过真实的正反面人物形象的塑造，起到认识和教育的效果。明确这一功能，是将儒学的实践理性精神落实在视觉形象的制作活动中，使绘画在画家赢得社会独立地位之际，担当起辅助政教的责任。

谢赫在明确绘画功能的同时，提出一套艺术的法则，把

"绘画的自觉"落到实处。绘画从此成为独立的视觉艺术。有趣的是，一千多年来，这套法则由于句逗的关系，引出了各种的解读方案。自谢赫之后，首先是中唐张彦远对它的重新解释，将"六法"标点成这样："一曰气韵生动；二曰骨法用笔；三曰应物象形；四曰随类赋彩；五曰经营位置；六曰传移模写。"第一条是指人物画表现的目的，即表现出所画对象的精神状态与性格特征。顾恺之的关于绘画艺术的言论以及魏晋以来人们对于人物画的鉴赏评论所一致强调的，是人的精神气质的生动的表现。这些言论是谢赫提倡"气韵"的根据。当我们了解了王羲之的书法境界后，就比较容易领会中国画为什么把个人的精神面貌作为艺术表现的最高追求。第二条也和书法的关系极为密切，表明中国画的基本特征离不开笔法的变化。因为"骨法"主要指的是作为表现手段的"笔墨"的效果，例如线条的运动感、节奏感和装饰性等。从古代画论中可见古代画家和评论家对这一点的重视。有了这条主线，再看各种形式的中国历代绘画，就会"纲举目张"。当然，在谢赫的时代，勾线中墨色的变化还没有特别引起人们的重视，可是随着外拓笔法的发展，它到唐代就越来越重要了。谢赫的第三、四、五条法则，是关于造型中形、色、构图问题的理论。在认识形与色的问题上，谢赫已经超越了宗炳"以形写形，以色貌色"的直观感受，而是有抽象观念在指导人们的观看。虽然人们从变化万千的物象着眼，但只有经过对不同个相的归纳，才能得出一定的类相，然后加以表现。"应物"和"随类"，实际上就是这个意思。"经营"的原理和书法的章法也是相同的，六朝的艺术家积累了丰富的经验。谢赫最后一个法则"传移"是学习绘画艺术的方法，因为临摹的过程是"积学致远"的必经之路。关于临摹，书法和绘画都有很多的技术，可供不同的画家因人而异，自行选择。张彦远的标点断句沿袭了一千多年后，到清中叶受到严可均（1762—1843）的质疑；20世纪中叶，钱锺书（1910—1998）进一步辩证，于是"六法"就读成下面的句式："一，气韵，生动是也；二，骨法，用笔是也；三，应物，象形是也；四，随类，赋彩是也；五，经营，位置是也；六，传移，模写是也。"从句式上讲，张彦远省略了每句后面的"是也"。从意义上来讲，近人的考证更接近谢赫的"六法"的原意。但由于张彦远的句逗流传极广，实际上已经渗透到绘画传统的主要过程中，因此，有必要了解这些区别，并根据不同的历史上下文来认识谢赫画论体系的重要性。说到体系，明人曾经有精辟的认识，即从"气韵"这第一法则顺推，是美术鉴赏的思路。而从"传移"这第六法则倒溯，则是绘画实践的过程。在这互动的理论体系中，谢赫既肯定了根据对象来造型的必要性，也提出了理解对象内在性质的重要性，同时也指出笔墨是表现对象的手段，总结了绘画发展的内在规律。

谢赫有明确的品评法则，并结合画家作品加以验证。《古画品录》是谢赫评论曹不兴以来到他同时代的二十七个画家的作品。这些画家被分为六品，即六个等级。这一实践，在顾恺之那里已受重视，顾恺之的画论中，就提出了关于绘画的若干创作原则。除画品以外，当时还有《诗品》《棋品》等，借用了人物品评时分别等第的方法。汉代推行的荐举"贤良方正"的做法，到魏晋玄学大兴时，又添加了"清谈"的新标准。从魏晋以来，政治生活中的"九品中正制"全面地影响着士族阶级的生存和发展。对人的评论以精神气质、风度为标准，所以文化界各领域分别等第的方法，如谢赫在画品中标出"气韵"的概念，就是和品评人物的风气直接有关。《古画品录》的重要性在于开创了艺术批评的新门类，在他之后有陈朝姚最的《续画品》，唐朝李嗣真（？—696）的《后画品》、僧彦悰的《后画录》以及张彦远《历代名画记》等，都秉承了这个优良的批评传统。

## 第四节　佛教石窟艺术

魏晋南北朝在对待佛教文化时，呈现了南北对义理与功德的不同取向。在这两端之间，呈现了无限丰富的佛教文化内容。如果按美术门类来叙述这些内容，那么，其影响渗透在社会各个角落：大到石窟，小至青瓷，凡是人们生活的场所，这种外来的宗教文化，无不有所表现。在南方士族画家、雕塑家中间，几乎所有的人都多多少少表现一些佛教题材。相比之下，北方的修"功德"之人文化程度尽管有限，但却是自发或自觉地投入信仰活动中，从不同阶层的"施主"和"供养人"那里得到开窟建寺、绘壁塑像的"活计"，以满足整个社会对宗教胜景的向往。北方的诸多地方政权，其统治者来自复杂的民族背景，信仰的基础更靠近佛教的一面。上有所好，下必甚焉。在战乱时期苟延残喘的广大民众，也视佛教为转世的希望，不惜以"卖儿贴妇"，全身心事奉佛祖，为来世修积"功德"。北朝的佛教艺术遗迹显示，这些功德凝聚了"供养人"和匠人们的智慧和信念，传达出艺术与宗教的相通性。

由印度次大陆的僧人带到中土的样式，是佛教造像艺术的原型。否则，各地的造像就成了向壁虚构的产物。与此同时，各地工匠在实施各项佛教艺术工程时，必须考虑中土的制像传统和受众需要，犹如汉代的画像砖、画像石风格，既有共性，又有地方色彩。认识北方佛教艺术遗迹的有利条件，一方面有汉唐之际本土艺术的各种遗存进行比较，另一方面，北朝各地的佛教艺术，可以和印度、阿富汗等地的佛教遗存相互参照。在展开这些纵横的比较时，北方石窟艺术这种综合的形式，提供了立体的一手资料。这并不是说南朝佛教艺术不及北方繁荣。事实上，南京一带也有小型的石窟寺，文献记载中的佛教艺术成就非常发达，只是经过了千百年人世沧桑，流传下来的实物屈指可数，使北方佛教石窟艺术遗址显得格外珍贵。

在考察北方石窟艺术前，不妨再重温一下商周青铜器的综合艺术特征。青铜器象征着国家的权力，是统治集团宗庙传绪的表征。它的制作，是一综合艺术的概念，集形制、纹样、铭文和铸造工艺于一体。整个过程体现统一的意愿，由"百工"们合力制成。这种的活动，现在换了内容，出现在石窟的制作中。开凿石窟，首先服从信仰的需要。问题是，十六国和北朝的石窟建造者们，信仰的不再是上古时代的鬼神，而是系统严密的外来宗教。在这个意义上，石窟艺术的综合概念，涵盖范围更为广阔。作为庞大的系统工程，影响超出了青铜器只为极少数统治者在宗庙祭祀之用的考虑，而要满足社会各个阶层礼佛敬神的需求。有些是朝廷出面赞助，更多的还是由佛教徒与广大信众自发兴建。在把外来宗教变为中土的民众信仰方面，整个社会的参与，意义非同寻常。这与欧洲中世纪基督教文化占据绝对统治地位的情形相似，确定了当时文化发展总的方向。

石窟建筑是外来的艺术形式。严格说来，是寺庙建筑形式之一，兼礼佛和修行的功能于一身。在隋重新统一以前，北方主要的石窟地点分布很广，由北至南，由东到西，佛教寺院遍地开花。所不同的是，尽管石窟寺也和其他形式的寺庙不断兴废，但是石窟艺术却因为其特殊的结构，保存得更为长久。以木结构为主的中国古典建筑，易建也易毁。而佛教石窟寺，如保存至今的大部分遗址，仅留下石窟而无原来的木结构寺院建筑了。在北方的石窟中，又由于各地开凿石窟所选择的山石有不同的质地，因此在设计上就有所侧重。像敦煌莫高窟是开凿在鸣沙山的砂岩断层上，所以其石窟的内部形制，就不容易设计得像在大同武州山云冈石窟那样精致，后者利用质地坚硬的花岗岩，在几个大窟中，表现了丰富的空间层面。这种形制，主要包括支提窟（chaitya）与毗诃罗窟（vihara）两类，借鉴了印度阿旃陀石窟（Ajanta Caves）等建筑原型。支提窟安排为礼佛的场所，毗珂罗窟则为禅堂僧房。所不同的是，中土石窟寺的开凿，要根据所在地的地质状况，进行构思设计。大凡兴建于花岗岩地区的石窟，建筑与雕像是一同设计的。这种整体构思的能力，显示了佛教艺术极大的想象力和创造性。在汉代武氏祠和其他画像石墓中，建筑空间是用雕刻好的大型石块组装而成。北朝的石窟，则凭预先设计好的蓝图，在坚硬的山石里凿出大块文章。立意必须非常清楚，否则在只能减、不能加的开凿过程中，就会出现灭顶之灾。根据佛教严密的教义，艺术想象由此有序地展开。

石窟内供奉的佛像，根据地质状况，如果不是砂岩，则多采用雕刻，有受希腊化风格影响的样式，也有印度其他宗教的图像，要根据"供养人"的要求，吸收消化外来风格。在窟内四壁，则用浮雕代替壁画，刻画出动人的佛传故事和美丽的装饰图案。在不具备石刻条件的砂岩地区，泥塑起到了重要的作用。其优点是可添加视觉形象，在石窟的内部装饰上大显身手。在莫高窟，连接建筑和其他艺术形式的媒介，就是泥塑妆彩。不但石窟壁面上可以装饰高低浮雕，而且各类佛教造像也可以根据窟内的需要，可大可小，随时调整。

不论是以石刻还是以彩塑为主的石窟，主佛的妆彩极其辉煌庄严。妆彩的雕塑作品也和布满窟壁的佛教绘画和图案融为一体，铺天盖地，营造了和现实生活完全不同的神奇世界。加上绘画的题材和表现风格的新奇多样，走进石窟寺，真的如同步入了佛国天堂。洛阳龙门石窟中，还添上了大量"供养人"的"功德"碑铭，成为中国石窟艺术中又一杰出的创造。如在介绍南北书艺时所说，北朝众多无名氏的书迹，虽出于礼佛的目的，但在风格上却自成系统，对唐代楷书的确立意义重大，并构成了后代"碑学"运动所尊尚的对象。

通过石窟寺各种成分的立体考察，有助于详细了解若干典型的遗迹。在中国石窟艺术史上，云冈石窟和龙门石窟都因北魏皇室的直接赞助而具有特殊的历史意义。而在新疆天山以南的克孜尔石窟、丝绸之路上的敦煌莫高窟、麦积山石窟，则以地方家族的赞助为主，争奇斗艳，各呈其美，前后延续若干朝代。在这些大窟的周边，还有大大小小的一些石窟。著名的五大石窟，在中原一带是由皇室赞助，而边地的石窟体现了地方家庙窟的特色，显示中外文化艺术交流的重要过程。

山西大同之西15公里的云冈堡武州山，为云冈石窟所在。据《魏书》卷一百一十四《释老志》记载："和平初（460），师贤卒。昙曜代之，更名'沙门统'。初昙曜以复法之明年，自中山被命赴京，值帝（文成帝拓跋濬，440—465，452—465在位）出，见于路，御马衔曜衣，时以为马善识人，帝后奉以师礼。曜白帝于京城西武州塞凿山石壁，开窟五所，镌建佛像各一。高者七十尺，次六十尺，雕饰奇伟，冠于一世。"此后孝文帝拓跋元宏时也续有修建，最迟延续到正光末年（524）。它沿着武州山

图4-17　主佛，石雕，高13.7m，
云冈石窟第20窟

南麓，自东向西绵延一公里，全部编号为四十三个洞窟，其中大者二十余个。有两个崖谷，分石窟群为东、中、西三区。东区为第1—4窟，中为第5—13窟，西为第14—20窟及诸小窟（第21—43窟）。在第5、6窟前有清初修建的木结构建筑物一组，前临武州川，形成一处绿洲，如北魏郦道元（466或472—527）《水经注·漯水》记："山堂水殿，烟寺相望。林渊锦镜，缀目新眺。"

云冈风格的演变分为四个阶段：

第一阶段是昙曜五窟开凿时期。这五窟都是平面作马蹄形，本尊造像硕大、雄伟，高度为14米至17米不等。本尊左右两侧皆作胁侍菩萨。第19窟则两胁侍菩萨分处于左右两小洞中，三洞作为一组，而成为云冈最大的洞窟。昙曜五窟的每一窟内，空间几乎全被本尊大像占据，余地不多。辽以前，第20窟因外缘及顶部塌毁，大佛完全暴露在外（图4-17）。五窟壁面上半部布满千体佛。佛龛的位置与排列，都是经过周密设计而安排的。

这五窟主要佛像衣服式样和衣褶处理的区别标志着云冈雕塑时代特点。第17—20窟的本尊都是"偏袒右肩式"——衣服从左肩斜披而下，至右腋下，衣服的边缘搭在右肩头，右胸及右臂都裸露在外。衣褶为平行、隆起的粗双线。第18窟和20窟的左右胁侍佛是"通肩式"——宽袖的薄薄的长衣紧紧贴在身上，随着躯体的起伏形成若干平行弧线，领口处为一披巾，自胸前披向肩后。它们在早期佛教形象中流行。第16窟的本尊是"冕服式"——衣服为对襟，露胸衣，胸前有带系结，右襟有带向左披在左肘上。衣服较厚重，衣褶距离较宽，作阶段状。第19窟右窟中垂脚坐的大佛，衣服也作此式。"偏袒右肩式"及"通肩式"依据的是外来的粉本。"冕服式"是中国式佛像的特点。这种服饰的变化是鲜卑族为统治者在北魏社会推行汉化的反映。孝文帝在太和十年（486）施行以汉族服装为官服，并在新年朝会上服"冠冕"。皇室石窟寺佛像的服饰出现"冕服"式样，成了佛教艺术中国化的征象之一。

第二阶段是第7、8双窟开凿时期。第7、8窟都有前室、后室两部分，都是四壁呈直线的横长方形平面。这是"支提窟"的中国样式。两窟布满高浮雕，特别引人注目的是第8窟入口两侧的浮雕湿婆天像（Shiva）和毗纽天（Vishnu）像。湿婆天（或称"大自在天"）在印度神话中为护法神。像作三面八臂，跨在牛背上，手执葡萄（象征丰收多产）、弓矢（象征破坏）、日月（象征法力）。毗纽天（或称"那延罗天"）为世界之守护者。像作五面六臂，骑孔雀。这两个浮雕像，身体筋肉柔软松弛，面部圆浑，嘴角含有笑意，富于表情。其样式参考外来的粉本，而表情的处理则是工匠的创造。牛及孔雀的形象坚实有力，承继了汉代艺术的传统。第7窟内面入口上方有一列六尊供养菩萨像，皆膝跪，头上作高髻，飘带飞扬，面部都有沉静的笑容，优美动人，该窟也因此称为"六美人窟"。

　　第三时期是第5、6双窟开凿时期。作为皇室寺庙，第5窟和第6窟被认为是孝文帝所建，以纪念其父母献文帝拓跋弘（454—476，465—476在位）和李氏。第5窟前室北壁小龛坐佛（图4-18），是云冈石窟中面容最慈祥的造像精品。第6窟也分前后二室，中央为一方柱，四面的主要部分雕刻立佛像。该窟以佛传浮雕最为出色，共十七幅，分刻于洞窟壁面。它们继承了汉代画像石的风格，用连续成组的故事图来表现人物动态和背景，在云冈石窟中亦属罕见。

图4-18　坐佛头像，石雕，高45cm，云冈石窟第5窟前室北壁小龛

　　第四时期是开凿第11—13窟外檐上方各龛等末期窟龛的时期。在太和十七年（493）北魏迁都洛阳后，云冈石窟就停止了大规模的工程，而只有第41—43窟等较小的项目，以及在早期若干大窟中添凿的佛龛。这说明当北方的政治中心南移以后佛教艺术的重心也随之转移。

　　云冈石窟在规模、样式和表现力方面到达空前的水平，和它靠近北魏都城的环境有关。南朝统治者中间有著名崇佛者，但就全民信仰而论，却不及北魏人具有如此广泛的民众基础。所以，在平城附近开凿佛窟，赢得北魏举国上下的响应。其宗教的热情，在迁都以后，继续表现在龙门石窟、巩县石窟的开凿和洛阳城内外的寺庙建筑的修建中，令人叹为观止。在不到四十年时间内完成云冈二十个主要石窟的浩大工程，离开朝廷的赞助，离开全民的投入，是无法想象的。由皇室出面，这一工程能汇集中外艺匠，制作出艺术性非常高的佛教形象。起初有昙曜参照西土的经验，提供了完备的造像样式，如主佛有立像、趺坐像及各种手势、冠式、服饰的造像，其他有菩萨、罗汉、苦修者、供养菩萨、天王、力士、飞天，甚至外教的形象等，一应俱全。它们之间的区别则在于具体的表情、服饰以及区域特性。在刻画礼佛的内心活动方面，第18窟东壁上层北侧弟子摩诃迦叶（Mahākāśyapa）像（图4-19）最有代表性。他瞑合双目，面带微笑，以无比虔诚的心情聆听着佛的声音，沐浴着佛的恩泽，极其形象地反映出北魏人虔诚事佛的心态。雕刻家手法简练，几大块面、几道线刻，就把深目高鼻的印度僧人塑造得出神入化，不禁使人想起了汉代霍去病墓前的纪念性石刻。所不同的是，摩诃迦叶膜拜的是佛教偶像，较之汉代泛神化的艺术，更容易进入宗教的忘我境界。在云冈石窟乃至所有现存北朝石窟的造像中，这尊造像是不朽的艺术范例之一。

　　外来风格在云冈石窟的后期制作中已有所减弱，北魏迁

图4-19 佛弟子摩诃迦叶像（局部）石雕，高50cm，北魏，云冈石窟第18窟东壁上层北侧

都洛阳后，汉地的传统转而成为主导者。龙门的北朝石窟就显示出鲜卑统治者急速的汉化进程。这一石窟群大部分在伊水西岸，有二十八个洞窟；东岸的七个洞窟，为唐人开凿。以地理环境论，龙门比云冈风水更胜，自古以来盛传"死葬北邙"之说，使之成为豪门世族心目中的理想墓地。北魏政治文化重心南移，事佛的功德和厚葬的风俗融合在一起，使佛教石窟群出现在伊水之畔，与京城内外无数的伽蓝胜迹一争高下。据古阳洞北壁上方太和十九年（495）的铭记，该洞有丘穆陵亮夫人为亡子造像的私人功德。丘穆陵亮曾积极参与孝文帝的改革和迁都，所以南下以后，首先会想到在伊阙的风水胜地中礼佛，为亡子超度灵魂。太和二十二年（498），孝文帝的堂兄比丘慧成正式营建该石窟，并于其中为其父造石像一尊（图4-20），说明这些石窟和云冈一样，都有皇室家庙的性质。据《魏书·释老志》："景明（500—503）初，世宗（宣武帝拓跋恪，483—515，499—515在位）诏大长秋卿白整准代京灵岩寺石窟，于洛南伊阙山，为高祖、文昭皇太后（孝文帝及

皇后）营石窟二所。初建之始，窟顶去地三百一十尺。至正始二年（505）中，始斩山二十三丈。至大长秋卿王质，谓斩山太高，费功难就，奏求下移就平，去地一百尺，南北一百四十尺。""永平（508—511）中，中尹刘腾奏为世宗复造石窟一，凡为三所。""从景明元年（500）至正光四年（520）六月已前，用功八十万二千三百六十六。"上述文献表明，皇室把佛教功德与宗庙的祭祀合二为一，所以能投入大量的人力物力，加以经营。北魏开龙门石窟，规模虽不敌云冈，并不是说统治者礼佛的热情有所减弱，而是在洛阳一带要做的功德太多，皇室应接不暇。洛阳有中国佛寺之祖白马寺，而杨衒之《洛阳伽蓝记》所描述的北魏京城内的寺院更是壮丽无比。像皇室赞助的永宁寺和永宁寺塔，盛名远扬。有鉴于此，皇室对于龙门石窟，只能像《魏书》所记载的，缩小其原定的设计规模。总计北魏石窟有古阳洞、宾阳洞、莲花洞等八个较大的窟以及四个小窟。从东魏到隋代，大型修建活动即告停息，仅少量的造像而已。直到唐代武则天时，才出现第二次开窟高潮。

古阳洞是北魏上层贵族最早营造的洞窟，窟高11米，宽约7米，进深13.5米。著名的"龙门二十品"，就是镌刻在该洞窟的二十处造像铭文。它们书体遒劲有力，面貌各异，成为"碑学"传统中的精华。从铭文来看，这些贵族包括北海王元祥（孝文帝的兄弟）及其母高氏、安定王元燮（太武帝玄孙，孝文帝亲信）、齐郡王元祐（文成帝之孙，孝文帝堂兄）、广川王元略之妃高氏（孝文帝从叔母），以及元洪略、杨大眼（图4-21）等人。这些碑刻分布在窟壁各处，不是以发愿造像者的身份地位来排定主次，而是根据镌造的佛龛位置，图文并茂地构成书法与雕刻相结合的特殊形式。除了皇室以外，一般的贵族也来此供奉，封建礼法的森严等级在佛国可以有所不计，体

图4-20 比丘慧成造像龛，石雕，龛高240cm，宽185cm，深46cm，北魏，498年，洛阳龙门古阳洞

图4-21 杨大眼造像龛，石雕，龛高253cm，宽142cm，北魏，500—508年，洛阳龙门古阳洞

图4-22 造像一铺，石雕，高约9m，宽与进深约11m，北魏，洛阳龙门宾阳中洞

现了佛教对于广大信众的巨大魅力。古阳洞壁面上的佛龛，大小不等，样式各异。左右两壁各有三排，每排有四个较整齐的大型佛龛。龛内有释迦佛坐像，或弥勒交脚坐像，或多宝、释迦二佛并坐像。各龛上部有横额，变化多样，和佛像身后的背光及顶光一样带有很强的装饰性。这些佛像代表了北魏后期流行的"秀骨清相"的造型风格。在衣饰表现方面，也富有生动的韵律感，使人想到北朝后期绘画出现"曹衣出水"的特点。窟内本尊被后世改为老子像，故该洞也称"老君洞"。这说明由于地处中原名胜，龙门石窟遭受历代人为的破坏相当严重，和地处塞北的云冈石窟遭受自然灾害的损坏情形不同。

在北魏龙门石窟中，布局最完整的是宾阳洞，以本尊为中心，置坐像于洞窟正面方坛上，左右有二罗汉、二菩萨，构成一铺（图4-22）。坐佛前左右分立两头石狮，而本尊的中心铺面左右两侧，皆有一立佛，二胁侍菩萨，显得威严神圣。它把儒学庙堂的仪规带到了佛教石窟造像中，是北魏汉化进程的产物。在冠带方面，佛像和菩萨像采用了云冈第6窟的冕服程式，迎合了汉地的风俗。在本尊面型处理上，把脸的下部加大，鼻子加宽，并以一比四到五的比例来安排头与身体的关系，产生出厚重的感觉，以取得好的视觉观看效果。在细节上，佛和菩萨的背光及顶光十分华丽，呼应洞窟内其他的形象和装饰。从窟顶的藻井到地面的走道，都紧凑相连，浑然一体。藻井为椭圆穹形，中央为一两重瓣的硕大莲花，四周有十个伎乐天在空中飞舞。洞窟前壁左右为浮雕，分四层：维摩、文殊（Mañjuśrī）、须达拏（Sudhana）太子本生及萨埵那（Sattva）太子本生（图4-23）、帝后供养图、十神王。走道模仿地毯，有莲花饰纹，与藻井中央的莲花对应。所有这些，都是围绕着本尊的

图4-23 说法文殊，萨埵那太子舍身饲虎，石雕，纵240cm，横400cm，北魏，洛阳龙门宾阳中洞东壁北侧上层

图4-24 莲花藻井，石雕，直径300cm，北魏，洛阳龙门莲花洞

主题而增强减弱，使佛教艺术的表现力充分发挥出来，使佛教石窟艺术达到了成熟的境地。

在创作石窟艺术的立意中，人们除了考虑宗教教义的表现外，还注意到工程技术上的问题。如怎样使花岗岩石呈现其丰富细腻的肌理效果，在莲花洞的设计上，就别具匠心。它的进深9.6米，高和宽均为6米有余，在这种平面布局中，先以拱门引导，门楣上饰以火焰纹的浮雕，把汉代的云气纹作了创造性的发挥。虽然没有出现云冈第5、6窟那样的几重进深，但工匠们的创意，仍令人敬佩。全窟的精华部分，不在本尊的造像铺面，而在窟顶藻井中央的一朵美丽大莲花浮雕。花瓣微

图4-25 礼佛图，砂岩，高浮雕，200cm×200cm，最高人像约70cm，北朝后期，河南省巩县第1窟东侧

凹，其真实感与装饰效果兼而有之，显出雕刻图案的特长（图4-24），以作为重点，突出佛教的象征意义。

巩县石窟位于洛水之滨，是北魏迁都洛阳后的又一功德，于公元500年至530年间开凿，共有五窟。第2、3、5窟是有中心塔柱的方窟，沿用了云冈第6窟的形制。它们规模虽然不大，但内容十分精到，尤其是表现供养人礼佛行列的大型装饰浮雕设计周密、形象饱满、手法简洁，在汉代画像石的基础上，作了新的突破（图4-25）。

在重点介绍了北魏京畿地区的石窟后，来看西北地区的几处重要石窟。其涵盖的疆域辽阔，民族背景复杂，从政权的交替情况看，这一地区经历巨大的变化，但唐以前的不同政权在认同佛教文化方面，都持一致的态度。在这些地区的佛教石窟中，留下了各朝代的风格特点，多姿多彩。

克孜尔石窟位于新疆南疆的拜城，是从陆路距印度次大陆最近的石窟寺。大约开凿于公元3世纪，一直到8世纪伊斯兰教传入前，在戈壁滩的一处山谷崖壁上，营造了二百三十六个洞窟。这是古属龟兹国，以信仰佛教著称。从现存的洞窟内容看，原先的佛教造像以彩塑为主，如第47窟残留的痕迹，表明当年正壁的雕像高达16米，左右两壁也有规模较大的几排雕像。1973年清理的新1窟后室中，有泥塑涅槃像，供养菩萨残躯及轻薄贴体的袈裟衣纹。和彩塑相映衬的是大量的壁画，典型地代表了西域一带的地方特色。在题材上，克孜尔石窟中有许多佛的本生和因缘故事，这为早期佛教艺术所重视，旨在图示因果轮回的佛理。这些题材也反映了当地的现实生活，如第175窟的因缘故事画上，有翻地耕作的场面，农夫和耕牛的造型也很生动。在构图形式上，用菱格的画面，把佛的本生、因缘故事组合起来。这是龟兹人心目中"大千世界"的图式，把自然环境和人类活动的彼此关系纳入这一构图（图4-26）。在认识和表现人体方面，龟兹壁画上有一些裸体形象，受两个方面的影响：一是采用外来的粉本画样，类似阿旃陀石窟的壁画风格；二是描绘本地的民俗民风，和南疆的一些寺院遗址出土的壁画上出现吉祥天女（Laksmī）人体形象（图4-27）特点相像。以画技而论，这些裸体形象显然是画工学画的步骤之一，以这套程式描绘人物，较为容易。在线描和赋色方面，龟兹壁画则和中土的传统更为接近。从克孜尔石窟由西向东，新疆境内还有一些石窟，其开凿年代多在唐朝。这就提示我们，西北地区的建窟活动，并不是按照地理分布来步步推进的，而是因人因地而异，联网成片的。

敦煌莫高窟这个佛教文化宝库，被誉为"沙漠中的明珠"。位于祁连山下，靠着山上融化的雪水，形成了沙漠中一

图4-26　菱格本生故事画（局部），壁画，约6世纪，新疆拜城克孜尔第17窟

图4-27　吉祥天女，壁画，于田，新疆和田丹丹乌里克废寺

块美丽的绿洲。自从汉武帝开河西四郡以来，敦煌在丝绸之路上成了东西交通的必经之地。（图4-28）其特殊的文化地理位置，东连汉地，使逃避中原战乱者，在此能有一藏身之所，并建立起保存中原文化的宝地；另一方面，它与西域中亚的交流不断，在此融汇外来文化的广泛影响。东西融合，使敦煌郡长期保持着相对的繁荣，前后持续了千余年。直到蒙古帝国消亡后，才失去其历史影响。1900年，莫高窟第17窟的藏经洞被发现，使从公元5世纪到11世纪数以万计的文献、书籍、画卷、丝织品等重见天日，是20世纪最重要的古物发现之一。结合着敦煌的石窟文化，研究这笔人类文化遗产，成了上世纪国际学术界的"显学"。值得注意的是，随着各专题研究的深入，敦煌研究作为一个命题，却面临着巨大的挑战。

据莫高窟第332窟的《莫高窟佛龛碑》和第156窟前壁墨书《莫高窟记》，在公元366年，即前秦建元二年，有沙门乐僔在此开窟。他在此创立功德，虽有宗教幻象在起作用，但更主要的是有深厚的文化资源作为保

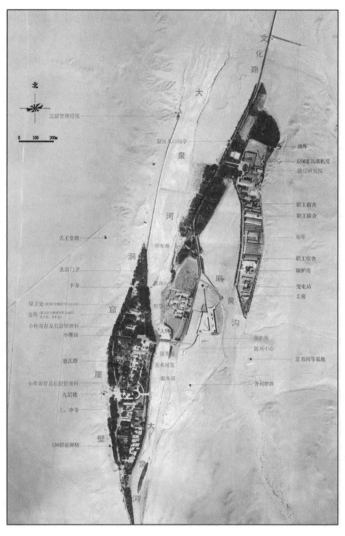

图4-28　敦煌石窟窟区现状航空影像图，2006年

障。比较北魏开凿云冈和龙门石窟的情况，那都是依托了京畿一带的文化优势，自上而下地兴建的；又随着王朝的兴废，影响石窟文化后来的发展。敦煌与此不同，其赞助来源于本地的信众，是众多当地施主的"家庙"。只要地方上不出现太大的动乱，每个家族就会尽力地营建好祖宗的遗产。这些"家庙"比北魏皇室的"宗庙"更便于维护，这也是认识隋以前敦煌石窟寺成就的重要特点。

莫高窟现存四百九十二个洞窟，隋以前的洞窟有二十二个。它们多集中在整个石窟群的第二层的中央部分的崖壁上，长二百多米，揭开了早期佛教艺术的系列篇章。它不仅年代较云冈石窟早一百多年，而且比克孜尔石窟保存的图像要完整得多。更有价值的是，从4世纪以来，莫高窟在隋唐、五代、西夏、北宋以及元朝，形成了千年不断的连续的佛教艺术创作史，使人在这

石窟群能形象地阅读一部中古时期完整的地方宗教文化史。

莫高窟早期的洞窟形制也像云冈石窟，分为"支提窟"和"毗诃罗窟"两种。北魏时期的代表洞窟有第267—271、第272、275窟，前者是以第268窟为主室，其他各窟为其附室，形成一组洞窟。支提窟在北朝后期较流行，如第254、257窟，分前室及正室两部分。前室呈横长方形，有向前向后两面坡（人字坡）屋顶，椽与椽之间，饰以成排的忍冬花纹。正室为方形，有中心塔柱，柱上开佛龛作彩塑。"毗诃罗窟"形制比较简单，在崖壁上开凿一洞窟，从窟门即可看见窟内的全部设置。在左右窟壁上，再开凿小窟，作为僧人修行的处所。莫高窟的建筑大致不出这两种基本的形制。

北朝的石窟中，彩塑有多种形式。早期的本尊塑像，规模不大，但与窟内的其他内容呼应得很协调。在早期的佛像制作中，敦煌的塑工采用了汉代制俑的传统，又在刻画神情方面，概括地塑造出佛的慈悲尊容（彩图13）。中心塔柱的佛龛，往往在彩塑佛像的周边，有各种堆塑浮雕作品陪衬，视觉效果强烈。它不只是单独一尊作品在感染信众，而是靠窟内的总体气氛，显示佛法的力量。和云冈大窟不同，北魏的敦煌石窟建筑空间较小，这样一来，反倒使洞窟上下前后更容易相互联系。就像龙门宾阳洞的石刻藻井与地面饰纹一样，莫高窟的设计者在砂岩窟壁上通过壁画和彩塑，达到了更鲜艳夺目的奇幻效果。如省略中心塔柱的支提窟，就在后壁开龛作塑像，窟顶按正方形对角线方向作"斗四藻井"，以图案和壁画来突出建筑的特点。有的壁龛上用堆塑做出汉代楼阙的造型，以供养佛像。这些都是很巧妙的互见手法，使住在窟内修行的僧人和来此顶礼膜拜的香客施主，能产生各种幻觉，实现精神的升华。（图4-29）

莫高窟的早期壁画，由于年代久远造成的自然风化，在色彩上反映最明显，风格变得非常粗犷。土红色带背景上花斑点点，人物半裸体，动作极其夸张，用晕染法显示体积感，肌肤的色调也十分耀眼。原来鲜丽的肉红色，被氧化成一些粗黑的线条，具有特别感人的力量。

本生故事的描绘，在克孜尔石窟壁画中都用菱形格的布局，在莫高窟就随意得多。在第275窟的《尸毗（sibi）王割肉贸鸽本生图》（图4-30）上，就可看到这类典型。画面上尸毗王垂一足而坐，让人在其腿上剜肉。其侧有人持一天平，天平一端伏着一只鸽子。它选取了这个本生故事最动人的一个场面：为了从鹰的口中救出鸽子的性命，佛的前身尸毗王愿以自己身上与鸽子同等重量的一块肉为赎。但是割尽了全身的肉，还是轻于鸽子，于是尸毗王自己站到天平上。刹那间，天地震

图4-29　彩塑一铺，西魏，敦煌莫高窟第432窟中心柱东向龛

图4-30　佚名：尸毗王割肉贸鸽本生，壁画，高365cm，横340cm，纵580cm，北凉，敦煌莫高窟第275窟

动，尸毗王完全恢复原貌，显示出佛的无穷威力。在所宣扬的自我奉献场面里，画工们的再现方法是很成功的。虽然只是取其片段，却已经创造了故事的高潮。同样的说教在第254窟《萨埵那太子本生图》（图4-31）上，有不同的表现。这个劝人舍己救人的故事被分成几个场面，按情节连续描绘出来。有三位太子到山中打猎，看见有母虎生七只小虎，经数日已饥饿不堪。佛的前身萨埵那太子劝走两位兄长，脱衣纵身跳下山崖，决心以身饲虎。但饿虎连吃他的力气也没有，于是他又登上山头，用竹子刺颈出血，再跳下去。饿虎舔了血，又吃了肉，总算得救。他的兄弟回来，悲痛不已，收拾骸骨，告诉了他们的父母，并修了一座塔。这个连环画的形式，以大场面再现出来，引人入胜。在悲壮的气氛中，传达出佛教的教义。这个题材同时出现在克孜尔石窟壁画、龙门宾阳洞造像浮雕和莫高窟其他洞窟壁画中，表明它是在佛教传入初期最能征服人心的重要内容。

　　所有本生故事中最美的画面之一是第257窟的《鹿王本生图》（彩图14），在同一长条横幅中展开连续的情节，而不是像《萨埵那太子本生图》在一长条幅中分上下几层表现情节，因此简洁醒目。佛的前身为九色鹿王，在画家笔下显得特别美丽。故事是说，鹿王曾在水边救起一个溺水者，溺水人叩谢鹿王，要为他作奴，遭到拒绝。但鹿王警告说："如果有人要捕我，不要泄露我的行踪。"当时的国王人很正直，却有一个贪心的王后。王后在梦里见到鹿王，被其美丽的容貌迷住。醒来后，她要求国王捕捉此鹿，取其皮为衣，否则宁愿一死。国王无奈，只好悬赏此鹿。被鹿王所救之人，正好路过京城，得知悬赏，就去宫中告

图4-31 佚名：萨埵那太子本生，壁画，纵165cm，横172cm，北魏，敦煌莫高窟第245窟

密。但这种忘恩负义的举动马上受到报应：他全身长满了疥癞。国王带人围捕鹿王时，乌鸦叫醒了睡着的鹿王。于是，鹿王讲述了救溺水者的经过，立刻打动了国王的心。国王决定放弃捉它的计划，并通令全国，给鹿王以自由，不得捕捉。结果，王后果真为此心碎而死。这组本生故事图是敦煌唯一表现鹿王的画面，它色彩浓烈，风格独特。在构图上，明显地吸收了画像石的表现手法，不但鹿、老虎、树石山林及建筑物造型都粗犷厚重，而且在不同段落间，书有榜题文字，是汉地传统在表现佛教故事图方面的一种创新。需要指出的是，本生故事以悲惨的自我牺牲场面来比喻北朝现实生活的黑暗，劝告信众忍辱偷生，以维护现政权的统治。而在这种气氛里，出现汉文化的仙境，意义就非同寻常。它像一道希望，引导人们去憧憬美好的生活。在唐代佛教绘画中成为主要题材的"西方净土变相"，可以看作是其必然的趋向。

和龟兹一带的文化背景不同，敦煌画工在选择绘画样式时，更多地要考虑当地汉族施主的观赏要求。如第249窟窟顶上，除了有描绘现实生活场景的狩猎图（图4-32），还添上了一些道教的题材，如东王公、西王母和青龙、白虎之类，说明在民间信仰方面，中土的因素仍在发挥作用。它们穿插在本生故事、

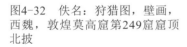

图4-32 佚名：狩猎图，壁画，西魏，敦煌莫高窟第249窟窟顶北披

图4-33　佚名：莲花藻井，壁画，纵246cm，横245cm，西魏，敦煌莫高窟第285窟

佛传故事中，使我们注意到中外文化的渐次融合的过程。在北朝后期的洞窟中，西魏大统四年、五年（537、538年）题记的第285窟最为精彩。此时的瓜州（即敦煌）刺史东阳王元荣，在提倡佛教文化上有重要的功德。他组织人抄写佛经，以百卷为一批，经手了好几批。有了这样的地方官，莫高窟的建造自然会得到大力的支持。第285窟正好提供了实例，帮助我们了解它与中原石窟造像的联系。在这个"支提窟"的窟顶，有一"斗四藻井"，四面斗坡上，有和前揭第249窟顶壁画面相同的内容，如手执规矩驾鹤西游的仙人，表明渗入了道教的影响。其窟顶的藻井图案（图4-33）和中原建筑装彩画源一传派。在该窟的四壁，有几类题材的壁画作品。一佛二胁侍菩萨为一铺的画面大多居中，上方是乘风飘舞的飞天，底下有健壮勇猛的力士。这在龙门宾阳洞的完整布局，到了西陲边关的敦煌，也已形成特别的规模。从画风上分析，该窟南壁中部的《五百强盗故事图》（图4-34）上，景物、动物和人物的布置，与顾恺之在《洛神赋图》上所绘的画面相似，也是"人大于山"，其树木的勾画，也如张彦远所形容，"刷脉镂叶，多栖桔苑柳"，显得比较幼稚。在人物造型风格上，采用了中原流行的手法。如菩萨和供养人的清癯瘦削的面容，与顾恺之的《女史箴图》、山西大同司马金龙墓出土的《列女古贤图》等画面上的人物形象有相通之处。

沿河西走廊东行，还有若干石窟分布在甘肃省境内。如永靖县内的炳灵寺，有自西秦以来至明代的三十四个洞窟，一百三十九个佛龛，泥塑与石雕并存，其中第169窟中的西秦雕塑，除后壁有石刻浮雕，余皆为泥塑。北壁佛龛是一佛二菩萨（图4-35）的规模，佛面型方整，结跏趺坐，菩萨面容饱满，束发无冠。重要的是，在该龛侧有建弘元年（420）的题记，为中国石窟中已知最早的纪年造像。北魏时期，这里的石窟多为方形

图4-34 佚名：五百强盗成佛局部，狩猎，壁画，纵140cm，横638cm，西魏，敦煌莫高窟第285窟

图4-35 一佛二菩萨像，彩塑，佛高123cm，西秦，420年，炳灵寺169窟6龛

窟，内容较完整的有第80、81和82窟，窟内正面及两侧的佛像分成三组，布局同于龙门宾阳洞。每组多为一佛二菩萨，也有若干变例。它们着袒右肩袈裟或通肩袈裟，脸型较宽，和同时期流行的秀骨清相的风格有所区别。

北周拉梢寺摩崖造像，雕凿在甘肃武山高庙山峭壁上，面积达3138平方米，是现存中国最大的摩崖浮雕造像（图4-36）。中央的释迦坐像，高达41米，以气势取胜，其面相带有少数民族形象特征。两旁躬身而立的胁侍菩萨，手持莲枝，笑容可人。佛座莲台镌有三排动物，上排六狮，中排九鹿，下排九象，布局规整，线条洗练，形象逼真。从其采用的样式看，很可能是由少数民族出身的施主所赞助的佛像。

甘肃省东部的天水境内，连秦岭的西端。境东南45公里处，有一形如麦秸垛的山崖，人称"麦积山"或"麦积崖"。这里曾是西北佛教的重镇，北朝初期的高僧玄高、昙弘等率僧徒百人在此居住。北周文帝皇后乙弗氏死后，于公元539年在麦积山设龛而葬。文学家庾信（513—581）也为北周的秦州都督李允信所造七佛龛撰写《秦州天水郡麦积崖佛龛铭》，说明这个石窟群在全国有不小的影响。麦积山石窟在隋唐、吐蕃、宋元明清时期继续修造，虽经八次大小地震的严重损坏，仍然保存了一百九十四个洞窟和七千多尊造像。因砂质砾石不宜雕刻，这些造像绝大多数为彩塑，成为一个最完备的佛教彩塑博物馆，在石窟艺术史上独树一帜。这里的壁画情况比较复杂，不同时期创作或修补的作品掺杂在一起，不易区分。

在建筑形制方面，这些洞窟都开凿在高一百四十余米的悬

图4-36 释迦坐像，彩塑浮雕，高4.1m，北周，甘肃武山高庙山拉梢寺摩崖造像

崖上。从外观上看，布局像蜂窝，相互以栈道连通。著名的散花楼七佛阁，就高出地面52米。它又被称为"崖阁"，窟前有廊檐，廊檐内有并列的七间大龛。这样的七佛阁在麦积山有三处，所以不能确认该阁是否为庾信所题者。北魏至北周间的石窟，多为方形窟，面积不一。较大者如第135窟。它们或平顶或覆斗，内部形制比较简单。唯有第133窟（又称碑洞）在主室的正面和左右两面凿有深浅不一的佛龛，共十一个，里面有一尊或一组佛像。其他洞窟的布局就在窟内三面安置三组造像。每一组都是一佛二胁侍。胁侍有菩萨，也有比丘或供养人。在麦积山的彩塑艺术中，有一部分薄衣式的佛像和菩萨像很值得注意。它们偏袒右肩，衣裙裹在身上，衣褶以划出的凹线来表现，代表了该地区早期的造像样式。在面相上，人物深目高鼻，和云冈第20窟的大佛面相有类似的祖本。这一时期的人物内心刻画水平也很精到，如第121窟的左右壁角两对比丘在低声耳语，把人与人之间的关系传达得很微妙；（图4-37）而西魏时第123窟左右壁

图4-37 二比丘像，彩塑，1.25m，北魏，麦积山第121窟正壁左侧

图4-38 飞天，薄肉塑，纵1.35m，横0.77m，北周，麦积山石窟第4号窟第2龛前廊正壁

前部的一双童男童女，形象更是真实可爱。在壁画与浮雕的结合上，北周修建七佛阁中那些有脱壁欲出之感的薄肉塑飞天（图4-38），是古代使用这类手法的硕果仅存。它有七大幅，每幅四个伎乐飞天。露在衣服之外的身体部分，如脸、手、足等，都是薄浮雕。而衣服、飘带、乐器、散花等，则以彩绘表现，成为一种奇妙的形式。麦积山的造像手法在圆雕、高浮雕、影塑之外，新添了这种薄肉塑，特别值得重视。

# 小 结

魏晋南北朝时期的特点是中外的文化冲突。社会政治的黑暗，并不等于社会文化也因此而停滞不前。事实上，这时多元文化在无序的政权更替过程中，唤起了魏晋文人的自我意识，使书法、绘画像文学、诗歌、宗教、哲学、美学一样，都完成了这样的飞跃。由王羲之等名流确定了个性化的行书风格样式，深刻地影响了艺术各门类的发展。由顾恺之创造的"密体风格"人物画样式，山水画的早期构成，以及他"以形写神"的美学观点，对当时和后世的绘画有广泛的影响。由谢赫总结的"六法"，开辟了绘画批评的新范畴，成为中国古典绘画"千古不易"的认识指南。

在多元文化冲突中，从印度传入的佛教文化独占鳌头。这种外来的文化，以其严密的神学体系，丰富多彩的视觉形象，吸引了南北各阶层的信众。"像教"的观念于是成为世界宗教美术史上的重要视觉命题。南朝众多画家借鉴和发展了印度佛教艺术的程式，使汉代以来的人物画法得到充实；山水画也受佛、道诸宗教的影响，形成了自己的理论。在北方和西域边地，佛教功德是大量修建石窟寺。从皇室的赞助，地方官员的提倡，到普通百姓的全身心投入，形成了云冈、龙门石窟与克孜尔、敦煌、麦积山等石窟的异同。在早期石窟艺术形式中，外来的建筑、雕塑、绘画等一系列因素都在中土生根发芽，开花结果，一方面丰富了汉代流传下来的视觉艺术，另一方面，为隋唐的重新统一做了重要的思想和文化铺垫。

## 术 语：

**行书** 介于真书与草书之间的一种字体。它成熟于魏晋，既保存了真书的字体，又吸收了今草的特长，是手写体的主要形式。它不仅切合实用，而且利于抒发性情，更具艺术特质。

**帖学** 指崇尚汉晋以来名家法帖的书派，始于五代、北宋初，盛行于两宋，其影响深远。

**碑学** 指崇尚碑刻的书派，与"帖学"对称。清中期帖学衰微，金石学大盛，碑学也因之兴起。

**铁线描**　指绘画中的一种线描方法，因其笔法谨严，连绵悠长似铁线而形容之。

**以形写神**　是指顾恺之提出的形神关系，强调"传神"要通过一定的形象表现出来，到达"形神兼备"。

**迁想妙得**　指由顾恺之提出的作画构思活动，是画家把握生活的一种艺术方式。它触及了艺术创作中主体表现与客体制约的辩证关系。

**六法**　指由南齐谢赫在《古画品录》中总结的人物画创作的六种原则，后被作为整个中国画创作和批评的纲领，对传统绘画产生了巨大的影响。

**卧游**　指由南朝宗炳提出的山水画表现境界，通过作品间接欣赏大自然的神情妙意。

**犍陀罗风格**　佛教造像风格之一。佛陀的最早形象出现在公元1世纪末印度西北犍陀罗（今巴基斯坦北部夏华一带），该地区曾被马其顿的亚力山大王东征时占领，流行着希腊化风格的艺术。犍陀罗风格的佛教造像对中国佛教造像有直接的影响。

**功德**　佛教用语，指事奉佛教修积来世因缘的善事，如抄写佛经、修寺建塔、开窟造像等弘扬佛教的事业。

**造像**　通常指佛教、道教等宗教雕塑的样式，运用在石窟、摩崖、寺观等处，尤以魏晋南北朝以来的佛教造像影响最著。

**石窟**　是佛教建筑形式之一，传自印度次大陆，成为中国佛教艺术的主要遗存。石窟多依山崖而开凿，作为僧人修行的僧房和信众礼拜的场所。它和佛寺相连，内有佛教石刻或泥塑的造像、壁画、图案装饰以及碑刻铭文等，是各种佛教艺术的总汇。

## 思考题：

1．和秦汉的统一局面比较，魏晋南北朝的社会动荡对美术发展有什么影响？

2．造像在大乘佛教全面传入中国的过程中发挥了什么作用？

3．魏晋名士如王羲之、顾恺之怎样在书画艺术上体现出鲜明的自我意识？

4．书画品评的风气为什么形成于六朝？

5．南北朝佛教石窟遗存如何体现中外文化的冲突与融合？

6．为什么说"像教"的观念提出了世界宗教美术史上的重大视觉命题？

## 课堂讨论：

魏晋南北朝美术从哪些方面确立了中国古典艺术的准则？

**参考书目：**

沙孟海：《略论两晋南北朝隋代书法》《中国书法》，1985年第4期

沈尹默：《二王法书管窥》，《现代书法论文选》，上海书画出版社，1980年，页186—196

白谦慎、华人德编：《兰亭论集》，苏州大学出版社，2000年

姜伯勤：《中国祆教艺术史研究》，生活·读书·新知三联书店，2004年

荣新江、张志清主编：《从撒马尔干到长安——粟特人在中国的文化遗迹》，北京图书馆出版社，2004年

荣新江、华澜、张志清主编：《粟特人在中国——历史、考古、语言的新探索》，中华书局，2005年

吕凤子：《中国画法研究》，上海人民美术出版社，1978年

陈传席：《六朝画家史料》，文物出版社，1990年

张安治：《顾恺之》，中华书局，1961年

［爱尔兰］马啸鸿（Shane McCausland）：*First masterpiece of Chinese painting: the Admonitions scroll*, New York: George Braziller, Publishers, 2003

陈葆真：《〈洛神赋〉图与中国古代故事画》，石头出版股份有限公司，2011年

［美］巫鸿：《重屏：中国绘画中的媒材与再现》，文丹译，上海人民出版社，2009年

太原市文物考古研究所：《北齐徐显秀墓》，文物出版社，2005年

钱锺书：《中国诗和中国画》《七缀集》，中华书局，1982年

邵宏：《谢赫"六法"之"法"及其断句》，《新美术》，1997年第1期

宁强：《敦煌石窟艺术》，台北辅文出版社，1992年

郑炳林、高国祥主编：《敦煌莫高窟百年图录·上》，甘肃人民出版社，2008年

宿白：《云岗石窟分期试论》《考古学报》，1978年第1期

宫大中：《龙门石窟艺术》，上海人民美术出版社，1981年

阎文儒主编：《麦积山石窟》，甘肃人民出版社，1983年

阎文儒：《新疆天山以南的石窟》，《文物》，1962年第7、8期

中国历史博物馆、北京华观艺术品有限公司、山东青州市博物馆：《山东青州龙兴寺出土佛教石刻造像精品》，文物出版社，1999年

# 第五章　隋唐五代艺术

## 引　言

　　学术界对于中国美术风格发展的分期充满争议。处于传统的王朝正统论的语境中，要在朝代之间界定美术风格的类属，本身是个悖论。如把隋、唐这两个政治上大一统的王朝和此后处于分裂状态的五代十国归于一个时段，就是这样的例子。事实上，任何断代法，都无法在历史和逻辑两个方面到达完全的一致性。这种不一致性，构成了历史发展的特殊魅力，对美术史更是如此：它在王朝变迁和艺术自身发展两个方面保持微妙的关系，引导人们认识特定时段中最主要的视觉文化成就。

　　隋唐统一前出现的中外文化交流的主题，从初唐到盛唐的一百多年间，开始达到其辉煌的境地。反映在视觉形象的制作中，即所谓"大唐气象"。在同时期的各国状况来看，唐代的中国是世界上最繁荣的文化中心。欧洲大陆还陷于中世纪的"黑暗"之中，西亚地区的伊斯兰文化刚刚崛起，印度次大陆的佛教文化开始衰微，而朝鲜半岛的新罗文化则蒸蒸日上，东邻日本处于社会的大变革时期，努力向唐朝借鉴学习。这样的文化中心地位，比秦汉时期东西方两大文明对峙的格局更加重要。所以，在宫廷和士大夫的艺术创作中，多民族的文化传统发挥了十分积极的作用。907年唐朝的灭亡，不光是中国社会结束了世族贵族的统治时代，也代表了一个世界文化中心地位的消失。

　　天才书画家可以帮助了解唐人如何认识和表现现实生活。在宗教和世俗题材的表现上，他们确立了新的原则。颜真卿（709—785）的楷体、张旭（658—747）狂草的笔法、吴道子"吴带当风"的"疏体"、王维（701—761）"画中有诗，诗中有画"的意境，都是唐人重视"样式"的具体体现。这些天才人物，显示了大唐文化在中外交流中的特质。其自由创作的过程，成为时人和后人所仰慕的典范，这使画家的地位发生新的变化。如1994年陕西省富平县吕村乡发现一座已被盗的盛唐古墓内，各组屏风壁画旁边绘有手持笔墨等文具的男女人物。尽管对他们的释读存在分歧，但视觉形象本身已经表明，盛唐的画工，也开始把自己放到画面的重要位置，显示出社会对艺术制作者的承认。

在美术发展史上，宫廷的赞助举足轻重。唐和五代的宗教与世俗艺术，许多门类和皇室的直接参与有关。不论政局是统一或者分裂，统治者都重视意识形态的问题：不仅关系到文化的建设，也关系到舆论的导向。认识某一时期的文化，宫廷的趣味和标准很说明问题。唐以及西蜀、南唐文化的状况，即是明证。

唐代宗教世俗化在美术发展过程中具有重要的作用。佛教"变相"的普遍流行与佛教"变文"推动了世俗文学的空前发展。作为该时期绘画的主要内容，宗教人物画达到了新的高度，外来艺术更加中国化。唐五代的两次灭佛运动也明显地加速了这个民族化的过程。

水墨画是传统绘画中重要的题材与形式，其成因耐人寻思。从唐人注重的书画用笔的共性，到五代荆浩《笔法记》提出"思"与"景"的关系，呈现出绘画创作的新趋势。它的出现，不单纯是绘画艺术运动，而是关系到中国主流文化的趣味转向。

# 第一节　多民族文化交流

隋文帝杨坚（581—604在位）于581年平定北方后，继续实行北魏开始的"均田制"，恢复农业经济。8年后，隋灭陈，实现了南北统一，结束了中国长达360余年的分裂局面，使中央集权的体制开始新的运作。隋炀帝杨广（569—616，605—616在位）时，开通了连接南北的大运河，使以都城洛阳为中心的政治统治在黄河与长江两大流域能有效地贯彻实施。更重要的是，隋朝开始以科举选录官员的制度，沿用至清末，于1905年废止。但是隋炀帝像秦始皇一样，在短期内滥用民力、物力，挥霍无度，引发了农民起义，使隋王朝很快土崩瓦解。

在隋末群雄并争的局面中，以李渊（565—626，618—626在位）、李世民父子为代表的豪族地主，于618年建立唐朝，定都长安（今陕西西安）。唐太宗李世民采用了丞相魏徵（580—643）的主张，从内政到外交，形成了完整的法规制度，使"贞观之治"成为开明政治的典范。随着农业经济的好转，全国的形势也日趋稳定。唐王朝凭借这一形势，派兵先后击溃了北方的东突厥，西北的西突厥，使边境地区的最大威胁得以解除。随后，唐朝又在天山南北和中亚一带扩大声势，并和吐蕃、高丽、百济、交趾进行接触，建立了广泛的经济和文化联系。如果说魏晋南北朝的多民族文化交流是一种无序的社会流向的话，那么，初唐开始制定的新的政治版图，就把它变为一种有序和向心的运行过程。其结果是使汉武帝时所开拓的疆域，变得更加辽阔，唐朝也因此成为当时世界上唯一最强大的封建帝国。在推进这个有序化的文化交流过程中，盛唐初期的女皇帝武则天和盛唐巅峰期的唐玄宗李隆基（685—762，712—756在位），做出了突出的贡献。他们为美术和视觉文化的兴盛，创造了优越的外部环境。从唐太宗贞观初年（627年）到唐玄宗天宝十四年（755年）的120余年间，全国的经济出现了空前的繁荣，各地水路、陆路交通畅达，使工商业突飞猛进，促进了国内各大城市间的贸易联系。像长安、洛阳、扬州、广州、成都等地，形成了工商业的行会和飞钱制度，而境外的国际贸易也从水陆两端全面展开，如丝绸、陶瓷等大宗贸易，在西域和南海齐头并进，影响遍及亚、非、欧几大洲，显示了唐王朝的强盛国力。

唐王朝由盛而衰的转折点是"安史之乱"，由边镇节度使、粟特人安禄山（703—757）、史思明（703—761）挑起，前后长达八年（755—763）。这场叛乱严重地创伤了长安、洛阳地区，使唐王朝元气大伤。平定叛乱后，导致唐朝走向崩溃的藩镇割据局面依然存在。地方将领拥兵自重的状况，影响到中晚唐的美术活动。朝廷政治在宦官把持下，呈现出如东汉后期的局面——旧贵族和科举出身的新进士大夫之间争权夺利，结成朋党。在对待边疆各民族的政策上，朝廷失去了控制能力。所以，吐蕃在康藏与河西走廊一带形成了强大的军事力量，北方的契丹和西北的回纥也纷纷兴起，改变着盛唐时期的文化向心力。与此同时，世族豪门继续进行土地兼并，对农民实行各种苛捐杂税，陷广大百姓于水火之中，终于在874年引发了以王仙芝（？—878年）为首的大规模的农民起义。紧接着，黄巢（820—884）领导着起义军直捣长安，使唐王朝继安史之乱后，再次受到致命的创伤。朝廷联合沙陀族骑兵，虽然收回了京城，击败了黄巢的部队，但离自己的末日也为期不远了。到907年，军阀朱温（852—912，907—912在位）灭掉唐朝，使统一了三百多年的中国历史，再次处于分裂的状态。

纵观隋唐时期的文化，不论是处在太平盛世，还是兵荒马乱之际，都有一种特殊的气氛。这就是各民族间的文化以新的

图5-1 佚名：礼宾图，壁画，184cm×342cm，711年，陕西乾县唐初章怀太子墓道东壁，1971年出土

图5-2 骆驼载乐俑，三彩陶俑，骆驼头高58.4cm，首尾长43.4cm，舞俑高25.1cm，唐，中国国家博物馆藏

形式进一步融合在一起。因为李唐皇室就有少数民族的血脉，而当朝贵族大臣和文学艺术家中，民族的成分就更加复杂。这些成分中，有李白（701—762）那样的天才诗人，也有像尉迟跋质那、尉迟乙僧父子那样的著名画家。前者出生于中亚碎叶地区，唱出了大唐文明的最强音；后者来自天山以南的于田（今新疆和田），推进了中原绘画的发展。唐人不但继承了汉魏的文化传统，而且把南北朝时期边地各族的文化囊括到中原汉族文化中。中央政府和各边疆民族的关系，大量反映在视觉艺术中，如陕西三原昭陵唐太宗墓和乾陵唐高宗李治（628—683，649—683在位）与武则天合葬墓前的神道两侧，就曾有数十位外国和边疆民族的使臣造像。在陕西省乾县唐初章怀太子李重润（654—684）墓壁上，有大型的《礼宾图》（图5-1），描绘边地各民族人士赴长安朝觐的场面。最具唐代艺术特色的唐三彩造型中，有各种伶人胡俑（图5-2）的生动表现。历史上胡人的概念很宽泛，在唐代还可以看到黑人的塑像，说明与非洲的交流。在胡人的面相上，像云冈第18窟佛弟子那种超凡入圣的虔敬神情（图4-19）被充满世俗生活趣味所取代。唐朝在利用域外文化，如印度和波斯文化方面，有新的创造。像陕西扶风法门寺地宫、陕西西安何家村、江苏丹徒丁卯桥等地出土的大批金银器皿，有机地融合了西域的风格影响。（图5-3）

唐朝统治者对多民族文化的兴趣，明显地表现在对各种宗教的认同上。李氏皇室为了正名，标榜其为李聃（老子本名）后裔而大力尊尚道教。同时，还吸收了佛教以外更多的外来成分，如西亚的祆教、摩尼教、回回教，以及欧洲基督教的

图5-3 鎏金飞廉纹六曲银器盘，器高1.4cm，宽15.3cm，1970年发现于陕西西安何家村，唐代窖藏，陕西历史博物馆藏

一支——景教（Nestorianism），它们都通过商路先后传入中国。在佛教文化的发展中，曾经有唐太宗时玄奘法师（602—664）的西行，他到印度次大陆广泛学习佛法，收集大量佛经，带回长安组织翻译。经过唐人的全面介绍和研究，一方面向朝鲜半岛和日本等东邻国家传播佛法，如鉴真（688—763）和尚东渡日本，带去唐文化的影响；另一方面，经过几百年对佛教各教派的全面吸收和消化，中国的佛教思想界创造了有自己特色的理论，从义理上贯通儒、释、道诸家学说。唐代的佛教功德，也随之发生了变化。如为适应世俗化的需求，传抄佛经与讲解佛法发展出了"变文"这一体裁，用白话语言来解说经典，以吸引更多的信众。"变文"出现的目的是说唱佛经故事，可其效果却超出了佛经内容本身，结合民间文学，被用来讲伍子胥（？—前484）、王昭君、董永等历史故事，以及当代名人传说，如唐末在敦煌担任节度使的张议潮（799—872）故事。对比南北朝的佛教传播情况，唐代文化氛围要世俗随和得多，图释佛经的"变相"也成为佛画中的主要表现题材，扩大着寺院文化的"家庙"性质。俗讲的"变文"和宣扬佛国世界美好场面的"变相"，使寺院成为一个地区的大众文化活动中心。这使寺院的经济地位也大为改观，以致减少了许多朝廷

图5-4 佚名：备骑出行图，壁画，90cm×60cm，隋，山东省嘉祥县徐敏行墓室西壁中部

图5-5 佚名：六屏式花鸟，壁画，唐，150cm×375cm，1972年发现于新疆吐鲁番阿斯塔那217号墓墓室后壁

的税收收入，最后酿成了唐武宗李瀍（814—846，840—846在位）时的"会昌（841—846年）法难"，是中国历史上继北魏太武帝拓拔焘、北周武帝宇文邕（543—578，560—578在位）灭佛事件之后，对佛教的又一次更大规模的打击，史称"三武灭佛"，深刻地影响了宗教艺术，特别是和"像教"直接有关的绘画发展。

诗歌是唐代最主要的文学成就。科举制度曾以诗歌为取士的标准之一，推进了这一文学形式的繁荣。后人辑《全唐诗》，有五万多首传世的诗篇，包括了不同时期、各种风格流派的精彩作品。诗人李白、杜甫（712—770）、白居易（772—846）等，都是诗歌史上最杰出的代表，他们在诗歌中，都题咏了同时代人的绘画创作。在这方面对后世影响者，莫过于王维：他以诗画实践同时在两个领域开辟出清新的意境。唐诗的世界是细致地了解唐代多民族文化的圣地。唐人以诗心体验和描写社会生活的方方面面。这种诗心，加上格律，从内容到形式，影响着视觉艺术家对生活的观察和表现。诗人的趣味和画家发生了直接的关系。如"诗仙"李白浪漫奇幻的想象是体会张旭的狂草，吴道子"乱石崩滩"的树石景物，王恰（？—804）、张璪（约735—785）等人的泼墨山水的重要启示。

唐代的视觉文化，从都城规划、宫殿和民用建筑，到工艺美术的各种门类，都体现出富丽堂皇的豪华气派。这多元统一的特征，也体现在书法和绘画上，形成大气恢宏的法度。这从北齐墓室壁画到1976年在山东嘉祥英山隋代徐敏行夫妇合葬墓墓室发现的壁画（图5-4），以线描勾画人物，设色以重彩为主，个别地方兼施淡彩，使备骑出行的表现别具风采。真实描绘现实生活，离不开这个法度。画科分类的精细化，有助于再现物象的精益求精。譬如，六朝后期出现的草虫之类题材，到唐代更为专业化，受到全国各地的欢迎。在新疆的佛教石窟壁画和边郡官员的墓室壁画中，草虫花鸟从装饰图案向独立的画科过渡。新疆吐鲁番阿斯塔那墓壁画上的六屏式花鸟（图5-5）、北京王公淑（？—848）夫人吴氏墓出土的壁画《牡丹芦雁图》、西安郊区梁元翰（787—844）墓西壁六屏云鹤图等，显示了晚唐边地和中原在艺术创作水平上的一致性。虽然都是出自无名画工之手，其准确的花鸟造型、艳丽的色彩形象，表明写实手法的普遍应用。这在建筑界画中也在不断完善，画家们把透视的方法运用得比较合理，成为唐代宗教绘画新样式的组成部分，对认识民族艺术的特点很有启发性。对照中世纪欧洲宗教艺术的空间观念，后者被禁锢在基督教宇宙图式中各种形象间的关系，不可同日而语。隋唐的艺术观念和开放的文化情境一致。唐代美术作为当时世界美术的高峰，就这样形成了。

　　唐灭亡后五六十年的新的社会动荡，有梁、唐、晋、汉、周的迅速更替，中原又陷于军阀混战之中。因均定都于汴梁（今河南开封），史称"五代"。20世纪90年代中期在河北曲阳出土的五代王处直（？—922）墓有壁画、彩绘浮雕汉白玉石刻（图5-6）及其他惊人的艺术创造，因为其赞助人王处直之养子王都是五代的艺术收藏家，印证了史书关于汴梁等地收藏风气炽盛的记载。与之并存的十个割据政权（九个在南方，一个在北方），史称"十国"。此时的文化重心有三处，一是汴梁，二是建康（今江苏南京），三是成都，分别为五代和南唐、西蜀的都城。南北的战乱，客观上摧毁了从汉代以来的门阀世族制度，而以庶族地主替代之。其间出现了像周世宗柴荣（912—959，954—959在位）那样有作为的统治者。他在重新治理黄河流域经济方面，取得成效，其日益增强的经济和军事实力，为后周的节度使赵匡胤（927—976，960—976在位）建立宋朝，打下基础。从全国范围来看，割据局面下的汉地统治者无力处理唐代确立的与

图5-6　女伎乐图，汉白玉彩绘浮雕，82cm×136cm，922年，五代，河北曲阳王处直墓，中国国家博物馆藏

周边民族的统属关系，致使北方游牧民族不断由北而南征服汉地。契丹族在耶律阿保机（872—926，916—926在位）的领导下，占据了"燕云十六州"（今河北、山西北部），建立了辽国。此后宋代社会"积贫积弱"的状况，主要来自外在的政治形势的逼迫。从五代开始，盛唐时期那种意气风发的高亢情调不复存在，整个文化气氛由外向转为内向。新的文学艺术形式，如诗词和山水艺术的发展，就在这时出现了转机。和唐代的统一局面相比，五代的艺术面貌就突显了地方文化的色彩。

## 第二节　颜真卿、张旭、吴道子、王维

选择艺术大师来串联一个时代的有关事件、人物和作品风格，是个历史难题：一方面，这些大师集中体现了他们所面临的艺术问题，以及他们的个人解决方案；另一方面，由于许多大师的作品不复存世，辗转的各种传世摹本和著录文献，留下的只是后人对这些大师层累的解读。

关于隋唐书法，类似认识同时期的建筑，是有法度可循的。当北朝的文化人羡慕南朝的书法成就时，他们正在形成独具面貌的真书（楷书）和今草及狂草字体。在全国统一后，人们更注重追求全国性而不是地方性的代表。为此，晋字颇占优势：在南朝王羲之七世孙智永和尚那里，"大王"书风得到进一步提倡，带动了士大夫阶层对"王书"的广泛兴趣，著名书法家虞世南（558—638）、欧阳询（577—641）、褚遂良（596—658）等都出自这路风格，如欧阳询的《梦奠帖》（图5-7），杜甫形容为"书贵瘦劲方通神"。唐太宗唯"大王"为是，身体力行，心摹手追，现存

图5-7　欧阳询：梦奠帖，纸本，25.5cm×33.6cm，唐，辽宁省博物馆藏

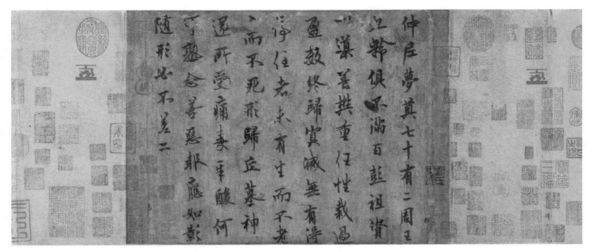

王羲之书迹，绝大多数是由唐太宗组织摹手临制的，体现帝王的眼力和趣味。所谓"心正笔正"的人文价值说，通过君王的示范，确立书法在视觉艺术中的至尊地位。

初唐时期的"王书"天下，着重明确了行书的法度，而在真书和草书两个方面，则提供了继续开拓的可能性。真书，也就是正书，要作为标准的字体，为社会上最通用的字体。对于唐代日益发达的经济文化事业，真书的使用是非常普遍的。其中，推动这一字体发展的直接动力是来自科举的需要。不仅规范的字体是必不可少的，而且一手漂亮的书法，增添了金榜题名的可能性。所以在录用官吏时，写端正的楷书是基本的标准。就南朝真书而言，其笔法、结体、章法等，在力度、气局上，难敌魏碑。北方碑刻和摩崖石刻，以大字取胜，气势开张，为晋帖所罕见。唐人的游踪广，见识多，前朝的各派书风，都能借鉴吸收，所以能创立唐代的真书风格。从敦煌卷子中看到12岁儿童抄写的《论语郑氏注》，字迹整齐美观。称真书为楷书，强调的就是规范。

唐楷有欧阳询的"欧体"，颜真卿的"颜体"，还有柳公权（778—865）的"柳体"，它们之所以能形成一代规范，是有许多重要的法帖作为代表。三大家中，"颜体"在文化史上声誉最著。苏轼（1037—1101）称："文至韩退公（韩愈），诗至杜子美（杜甫），书至颜鲁公（颜真卿），画至于吴道子，天下之能事毕矣。"颜真卿出身世家，北齐的颜之推（531—591）、唐初的颜师古（581—645），为其先人；母亲殷氏家族也有殷仲容（633—703）等著名书家。自幼失父，由母亲与伯父教育成人。他应科举进士及第，在安史之乱前，已是书坛巨擘。而在战乱之时，带兵辅佐朝廷，为平叛作出了卓越的建树，为当朝的名臣。他的楷书，点画之间充满了阳刚之气，凭着中锋直笔的上下提按，使笔力高度凝聚。在横竖笔画的书写上，一波三折，有内在的张力；在结体上，他采取了正面取势的方法，把每个字都安排得非常饱满。这样的作风，在北朝的碑刻中可以找到先例，不过到了颜真卿笔下，更灌注了他个人的堂堂正气，成为其人格象征。如《颜家庙碑》是他72岁时为父亲颜惟贞（669—712）立庙所书。每字皆具魄力，笔法最具其本色，以全神贯注的气势，创造出整体的美感。从对后世的影响而论，他较规范的楷书风格，是44岁时所书的《多宝塔感应碑》（图5-8）。该碑文凡34行，满行66字，运笔方圆遒劲，粗细有变，结体端庄，外形饱满。和他晚年的精心之作相比，虽然字体还不算纯熟，但因结字匀稳，便于临写，学

图5-8　颜真卿：多宝塔感应碑拓片，752年

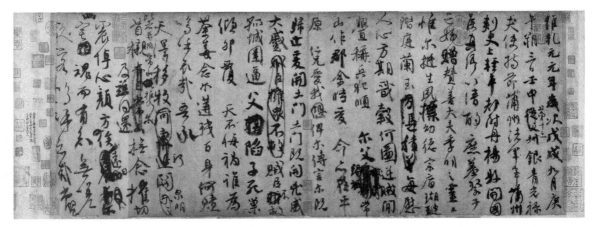

图5-9　颜真卿：祭侄文稿，纸本，
28.2cm×72.3cm，758年，台北
故宫博物院藏

书者多取以为范。传为他的墨迹《自告身帖》，和碑刻的风格不尽相同，墨韵丰润。他的行书帖，如《祭侄文稿》（图5-9）、《刘中使帖》等，事关安史之乱，表露出对朝廷的赤诚之心和对家人的手足深情，备受世人尊尚。

　　张旭，吴郡（今江苏苏州）人。因其官金吾长史，世称"张长史"。似李白，以酒助兴，每大醉，呼号奔走，下笔愈奇。或以发濡墨而书，既醒，自视以为神，不可复得。这天才横溢的自我表现，赢得"张颠""草圣"的美誉。颜真卿年轻时，曾于长安得张旭指授，讲究开合之间的气势。盛唐时期奋发扬历，书坛要求改变唐初以来恪守"大王"书法的"正统派"作风。张旭的狂草，与晋人的草书旨趣不同。晋人虽仰慕名士的风度，但行为举止，总受到社会礼法的制约。"小王"以外拓的笔法来表现新意，却为时论所牵制，难以尽性发挥。到了唐初，吴人孙过庭（648—703）也长于草书，并有《书谱》论述草书的原理。然而，他尚未创出新的体格，开一代风气。张旭的重要性在于，他用视觉艺术形式中最抒情的语言——狂草，把开元、天宝年间的文化气氛发挥得淋漓尽致。从笔法上分析，他将"小王"的"新妍"之势推向了极端。传为张旭《古诗四帖》（图5-10）可以清楚地显示其笔势的特点。此帖共四十行，一百八十八字，书写前朝谢灵运、庾信诗四首，董其昌（1555—1636）定为张旭真迹，欣赏其"有悬崖坠石，急雨旋风之势"。由此真正建立起唐代书画的语言规范。颜真卿曾与继承张旭风格的草书大家怀素（725—785）交流心得。狂草是诗人们挥写豪放诗篇的理想形式。著名诗人贺知章（659—744），即以草书名世。这些书家门下，都有专程来学习笔法的，其影响遍及文化界。唐人在晋人行书的"正统"体制下，由笔法一端，突出了时代性格，并在真书（楷书）和今草及狂草两个方面，辟出新的天地。

　　在接受张旭、贺知章笔法的艺术家中间，还有一天才的

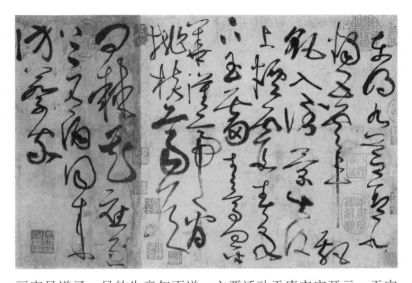

图5-10　张旭：古诗四帖（局部），墨迹本，五色笺，28.8cm×192.3cm，唐，辽宁省博物馆藏

画家吴道子。吴的生卒年不详，主要活动于唐玄宗开元、天宝年间（713—755）。身为阳翟（今河南省禹县）人，他自幼失怙，家境贫寒。在洛阳学草书，改而学画，才艺很快被唐玄宗赏识，召进宫内，授以"内教博士"的官衔，并为之改名"道玄"。玄宗甚至禁止他私自为他人作画，宠幸之甚。后任"宁王友"的闲职［宁王是李隆基的长兄李宪（679—742），"友"为官职］。吴道子生逢盛世，从宫廷到民间，人们都在呼唤天才的出现。佛教的世俗化，要有大艺术家们来为寺院扩大声望。据《寺塔记》记载，长安菩提寺的方丈在寺门置酒百石，对吴道子说："檀越（意为施主）为我画，以是赏之。"为了吸引大量的香客，要仰赖当代画圣做宣传。就像顾恺之画瓦棺寺《维摩诘像》，不但有助传教，也有巨大的经济效益。盛唐两京地区（长安和洛阳），人们就像生活在人间天堂，现实的情境几同梦境，全然不同于南北朝的悲惨世界，绝非在佛教艺术中求一幻影。唐代写实的技法和反映现实生活的形象制作都已成熟，需要通过艺术竞赛中，产生"道子画，惠之塑，双双夺得僧繇路"的绝技。杨惠之的材料不多，但他放弃"张家样"的画法而专精塑艺，显示竞争场面的激烈。此前，武则天赞助开凿洛阳龙门奉先寺，唐中宗李显（656—710，684—710在位）在洛阳修建大敬爱寺，已会集了大批绘塑名手，如何长寿、刘行臣、窦弘果等人，都应该是吴道子的挑战者。吴甚至不惜对其同行下毒手来确保自己的权威。在此时代氛围中，可以理解唐玄宗之所以把这位绘画天才占为己有，让其绘艺成为盛唐文化的形象。

吴道子以创作壁画为主，主要为两京地区的寺观制作，可经过历次战乱，已遭破坏。《宣和画谱》著录了宫廷收藏92

图5-11 吴道子（传）：送子天王图卷（下图为局部），纸本墨笔，35.7cm×532cm，日本大阪市立美术馆藏

幅吴画，表现各种神像，佛道兼备。这些收藏没有一件存世至今，不幸之至。吴道子成为影子式的人物，需要考察他所归属的民间文化传统，才能有比较切实的图像依据。在大众文化传统中，画坊行会供其为"祖师"，使其画诀、粉本代代相传。吴道子是在盛唐上层统治集团内活动，同时成为俗文化的代表，因为和唐初阎立本不同，他的观者不是少数宫廷贵族，而是广大的京城百姓。玄宗可以封吴道子的妙手，但三百多幅大型寺观壁画，却无法全数被垄断在宫中。他在同时代人心目中的盛名，只要到那些佛寺道观里走一圈，马上就得到证实。如果凑巧，还能赶上吴道子在某个寺院为佛像开光的动人场面。但事过境迁，后人只能在历史的废墟上空自存想，或者在其传派的作品中，感受其遗风流韵。

传为吴道子的《送子天王图》（图5-11）取材于《瑞应本起经》，描述净饭王（Śuddhodana）抱了初生的释迦牟尼到神庙后，诸神慌忙匍匐下拜的情形。从画法上，墨笔勾画的白描，没有脱离画稿阶段。线描人物的用笔方法，最具特色：不是像顾恺之那样中锋直下，一贯到底，而是像张旭《古诗四帖》的笔法，在转动笔锋，随时变化。视觉效果有如元人汤垕所说，"八面如塑"，充满立体感。在衣冠饰带上表现尤为明显，是绘画写实能力提高的表现。这种被称为"莼菜条"的笔法，代表了"疏体"风格。除这幅白描外，还有一套40页的《道子墨宝》，是时代更晚的摹本，也是白描，表现佛教的各种题材。而在河北曲阳北岳庙的鬼伯，也和吴的风格接近，造型强健有力，表情十分夸张。在此文化传统中，吴的巨大影响不断显示。唐代敦煌壁画中有不少的例证，而宋元的民间绘画中，如后面第六章中苏州瑞光塔出土北宋前期的四天王（Caturmaharajakayikas）木板画（图6-12），又如第七章山西永乐宫三清殿的朝元图（图7-6、图7-7），都是帮助重建该风格传绪的视觉材料。

唐玄宗时期的社会文化使个人创造能发挥出超常水平。吴道子令人赞叹的是他狂飙突进式的自我表现才能。《图画见闻志》记："开元中，将军裴旻居丧，诣吴道子，请于东都天宫寺画神鬼数壁，以资冥助。道子答曰：'吾画笔久废，若将军有意，为吾缠结，舞剑一曲，庶因猛厉，以通幽冥！'于是脱去缞服，若常时装束，走马如飞，左旋右转，掷剑入云，高数十丈，若电光下射。旻引手执鞘承，剑透室而入。观者数千人，无不惊栗。道子于是援毫图壁，飒然风起，为天下之壮观。道子平生绘事，得意无出于此。"完成这一"得意"之作，画笔就像宝剑，成了心灵舞蹈的痕迹，笔随意走，无往而不胜。在故事结尾时，张旭目睹此景，也奋然挥笔，草书一壁，使"一日之内，竟成三绝"。这类天才善于自我表现，而盛唐的京城为他们准备了表演的舞台。吴道子画了三百余堵壁画，还有许多卷轴画，过人的精力，非同寻常。用敦煌莫高窟96个隋代洞窟，202个唐代洞窟的壁画打比方，吴道子可以一人之力，在所有的这些洞窟中留下一堵画壁。若以元代永乐宫三清殿朝元图的创作为例，朱好古门人共十三位画工要花数年之功，方才绘制一幅完整的大壁画。在吴道子手下有大批的弟子门徒，他们会按照师傅的画样和口诀，担当壁画的多项任务。作为整个画面构思立意的主笔，吴道子要根据不同寺观的要求，采用现成的图式，创造新的画样，足以显示他是何等的天才！

创造新的样式，是天才本色。在南北朝的宗教绘画题材中，除了本尊、菩萨之类单个或成组的造像外，就是从西土传入的佛本生故事和佛传故事，基本上属于照搬既定的程式，完全是自己的创作还很少，只有在建筑装饰图案，在供养人造像，以及在人物背景方面把汉代画像的内容充实进去。在吴道子的样式中，表现最多也是最动人的，是唐人新创的"变相"，如净土变、地狱变、降魔变、维摩变，其情境与气氛各不相同。据说画中的人物是"奇踪异状，无一同者"。他的时代使现实的场景可以无所顾忌地纳入宗教画面。吴道子也的确热衷于自我表现。有记载说，他把长安千福寺西塔院的菩萨画成自己的相貌，可见其真实的生活基础。这样活生生的人物、景物，再由画家浪漫离奇的想象力一发挥，自然绝妙无比。他自己崇尚意气风发的精神面貌。据宋人黄伯思（1079—1118）介绍，吴画"图中一无所谓剑林、狱府、牛头、马面、青鬼、赤鬼，尚有一种阴气袭人而来，观者不寒而栗"。其精彩的程度，使许多屠夫渔人都纷纷改行，唯恐杀生造孽，来世会遭恶报。一幅画能让没有文化的凡夫俗子领会佛教的精义，只能说画家自有神助。这还使吴道子敢于宣扬众生平等的理想。在地狱变相中，他把为非作歹的贪官污吏置于被审判的席位，"或以金胄杂于桎梏"，体现广大百姓的心愿。

吴道子笔下的形象不以精工见长，而是"众皆密于盼际，我则离披点画。人皆谨于象似，我则脱落其凡俗"。他作画的线条粗细变化，不可穷诘，以表现"高侧深斜，卷褶飘带之势"。他在顾恺之等人"铁线描"的"密体"风格基础上，实现了独特的创造，把狂草的用笔变为人物画造型的新方法。吴道子对当时的影响，集中在他画行中的弟子身上。他勾画大样后，由弟子完成着色之事。其中翟琰和张藏是这方面比较出色的两位。能够独当一面的弟子有卢棱伽、杨庭光等，但他们的画法仍然保持了个人的特点。旧题为卢棱伽作《六尊者像册》，直接从早期佛教罗汉图式发展而来的，即使吴亲自教授卢绘画的"口诀"，卢也只能根据个性的所长，选择规矩谨严的路子。因为吴的才分太高，卢在勉强达到吴的水平时，便力竭而死。杨庭光知道吴强烈的自我表现欲，所以就把其师的肖像画在壁画中，以此来突出自己的师承，得到吴的称赏。总之，吴道子给唐代文化创造了难忘的视觉形象，也为后来的画家，特别是民间的画工艺匠，留下了丰厚的遗产。

和吴道子同时的士大夫画家中，有各个画科的名手。画肖像的有陈闳、张萱、杨昇等，画马的有曹霸（约704—770）及其弟子韩幹（约706—783），画山水的有李思训（651—716），李昭道父子，王维等，形成了人才辈出的时代。其中在文化史上影响最大的是王维。在其生前和身后，开始了一种文人的艺术理想，逐渐主导了中唐以后中国视觉艺术的发展，经过北宋文人画理论的奠基人苏轼的提倡，备受后代文人的推崇。从文化史的立场看，王维和吴道子对后世的影响，分出了雅俗两个层面的趣味差别。当苏轼推允吴道子尽绘画之能事时，他有一个大众艺术的范畴。当苏轼在谈到王维时，他把雅俗两个艺术领域的成就，都集中在一人身上。"诗中有画，画中有诗"，提升了绘画的地位，使之成为真正的"雅艺"。以"安史之乱"为分水岭，吴道子和王维一先一后，指出了两大文化的发展趋向。

王维工诗善画，精通音律。早年有一些描写边塞的诗篇，气势辽阔，如"大漠孤烟直，长河落日圆"，脍炙人口，其绘画般的意境，为人称道。在安史之乱中，他被迫在叛军的手下出任官职，所以平叛之后，政治前途布满阴影，导致他看破红尘，在长安郊外的蓝田别业过起隐逸的生活。他的大量山水诗篇，就产生于这个时期。在诗学史上，他以"诗佛"著称，用清新隽永的自然启示来达到宁静致远的境界。钱锺书指出，这与诗坛上"诗圣"杜甫的忧患意识相比，属于不同的追求，也算不上诗学的最高标准。然而，在文人画领域，王维的诗境则成为画家要表现的最高理想。究其原因，是从王维开始，绘画的功能逐渐从面对公众、服务政教的目的，转向面对自我，服务个人和心灵。在魏晋时期，已经有弃官归隐的名士陶渊明（约365—427），其人生理想可谓王维之前身。而王维的阅历比陶渊明富有戏剧性，在唐朝由盛而衰的起伏跌宕中，显示了更为强烈的反差。当陶渊明描写"采菊东篱下，悠然见南山"的意境时，佛学的义理尚未被中国的知识界消化，画家也还没有相应的艺术语言来表现。到王写出"行到水穷处，坐看云起时"的诗句时，禅学已开始融化在中国知识分子的血液中，画家们也开始找到了合适的笔墨语言加以描述。从陶到王，还有一点不同，即王是兼诗人与画家于一身。因此，在画家传达陶渊明的诗意时，多以人物肖像为内容，不易引申到广阔的自然之中。但在体会王维时，王维本人的山水画面，可以不断地深化其境界。所以陶渊明为中国知识分子所尊尚，是一种人格理想的化身；而王维则将其人格理想落实在山水之中。王维的山水真迹没有一件流传至今，只有《辋川图》的各种刻石和摹本，它们和宋人题为王维的《雪溪图》一样，离原作相去甚远。这种真迹匮乏却名扬后世的情形，与吴道子相似，只是他们被尊崇的文化圈各异。王维生前不仅创作山水，也同时涉猎人物，如现藏日本大阪市立美术馆的《伏生授经图》，传为其笔。此外，他不仅画卷轴作品，还创作壁画。

以山水而论，王维开创水墨画，和他处理青绿山水连在一起，因为他兼长这两种风格。北宋中后期开始，文人画家和鉴赏家们只看中他多才多艺的若干方面，以带动文人画思潮的兴起。王维的《袁安卧雪图》，特别让后人感兴趣，描绘东汉寒士袁安（？—92）的故事。大雪过后，袁宁愿忍饥受冻，也不去官府申请救济。后因郡守路过其门，深为其高尚人格所感动，就将他作为楷模向世人宣扬。但画家却在雪地上添了芭蕉数株，引起了宋人的热烈讨论。从地理上讲，北方洛阳的雪景，怎么出现岭南才有的芭蕉？从季节上讲，芭蕉不在冬季生长。按写实的观点，王维的画有悖物理常形。可是，从画家参修的禅理讲，事物间的联系可超越物象本身。芭蕉作为参禅的话头，出现在雪景中，颇能传达出画之主题，即表现袁安的高尚人格。这种不受时空限制的视觉创造，对唐代日益成熟的再现性作品而言，无疑是一种革命。作为"诗佛"的王维，其耽玩的禅学的境界，多有不可言传之妙。诉诸视觉画面，效果出人意料。这幅画早已不存，但对后来的文人画创作，产生深刻的启示作用。以"诗画一律"为艺术追求目标的苏轼，认为王维象征了这个目标。因此，王维的遗产，超过了吴道子的"口诀""画样"。追求"画中有诗"，也发展了水墨山水的表现手法，成为北宋收藏家们推崇王维的原因之一。

# 第三节　宫廷艺术的成就

秦汉以来的封建制度，突出中央集权的作用，形成一些文化艺术中心，引导艺术趋向，赞助艺术活动，制定艺术规范，本身构成了精彩的历史。即使在地方政权分治割据中，这些功能依然在发挥作用。宫廷成立的艺术管理和执行机构，专门为宫廷的需要而创作。就隋、唐的制度来讲，宫廷由工部负责这类活动，尚无明确的画院机构。

在隋朝，中央政权大力提倡佛教美术。隋文帝建国伊始，就下诏修复被北周武帝宇文邕禁毁的佛寺，以金银等不同质地的材料，造了十万六千五百多躯佛像，修复旧像一百五十万八千九百多躯，掀起了新的崇佛运动。根据统一后的国情，这项文化事业意义重大。尽管南北朝统治者大都提倡佛教，并以皇室的立场赞成或禁止这类活动，但只发生在局部范围，其功德主要还是靠广大信众自发建立的；到了隋代，这成了全国范围的行政命令。唐代没有像隋朝这样在全国范围内重视佛教功德，但各朝帝王的个人倾向，依然能影响社会的方方面面。如武则天出个人脂粉钱赞助龙门奉先寺的建造，调动了朝廷内外的力量，使之成为一项政治任务。唐玄宗对道教的崇尚，助长了道教文化的兴盛。而唐武宗对佛教的禁毁，从反面体现了宫廷对艺术的制约力。"三武灭法"的举措在后周世宗时重演，只是范围明显缩小。而与此同时，在吴越等地，崇佛的浪潮却掀得更高。无论是哪种倾向，宗教艺术的受众均来自统治阶层。

在世俗一面，都城皇宫和帝王陵园的修建是宫廷艺术的主要职能。吸收了前代封闭式都城规划的经验，唐代的一整套设计原则，对后世和周边国家的都城建设影响深远。唐长安城以朱雀大街为南北中轴线，两侧布置东、西市。全城由宫城、皇城、外廓三部分组成。外廓城以厚9～12米的土墙筑为城垣，皇城为官府所在地，位于宫城南面。而宫城在中轴线北端，是城中之城，为皇帝理政、皇室居住的场所。城内地势由东北向东南倾斜，主要建筑如宫城、官府、大型庙宇等布置于高岗之上，有俯瞰之势。全城有东西大街14条，南北大街11条，呈井字状垂直相交。以纵横街道分割坊里，全城共110坊，每坊有专门的经营特色。它们以朱雀大街为界，两边各半。这样的城市规划，建筑主次分明，布局规整，气派非凡，是大唐兴盛的主要文化景观，在当时世界上是规模最大、文化最繁荣的都城之一。日本奈良时代的京城（平城京），就主要借鉴了这一样式。

唐陵的营造，以装饰布局和神道两侧的石刻艺术为主。陕西三原唐高祖献陵前原有四对石虎，分守陵之四门；在南门还有一对石犀。这是唐初的陵园布局，尚未定型。现存一对石虎，高2.5米，作缓步行走状。石犀在陵墓石刻中颇为罕见，以贞观初"林邑国"所进贡的犀牛为蓝本制作。贞观九年（635）高祖去世，唐太宗就以此作为纪念，立石于陵前。它身上刻有整齐的鳞甲和不规则的圈纹，在躯体质感的表现方面，较为逼真。这类雕刻从秦汉开始已成为专门类型，到南朝已相当纯熟。如刘宋、萧梁诸帝的陵墓前尚存的石麒麟、石辟邪，很有气派，其体形硕大，威武凶猛，还吸收了部分外来艺术的成分，如萧绩（505—529）墓前石辟邪的狮子造型及其双肩上的飞翼，带有波斯艺术的影响。这个特点在乾陵、顺陵的石刻中达到了新的水平。与此同时，陵园布局也形成定制，成为帝王陵园的规范。如位于陕西省乾县梁山唐高宗、武则天合葬的乾陵，坐北朝南，分内城和外城，内城神道两侧石刻有坐狮一对，立马一对，坐狮旁立31人，为前来参加高宗的国葬的各国使臣。可惜其头部都被毁坏，无法分辨其相貌特征。外城神道两侧依次有文武侍臣各五对，鞍马和御马五对，鸵鸟一对，翼马一对，神道柱一对。这一布局，形成以乾陵为尽端的中轴线，从上往下俯视，显示帝王君临天下的气势；而由下往上瞻仰，也让人产生敬畏之心。武则天还在乾陵立一无字碑，让后人评说中国史上唯一一女皇的千秋功罪。这和武周圣历二年（669）由她亲笔撰文并书丹的《升仙太子碑》碑刻形成绝佳的对照。后者碑阴刻有其76岁时所作《游仙篇》诗文，碑阳正文有行草书三十四行，每行六十六字。碑首以飞白书额"升仙太子之碑"（图5-12）六字，大气磅礴。文中"大周天册金轮圣神皇帝御制御书"十四字最具特色，有标准小篆、创制新字，以及介于行楷间笔意的字体，呈现出武则天自由出入于书法法则进行独立创作的胆识与才气。武则天为母亲杨氏在咸阳修建顺陵，其陵园四门也有大批的石兽，不但体积硕大，而且风格上较南朝石兽更趋写实。

唐初二陵的石刻代表着当时以写实为主的倾向。在陕西省礼泉县东北唐太宗昭陵前两侧刻制的六匹骏马浮雕像，是划

图5-12　武则天：升仙太子碑额，飞白书，全碑高670cm，宽155cm，厚55cm，699年，河南偃师缑山仙君庙藏

图5-13 飒露紫及丘行恭像（昭陵六骏之一），石雕，176cm×207cm，唐，美国费城宾夕法尼亚大学美术馆藏

时代的杰作。贞观十年（636），太宗亲诏镌刻为他打江山立下功勋的六匹坐骑：飒露紫（征略洛阳时所乘）、拳毛騧［与刘黑闼（？—623）作战时乘］、青骓［与窦建德（573—621）作战时所乘］、什伐赤［与王世充（？—621）、窦建德作战时乘］、特勒骠［与宋金刚（？—620）作战时乘］、和白蹄乌［与薛仁杲（？—618）作战时乘］。前两骏1914年被盗，现藏美国费城宾夕法尼亚大学美术馆；后四骏现存陕西省博物馆。这组作品在横长方形立面上突起刻出高浮雕形体，略小于真马，表现了马的立、行、奔驰等各种姿势神态。在细节方面，如强劲的筋骨、嘶鸣或喘息的神情，刻画得极为生动。飒露紫身负流矢，大将军丘行恭（586—665）为之拔除（图5-13）。战马因疼痛而颤动后腿，但又坚毅地忍受其苦，在安详的眼神中透露出英豪的气概。在表现奔驰的雄姿时，骏马都

图5-14 阎立本（传）：步辇图卷，绢本，设色，38.5cm×129cm，唐，北京故宫博物院藏

是四足飞腾，如有羽翼在肩，突出其矫健的身影。作为杰出的政治家，李世民对开创唐朝的基业持有理性的认识。选择阵亡的爱骑形象来陪葬昭陵，体现了他的历史感。这是雕塑史上又一里程碑。霍去病墓前石刻还用原始巫术来唤发人们的想象力，而昭陵六骏则靠清醒的历史意识来达到同样的目的。

　　唐太宗身边有一批出色的艺术家。在规划献陵和昭陵方面，有任职工部的阎立德（约596—656）、阎立本兄弟把关。在626年唐太宗登基前，立本为李世民秦王府的幕僚作《秦府十八学士图》。太宗继位后，又画《凌烟阁功臣二十四人图》，由李世民亲笔题赞。立德主持二陵的修建，立本绘制昭陵曾有的十四尊外国和周边各族贵族雕像的画稿，名为《昭陵列像图》。他所作《步辇图》（图5-14），专门描绘了唐太宗乘着坐舆召见吐蕃丞相禄东赞（？—667）的历史画面。在这幅具有重要艺术和文献价值的作品中，体现当时的华夷观念和等级次序。画面右侧李世民的形象通过缩小宫廷侍女的人体比例，被特别放大，而禄东赞在鸿胪寺礼宾官的陪同下，端立于左侧，举止很有分寸。武则天时，他作《永徽朝臣图》，继续描绘这类内容。旧题阎立本作《历代帝王图卷》，学术界对其作者的归属持有不同的看法，其表现的题材和采用的画法，应为初唐作品。该画卷有从西汉昭帝（刘弗陵，前95—前74，前86—前74在位）到隋炀帝的十三位帝王的画像，在人物性格上，作了细致的刻画，成为帝王肖像的重要样板。如《晋武帝司马炎像》（图5-15）的造型，和敦煌石窟第220窟初唐壁画中的《帝王礼佛图》（图5-16）如出一辙。在这个图卷上，我们可以了解当时绘画的主要成就。从阎立本的作品题材和风格面貌来看，他的确出色地完成了和他的政治地位相吻合的历史使命。他在唐高宗时曾由工部尚书擢为宰相，可以算古代绘画

图5-15　阎立本（旧题）：历代帝王图卷（部分），绢本设色，51.3cm×531cm，美国波士顿美术馆藏

图5-16　佚名：帝王图，壁画，100cm×100cm，初唐，642年，敦煌莫高窟第220窟东壁北门

图5-17　石椁局部，敷彩石刻浮雕，592年，山西晋源虞弘墓出土，山西省太原市晋源区文物旅游局藏

图5-18 展子虔：游春图卷，唐人摹本，绢本设色，43cm×80.5cm，北京故宫博物院藏

史上少有的情况。当他还是主爵郎中时，就感到作为宫廷御用画家的局限。士大夫画家与宫廷画家之间的关系，也成为敏感的话题。阎立本为帝王写貌，对绘画技巧要求很高，不便发挥自己的性情，产生不能实现自我价值的内心冲突。

隋代的宗教人物画和世俗人物画出了不少名家："田（僧亮）则郊野柴荆为胜，杨（子华）则鞍马人物为胜，（杨）契丹则朝廷簪组为胜，（郑）法士游宴豪华为胜，董（伯仁）则台阁为胜，展（子虔）则车马为胜，孙（尚子）则美人魑魅为胜。"在山西晋源隋代虞弘（533—592）墓出土的石棺椁，从浮雕的形式，直接承继波斯风格，反映了时代与区域的风尚（图5-17）。很像当时书法界崇尚"瘦劲"骨力的情形，特别是表现祆教的题材，也延续了曹仲达等"密体"风格，成为隋代画坛的主要状况。在传世作品中，传为展子虔的《游春图》（图5-18）被宋徽宗定为其真迹。在构图上，山水画与古代的地图制作有直接的关系，发源于天圆地方的宇宙模型，属于"仰观天象，俯察品类"的方法。汉晋以来的网格状的制图法，明确了"咫尺万里"的比例概念，保证画的空间布局能自由伸缩。"应目会心"的"畅神"主张，可以落实在图式上。《游春图》第一次表现了近、中、远的三叠景致，在人物、景物的比例上，处理较为妥当。这个技术进步，是表现空间构造关系的突出成就。其用笔方法，如张彦远的描述："状石则务于雕透，如冰澌斧刃；绘树则刷脉镂叶，多栖桔苑柳。功倍愈挫，不胜其色。"这是顾恺之《洛神赋图》上曾出现的状况，《游春图》在构图上有了很大的进步，但回到笔法，还是照旧。隋和唐初的外来画法也是如此。于田贵族出身的著名画家尉迟跋质那、尉迟乙僧父子，就以"用笔紧劲，如屈铁盘丝"的线条，专门绘制外国风物及佛像。这使人想到"曹衣出水"的衣褶纹样。他们在隋唐的京城画了很多寺院壁画，如尉迟乙僧在长安慈恩寺画的凹凸花，在建筑装饰画方面，保持了外来的传统。为什么山西太原北齐娄睿、徐显秀墓壁画中所见的疏放笔致，在唐代初期没有形成气候，在《游春图》等作品上也没有显示出来？对此，阎立本的一则轶事很有启发性。阎立本曾到荆州（今湖北襄阳）见到张僧繇的画，头一天看，觉得是"虚得名耳"。次日再看，说"犹是近代佳手"。第三天又去看，才感叹："名下定无虚士。"这样，他在那里反复揣摩旬日，不忍离去。这个故事说明，阎立本对"笔才一二，象已应焉"的"张家样"，并不是一下就认识的，而是有一个过程，逐渐体会其妙处。他所熟悉的不是这类"疏体"，而是顾恺之、陆探微、曹仲达的"密体"。

唐朝宗室李思训、李昭道父子为代表，以精美工细的画笔，绚丽夺目的赋彩，形成很大的影响。李思训曾担任左武卫大将军，人称"大李将军"。他一家五人善画，都有官职在身。他的作风，主要和隋朝的画法相衔接。如展子虔的《游春图》，可以为证。在勾线造型基础上，赋彩采用石青、石绿等矿物质颜料，质地沉着厚重。有的勾线还用泥金，产生富丽堂皇的视觉效果。这一风格又被称为"金碧山水"。这是山水画前期的主要面貌，以装饰性来满足宫廷的审美需求。李思训的青绿风格，有传为他的《江帆楼阁图》，布景和《游春图》相似，但更为写实。李昭道作《明皇幸蜀图》，画面非常饱满，在巴山蜀水的重岩叠岭中，描绘唐玄宗入蜀避难的出行阵容。线描勾勒山石、树木、人物、鞍马，风格古朴。在汉代墓室壁画和画像石、画像砖上的出游题材，多出现在城中或郊外的通衢大道，很少景物表现。《洛神赋图》上出行的阵容，景物仍属点缀之用。玄宗时，出游的画面已经大不相同。吴道子等数人绘《金桥图》，描绘玄宗封泰山归来，车驾至山西上党金桥时，数十里间羽卫齐肃旌旗鲜华的壮观景象。明皇的肖像及坐骑照夜白马，由陈闳绘制；山水、舟桥、车舆、侍从、草木、鸷鸟、器仗、帷幕等，为吴道子所画；而马、驴、骡、牛、羊、狗、猴、兔、猪、橐驼等，则是韦无忝的手笔，被誉为"三绝"，传颂一时。受此启发，《明皇幸蜀图》独立经营完成这些门类，反映出再现技巧的提高。

和金碧山水同时出现的是宫廷仕女画，在盛唐文化中占有显赫的位置。这和汉代的宫廷画工所形成的样式有直接联系。著名的画家毛延寿，即以画宫妃像为主要职责。这些黄门画工笔下的宫妃像，可以决定她们是否为帝王宠信的命运。王昭君出塞的故事，据说就和画工毛延寿的画笔有关。为宫妃写真的任务在唐代依旧，但随着画家地位的提高，他们能突出地反映时代的审美风尚。几位仕女人物画家的创作态度和艺术成就，也像吴道子的宗教人物画那样，形成了样式，成为典范。这是武周以来女性地位迅速提高的形象体现。女性美成为独立的审美对象，力图摆脱仕女画的说教性，就像人物画从宗教世俗化中独立出来一样，带给唐代社会一种对现实生活的眷恋和向往。由于对生活的积极态度，唐代在宫廷内外出现了大量健康美丽的女性造像。陕西一带唐宫室贵族的墓道壁画、墓石线刻画中，也有这类姿态优美的仕女；即使在敦煌的菩萨或供养人壁画和绢画（彩图15）上，在新疆地区出土的绢画和全国通行的唐三彩塑像上，雍容富态的仕女造型也随处可见。这些被称为"绮罗人物"的宫廷样式，实际上代表了唐人心目中的美女形象。它和六朝时期"秀骨清相"的女性美，代表了两种完全不同的趣味和标准。

张萱是宫廷仕女画的重要代表。他出生在长安，对繁华的都城生活耳濡目染，于开元十一年（723）任史馆画值，了解在唐明皇和杨贵妃（719—756）爱情故事影响下"天下重女不重男"的风气。所绘妇女形象，以朱色晕染耳根为主要特点。代表作之一《虢国夫人游春图》，表现贵妃之妹虢国夫人和秦国夫人的形象。她们常在街市中骑马漫游，背离儒家礼法，引起争议。张萱用笔细劲流利，色彩富丽浓重，造型艳媚丰满，雍容华贵。另有宋徽宗摹张萱的《捣练图》（彩图16）亦为精品。表现宫中捣练的仕女，分为三段：先是四人在捣练，中间有络线、缝制的场面，最后是绷直素练，用熨斗熨平。整套动作衔接自然，彼此呼应，还有生动的细节，如捣练时的挽袖动作，扯绢时身体后仰的动态，小囡扇火时避热而扭头的表情，令人难忘。时人称其风格为"张家样"，成为开新风气的名家。

"张家样"的直接继承者是周昉，也是长安人，活跃于唐代宗、唐德宗时期（763—804），历官越州长史、宣州长史。出身贵族，周昉熟稔宗教和世俗题材。画宗教壁画时，他善于兼采众长，不断修改完善。特别是绘制迎合女性观众的水月观音像，他创造了"周家样"，广受好评。在世俗题材方面，他的肖像画以"形神兼备"见长，他曾和韩幹同为郭子仪（679—781）婿赵纵写真，画好后，郭女评韩画"空得形似"，而周画则"兼移其神气，得赵郎情性笑言之状"。如此传神技巧，用来表现宫女题材，体现了唐代工笔人物画法的特殊成就。传世作品有《调琴啜茗图》、《纨扇仕女图》、《簪花仕女图》（彩图17）等，尤以后者为佼佼者。画卷上，穿着华丽的嫔妃在庭院中散步，体态丰

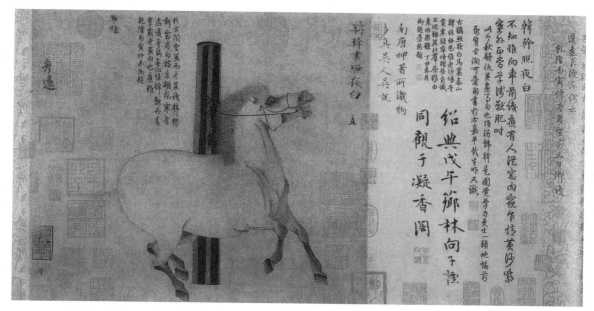

图5-19　韩幹: 照夜白图卷, 纸本设色, 30.8cm×33.5cm, 唐, 美国纽约大都会博物馆藏

腴, 动作优缓, 表情安详, 充分地表现了其身分特点。不但有点景的假山和花树, 还有仙鹤和爱犬来呈现闲雅气氛。从工笔技法讲, 贵族妇女不同的化妆特点都有细腻的表现, 如发髻、面饰、绫罗着装的透明纹样, 十分逼真。她们只有在容貌衣装上消磨青春, 与使女和宠物相伴, 在花草庭院之间徘徊。这和《列女图》《女史箴图》所表现的情形有很大的变化。等到唐人"绮罗人物"新样式出现后, 很快对周边邻国的艺术产生了相当的影响, 在高丽、日本等地, "周家样"也受人欢迎。从宗教到世俗题材, 唐代美女的造型, 在当时的国际文化交流中, 扮演了光艳照人的角色。

和人物画题材有密切关系的鞍马题材, 也在盛唐时期由曹霸、韩幹确立典范, 把作为中外文化交流象征的"天马"再现于世人眼前。曹霸出身贵族, 对宫廷的御马有深入的观察和描绘, 为杜甫等人所赞扬。所画天马, 英姿卓立, "回立闾阖生长风", 传达其腾空出世、自由洒脱的神态。韩幹少时家贫, 因为酒家送酒, 结识了王维兄弟, 得其赏识, 才专心学画, 成为名家。和曹霸一样, 并不隶属于宫廷的画工之列, 但都以皇帝和贵族们养的良马为表现对象。韩幹的《照夜白图》(图5-19), 就是描绘玄宗御马的真实记录。画工陈闳在《金桥图》中曾表现过这匹名马, 而韩幹的单幅作品, 突出其挣脱羁绊, 志在千里的气质特征。传世的韩幹《牧马图》, 一白一黑两匹骏马, 造型准确, 体态和精神都十分饱满, 马夫也很有个性, 显示出人马之间的特殊感情。1972年于新疆吐鲁番阿斯塔那188号墓出土的木框紫绫边侍马屏风壁画(彩图18), 共八扇，各绘一鞍马与一侍马人，再现了体态毛色各异的西域骏马形象，充分体现出盛唐时期鞍马题材绘画的流行。

在画史上，薛稷（649—713）用鹤装饰六扇屏风，成为睿宗朝（李旦，662—716，684—690与710—712两度在位）宫廷艺术中的一项创新。在新疆吐鲁番唐墓墓室壁画上也有六屏风式的花鸟作品，说明中原与边地，在朝在野，室内装饰以通过屏风这一形式来分割空间。在书法史上，薛稷创造了"瘦金体"，被北宋徽宗继承发挥。这种楷书，笔锋劲健，字体清俊，对题写工笔花鸟画十分合适。薛稷画鹤，是单独为之，到周昉《簪花仕女图》，有仙鹤作为宫廷仕女的陪伴，气氛更祥瑞。晚唐的工笔花鸟名家中，边鸾是擅长画孔雀、蜂蝶和各种名贵花卉禽鸟的，他的折枝花，对工笔花鸟画的发展有重要的意义。这是处理花卉布局的一种方法，通过选取花树、草卉的某一局部，来体现其整体的精神。花鸟画家们对题材的增强减弱，体现了艺术的创造性。这一方法也成为新的题材类型，为时人所重视。和边鸾齐名的画家还有刁光胤，他善画湖石、花竹、猫兔、鸟雀之类，这些也是《簪花仕女图》上有所表现的内容。湖石用来布置宫廷苑囿，也是审美的对象。画家借鉴山水树石的技法，用在花鸟作品上。他和其他几位唐代的花鸟画家，于唐末避乱入蜀，把花鸟庭院景致带到了西蜀的宫廷，形成了宫廷画史上的重要阶段。

在宫廷的艺术活动中，书画收藏是不可忽视的内容。张彦远《历代名画记》在《叙画之源流》中，对汉唐以来皇室书画收藏几经聚散的过程，作了概述。唐代宫廷的收藏中，唐太宗对王羲之书法的钟爱，使《兰亭序》等杰作成了昭陵的陪葬品。这说明帝王的个人爱好在书画流传的过程中所起的作用。张彦远出身宰相世家，高祖张嘉贞（665—729）、曾祖张延赏（726—787）、祖父张弘靖（760—824）都是唐朝的宰相，而且热衷于书画，富于收藏。但收藏也成了某些企图陷害张家的人的口实，张家往往迫于政治威胁，把所藏的名作贡奉给朝廷。宫廷和官宦之家的艺术收藏，在很大程度上影响了当时的艺术创作。张彦远还记录了宫廷的收藏印鉴、题款及书画装裱的具体细节，对了解皇室艺术活动大有裨益。在宫廷的壁画、屏风和其他卷轴画的创作与收藏中，后两者是便于流通的。随着改朝换代，宫廷的藏品又散落到民间。到五代时，梁、唐、晋、汉、周这些短命的朝代，对文化建设都无心顾及。在这种情况下，就在贵族统治阶层中产生了若干富可敌国的大收藏家。这时中原的佛教寺院大部分受到灭佛运动的重创，所以寺院的壁画也多被屏风形式所

图5-20　黄筌：写生珍禽图，绢本设色，41.5cm×70cm，后蜀，北京故宫博物院藏

替代，宫廷与私家也收藏大幅的立屏或小幅的卧屏。这个时尚深刻地改变着绘画的观赏形式，使唐以后主要的绘画形式由供大众观赏的壁画转向私人流传的卷轴。

五代时期，中原的宫廷艺术趋于沉寂，西蜀、江南成为宫廷艺术的发达地区。在这两个地方割据政权中，统治者在会聚天下文学艺术人才方面，采取了有效的措施，建立了宫廷画院。具有绘画才能者，在皇室的赞助下，用艺术来粉饰太平，偏安一隅。由于两地不同的文化传统，西蜀、南唐的画院各有侧重：前者的名家主要擅长宗教人物、工笔重彩花鸟，而后者的高手，则在宫廷人物肖像、水墨山水和花鸟等方面独树一帜。

由于交通便利，川陕之间的联系很密切。唐皇室几次遭祸乱，都选择了天府之国作为避难场所，把大量的宫廷文物带入川中，使成都等地成为保存唐文化的重镇。安史之乱后，中原画家在四川留下画迹的，是吴道子的高足卢棱伽。蜀中寺院的佛教壁画亦受其影响。王氏前蜀（891—925）和孟氏后蜀（934—965）的画院，收罗了唐末避乱入川的绘画名家。像人物画家孙位，存世有《高士图》，表现晋人风采，除了刻画人物内心外，对湖石花木也很有造诣。在后晋天福年间入蜀的赵德玄，则带来百余本历代的画稿底样，成为在蜀地流传的绘画范本。这表明，在西蜀宫廷画院中，来自民间画坊行会的工匠是和士大夫画家共同创作，以前者为主要力量。他们中间，很多是世代以画为业的，在画技上各有特色，如高道兴、高从遇、高文进、高怀节、高怀宝等四世，赵公祐、赵温其、赵德齐祖孙，黄筌、黄居寀（933—933以后）父子等。他们形成了鲜明的特色，在宫廷画院和各地的艺术市场中赢得声誉和观众。画院画家的作品可以自由买卖，阮惟德画的仕女，被称为"川样美人"，为荆湖商人所喜欢，而江南商人入川则喜爱杜子瓖、杜敬安父子的佛像罗汉。黄筌父子的画也是市场上的热门货，而经营这类商业的人，就称为"常卖"。上述现象，说

图5-21 周文矩：重屏会棋图卷，绢本设色，40.2cm×70.5cm，南唐，北京故宫博物院藏

明宫廷的作用在于提高民间画工的社会地位，并以经济来激励画家专精一艺，成为绝技。如此有利于绘画创作的环境中，可以说明为什么黄筌会创作出《写生珍禽图》（图5-20）这样写实的花鸟作品。这些画家保存和发展了唐代宫廷的艺术趣味，如随唐僖宗李儇（862—888）入蜀的滕昌祐，就是专攻牡丹、蝴蝶之类，以"随类赋色，宛有生意"著称。而这种写实和精美的特质，使黄氏一家能在宫中和社会上立于不败之地。他的这幅写生之作，是画稿的一页，尺幅不大，但是绘了十只不同的禽鸟。据考证，画稿中央的长尾红羽鸟蓝喉太阳鸟（学名 Aethopyga gouldiae）生活在川、藏、滇、陕等地，表明该画稿的地域性。每一单独的物象，勾画和晕染并重，添上少量色彩，效果出奇。这样的画稿无疑是宝贵的范本。在此基础上，他在后蜀宫殿制作出"六鹤殿"的新样式："唳天——举首张喙而鸣；警露——回首引颈上望；啄苔——垂首下啄于地；舞风——乘风振翼而舞；疏翎——转项毨其翎羽；顾步——行而回首下顾。"由于他的写实技巧，传说他在殿堂里描绘的野雉曾使进贡到朝廷的鹰鹘误以为生，频频搏击之。这反映出制造视错觉的惊人水平。北宋平后蜀，黄筌父子等转入汴梁的翰林图画院，黄氏担当了鉴藏书画的首席顾问，他们富于贵族气息的花鸟风格，代表了工笔花鸟的主流。

南唐（937—975）是北宋最后平定的江南小王朝之一。南唐李氏皇室的艺术趣味很高，直接影响了宫廷画院及其周边画家。表现宫廷的生活，以周文矩、顾闳中尤为突出。周文矩画中主李璟（916—961）下棋的《重屏会棋图》（图5-21），采用了特殊的布景道具，使人在画中观画，引起丰富的视觉对话。所谓"重屏"，反映出屏风在五代的流行特点。为装饰宫殿内的环境，常以屏风为幛，表现帝王的游艺活动。这个构思，见于唐人仕女画的纨扇和衣饰。同时表明画家的空间处理能力，描绘三维的空间画面。西汉马王堆帛画（彩图10，图3-23）上的天堂、人间和地府的三界关系，相互的联结很牵强，经过一千多年，画家可以通过某种透视关系，将画面形象结合在一起。周文矩的"重屏"，更富于戏剧化效果。周文矩的用笔，线迹颤动，又称"战笔"，为新的人物线描画法。在传为顾闳中的《韩熙载夜宴图》（彩图19）上，也以屏风画来分割画面。当然，重要还在于它记录了朝廷政治生活中的精彩片断。南唐后主李煜（937—978）得知臣下韩熙载（902—970）纵情声色，担心或有阴谋，于是派顾闳中前去窥探，并用绘画记录所见，向他禀报。顾闳中选择夜宴的主题，精彩地描绘出韩熙载和其宾朋的生活细节，包括奏乐、舞蹈、男女应酬等多种活动。比较顾恺之时代的布景方法，两者的情节处理大致类似，同一个主人公反复出现在若干个画面中。《洛神赋图》（图4-16）是以洛水之滨为背景，《韩熙载夜宴图》以韩宅的室内环境为主，通过几块屏风的分割，使几个独立的画面融为整体。突出韩熙载的个性化的形象，在眼神、表情、手的动态等方面，倾注了全部的精力，使人感受到他内心的忧郁。其宾朋之中，不少是南唐的文化名人，他们和政治家处于微妙的关系之中。这幅工笔重彩人物的技巧，有唐代仕女画的优秀品质，在服饰、化妆等方面上，考虑更为仔细，造型与色彩精美绚丽，体现了奢华的宫廷气息。顾闳中笔下的韩熙载像，是古代肖像艺术中难得的佳作。

画院中以人物、山水为专长的画家还有赵幹、卫贤等。前者的《江行初雪图》把秋冬之际江上叶落风寒的萧瑟风光生动地表现了出来，而后者的《高士图》则以大型的山水景致来衬托历史人物的美妙动人之处。传为卫贤的《闸口盘车图》，还体现了当时社会经济生活的重要内容。在南唐画院的周边，会聚了一批身份各异的画家，有士大夫、布衣以及方外之人。他们风格鲜明，多以水墨为尚，详见第五节。这些画家与宫廷关系密切，像董源也创作宫殿壁画，而徐熙的装饰性图案如"铺殿花"和"装堂花"等，对南唐的宫廷，不会没有影响。就在北宋立国到宋灭南唐的十七年中，江南的水墨山水和花鸟风格，展示了其艺术魅力。等到北宋平定江南以后，南唐的画家也被召到翰林图画院，并由北方的山水画家和西蜀的花鸟画家主持画坛，使江南的艺术成就，未能在全国范围内立刻得到认可。

图5-22　大卢舍那佛像，石雕，高17.14m，672—675年，河南洛阳龙门石窟奉先寺

# 第四节　寺观文化的兴衰

佛寺道观在民众的生活中扮演了重要的角色，成为中国艺术的主要表现内容。佛教艺术的成就和影响占据主导地位，即使唐玄宗时竭力崇尚道教也不能扭转这一局面，而道教神像的造型语言大多照搬佛教的样式。隋唐五代的佛教艺术，会昌年间灭佛成为其兴衰的转折。道教艺术则在此过程中力图扩展其影响。

这一时期各地留下的石窟寺和造像数量可观，分布很广。中原与丝绸之路沿线以及四川等地，形成了空前的规模。隋代造像的风格与北齐接近，以头部渐长、表情更自然的面容为特征。

唐代初期，在唐高祖至唐睿宗期间，皇室出资在山东历城（今济南）千佛崖开窟造像，现存220尊。显庆三年（658），南平公主为先父唐太宗建佛龛祈福，龛内释迦佛像呈结跏趺坐，形象特征已摆脱北魏后期"秀骨清相"的样式，以外在的饱满体态来发掘内在的气质。南端大窟中有同年为太宗第十三子祈福的造像，两尊坐佛除形态上有唐人气象外，雕刻技法也更为圆熟洗练。

随着雕刻技术的提高，石窟寺的开凿项目也日益精彩。其中，龙门石窟中奉先寺的兴建是具有全国影响的大型工程。由唐高宗咸亨三年（672）敕令动工，到上元二年（675）建成。武则天在洛阳长大，选择伊阙这风水宝地来积功德，为使皇权能在佛佑下得以长久，所以施助宫中脂粉钱二万贯修凿。奉先寺前原来曾有木构建筑，是唐代名为"奉先寺"的组成部分，现只有石窟保存下来。窟面宽约33米，高40米，进深20米。本尊为大卢舍那佛（Mahavairocana，又译作大日如来佛）坐像（图5-22），高17.14米，佛面高达4米，被刻成"方额广颐"的容貌，和武则天的面相一致。这在云冈第20窟主佛的面像造型上已有先例，只是奉先寺本尊的世俗气息更浓。大佛的雕刻法比北朝刚开凿龙门石窟时要纯熟，佛面的运刀果断准确，五官体积厚重，线条明快；又采取对比手法，以大量的圆刀取代平直刀法，刻出富于装饰性的螺发肉髻与柔和的衣褶，令头部更突出，更完整，也更有气魄。这一铺九个形象的塑造，放大了宾阳洞造像的完整结构，显示出初唐转向盛唐时的社会气象。本尊大佛集雄伟壮观、严肃睿智和典雅秀丽于一体，可亲可敬；在其左右两侧，有文静温顺的迦叶（已毁）、阿难二弟子像，艳丽华贵的文殊、普贤两菩萨像，刚强威猛的天王、力士像（右侧的一对已毁），格局恢宏，俨然是朝廷礼仪的佛教翻版。它们一方面突出了世俗的气氛，增强了艺术夸张的效果；另一方面考虑把造像的上身增

图5-23　奉先寺远眺，672—675年，河南洛阳龙门石窟

长，下身缩短，使观众仰视时看清楚其面部特征。晋人发明的视错觉调节法，此时得到了更为精湛的应用。（图5-23）宏大场景只用了三年又九个月就大功告成，有它得天独厚的人力和财力资源，同时也显示了各地能工巧匠的集体智慧。规划这一工程的是净土宗大师善导（613—681）和高僧惠暕，还有朝廷的命官韦机和樊元则。由"支料匠"李君瓒、成仁威、姚师积等实施这一规划，齐心合力，体现了唐代雕塑史上经典的大手笔。

　　在中原一带，继北齐之后，唐人在山西太原的天龙山、河北邯郸的南北响堂山等地，增开多处石窟，各具艺术特点。如天龙山第9窟中，有两层唐代的摩崖造像，上层为7米多高的倚坐大佛，面容秀美，比例准确。佛前的观音菩萨，形体饱满，衣纹带有装饰性。在写实性方面，第14窟和第21窟中的菩萨雕像更为杰出。前者的服饰仍为印度样式，但精神气质完全是中国面貌。菩萨像从唐代开始脱离佛像而被单独供奉，反映了信徒们对有更多人间气息的菩萨的崇拜日益增强。在轻薄如纱的裙裾彩带衬托下，菩萨匀称的体态被优美地表达出来；半趺半倚的坐式突破了旧的样式，用随意的姿态来接近信徒。后者在面部表情上有微妙的刻画，像是青年女子的一尊肖像。南北响堂山的石刻图案很精美，显示出佛教造像艺术中一个突出的成就。

　　宗教艺术在唐代达到鼎盛，在中原地区是以长安、洛阳两京的寺观为代表的。吴道子在那里创作了三百幅壁画，是其中的瑰宝。它们把社会各阶层的人吸引到寺庙中来，使宗教场所变为一个个美丽的艺术画廊。寺庙的各种活动，包括了文化和经济等诸多方面，成为人民生活中有机的组成部分。和佛寺相连的佛塔在六朝出现于中土以后，到唐代也有了新的样式。像

图5-24 大雁塔，砖石结构，高64m，共7层，底边各长25m，652年，陕西西安慈恩寺

长安城内的大雁塔（图5-24）、小雁塔，就是具有汉地特征的精美创造。建于永徽三年（652）的大雁塔，初名慈恩寺塔，平面呈方形，与古印度"窣堵坡"（初译为"方坟"）有某种关系，也可能受汉唐帝王陵寝制度贵方形的制度影响。它的底座和塔身总高64米，形体匀称，节奏单纯，层次分明，气度恢宏。它是现存最早可供登临的楼阁式砖塔，也是大唐兴盛时期的文化景观之一。

在唐代木结构建筑艺术上，保存至今的作品有山西五台山的南禅寺大殿（图5-25）和佛光寺东大殿及经幢，极为珍贵。前者建于782年，体量壮硕，气势宏伟，表现了古代木结构建筑的鲜明特点。后者始建于北魏，会昌五年（845）毁于灭佛事件，十二年后重建。其木结构梁架已使用"材"（即栱高）作为木构用料标准，体现简约、稳重、大方的唐代风格。这对日本早期建筑影响很大，从鉴真和尚759年在奈良所建的唐招提寺，可看到其范例。

在中原以外，佛教艺术的成就也极其辉煌。在北朝开凿的西北各地的佛教石窟中，到唐代又增添了许多新的窟龛和造像。像甘肃炳灵寺，曾是当时的造像中心。有唐代的窟龛106个，除少数造像格局是一佛、二罗汉、二菩萨及二天王外，绝大多数唐窟是一佛二菩萨或四菩萨，和天龙山石窟的组合形式相似，而且两地的造像特点也比较接近，表现了人体的优美造型，其丰腴的肌肤和婀娜的体态，像是有血有肉的现实形象，给人以柔和而温暖的感觉。虽然衣褶和身段的处理不及天龙山造像那么真实自然，然而在颂扬人体美的方面，表现了同样的倾向。

图5-25 南禅寺大殿，木结构，横向宽11.62m，纵深9.9m，782年，山西省忻州市五台县

隋唐至五代各地的石窟中，彩塑的成就非常突出。以麦积山石窟为例，它们形成的风格系列，对认识这一时期佛教造像艺术意义重大。麦积山第5窟四柱三龛式的崖阁，有隋唐之际的力士塑像。当地人因其脚踏一牛，而称此窟为"牛儿堂"，可见其形象的真实性。护法力士高约3米，赤身裸足，怒目而视，以夸张的手法表现其强健的肌肉和威严的神情，给人难忘的印象。麦积山在唐代经历大地震，洞窟损毁严重，作品留存不多。不过西北地区在会昌灭佛时没有受到明显的影响，这使佛教美术得以继续繁荣。

敦煌是"天高皇帝远"的世外桃源。即使两京文化经历战乱或灭佛运动的严重挫折，敦煌依然按照当地的家庙传统，创作出流行的佛教艺术作品。敦煌在隋至五代的三百多年间，留下了最完备的寺院文化遗产。如果说在全国范围内佛教寺院文化至晚唐趋于衰落的话，那么，敦煌等地的情况便是例外。在这一时期，敦煌有近三百三十个洞窟，其中唐代的二百余窟中，又可以分出初唐、盛唐、中唐、晚唐四个阶段。隋和初唐的少数洞窟多采用北朝末期的"支提窟"形制，其他洞窟建筑的形制则发展为新的殿堂样式。其平面也为方形，窟顶有藻井，顶壁四面斜下。窟的后壁开出佛龛，所有佛像集中排列于龛中，如同安置在佛殿的坛座上一样，这就改变了沿三面墙壁分别塑像的旧制。唐代个别洞窟还根据主像的特点，如卧佛塑像，修成横而浅的长方形平面的洞窟，或三层高的窟形。在唐代敦煌石窟的流行建筑样式中，可清楚地看出佛寺殿堂木结构建筑的影响。这说明它们已经摆脱了前代照搬外来石窟形制的做法，完成了中国佛教建筑艺术的重要步骤。作为这个时期的典型代表，家庙的特征显示在如下的洞窟中：贞观十六年（642）修的"翟家窟"（第220窟），垂拱二年（686）修的第335窟，开元天宝年间乐庭瓌夫妇修的130窟、172窟，张议潮窟即第156窟［窟外有咸通六年（856）书"莫高窟记"］等，不但是大型洞窟，而且其中的彩塑和壁画，也极有价值。在盛唐的第45窟内，彩塑的布置集中在后壁佛坛上，以佛为中心，左右两面排开二比丘、二菩萨、二天王，共为七尊（彩图20）。也有的加入了其他供养菩萨，到晚唐五代，天王或力士像分别画在窟顶藻井的四角，从佛坛的造像中分离出来。在壁画的制作方面，仍然是在四壁及入口都画满各种佛像，在左右两壁的中部画大幅的经变故事的完整场面。供养人像画在壁脚上，但其人像的比例越来越突出，表明供养人在现实生活中的地位和作用的日益重要。后壁有经变和佛传故事，穿插在佛坛之间。洞顶的建筑彩画图案，即藻井的图案，以及各种经变周边的条

图5-26 迦叶造像，彩塑，身高
1.72m，盛唐，莫高窟第45窟

饰纹样，都是这一时期装饰艺术的集中代表。从这样的立体空间，可以感受到宗教艺术世俗化的新面貌。

这个时期佛教彩塑的成就体现在两个方面：一是神像类型增多，有佛像本尊、多种菩萨、天王、金刚力士、罗汉、伎乐飞天以及鬼怪等，可按供养人的要求，以及隋唐五代的流行时尚，出现在不同的家庙窟中；二是这些神像的动作表情更为多样化，有坐、立、行走、飞翔等各种姿态。从佛像的表情来看，如来佛、弥勒佛、药师佛（Bhaisajyaguru）等本尊像，多以含蓄的内在精神为特征，慈祥端庄。便于塑工们自由发挥想象力的是菩萨像，其现实的生活气氛最浓。观音（Avalokitesvara）、势至（Mahāshāmaprāpta）、文殊、普贤，还有各种供养菩萨，多姿多彩，特别引人注目。观音崇拜在唐代非常普遍，观音也由男性转为女性，让女施主们觉得更为亲近。唐代敦煌的这类塑像中，造型十分讲究，仿佛在各家庙之间进行选美竞赛，看谁家的美人最为标致摩登。在此氛围中，塑工们直接以供养人家中女伎为模特，把佛教天国中美的理想和现实生活中的美结合在一起。当然，这不是敦煌一地的发明，而是反映唐代整个社会风气。第384窟的供养菩萨（彩图21），是一个范例。她身材娇小，体态轻盈，是塑手们精心打扮装束的使女。而第45窟的菩萨，体态丰腴艳丽，肌肤柔软润滑，侧转的身段，十分优美；面部也神态安详，传达细腻丰富的表情。这些典型的造像，已脱去外来的影响，成为人们喜闻乐见的美女，而不是顶礼膜拜的敬畏之神。即使是外来的菩萨如文殊、普贤，或者是佛弟子阿难、迦叶，也都按照中国本土的审美习惯，进行了大量的修正，使之真正符合本地人的欣赏期待。第45窟的迦叶彩塑（图5-26），面容沉静，双目平视，一副持重老成的神态。塑手精致的再现技巧，不但十分准确地把握五官比例，还用彩笔绘出双颊上的胡须痕迹，非常逼真。在天王、金刚力士等神像的塑造方面，艺术夸张的手法被广泛采用。其威武阳刚之势，和菩萨的女性柔美形成对比。天王像的盔甲装束，全身紧张的筋骨和突出的肌肉，也造成强烈的视觉冲击力。

隋唐五代敦煌壁画的情形和彩塑完全相同，都强烈地表现出对现实生活的热爱。基于这一心态，当时的佛画（包括壁画和藏经洞出土的大批纸绢画），在内容和形式上，都有鲜明的时代特点。其题材内容大致分为四类：一、净土变相；二、经变故事画；三、佛、菩萨等像；四、供养人像。后两类在彩塑中所显示的特点，在壁画上也同样明显，并且发挥了绘画的特长，有所增益。而前两类，只出现在绘画形式中。

图5-27　佚名：观无量寿经变，269.2cm×419.6cm，盛唐，莫高窟第217窟

在六朝的石窟艺术中，壁画的重点题材是本生故事，宣扬个人牺牲、舍身救人，其基调是悲壮低沉的。人们在现实中看不到希望，才在宗教艺术中创造出来世的幻象，以求解脱。隋代的壁画处于过渡阶段，沿用了北齐的一些样式。从唐代开始起，佛教对于西方净土的描述，演变为吸引广大信众的教派，由高僧善导等法师大力提倡，风靡全国。净土变相就是净土宗信仰流行的结果，因为善导在宣扬这个教派时，也提出了具体通向这极乐世界的路径：把抄写十万部《弥陀经》，画三百幅净土变相的壁画作为重要的功德，劝说人们为此作出贡献。这位主持奉先寺石窟的总设计师，成了净土变相的主要创造者。于是，新的佛教壁画内容迅速流行起来，敦煌也不例外。其宗旨积极入世，描绘西方极乐世界的幻境，楼台伎乐、水树花鸟、七宝莲池、天花乱坠，劝说人们信仰阿弥陀佛，为了有朝一日去尽情享受。作为"净土三经"之一的《观无量寿佛经》（图5-27），其视觉呈现，气势恢宏。虽然是依托了宗教的名义，其乐观开朗的气氛，充分肯定了现实生活的意义，视觉艺术也成为体现现实意义的主要手段。它和主张"四大皆空、万般寂灭"的禁欲主义大相径庭，得到社会各阶层的热烈响应。在唐代的莫高窟壁画中，净土变相有一百二十五幅左右，数量之多，占唐代一大半洞窟的画壁。这里至少有两个原因。一是教义上的原因，净土变相对敦煌这个商旅云集、经济繁荣的沙漠绿洲来讲，本身具有象征性。只要在唐代丝绸之路上旅行过的人，没有谁会否认敦煌的特殊地方文化价值。而敦煌的大家族，也没有谁会不为美丽的家乡感到无比自豪。他们更没有理由不在家庙窟里再现这片胜景。在这些供养人的心目中，

图5-28 佚名：维摩诘像，壁画，75cm×74cm，盛唐，莫高窟第103窟东壁南侧

西方净土难道不就是敦煌这个西域边陲的同义词吗？所以，他们要大画特画，显示地方文化的魅力。二是绘画技术上的原因，净土变相在构图上有重大的突破。它把连环画式的叙事成分减弱，而强调了单幅作品的完整构图。不同于独幅的本尊造像，它能在画面上表现丰富的生活细节，可充分发挥出浪漫自由的想象力。由于这两方面，从初唐以后，敦煌壁画中大量表现净土变相，使其在唐代寺观文化中独占鳌头。其中第112窟南壁东侧的乐舞表演画面（彩图22），尤为经典。

顾恺之曾创造了《维摩像》的程式，唐代敦煌画工则发展出新的表现方法，把维摩诘和文殊菩萨的辩论，放在有各国的王子参与的文化交流语境中。维摩也一改病容，情绪饱满，慷慨陈词，非常雄辩。画工借鉴了流行的帝王图、职贡图样式，将敦煌人所感受到的文化交流气氛，烘托得更加鼓舞人心。（图5-28）从营造气氛的立场上看，类似的场面成了各个家庙显示其财富和权势的新样式。《劳度叉斗圣变》（图5-29）在盛唐之后广受欢迎，也因为其戏剧性效果强，以斗法来说明佛的不可战胜。在故事中，劳度叉（Raudrāksha）为了反对舍利弗（Śāriputra）传道讲法，和佛进行了六次激烈的较量，但都失败了。经过斗法，劳度叉的花果茂盛的山林被舍利弗化出的金刚力士击得粉碎，狮子王吞噬了巨牛，口吐烟云的毒龙也被金翅鸟啄食。六牙白象踏毁了劳度叉的七宝水池，毗沙门王（Vaisramana，即四大天王中的多闻天王）施以咒语，将两个凶恶的黄颅鬼擒缚，夜叉也乖乖地屈服在舍利弗脚下。最后，舍利弗一阵风吹散了劳度叉的花树，宣告劳度叉斗法的失败。劳度叉及其随从全都皈依佛门。这也显示唐代绘画叙述的高超能力。和北朝的《降魔图》比较，唐代斗法场面的情节更吸引眼球。可参考的图式越多，发挥想象力的余地也就越大。将真实有趣的动人场面安插在经变的合适位置上，便于激发人们对

图5-29 佚名：劳度叉斗圣变，壁画，350cm×850cm，晚唐，莫高窟第9窟

生活的热情。

画工们在显示供养人的权势方面，有更直接的表现手段。第130窟的乐庭瓖和他的妻子王氏的供养像，是精美的代表作。从盛唐开始，供养人像的尺寸不断加大，并成为独立的画面，处理得十分讲究。汉代大量墓室壁画中墓主人的生活场景，此时在佛窟中重新热闹起来。在第156窟中描绘的《张议潮统军出行图》（图5-30），是最典型的作品。他曾带领敦煌民众抵抗吐蕃入侵，成为地方统领，是当地的英雄。在画面上，画工以浓重的色调描绘了一幅历史长卷。其浩浩荡荡的出行阵容，显示了张在维护家园的富庶安宁方面的强大决心。将此绘制在他的家庙窟中，意义非常明显。这不光是歌颂人的功绩，也是见证和赞美无边的佛法，这时的敦煌，佛教已是民众信仰中不可分离的部分。

在唐代以后，敦煌地区的统治权落到张议潮的亲戚曹议金（？—935）手中，他在与中原政权交往逐渐减少的情况下，连北宋改元之事也不闻不问，将其统治维持到1035年西夏占领敦煌为止。这时的敦煌寺院文化基本上处于自我封闭的状况，成为当地的主要社会生活内容。新开或重修的一些重要洞窟，由曹氏家族出面主持，更是情理之中。在内容方面更突出供养人的画面，如第61窟描绘的《五台山图》，场面壮观，把六朝以来敦煌画工再现山水的各种技法，相当完整地调动起来，和中原地区正在蓬勃发展的山水艺术主流遥相呼应。所不同的是，此时的曹氏家庙依旧是笼罩在唐代寺院文化的影子之下，还要依靠佛法来保佑这个封建边镇的生死存亡。而遭遇了会昌灭佛和后周世宗灭佛的中原文化，已在儒学的道统中看到了新的希望。后来的山水艺术，受到融合儒、释、道三教的宋代理学的影响，走上了独立发展的道路。这样的对比，实际回顾了敦煌的佛教艺术历史，因为曹氏家族的这些作品已属于它的尾声。此后西夏和元代的作品数量较少，仅有西夏供养人的服饰造型和蒙古人的密宗画像较为突出。在少数民族统治时期，寺院文化的衰落除了唐以后丝绸之路的中断和中外商旅的经济活动失去了联系，更重要的是因为它丧失了

图5-30 佚名：张议潮统军出行图，壁画，130cm×830cm，晚唐，莫高窟第156窟

图5-31　佚名：供养菩萨，壁画，公元5～8世纪，新疆维吾尔自治区库车库木土喇石窟谷口区第21窟穹隆顶

家庙的性质，因而和当地汉族百姓信仰活动的关系日益疏远。一旦失去了家族的基础，自公元4世纪开凿，持续千年发展的敦煌石窟，也就画上了句号。

　　和敦煌相似的情况也出现在新疆的一些佛教石窟中，而且因为当地民族成分和宗教信仰的改变，消长的进程更加明显。克孜尔石窟在唐代继续繁荣了二三百年，9世纪后随着龟兹地区整个文化传统的转向而衰落。天山以南的一些石窟，如库木吐喇（图5-31）、森木塞姆等石窟，有比较精美的唐代壁画，表现佛和菩萨及各种装饰性纹样，可以看出明显的地域特征。在吐鲁番盆地，大规模的佛教艺术成就集中在伯孜克里克石窟，基本上都唐代的作品。这里曾经是高昌古国的所在地，9世纪为回纥占领。现存的壁画，以释迦佛和天王及供养菩萨为主，还有一些舞乐的形象。在新疆地区，其他外来宗教如摩尼教的图像也时有发现，说明该地区文化成分的多元性。从风格上看，唐代新疆地区的人物造型也以圆润饱满为特征，给人强健有力的印象。（图5-32）如果考察其绘画的样式，就会注意到在六朝时克孜尔石窟壁画中的裸体人物画法，依然还是画工们造型的基本依据，所以在勾画体态和五官特征方面，都相当准确熟练。有的线条在顿挫起伏之间，带有丰富的表现力。

　　从西北地区回到陕西、四川等地，也有大批唐五代佛教石刻造像。陕西省彬县和泾县石窟有唐代造像。由陕西入川的一

图5-32　佚名：供养礼佛图，壁画，回鹘高昌，新疆维吾尔自治区吐鲁番伯孜克里克石窟第32窟北甬道内侧壁，360cm×230cm，德国柏林亚洲艺术博物馆藏

路上，有广元、大足、乐山、安岳、通江等百余处石刻造像，反映出四川一带寺院文化的繁荣。唐开元元年（713）在四川乐山凌云山西壁开凿的弥勒大佛是一典型。这一坐佛，高达71米，肩宽28米，历时九十年才完成，为现存世界上最大的佛像。虽然佛像雕刻水平一般，但与周围环境的关系却处理得极为精彩。位于青衣江、大渡河汇入岷江的交界口，水势湍急，波涛汹涌，此处时常发生覆舟溺人的灾祸。为此，凌云寺和尚海通法师发愿造佛像，以保佑往来船只。由于佛像的体形和崖壁等高，坐西向南，脚踏大江，因而气势非凡。过往的行人在迎面而来的船只上仰望大佛，可以感受到其崇高伟岸的感染力。这是佛教石窟寺中整体构思的杰作之一。在唐末至五代的四川石窟中，大足可以作为一个重要的转折。在地理位置和制作风格两个方面，它标志着整个石窟艺术史进入了尾声。

从地理上看，由西向东的佛教石窟造像显示出倒写的一个S形轨迹。它从天山以南克孜尔石窟开始，中间有吐鲁番地区的伯孜克里克石窟，然后有敦煌石窟，再往东有炳灵寺、麦积山石窟，再到大同云冈石窟，然后南下，有天龙山、响堂山、龙门石窟、巩县石窟，然后再西向，有陕北的小石窟，再入川，经广元、乐山，到重庆附近的大足。大足的石窟分北山和宝顶两个部分，后者一直到南宋末元军打到川中才中止，所以是石窟史上的又一连续开凿时间长达三百余年的重要遗迹。在它之后，石窟艺术就到长江下游的杭州，最后以元代喇嘛教风格的西湖飞来峰石窟告终。从制作风格上，大足石窟可以说是汉地传统石窟造像的集大成者。除了佛教的造像，它还把道教等内容兼容在内，使宗教的世俗化趋势更突出地表现在视觉艺术中。

## 第五节　水墨山水画的滥觞

水墨山水源于笔法的变化，所以从画风的演变着眼，隋唐五代美术可视为其滥觞期。草书中的墨色效果，吴道子人物画稿中侧锋转笔的立体感，对于吴道子用疏放笔法绘制山水树石，也很有意义。陕西省富平县吕村乡盛唐古墓西壁保存有尚为完整的一组水墨山水屏风（图5-33），用笔遒劲奔放，十分壮观。这在敦煌莫高窟第172窟盛唐《文殊经变》上的青绿山水（彩图23），也有这样的画法。据说唐玄宗思念嘉陵江三百里风光，就派李思训、吴道子前去写生，制作粉本。回来后，李以数月之功，吴以一日之力，分别完成大同殿壁画，"皆极其妙"。考其史事，这一传说为后人杜撰。但把二人放在一起比较，却有其用意：吴道子是简笔山水的代表，和李思训精工

图5-33 佚名：山水屏风，墨笔，壁画，盛唐，1994年发现于陕西省富平县吕村乡唐墓墓室西壁

谨细一派抗衡。简笔山水解放了《游春图》上那种勾勒山石树木的笔法，所以吴描绘的"乱石崩滩"，使人仿佛能听到大自然的呼啸声。水墨从设色画中独立出来，以此作为转折。王维也出现在这个转折过程中，其山水诗画的境界，以清新自然为尚，"水晕墨章"也正好扬其所长。后代文人艺术家、收藏家没有推崇中晚唐表现派风格的水墨实验，而偏偏对王维情有独钟，就因为王维的意境。如沈括《图画歌》开篇所说："画中最妙言山水，摩诘峰峦两面起。"摩诘是王维的字，说明王维在山水画史中的重要位置。

对水墨山水的起因，有一戏剧性的认识过程。不同于山水画在六朝形成的情况，水墨是继笔法上升为"六法"原则之后出现的绘画新问题。墨法是控制毛笔中水墨含量的技法，有造型和寄兴两方面的作用。在绘画造型方面，比书法处理的字型结构更为复杂，因此类似水彩，可以分出浓淡层次，变化多端。在笔墨寄兴方面，既可以表现幽雅的意韵，也能够挥洒豪迈的激情。王维在中晚唐和五代宋初的影响不大，是他侧重前者，不像后者那样容易引起世人的好奇。吴道子的笔法中的墨韵，对于和他个性相近的水墨画家来讲，容易产生强烈的共鸣。他们得益于张旭、怀素等人，创造了"泼墨"法，用毛笔以外的工具来从事创作。这个实验一度成了山水画新时尚，吸引士大夫和方外的僧道画家们参加这场表现主义的运动。即使在安史之乱后的百余年间，世人对逞才使气的自我表现形式，依然情有独钟。"泼墨"法确实能把道教气功的魅力通过水墨山水树石反映出来。他们中著名者，有项容、王恰、张璪等人，似乎都像裴旻、张旭、吴道子一类表演型艺术家。王恰，画师项容，擅长松石山水，是"泼墨"法的创始人。他性格豪放不羁，疏野好酒，每作画，先必饮至大醉，泼墨于绢上，以手脚涂抹之。因其墨迹而为云烟变灭之景，宛如天然而成，他由此被称为"王墨"。有趣的是，这时已没有东汉末赵壹那样的儒学卫道士出来指责"王墨"，而是有人为这类画家宣扬鼓吹，并从理论上进行概括总结。同样处在统一王朝的后期，唐人的心境比之汉人已经成熟多了。张璪提出了"外师造化，中得心源"的主张，是他绘画实践的心得。符载在《观张员外画松石序》一文中，描述了"泼墨山水"的创作过程。一次，他应邀为人作画，要求主人准备大幅素绢，以便挥写创作。他来到主人家，当着众多宾客，"箕坐鼓气，神机始发。其骇人也，若流电激空，惊飙戾天，摧挫斡掣，抑霍瞥列。毫飞墨喷，捽掌如裂，离合惝恍，忽生怪状。及其终也，则松鳞皴，石巉岩，水湛湛，云窈眇，投笔而起，为之四顾。若雷雨之澄霁，见万物之情性"。于是他总结道："观夫张公之艺，非画也，真道也。当其有事，已知夫遗去机巧，意冥元化，而物在灵府，不在耳目。故得于心，应于手。"通过这么一番表演，水墨所体现的"道"就清楚地呈现在画面上。张璪还能双手握笔，墨色有湿笔、枯笔之分，变化丰富，说明墨色问题日益受到重视，成为绘画语汇中的新要素。

五代山水画家荆浩在《笔法记》一文中，提出了"六要"，把谢赫的"六法"中的"骨法"从"用笔"一端发展为"笔"和"墨"两个内容，成为绘画艺术的重要成就。荆浩因此成为里程碑式的人物。提出"笔""墨"这对概念范畴，是对前代艺术问题的总结："吴道子有笔无墨，项容有墨无笔，吾当取二者之长，成一家之体。"由此给出自己的解决方案。传为荆浩的《匡庐图》（图5-34），以巨幅立轴来表现庐山的气势。画家描绘山石树木，不再用线条勾勒，而采用有笔有墨的"皴法"，表现对象的形态和质地。"皴法"的概念很有意思，仿佛人们脸上的皱纹，既是人生阅历的见证，也是相貌特征的表现形式。在水墨山水发展中，"皴法"的出现，是重要的技术进步。它在线条和墨色之间找到平衡，使物象的描绘与性情的抒发得以统一。吴道子、项容是盛唐文化的产物，其狂飙突进式的个人气质，很难像王维那样沉静恬淡地发挥水墨的诗情画意。他们的直接追随者如王恰、毕宏、张璪等，也只能在一个极端上徘徊，尚未走出新的风格路径。只有到了五代荆浩那里，整个文化的氛围趋于内敛状态，山水画也从隋唐的青春期，转向成熟的境地。荆浩从世代业儒转而退隐山中，以绘事自见，其境况和王维类似。在他的理想中，儒家的抱负变为一种作画的动力，要穷诘绘画真实所在，要找到表现这一真实性的艺术形式。在其努力下，"成一家之体"终于落实在"皴法"的创立上，具有划时代的意义。如果说唐代张彦远强调笔法中的"疏密"二体是认识人物画的主要风

图5-34　荆浩（传）：匡庐图轴，绢本墨笔，185.8cm×106.9cm，五代，台北"故宫博物院"藏

图5-35 关仝（传）：关山行旅图轴，绢本设色，144.4cm×56.8cm，五代，台北"故宫博物院"藏

格标志的话，那么，"皴法"的出现，就使山水画的欣赏和批评有了自己的要则。

五代和唐代绘画间的内在联系，在荆浩身上表现得十分清楚。唐人对自然的描绘，形成青绿和水墨两种面貌，而荆浩对后者作了重大的突破，扭转了画坛的主流倾向。在绘画"六要"中，强调"思"和"景"这对新的山水画范畴——"思者，删拨大要，凝想形物；景者，制度时因，搜妙创真"，制约了日后这一主流画科的发展问题。其重要性在于，六朝画家开始对自然重新认识，经过了五百年的时间，具备了多种画法程式，从带有装饰趣味的古拙手法，到具有立体效果的皴法表现，是他们在提炼绘画语言上取得的成就。他提示道，在认识自然的过程中，离不开前人提供的程式，画家在程式基础上进行思考、观察和比较，并由此修正并创造新的程式，达到创造视错觉的效果。这个"思"深化了谢赫"六法"中"应物"的概念，揭示出画家认识物象的活动，实际上是对绘画程式的修正过程。这也是对"外师造化，中得心源"说的引申。张璪以道教和佛教的宇宙论为认识基础，他在泼墨于绢素之上时，把内心的各种图式投射到水墨淋漓的影像上，达到和自然景物的匹配，并以此激发观众的联想。由于"思"和"景"这对认识范畴的建立，整部山水画史有了总的认识构架。

在五代的北方山水画家中，还有荆浩的弟子关仝。他的《关山行旅图》（图5-35），危峰巨石，高耸入云，秋山寒林，气氛逼真，皴法谨严，顿挫有力，楼阁洞府，深幽邃远，野店村

图5-36 佚名：山水图，壁画墨笔，167cm×230cm，924年，1996年河北曲阳王处直墓前室北壁

居，意境超然，时人以"荆关"并称。他不长于人物，因此画面
人物多请他人代笔。从六朝"人大于山"，比例不协调的背景山
水，到五代远近分明的"点景人物"，山水艺术的表现力有了空
前的提高。画家偏重于自然景物的描绘程式时，内容没有完全
脱离人的活动，而是调整了人和自然的关系。这是有趣的艺术
史现象：这一次各画科的分工合作，重心发生了转移，像摄像机
的长镜头，焦点不是对准人物，却是对准了山水。"荆关"山水
中有强烈的地域特色，并在山水画史上形成了深远影响。河北曲
阳出土的五代王处直墓山水壁画（图5-36）作为继陕西富平盛唐
墓出土的水墨山水屏风壁画后的又一重要美术实存，其空间构成
与山水结构的组织与绘制，和传世的早期山水画作有着内在的联
系，体现了当时北方典型的山水面貌，颇具艺术史价值。从北宋
到辽、金，北方的山水，因地域政治等原因，时有新画风产生。
在大蒙古国和元代的画坛上，也盛行过这类画风。北方山水在荆
浩、关仝等巨匠笔下形成全景式的风格面貌，高屋建瓴，标志着
山水艺术前后发展的重大转折。

图5-37　董源：夏山图卷（局部），
绢本设色，　49.4cm×313.2cm，南
唐，上海博物馆藏

图5-38　董源：潇湘图卷（局部），
绢本设色，　50cm×141.4cm，南
唐，北京故宫博物院藏

　　五代的南方画坛也非常精彩，水墨山水成为重要内容，即活跃在南唐小朝廷周围的董源、巨然的艺术创新。南唐的文化，可上溯到六朝。金陵古都曾是江南文化的中心，但这个中心被隋唐的两京所替代，影响甚至不及四川。不过，江南的经济在唐代十分发达，文化教育也非常繁荣。唐代进士的籍贯显示，南方士大夫的文化渊源深厚。书画家中，吴郡一带的名人尤为出众。在水墨传统中，道教隐士"烟波钓徒"张子和以"破墨山水"开创了绘画表现的新领域。破墨是在笔墨技法中一种重要的方法，是在干湿浓淡的墨底上用不同的墨笔去调化破解，产生无穷的墨色变化。这位颜真卿的书画同道，方外之交，对南方水墨山水建立了开创之功。到唐末农民起义过后，北方的经济破坏严重，而此时江南、四川等地的重要性就日益明显。而带给西蜀新画风的，应该是来自江南婺州的贯休（823—912）。这位禅月大师用笔墨勾画了梦中所见的罗汉像，其画法成为区别于唐代卢棱伽罗汉画像的新程式。而在南唐画院内外，有自己的风格特色，在人物、花鸟、山水不同画科都体现出来，尤以后两者为著。南唐最著名的花鸟画家是徐熙，传为他的《雪竹图》，以水墨表现物象，创"落墨花"，在再现能力上，达到和工笔重彩旗鼓相当的水平。但由于花鸟画表现的不同意图，徐黄二体引出了花鸟画史的两大分野，到北宋统一后显示出来。

　　董源是江南山水风格的开创人物，曾在宫廷担任"北苑副使"，故被称为"董北苑"。他没有王维的出身和诗才，但却兼长设色和水墨两种山水风格，尤以后者著称。其所见所闻都在江南一隅，所表现的景致平淡闲远，符合文人雅士的情趣理想。他还有一点和王维相似，都在北宋中后期才被文人画家们重新发现，成为王维以来的最重要画家。米芾（1051—1107）给

图5-39　卫贤（传）：闸口盘车图卷，绢本设色，53.3cm×119.2cm，南唐，上海博物馆藏

予了高度的评价。沈括也同声呼应，形容江南水墨山水的艺术特色，"淡抹轻岚成一体"。在荆浩创立其皴法时，强调的也是"成一家之体"，但人们立刻可以注意到两者的差别。从存世由董其昌定为董源的画迹看，其《夏山图卷》（图5-37）表现平林远景，长卷徐徐展开，亲切自然。其用笔为中锋墨线，如南方剥苎麻时拉出来的长条纤维，既有强度，又有韧性，被形象地称为"披麻皴"。这是描绘丘陵地带山石土坡的技法，有很强的表现力。他的《潇湘图卷》（图5-38）亦为舒展的画面，在表现空气透视方面，应用了新的技巧，以轻重浓淡不一的墨点，摹状山峦间雾气迷茫的印象。这些手卷和董源其他的作品，如《夏日山口待渡图》《龙袖骄民图》等，都有人物故事在画面中出现，像龙舟竞渡等节庆内容，表明董源对不同画科的技法都颇在行。山水作品表达江南民俗场景，使南唐小朝廷的文化贵族产生共鸣。这些赞助人中，有李后主那样的一代词人，具有高雅的文化修养和艺术趣味。而"潇湘之景"，文化的含意更为丰富，和楚辞所涉及的士大夫的忧患情结有深刻的联系。另有巨幅《溪岸图》，其作者归属问题，仍有很大的争议。在人物风俗画上，董源用细致的笔触勾画形象，使之融入山川景物之中。这种再现画法，使南方土著文化在新的样式中得以延续。南唐宫廷人物画的例子，可作间接的说明。在赵幹《江行初雪图》和传为卫贤的《闸口盘车图》（图5-39）上，都突出风俗题材，山水景物也是重要的画面内容。董源的山水皴法自成一家，将"江南"的印象表现得十分亲切，如白居易的《忆江南》诗篇，带给人们丰富的审美想象力。董源的弟子有江宁人巨然，他由南唐入宋，有一部分创作是到北宋时完成。传世作品有《层岩丛树图》（图5-40）、《秋山问道图》等，显示他师法董源又自创新格的特点。在用披麻皴法反映金陵一带土多石少的峰峦时，他发明了近乎后来法国印象派风格的画法，即被称为"矾头"的皴法，表现林麓间山光岚气的浮动感，还需退远观看，才能在近看以为是一片模糊的景象中分辨出高低远近的层次来。这种奇妙的再现手法，沈括做了精彩的分析，以《落照图》为例，体现"远观则景物粲然"的视错觉效果。通过董源、巨然的水墨山水，中国山水画的又一支主要传统——江南的传统，将在金、元以降的文化史上，呈现出日益重要的意义。

图5-40　巨然：《层岩丛树图轴，绢本设色，144.1cm×55.4cm，南唐，台北"故宫博物院"藏

# 小　结

从视觉领域，隋唐时期体现了封建文化高度繁荣的特点。唐人无须像六朝人那样，要通过艺术来超越黑暗痛苦的现实，因

为他们的艺术创造有优越的现实生活为基础，确保人们标新立异的进取精神。宗教的世俗化也大力突出基于现实的未来理想。佛教经过唐朝的全面消化吸收，成为中国化的意识形态，广泛地影响周边的国家和民族，使各民族文化间的交流与融合，在唐文化的自我本位上展开和深化。另一方面，南北朝的统一，使各地创造的风格特点，在艺术技巧上，有可能互相启发，随着不同题材的专门化，在宫廷、寺院、集市和士大夫的日常生活中日益精致，得心应手，由此造就了划时代的艺术大师。

以整个中国艺术发展来估衡唐人的艺术贡献，张旭草书的笔法到颜真卿的"颜体"，唐人完全突破了晋字的藩篱，形成了新的书风气象。而秉承其笔意的画坛巨匠吴道子，也在风格上开辟了新的天地。他创造的宗教人物画的程式，对宫廷和民间的艺术家产生了长远的影响。与他同时的诗人兼画家王维，在雅俗两个方面建立起内在的联系，提升了绘画的文化地位。他在水墨形式上，形成了雅逸平淡的趣味，为后世文人画家所推崇。

隋唐五代的皇室的趣味对视觉艺术有深刻影响。除了建筑、雕塑、绘画、工艺美术等反映出统治者的旨意——如工笔重彩人物、金碧山水、工笔花鸟的创作——朝廷也在创作、收藏、鉴赏等方面发挥了重要作用。汉唐时期有宫廷的绘画机构，在五代的西蜀和南唐，出现了画院的称谓。宫廷的收藏也直接改变了作品的内容和形式，以及艺术欣赏趣味。

宗教美术的发展，到隋唐五代出现了悖论，即世俗化对宗教艺术本身的动摇。佛教寺院文化通过艺术形式，吸引广大的信众作为赞助人。寺院提供了公共空间，由艺术创作来赢得百姓的关注，扩大声誉和财源。但这也对朝廷财政构成威胁，最后导致唐武宗和后周世宗的灭佛运动，使佛教艺术从此趋于维持状态。

水墨形式从书法的用笔发展而来，不仅改变人物画的造型语言，而且带动了中国画的大变革。从盛唐到中唐时期对墨法的认识和实验中，使"泼墨""破墨"体现了表现个性的潜力。有些极端的实验离开了用笔的"骨法"，流于疏野狂放。荆浩将"笔""墨"作为一对概念提出，创造了有笔有墨的山水表现程式"皴法"。他进一步概括了山水画的基本认识范畴，即"思"和"景"的关系，为此后画坛主流指明了方向。中国艺术中的风格和自然的关系，变得一目了然。和北方的全景山水相对应，南唐画家董源、巨然发展了江南全景山水，"淡抹轻岚成一体"，在画史上具有深远意义。

限于篇幅，这一时期很多的内容未能收入，像张彦远的《历代名画记》等绘画史的出现，开创了艺术史学的新领域。他把司马迁（前145或前135—前86）《史记》的历史观念引入到艺术史，并在纪传体的格式上，奠定了古代绘画史学的超稳定结构。另外，工艺美术的许多门类也都从略未及，只将其笼统地纳入这一时期物质文化的创造活动中。它们在宫廷、寺院、市场和士大夫的生活中，都占据了一定的位置，是全面了解当时文化特色的重要细节。

## 术　语：

**勾勒**　中国画用笔名称。"勾"指以墨线钩画轮廓，"勒"指以墨线或色线复钩加工，可以增加线条的层次厚度，产生特殊的墨色效果。

**吴带当风**　指唐代吴道子的人物衣纹程式。他的用笔其势圆转而衣服飘举，故称之，和北齐画家曹仲达的画法相对。曹的用笔其体稠叠而衣服紧窄，故称"曹衣出水"。

**变相**　佛教绘画术语。讲说佛经故事叫"变文"，以视觉形象表现佛经故事叫"变相"。它在图解佛本生故事、佛传故事和佛经内容这几个方面发挥了重要的作用。唐代的经变故事在吴道子等人的努力下，创造出了《净土变相》《地狱变相》等新的样式，在佛教中国化和世俗化的过程中，具有积极的意义。

**青绿山水**　是指以工笔重彩形式来描绘山水景物的技法和风格。从隋代展子虔等人就已经采用这种形式，而唐代李思训则被认为是这一风格的主要奠基人。青绿山水又有大青绿、小青绿之分。前者钩而不皴，以赋色为主；后者在水墨皴染基础上再赋色，色调清丽明亮。

**金碧山水**　在墨线勾勒出山石等形体后，赋以浓艳的石青、石绿等色彩，再以泥金色重勾山石的轮廓，形成强烈的色彩对比，使景物显得金碧辉煌。

**折枝**　花鸟画的一种，它取一个局部以体现自然的精神。作为构图的重要形式之一，它被晚唐以来花鸟画家所重视，对后来的工笔和写意花鸟画都有重要的影响。

**凸凹花**　指带有立体感的建筑装饰图案，从六朝张僧繇开始表现，可能受希腊化艺术风格的影响。唐初于田画家尉迟乙僧继续采用这种画法。

**泼墨**　中国画用墨名称。指画家以墨水泼洒在绢本或纸本上，随墨迹的形状，看出各种物象，然后用毛笔勾画，使这些偶然中获得的形象成为画面的构图内容。它可以是整幅的画面，也可以是局部的处理，完全因人而异。

**破墨**　中国画技法名称，指通过墨色干湿浓淡的相互协调所产生的层次变化，或以浓墨破淡墨，或者以干墨破湿墨，反之亦然。传六朝萧绎《山水松石格》最早有"或离合于破墨"的说法，到盛唐张子和、张璪等人，这一技法开始受到重视。

**皴法** 中国画技法术语，主要用于山水画的表现。在勾线的同时，运用墨色的变化来表达物象的质感、肌理、阴阳向背等，对于山水树石的造型有决定性的作用。唐五代以来，皴法成为各地山水画家因地制宜表现自然景象的基本程式。

**六要** 绘画创作的六个要领，主要是五代荆浩在《笔法记》中提出，包括"气、韵、思、景、笔、墨"这三对范畴，将谢赫"六法"作了专题的发挥，代表了山水画在五代逐渐取代人物画成为画坛主流的新趋势。

**屏风画** 室内装饰性绘画的一种形式。它由最初的壁画演变而来，但比壁画便于移动。其形式往往在绢素上画好山水、人物或花鸟等内容，然后裱褙于屏风，供观赏用。

**卷轴画** 指画在绢本或纸本上的绘画，其尺幅有横条状的手卷和竖条状的立轴两种形式，和汉代的帛画有直接的联系。卷轴的装裱形式因时代不同而有若干差异。

**唐三彩** 指唐代在单釉色基础上出现的混合运用釉色的彩色釉陶。这种技术在随葬的各种人物和动物俑像上产生了许多色泽美丽、光彩动人的陶塑作品。其中有的题材特别表现出中外文化交流的内容，对认识唐文化的宏大气势，提供了形象的材料。

**思考题：**

1．唐代美术的楷则体现在哪些方面？

2．女性的形象是怎样成为唐代美术时尚的？

3．佛教世俗化对隋唐五代美术创作有什么意义？

4．唐代艺术家是如何认识和表现现实生活的？

5．壁画、屏风与卷轴画在绘画发展史上有何关系？

6．荆浩《笔法记》提出"思"与"景"的关系，如何成为艺术史上重要的视觉命题之一？

**课堂讨论：**

唐代国际化的美术和视觉文化对外部世界有哪些重要的影响？

**参考书目：**

向达：《唐代长安和西域文明》，生活·读书·新知三联书店，1957年

［美］巫鸿主编：《汉唐之间的宗教艺术与考古》，文物出版社，2000年

［美］屈志仁（James C.Y. Watt），Prudence Oliver Harper,

Metropolitan Museum of Art; et al, *China: dawn of a golden age, 200—750 AD*, New York: Metropolitan Museum of Art; New Haven: Yale University Press, 2004

韩昇：《正仓院》，上海人民出版社，2007年

朱关田：《唐人书法源流》《书学论集》，上海书画出版社，1985年

金开诚：《颜真卿的书法》《文物》，1977年第10期

傅熹年：《关于展子虔〈游春图〉年代的探讨》《傅熹年书画鉴定集》，河南美术出版社，1999年，页16—32

傅熹年：《论几幅传为李思训画派金碧山水的绘制时代》，《傅熹年书画鉴定集》，河南美术出版社，1999年，页57—69

袁有根：《吴道子研究》，人民美术出版社，2002年

金维诺：《中国美术史论集》，黑龙江美术出版社，2004年

毕斐：《〈历代名画记〉论稿》，中国美术学院出版社，2008年

洪再新：《古代画学史的超稳定结构——〈历代名画记〉浅析》《新美术》，1987年第3期，页44—47

黄专、严善錞：《文人画的趣味、图式与价值》，上海书画出版社，1993年

吴甲丰：《宗像清彦"荆浩〈笔法记〉研究"评价》《美术史论》，1982年第2期

陈高华编：《隋唐画家史料》，文物出版社，1988年

石守谦：《风格与世变：中国绘画十论》，北京大学出版社，2010年

沙武田：《敦煌画稿研究》，中央编译出版社，2007年

郑岩：《压在〈画框〉上的笔尖——试论墓葬壁画与传统绘画史的关联》，范景中等编：《考古与艺术史的交汇：中国美术学院国际学术研讨会论文集》，中国美术学院出版社，2009年，页82—104

孙志虹：《从陕西富平墓山水屏风画谈起》《文博》，2004年第6期

马晓玲：《北朝至隋唐时期墓室屏风式壁画的初步研究》，硕士论文，西北大学，2009年

河北省文物研究所等编：《五代王处直墓》，文物出版社，1998年

郑以墨：《五代王处直墓壁画形式、风格的来源分析》，《南京艺术学院学报》，2010年第2期，页24—31

周高宇：《〈写生珍禽图〉的考证及徐黄风格辨》《上海

文博论丛》，2010年第4期，页94—98

刘婕：《从"装堂花"到"折枝花"——考古材料所见晚唐花鸟画的转型》，范景中等编：《考古与艺术史的交汇：中国美术学院国际学术研讨会论文集》，中国美术学院出版社，2009年，页382—402

［美］刘和平（Heping Liu），"The Water Mill and Northern Song imperial patronage of art, commerce, and science in China", *Art Bulletin*, V.84, no.4, 2002, pp. 566—595

《解读〈溪岸图〉》《朵云》第58集，上海书画出版社，2003 年

# 第六章　宋辽金美术

## 引　言

　　在文化史上，宋代美术的经典性，举世公认。比较唐代，它的主要特点有三：一是社会思想意识形态转向了儒家理学的范畴，包容释、道，整个转向内省。宋儒"格物致知"的口号，运用于社会文化的各方面，包括美术形象的制作。二是政治基础已由门阀世族地主变为庶族地主，保障了大多数经济发达地区的民众通过科举进入统治阶层，使文化的普及成为可能。三是市镇经济繁荣，市民文化表现出了巨大的创造力。科学技术在社会经济活动的推进下，取得突出的成就，提高了全社会的文化教育水平。

　　这一时期几重政权的并存更替，使整个文化中心的走势不断由北而南，造成了江南一带自六朝以来的空前繁荣。宋朝三百余年的文治，在视觉领域的艺术遗产极其宝贵，其典范性较之晋唐更为突出。除了宋代保存至今的艺术文物较前代丰富之外，更重要的是它们本身的艺术品质达到了完美的境地。这由宋代文化的全面繁荣来保障。和北宋同时的辽代，和南宋同时的金代均采用了二元的政治结构，在汉化过程中创造出了特殊的艺术成就。结合游牧民族旧制和汉人封建制度的辽、金社会，为1206年兴起的大蒙古国和1260年建立的元朝提供了模式。辽、金时期的宗教艺术特色鲜明，建筑、壁画、版画、工艺美术等形式都有精美的艺术品存世。

　　宋代文治的成果，可通过皇家绘画机构——翰林图画院来了解。作为贯穿两宋历史的重要制度，它是历史上最系统和完备的皇家艺术赞助形式。由此可看到文化在各社会层面上的作用与影响。从皇帝本人的参与到文人士大夫的引导，从宫廷院画家的创作到民间画家的竞争，调动起所有的艺术创作力量，满足人们的精神需求。受理学的启发，画家对事物的真实性的认识和再现，较唐人更深化一层，像徽宗画院提出的"形似""格法"的标准，产生了大批出色的画院画家和不朽的艺术作品。从五代西蜀、南唐沿袭下来的院体风格，经过宋人的创造性发挥，越来越精美，对现实生活的涵盖，几乎无所不包。它们对真实性的再现和对诗意的传达，可谓无与伦比。这一注重再现的古典范例，是和古希腊的雕刻、意大利文艺复兴的绘画相媲美的伟大创造，成为世界艺术史上三个再现艺术的孤岛之一，闪耀着永恒的艺术光彩。同时，在三百余年的院画历史中，不同画科经历了重要的风格变化，扩展了绘画艺术的再现形式。

山水在唐五代兴盛，在两宋进入黄金时代。因为宋人对自然、社会有了崭新的认识。它从荆浩追求事物之"真"的理念出发，进而强调存在于天地万物之间的"常理"，使不同社会身份的画家在其影响下，一方面认识自然，另一方面反思艺术风格和表现程式，创作出无限丰富的山水语言。在艺术史上，山水画风格的变化极有代表性。它和时代、地域、艺术形式等多种因素结合在一起，根据特定的功能传达其特有的意义。两宋山水画的特点凸显了视觉艺术在中国文化史上的重要性。山水的功能和意义，随着封建文化的高度成熟，像书法一样，渗透到知识分子看待世界的认知过程中。它是相当抽象的视觉语言，表达在人和自然之间的各种认识，进而超越人物、花鸟、鞍马等具体的物象。

由苏轼倡导的文人画思潮，很像六朝山水画出现的情形。比较当时占主导地位的宫廷画院创作活动，它只是观念先行一步，就像宗炳、王微等人提出山水的理论，实际的绘画创作还有待时日。所不同的是，文人画不是局限在某一画科题材，而是体现在创作的态度上。标榜画家的社会身分，即所谓的"士夫"，而不是院画家，或者职业画工。对社会身份的强调，要求绘画创作日益成为独立的个人表现。这与书法家的独立创作和诗人的即兴吟咏性质相同。绘画应该被作为更高级的自我表现形式，成为文化传统中最能代表文人情趣的视觉艺术之一。从这个意义上，我们就能知道为什么苏轼会对唐代王维的诗画境界推崇备至。宋以后的文人士大夫那么普遍地参与绘画的创作，其根源就在于文人画把绘画的性质由描绘再现物象转变为抒发表现个人情趣。

从六朝出现了青瓷以来，瓷艺的发展不断出新，积累了大量的生产经验，并且分成了青瓷和白瓷两大体系。受原料等物质条件的制约，瓷艺多具有地方色彩。到宋、辽、金时期，南北的瓷艺百花齐放。宋瓷形成了多种典雅的风格，像汝窑、官窑、哥窑、钧窑、定窑等著名窑系的作品，在造型、釉色、质地和工艺制作上都达到了圆满的境地。作为皇家御用的器物，反映了赵宋王朝高雅的艺术品味，和院画的典雅气质一脉相通。而民间窑系也色彩纷呈，各有特色。如磁州、耀州窑系，风格粗犷豪放，别具一格。它们集日用与装饰于一体，在物质文化史上占有重要位置，显示该时期的一个美学倾向，如同工艺美术中的丝绸织锦，装点和美化了现实生活。而辽、金时代的瓷器，不但对两宋北方民窑系统有相互的影响，而且创造了一批体现游牧民族文化特色的器形如鸡首壶等，成为少数民族美术中的珍品。

与汉、唐、元、明、清等大一统的王朝不同，宋代从立国之初，就和边疆的少数民族政权并存，而且由于国势日渐积贫积弱，在"靖康之难"后只剩下了"半壁江山"。但与此同时，宋代在文化内省方面的巨大成就，始终对契丹、女真、党项、大理、蒙古等边地文化，产生强烈的吸引力，显示中国学术复兴的"经典性"。这样的文化特征，决定了宋代美术史必须包括对辽、金、西夏和蒙古国多民族文化关系的考察。宋代和高丽、日本的跨国文化关系，也开始了新的篇章，宋代瓷品，是中外贸易的重要内容。其开辟的海上航路，通往高丽、日本、东南亚及非洲，是继陆上丝绸之路后又一文化交流的热点。

这一时期的中外交流，精髓就是净源法师（1011—1088）描述他和门人高丽王子义天（1055—1101）的关系，即"相远以迹，相契以心"。义天由苏轼等人馆伴师从杭州慧因寺（俗称"高丽寺"）净源，是宋代文化与学术的崇高境界。如黄时鉴（1935—2013）所言，"这八个字应该印在天际，成为世界文化交流的宗旨和理想"。这种心心相印的关系，超越了国度和朝代，也超越了文化的差异。

## 第一节　南北艺术传统

公元960年，后周大将赵匡胤在开封陈桥驿发动兵变，建立宋朝，是为宋太祖。为了防止藩将拥兵自重，再出现五代那样政权更替的混乱局面，宋太祖制定了一整套抑制武将权力的措施。"杯酒释兵权"的故事，是给帮助他"黄袍加身"的将领们以丰厚的赏赐，令其解甲归田。宋朝国策强调了"宰相须用读书人"，礼遇文人，所以全国上下很快形成了重文轻武的风气，形成持续三百年的文化兴盛。

北宋在先后平定后蜀、南唐、吴越后，中原与南方的统一提供了强大的经济文化基础，使朝廷能以对外媾和的形式，处理与北方契丹族的辽国和西北党项族西夏的外交关系。从汉族的立场，历史学家多认为赵宋懦弱，不敢出兵攻打辽与西夏求得统一。事实上，对战争与和平的选择，取决于双方军事、经济的实力。北宋与辽和西夏各方，基本势均力敌，选择以媾和并存，事出无奈。宋真宗赵恒（968—1022，998—1022在位）率兵与辽交战失利，签订"澶渊之盟"。此后，来自外族的压力，如一道阴云笼罩在宋人的心头。在宋代文学史上难得一见"豪放派"的呐喊，也针对这种日趋文弱的政治格局。在辽代（916—1115）立国的二百年中，其强盛期是在10世纪，把游牧文化传统和汉地的传统（主要是唐代的政治制度）结合在一起，促进契丹文化的汉化。久而久之，契丹文化的民族特色日渐丧失，骁勇善战的尚武精神淡化。结果，东北女真族在完颜阿骨打（1068—1123，1115—1123在位）的统领下，于公元1115年建立金朝。

金人在推翻了辽代以后，长驱直下，进逼汴梁。北宋在徽宗朝日趋腐败，演绎了文化史上的一幕悲剧：一方面北宋境内，宋江、方腊（？—1121）等农民起义此起彼伏；另一方面，每年秋天都有金人南下入侵，民族间矛盾不断激化。徽宗让位，其子钦宗赵桓（1110—1156，1126—1127在位）继位，回天无力。金兵于1127年攻下汴京，灭掉北宋。徽、钦二帝及宫廷艺人、珍宝，统统被金兵掳往东北，成为提高东北汉文化的特殊因素。宋皇室的余部推选了钦宗之弟赵构（1107—1187，1127—1162在位）为高宗，逃至绍兴、温州，最后在临安（今浙江杭州）建行在所，作为临时都城。可是在随后的岁月中，朝廷虽然有使金兵闻风丧胆的军事将领岳飞（1103—1142）建立了出色的功业，但以宋金双方的军事实力而言，两者依然平分秋色。这时南宋的主战派失势，岳飞死于"莫须有"的罪名；主和派与金朝议和，使宋金以淮河为界，各主半壁江山。至此，南宋再也没有收复中原的打算，而孝宗赵昚（1127—1194，1163—1189在位）时韩侂胄（？—1207）的北进活动，也无果而终，导致更趋偏安的局面。金朝在灭辽之后，定都于燕京（今北京），也像契丹一样，实行大规模的汉化措施。金代文化由于地理上更接近中原，保存和发展了北宋的艺术特长，如北方的山水画传统、文人画传统，尤其道教文化传统方面，都是南宋所不重视的。

金代后期，强悍的蒙古民族在蒙古高原崛起，由成吉思汗（1162—1227，1206—1227在位）领导，在和林建立大蒙古国。在灭掉建国二百多年的西夏后，又锋芒一转，于1234年剪除金朝。于是，宋蒙关系成为南宋政治的头等议题。宋理宗赵昀（1205—1264，1224—1264在位）的统治长达四十年，终难抵挡由忽必烈（1215—1294，1260—1294在位）统帅的元朝大军的攻击。1279年，大将伯颜（1236—1295）率兵至临安城下，宋廷宣布投降。宋恭帝赵㬎（1271—1323，1275—1276在位）等及南宋宫廷收藏，大部分被送往元大都（今北京市）。恭帝被封为"瀛国公"，先后送往元上都和后藏的萨迦寺，最后赐死河西。元朝的统一，结束了五代以来的分裂局面，并把政治中心从杭州迁往北京，从此改变了封建社会的政治地理格局。

　　如果和魏晋南北朝或五代十国的南北文化概念相比，就会发现宋辽金的南北文化概念的特殊性。就宋朝的情况看，十八朝皇帝，遵守着同一祖制，尚文重教、礼遇文人。赵宋家族在防范国家内部分裂方面，措施有效，使北、南宋的统治能够上令下达，将文治落实在社会基层。宋代大多数文化艺术人才都从庶族地主基础上产生出来，强化了中央集权的统治。这都是此前南北分裂时期任何一方所不具备的。虽然宋代的疆域从北宋起就不是那么辽阔，东北和北方在契丹的掌握之中，而西北的中外交通也由于西夏的关系基本中断，但北宋对汉族文化的大部分地区的管辖，构成了狭义的南北统一。由于建都汴梁，北方风格占据了主导地位。各地画家要在翰林图画院得到官方的承认，或者在京城的寺院和市场寻找到立足之地。这使江南的艺术传统和风格改变形式，以适应北方的欣赏口味。上一章介绍的南唐董源、巨然和徐熙等人的画风，在北宋中后期才由少数文人书画家、收藏家标榜出来。在南宋偏安江南的一百五十多年时间里，北方的风格迅速地转变，形成新的院体格式，作为南北风格的混合物。以杭州为都城，也形成全国文化的中心。就像杭州方言，是南宋建都时采用北方官话的产物，属于中原音系，不同于本地吴语的音系，被语言学家称为"语言孤岛"。南宋的院体没有和董源、巨然的风格走到一起，理由相近。它们的笔墨语言不同，彼此相去颇远。如果从广义的南北概念来看宋朝与辽、金等地美术的关系，那么，这一时期多民族艺术的特征也可以比较出来。过去了解不多的北方少数民族美术，由于大量文物的出土，情况有了很大的改观。经过辽、金时代的文化开发，北方传统的内涵更加丰富。

　　汉字文化圈在这个时期扩展，由契丹族首创契丹大字和契丹小字两种，是为代表。此后，女真文、西夏文等，也应用了汉字的楷则，创造了本民族的文字。女真文有译语词典，而西夏文由于翻译有佛藏，能和中文的参照，均可释读。1260年忽必烈延请了后藏萨迦派高僧八思巴（1239—1280）创造了"八思巴字蒙文"，以区别于此前成吉思汗请乃蛮丞相塔塔统阿根据突厥文创造的老蒙文。"八思巴字蒙文"是一种蒙古拼音文字，其字形参照梵文，取汉字方块形式，比较突厥化的"老蒙文"，更容易纳入汉字文化圈，同时又保持了多文化的特点。它在元代和北元时期使用了百余年，其印章在官印系统中有一席之地。蒙古八思巴字的"画押印"则开了私印系统中非篆体化的先河。

宋、辽、金保存至今的古典建筑体现了南北艺术传统中的普适价值。北宋初喻皓的《木经》，北宋中后期李诫（1065？—1110）编撰的《营造法式》，总结了古代木构建筑的主要成就。五台山南禅寺、佛光寺的建筑实例，其结构按建筑立面呈现为三分：梁以上部分为上分，室内地面以上至梁以下为中分，室内地面以下为下分。《木经》三卷，原书已失传，仅有片段存留。喻皓概括了木构建筑物的外形特征：下分为建筑物的台基，中分为主墙及门窗，上分为屋顶。其比例关系，按不同的建筑功能来调整。浙江宁波保国寺的大雄宝殿，建于宋真宗大中祥符六年（1013），是江南现存最早的木构实例，从三分的比例来看，建筑立面，一变唐代厚重沉着的风格，显得轻盈俊秀，体现了宋人的审美倾向（图6-1）。

《营造法式》于宋哲宗赵煦（1077—1100，1086—1100在位）绍圣四年（1097）由朝廷颁布，是总结木构建筑的经典。全书三十四卷，序文为呈致皇帝的奏章，交代编撰目的和经过。在看样部分，详细说明若干规定和数据。总释、总例两卷，指明构件名称及数据标准。匠作制度十三卷，分述壕寨、石、大木、小木、雕、旋、锯、竹、瓦、泥、彩画、砖、窑等不同工种的规定。功限、料例十三卷，它规定了上述十三个工

图6-1　保国寺大殿内部结构，木结构建筑，1013年，浙江省宁波市

种的定额用料。各种工程图样六卷，有平面、立面和剖面图样，包括雕饰和彩画图样，反映了北宋的官方定式。它的问世，说明在工程技术方面，古代木构建筑达到了空前的水平。李诚出身于庶族官宦之家，长期在地方和朝廷担任工程设计与监管之职，在汴梁的将作监任事十三年，经手的宫廷殿堂多处，积累了丰富的经验。总结古代建筑用材制度，即"材分模数制"，是最重要的理论贡献，为建筑施工提供了标准化的规范，意义深远。这个模数是：以平方寸计，规定一等材横断面为9×6，用于九至十一间殿身建筑；二等材8.25×5.5，用于上述建筑的副阶和挟屋；三等材7.5×5，用于三至五间殿身建筑；四等材7.2×4.8，用于三间殿身建筑和五间厅堂建筑；五等材6.6×4.4，用于小三间殿身或大三间厅堂建筑；六等材6×4，用于亭榭或小厅堂；七等材5.25×3.5，用于小殿及其亭榭；八等材4.5×3，用于殿内藻井或小榭铺作。有此八等材分，就可以因地制宜，灵活应用。这小大由之的思维方式，体现了工程科学的美，使木构建筑成为世界建筑史上的瑰宝。

蓟县独乐寺观音阁和应县佛宫寺释迦塔是木结构建筑的精华。前者在河北省，修建于辽统和二年（984），阁高22米，外部看似两层，实际上为三层。二层、三层都留出中央一个空井，使一尊十一面的观音像突出而上。这一设计在木结构上十分复杂，多种斗棋结构丰富了建筑外部的优美装饰（图6-2）。后者在山西省，建于辽清宇二年（1056），金明昌六年（1195）增修完毕，功能和寺观建筑不同，俗称应县木塔。塔原为埋葬佛骨之用，为外来的建筑内容。其形式从南北朝时期大量出现于中土之后，发生了许多变化，其中由砖石结构的

图6-2　独乐寺观音阁，木结构建筑，阁高22m，984年，河北省蓟县

图6-3　佛宫寺释迦塔，木结构建筑，总高67.13m，1056年重建，1195年增修，山西应县

密檐塔变为楼阁式木塔，最为显著。应县木塔（图6-3）是最好的例证。其平面呈八角形，象征佛教宣扬通向涅槃的正八道。总高67.13米，筑于4米高的双层石基之上。建筑结构为双套筒框架式，内外筒分别由八根和十六根立柱组成，双筒之间以梁、枋、斗栱连为整体，多用斜撑，拉力极强。内部佛像位置、装饰处理均极恰当。并按顺时针方向逐层错开扶梯，避免结构上的薄弱环节。塔的立面分隔为五个明层，四个暗层和一个顶层。明层为礼佛，眺望空间；暗层和顶层为结构空间，分别用于加强塔体刚性和支撑塔顶屋面。空间造型高拔沉稳，远观如天柱地轴，形象刚健；近看则变化有致，疏密相间。该塔在建成二百多年后，曾经历七次大地震，周围殿堂民居倒坍殆尽，唯木塔岿然不动，显示了其科学的设计结构。

　　现存宋辽金时期像保国寺大殿、应县木塔这类木结构佛教建筑还有一些，而当时在重庆大足等地的石窟艺术，也有完好的保存。从唐末五代开始一直到南宋末，大足的北山和宝顶等处，出现了许多窟龛，其造像艺术风格代表着同一时期南北佛教艺术的共同特点。宋人的现实手法在造像上应用纯熟。在北山佛湾盆地连绵近一公里的六千多尊石刻中，有第125号龛的北宋"数珠手观音"（图6-4）被称为"北山石刻之冠"。按照《不空胃索神变真言经》中，这一观音以"一切庄严，身放种种奇特光明"出现，经宋代刻工处理，这"一切庄严"相为迷人的媚态所取代，洋溢着青春活力。她迎风站在莲花上，以环绕全身的带饰和椭圆形的光环来表现"身放种种奇特光明"的规定，当地人称其为"媚态观音"。雕刻技法也炉火纯青：衣纹平面褶叠，理路分明；华冠佩饰精镂细刻，富于立体感；刀法转折自然，见棱见角，现形现质。类似的造像在宝顶的南宋造像中，更是发挥得淋漓尽致。宝顶的石窟是在马蹄形的山湾中开凿的，有一万多尊造像分布在500米长的石崖上。除了大佛、菩萨、罗汉造像外，还有许多连环画式的经变故事，如"父母恩重经变相""无量寿经变相""地狱变相"等，在宣传佛教教义的同时，掺入了儒学的"孝行"，体现了宋代理学的倾向。新的社会思潮使宝顶造像在反映现实生活方面水平出众。如第18号摩崖"地狱变相"中的情景，就有打开竹笼放养鸡雏的农妇形象，她衣着朴素，表情和蔼，使人忘记了其宗教箴规的语境。（图6-5）

　　和大足造像风格一致的宋代佛教雕塑，在敦煌莫高窟、麦积山石窟的彩塑中，还有佳例。像山东长清灵岩寺千佛殿内现存的四十尊北宋罗汉坐像，对人物个性的塑造，达到了出神入化的境地。塑像高约1.1米，温悦静寂，凝思默想，聪慧敏捷，

长于思索。没有夸张变形，不靠降龙伏虎之类神异的举动，而是集中反映高僧内心的世界（彩图24）。由此可以想见禅学的盛行对于世人的启迪，也是宋代文化所追求的精神面貌。

图6-4　数珠手观音，石刻，高97cm，北宋，重庆大足北山第125号龛

图6-5　养鸡女，石刻，高125cm，南宋，重庆大足宝顶山第20号摩崖

　　由艺术所反映出来的宗教世俗化倾向，是文化内向化的表现之一。南北的艺术传统，包括辽、金、西夏的艺术在内，均以此作为主要特点。儒、释、道各家的学说在理学的统领下，正在互相融合，使宋辽金和西夏的艺术，充满现实感。经过三百余年的南北文化发展，调动了文人士大夫、宫廷画家、民间艺匠以及方外的僧道，表现其对生活的细心观察。辽、金、西夏的美术，也直接间接地受其影响，发展出了特有的时代风格。

　　儒学在宋代能包容各派思想。所以，从艺术上讲，理学精神就是入世的精神，面对现实，表现有助于政教的作品。它也融入其他宗教的艺术表现中，扩大教化之用。北宋李公麟（1049—1106）作《圣贤图》，其刻石在杭州大成殿，作于南宋高宗绍兴二十六年（1156），有孔子及其七十二个弟子的形象。而反映历朝帝王和当朝胜流的肖像作品，也为了显示儒教的纲常。宋英宗赵曙（1032—1067，1064—1067在位）治平元年（1064）在景灵宫孝严殿绘制的壁画，描绘了宋代开国的一些重要事件，以及宋仁宗赵祯（1010—1063，1023—1063在位）朝的七十二名大臣像。后者都由宫廷画家专程去各家写真，然后定稿。又如山东泰

图6-6　武宗元：朝元仙仗图卷
（局部），绢本墨笔，44.3cm×
580cm，北宋，私人藏

安的东岳庙宋代壁画，其大型的帝王封禅场面，就和道教的民间信仰掺和在一起，突出了君权神授的主旨。

宋真宗、徽宗等崇尚道教，遂使道教的绘画、雕塑、宫观、园林兴盛一时。真宗在与辽交战败北签订"澶渊之盟"后，通过崇道来自欺欺人。下诏修建"玉清昭应宫"，储藏天书，并将赵氏诸先帝和玉皇一起供奉。这浩大的工程，共召募全国的画家工匠三千人，经过考试，选出了以武宗元、王拙二人为首的百余人，负责壁画和建筑装饰的工作。从武宗元《朝元仙仗图》（图6-6）和《八十七神仙卷》两个存本，可见道观壁画宏大的规模。在仁宗天圣年间（1023—1031）修建的山西太原晋祠亦为民间信仰的结果，包括正殿（亦称"圣母殿"）、献殿和两殿之间的"鱼沼飞梁"，设计新颖独特。正殿内的塑像，特别是侍女的造型，优美多姿，楚楚动人（彩图25）。徽宗自称"道君皇帝"，曾为筑艮岳等道教仙苑而有"花石纲"之役，引起宋江等梁山好汉反抗朝廷的事件。道教在金代的活动是文化史上十分重要的内容。以王重阳（1112—1170）为首的北方全真教为反抗女真贵族的统治，保存汉文化的传统，就通过道教在社会上形成广泛影响。其在雕刻道藏、修建道观等功德上，大量运用了视觉语言，为蒙古国和元代道教艺术的繁荣，准备了大众文化的基础。

在两宋社会生活中，佛教禅宗影响巨大，由南宋朝廷评选出"五山十刹"，便显示出禅林压倒一切的声望。王维的诗画艺术已体现禅学的作用。到了宋代，文人士大夫参禅打坐成为日常生活的内容，就像饮茶品茗一样，或称"禅悦"。宋代禅僧多才多艺，除了书法、诗词之外，还介入到绘画创作中，创造"禅画"，在丛林中流传颇广。其中如禅师的"顶相"，风格工整，或为普通画工所为。著名的《无准师范像》，描绘南宋所定"五山十刹"之首临安径山寺方丈无准师范（1179—1249）肖像，由日本遣宋僧圆尔辨圆（1202—1280）于1238年定制，上有方丈的题跋，显示其凭证功能，后携至日本京都东福寺，为镇寺之宝。禅画更多的是借用南宋院体的水墨淋漓的形式，表达对生命存在的顿悟。禅画家在南宋后期的画坛上和翰林图画院画家一起，对确立简笔人物的表现手法，有重要作用。禅画和文人士大夫讲究笔墨的修养和含蓄趣味各异，因此在南宋和金代，不被收藏家重视，绝大多数作品后来都流传到东瀛，对日本的武士—禅宗文化产生了深远的影响。

## 第二节  翰林图画院

五代西蜀、南唐的皇室图画院的成就，给宋代统治者以有用的资鉴。北宋开国伊始，接收了来自这两处画院的画家，使之成为翰林图画院的中坚力量。宋代的各朝君王，对这个祖制很重视，并以各人兴趣，加以变化。图画院的形式，为强调文治在社会生活中的作用起典范作用。其沿革体现了皇室对艺术的赞助，意义重大。

西蜀画院的情况显示，翰林图画院背后，是民间绘画行会。在经济发达的汉唐社会，绘画用来满足人们日常生活需求：画像石、画像砖的制作市场，依托了崇尚厚葬的民风，于是有孟孚、孟卯兄弟的刻石作坊；佛道寺观经济在唐代保证大批建筑、雕塑和绘画的行会，吴道子的弟子门生，就是行会的成员。宋代都市文化在推进经济繁荣方面更甚前代，因为其受众不再是世族豪门，而是有一定文化程度的普通百姓。以寺院经济为例，它不同于唐代长安、洛阳坊市中的分门别类的交易，而是把各行各业的活动，都集中在人口密集、交通便利的商业中心进行，这就合乎市场经济的特点。汴梁的皇室寺院大相国寺最为热闹：举办庙会时，大殿后、资圣门前布满买卖图画、书籍的摊位，后廊则经营画像的生意。行会组织在市场的竞争中充满活力。要出奇制胜，须有新画样问世，也使绘画题材专门化。汴梁画家刘宗道的"照盆孩儿"，表现了非常奇妙的倒影：小孩用手指水盆中自己的影子，影子也指着小孩。京城里有美女秦妙观，画家们将其画像推向市场。因此有长于画儿童的"杜孩儿"，长于画宫殿建筑的"赵楼台"，都根据市场的需求，批量制作图画。这反映了行会的另一作用：防止他人临摹仿制。把新的画样一次制成几百本投向市场，确保其经济效益。这也说明市场旺盛的购买力：画商来自全国各地，推动新样式的流通。北宋汴梁、南宋临安作为文化中心，还将这些绘画经过与辽、金、西夏交界的"榷场"，销售到宋朝以外的地区。像专门为高丽、日本等国制作佛画的行会，在南宋宁波就有"陆信忠"坊市绘制的作品，现存日本各个寺庙，数量有几百幅之多。同样道理，在两宋的都市中，外地的艺术家和艺术作品也大量流入，使京城的文化艺术能不断出新。山西绛州的画家杨威以描绘农家景致为专长，并让画商携至汴梁画院后门去卖，以求厚利。从北宋开始，外地画家常在京城的街上卖画，到南宋末，还有放弃在画院任职的机会而宁愿在御街画像的。显然后者不但收入丰厚，而且更为独立。

当绘画像手工艺商品为各个阶层消费时，就比唐代的寺观壁画更贴近广大百姓的生活。它也吸引了各种社会身份的人参与绘画创作，成为生计之一。北宋山水名家燕文贵出身行武，但性喜作画，因曾在汴梁的街市上展销画作，从而受到注意，一举成名。这些享誉市场者，也被皇室招荐入宫。唐代吴道子因在京城名声大著，被唐玄宗召见，还被封臂。宋代帝王没有这么专断，而是沿用了前代画院制度，让有名的画家在朝廷的褒奖下，发挥优异水平。画院和原来宫廷的匠作机构都为帝王和朝廷服务，只是在性质上有所区别。画匠地位低，属于"八作匠"，所得报酬叫"食钱"，而画院画家则领取"俸值"，显示不同的等级。但是画院画家的地位和朝中的士大夫相比，又有不同，他们不能外放为地方官，因为他们掌握的只是一技之长。他们的升级有一定的限制，在服饰上虽然能和文官一样穿绯色（四品）和紫色（五品）的官服，却不能如同级文官那样"佩鱼"（金银质地的鱼形佩饰）。这种情况随各朝帝王的规定而有所变通，在北宋末徽宗画院，画家的地位迁升最快，画院的成就也最突出。

由宋太宗赵匡义（939—997，976—997在位）倡导，宋代画院的基础在于网罗画家和收藏前代画迹两个方面。网罗中原、西蜀和南唐的画家，包括五代的人物画名家王霭、高益、王道真等，都曾在相国寺留下画迹，自然为朝廷所接纳。西蜀画家多随后主孟昶（919—965，934—964在位）于乾德三年（965）至汴梁，有黄筌、黄居寀、高文进、高怀节、高怀宝等人。南唐画家则随后主李煜于开宝八年（975）来汴梁，有王齐翰、周文矩、顾德谦、徐崇嗣等。因皇帝喜好不同，画家间多相互排斥。西蜀画家很得势，而南唐来的徐崇嗣，因其先人徐熙的落墨法失宠，只好改学黄家的风格，使所谓富贵风格左右画院达百年之久。而高文进在人物画方面也十分专断，排挤原来在中原享有盛名的画家。在画迹收藏方面，太宗于太平兴国年间（976—982）诏令天下郡县搜访古今名画，由黄居寀、高文进主持鉴定工作。六年后在崇文院的中堂设立"秘阁"作为储藏之地。

画院制度到徽宗崇宁、大观至政和、宣和年间（1102—1115）有了新的发展。这和徽宗本人的书法绘画天才有直接关系。像太宗一样，他做了两方面的工作：一是收藏名画，把古代的一千五百件作品辑成十五册，称为《宣和睿览集》。宣和宫廷的书画装裱形式形成了定式，被称为"宣和装"。徽宗有成套的收藏印鉴，赵佶的签押也很有特点，以"天下一人"的押字书于画上。这些对后世的宫廷收藏都产生了深远的影响。朝廷编撰了《宣和书谱》和《宣和画谱》，分门别类，著录、评价皇室收藏。二是在朝中分设"书学""画学"等名目，提高宫廷艺术家的身份。"画学"是将绘画作为科举的一部分，分为佛道、人物、山水、鸟兽、花竹、屋木六科取士。画家经考试入学后，根据其背景，分"士流""杂流"，选学不同的课程。每旬日，取宫中收藏历代名画，让学生临摹观赏，还要读《说文》《尔雅》《方言》《释名》等古文字学书籍。学习期间，考试成绩优异者，可得升迁。而主考官常常就是徽宗本人，定夺考生和学生的作品优劣。此前，宋神宗赵顼（1048—1085，1068—1085在位）、哲宗也关心画院活动，如支持王安石（1021—1086）变法的神宗，最欣赏郭熙新的山水风格，让宫廷内各处的殿壁和屏风都裱褙其作品。但反对变法的哲宗，登基后统统撤去郭画，弃置于库房，甚至有被用作抹布者。这相反的态度，说明政治标准的决定作用。徽宗重视教化，同时也强调艺术趣味，以当时社会上所流行的"韵致"，作为评定"画学"的水准。

依据帝王的趣味，特别是徽宗强调的"形似""格法""画学"进行命题考试。应试者必须掌握前代的程式，在此基础上使所描绘的物象达到"形似"。"士流""杂流"的概念表明，掌握前代程式，既有视觉艺术，还有诗文等综合的艺术修养，以保证"形似"的特殊趣味。我们可以从徽宗画学的几个典型试题来看"格法""形似"这一对范畴的重要意义。在一定程度上，是将"思"与"景"这对认识范畴扩大到宫廷艺术的评判上。这是一个值得注意的贡献。

在那些出色的答卷中，"诗意"起了关键作用，并最终在南宋画院的人物点景山水画的创作中，形成了一套"诗意画"的样式。神宗朝画院待诏郭熙的《林泉高致》，在其"画题"一节，引述了唐宋诗篇中那些充满画意的名句，以启发画家的创作。徽宗画学也是如此。如"野水无人渡，孤舟尽日横"一题，一般人只是取远景，画孤舟泊岸，水鸟栖息于船舷，表现舟中无人，一片寂静的气氛。而善解画意者，则取一近景，画舟子在船尾入睡，横置竹笛于身。这么处理，以舟子点明"无人"，出乎意想，由此突出自然风物的僻静和闲远。又如"嫩绿枝头红一点，动人春色不须多"一题，不少画家把花卉作为重点，大力渲染。有人却只画了远景中一红衣少女，登楼凭栏俯看绿荫成片的景致，以红绿的色彩对比，表示浓郁的春意。类似的诗题还有单句式的，检验处理叙事场景的能力。如"深山藏古寺"一题，画家只在重叠的山峦间画出幡竿，以此象征佛寺的所在。与此相近的画题，"竹锁桥头卖酒家"，也在桥头竹林外挑一酒帘，喻示村店之所在。这些画眼，也是诗眼，用"藏"和"锁"把画面的叙事情节点明。也为后来南宋画院创作"院体"的构思程式参考，通过半边一角之景，把画面的一部分内容，留给看画者，靠其投射想象力，完成全部作品。其设计之巧妙，使院画家在讲究"形似"时，发展出新的"格法"。对比《洛神赋图》上顾恺之对洛妃"凌波微步，罗袜生尘"的表现，不难看出宋人在处理叙述情节上的长足进步。

画学许多追求真实的故事，源于徽宗在"格物"上树立的榜样。在一次画学生描绘孔雀升墩屏障时，所有的作品都不能让徽宗满意。后来他说明了缘由：原来孔雀升墩先举左脚，而众画家都以右脚为先。还有一次，徽宗对多数名家在一新建筑所绘的装饰壁画均不置可否，唯独欣赏在某殿前柱廊拱眼中一新进画家画的斜枝月季，它表现了春季中午时分的姿态，由此体现月季的花蕊叶四时朝暮都不相同的特点。

通过严格的考试，画学的画家分别得到不同名目的职位：画学正、艺学、祗侯、待诏、供奉及画学生等。"画学"在画史上只是昙花一现，前后不过四五年时间，以画取士的科举内容就被取消。然而，徽宗画学培养的人才、创作的名迹、形成的制度、提出的主张，都对南宋的画院有重大的影响。1127年，汴梁被金兵攻占，在徽、钦二帝被掳的"靖康之难"中，宫廷画家作鸟兽散。当南宋在临安定都后，高宗恢复了图画院，战乱中逃到江南的院中旧人，成了画院的主要力量。徽宗画院中的名家李唐，重新供职于南宋朝廷，还把曾打劫他的强盗萧照收为徒弟，把他培养为出色的院画家。南宋的画院建制保留了以往的职称，但只是靠选拔推荐，而不是考试来召募画家。以李唐开创的南宋新画风，经刘松年、马远、夏圭等大家的努力，成为宋代最有代表性的"院体"。皇室的艺术趣味和画家个人的天才创造被统一在画面上，其精美典雅的韵致，表现了不朽的艺术品质。

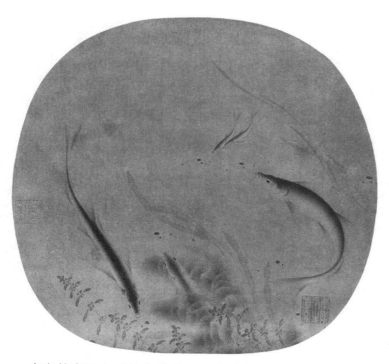

图6-7 佚名：群鱼戏藻图，纨扇页，绢本设色，24.5cm×25.5cm，宋，北京故宫博物院藏

南宋的帝王大多热衷于书画，效法徽宗，常为画院画家的作品题跋，显示对宫廷艺术的支持。至于帝王皇后的参与，究竟是其命题在先，由画家完成之后再题跋，还是画家先画完，进呈给帝王皇后添加题跋，这个过程的顺序还不易确定。在皇室的题跋活动中，宁宗赵扩（1168—1224，1195—1224在位）杨皇后（杨妹子，1162—1233）非常重要。这位艺术爱好者的书法和印鉴在南宋一些经典的院体风格作品上出现，代表翰林图画院又一个艺术创作高峰的特点。以画科类别来看，宋代翰林图画院在山水、花鸟和人物等主要门类中，都创造了空前的成就。第三节将专门介绍山水画，在此仅就花鸟、人物的院画经典作一概述。

从西蜀黄筌的花鸟写生作品，形成了晚唐以来工笔重彩的基本的程式。北宋初年，画院奉行这体现"富贵气"的程式，由黄居寀担当艺术仲裁人。该程式"格法"严谨，观察物象和描写技法，一丝不苟，精心为之。无名氏的《出水芙蓉图》（彩图26），以纨扇形的画页，绘出一朵夏日初放的新荷，其饱满的花瓣层层绽开，中间有花蕊点点，透露出无限清香；淡红色的花体，在绿叶铺衬下妩媚动人。这是工笔重彩中最接近自然的创造，它所传达的美色，又被赋予了诗的意境。无名氏的《群鱼戏藻图》（图6-7）上，以墨色为主的钩描渲染，把水中游弋的鱼儿表现得极为真实。画家只是以几笔水草来代表透明的湖水，显示了高度的创造视错觉的技巧。在此，徐熙"落墨"手法得到了很好的应用，达到了和黄氏父子写生方法

图6-8 崔白：双喜图轴，绢本设色，193.7cm×103.4cm，北宋，台北"故宫博物院"藏

图6-9 赵佶：柳鸦芦雁图卷，纸本淡设色，34cm×223cm，北宋，上海博物馆藏

相同的艺术效果。绘画史家郭若虚在《图画见闻志》中概括了"黄家富贵，徐熙野逸"的特点。不过在南宋院体中，它们的对立已经缩小，两者共同表达了诗意化的皇室趣味。

王安石的政治变法，也引发了翰林图画院的花鸟风格创新。崔白（约1004—1088）的水墨风格受到朝廷的肯定，也因为在他之前，赵昌、易元吉等人已经对既有的程式作了突破，借助写生，丰富花鸟表现题材。赵昌经常在晨露未干时，悉心观察花卉的特点，巧妙处理色彩变化。所画多为"折枝"，能不断用写生来修正各种"折枝"的程式。受其启发，长沙的画家易元吉也在自家园圃中认真观察花竹草木，还到大山中观察猿猴的生活习性，成为画院中画猿的高手。崔白在神宗画院受到朝中士大夫们的称道。他多才多艺，除道释鬼神之类宗教画外，擅长写生花竹翎毛。熙宁年间（1068—1077），他会同艾宣、丁贶、葛守昌等人，制作垂拱殿的屏风画《夹竹海棠鹤图》。因画艺超群，神宗点名要他到画院任职。所绘《双喜图》（图6-8）集中体现了其新的艺术风貌。这幅硕大的绢绘，用于装饰屏风和殿壁，现只存其中一部分。深秋的萧瑟景象，枯枝脱落，枝叶在寒风中披拂，两只山鸟向山兔鸣叫，一派不安的气氛。山兔踯躅回首，神态惊奇，增加了画面的生动感。对照崔白的作品，画家擅长描绘秋

图6-10 赵佶：芙蓉锦鸡图轴，绢本设色，81.5cm×53.6cm，北宋，北京故宫博物院藏

图6-11 李迪：鸡雏待饲图，绢本设色，23.7cm×24.6cm，1197年，南宋，北京故宫博物院藏

景。以败荷浮雁和水上风物，靠水墨的笔致，显出残缺之美。其弟崔慤也画同样风格，供职画院。出身武官的梁师闵在其《芦汀密雪图》上，把江南的景致和工细的花鸟形象相统一，对二崔抒情式表现作了发挥。

从名分上讲，把翰林图画院的总代表徽宗列入画院画家，与封建时代史学立场不同，后者将帝王画单列一类，作为画史的重头戏。从绘画风格上讲，花鸟画是他的专长。他曾把自己描绘珍异动物和植物的作品《宣和睿览册》编为每十五幅一册，累计达"千册"之多。如此规模需要代笔高手，如刘益、富燮等，就在政和、宣和年间"供御画"。据考证，他的风格可分两类，一是以水墨为主的作品，一是以工笔赋色的作品。前者为其本色，如《柳鸦芦雁图》（图6-9），笔力醇厚，气韵闲雅，不以造型的工致取胜。后者数量大，或为代笔之作，如《腊梅双禽图》《五色鹦鹉图》等，构思严密、造型准确、赋色鲜丽，典型的皇室色彩。在《芙蓉锦鸡图》（图6-10）上，以锦鸡的斑斓色彩代表"五德"，宣扬其伦理观念，御题诗更强调出花鸟的政治象征性。《瑞鹤图》（彩图27）是表现真实的事件，把政和二年（1112）上元节过后瑞鹤云集皇宫的情形，作为瑞兆着力宣传。这是画院主要的社会功能之一，说明花鸟作品在赵佶心目中占有重要位置。这类题材形式便于表现他的艺术倾向，使他能对画院画家作出精到的评判，包括审阅、采纳他们的画稿。赵佶的"瘦金书"适合创作工笔花鸟，由楷书演变而来，银钩铁划，有如绘画中的勾勒，达到字画合一的视觉效果。

徽宗画院的花鸟高手对南渡后重新恢复画院的工作，有积极的作用，带出了李迪、李安忠、林椿、毛益等大批名家。徽宗对花鸟集册的先例，使小幅装饰品十分发达，涉及了日常生活的细节，反映现实自然情趣，不少杰作流传至今。李迪的《鸡雏待饲图》（图6-11）描绘了两只可爱的鸡雏，其中一只，回首看望，嗷嗷待哺，神情逼真。这样的气氛，只有对生命充满爱心才能传递出来。李迪也画巨幅的牡丹屏风和鹰雉图，表明他非常熟悉工笔和水墨两种表现形式。

在花鸟创作中，马远、马麟父子的成就，自成统绪。马远祖籍为河中（今山西永济），生于钱塘（今浙江杭州），事光宗赵惇（1147—1200，1190—1194在位）、宁宗二朝。马远《梅石溪凫图》，在构图上匠心独运：小小的斗方留出了大块的空白，仅两个边角画梅花数枝，几只水凫在岩石下的溪潭中嬉戏，享受自由欢乐的生活。马麟《层叠冰绡图》（彩图28）为古典"折枝花"的精品，右侧伸出三两枝春梅，花白如雪片

图6-12　北方多闻天王（上）、东方持国天王（下），函彩画，124cm×42.5cm，1013年，苏州瑞光寺塔出土，苏州博物馆藏

图6-13　赵佶：听琴图轴，绢本设色，147.2cm×51.3cm，北宋，北京故宫博物院藏

图6-14　张择端：清明上河图卷（局部），绢本设色，24.8cm×528.7cm，宋，北京故宫博物院藏

点点，韵致别具。画上有宁宗杨皇后的书迹和卦印，以及画家名款"臣马麟笔"。两宋画院的作品一般只有画家的落款，字迹很小，而画上的题诗，则由帝王或皇后书写。从徽宗有此制度，高宗、孝宗、光宗、宁宗和理宗都乐此不疲，直接影响了画面的构成。

南宋院体花鸟画中，画家李嵩的《花篮图》属于静物写生，和"折枝花"不同，有特定的背景，显示临安都市生活中室内陈设的方式。这类作品不仅流传至今，而且还在日本存有狩野探幽（1602—1674）等人的缩临本，是花鸟画史上别致的内容。南宋末，宫廷花鸟也包括了梁楷的"减笔"风格，如《秋柳双鸦图》，只寥寥数笔，就把寒鸦在秋风中疾飞的画面表现得极为传神。

北宋前期主要以道释画成就最突出，如真宗时武宗元的作品，对民间画家影响较大。在同一时期，吴道子的样式也继续流行，从苏州瑞光塔出土的木舍利函上所见四天王像（图6-12），可见全国道释画的普遍特点。经过神宗、哲宗朝士大夫画家李公麟的创造，人物画呈现了宋代的面貌。历朝画院的人物画家，大多由此入手，如梁楷之师贾师古，就学李公麟的白描。在徽宗画学的课程中专门教授古文字学，是因为李公麟笔法中吸收了金石学的养分。

传世的徽宗人物画中，除临摹张萱《捣练图》（彩图15）外，还有《听琴图》（图6-13）。不同宋代的帝王画像，包括徽宗的坐像，这幅立轴从内容到形式都体现了他的审美趣味。画面中央的高大松树下，有道君皇帝在弹筝，而右侧坐着丞相蔡京（1047—1126），低头凝神。这种程式，仿佛唐代韩滉在《文苑图》的情形：一位文士身倚弯曲的松树枝干，正构思佳句。左侧的文臣，也端坐静听，身边还有一书童站立伺候。不

图6-15　李唐：采薇图卷，绢本设色，27cm×90cm，南宋，北京故宫博物院藏

管这幅自画像是否为代笔，其创作体现了画院画工和士大夫画家两方面的努力：前者带给画坛生活的新鲜感，后者提高欣赏和创作的格调。

张择端的《清明上河图》（图6-14）是徽宗画院的人物画中最有历史价值的作品。表现汴梁的现实生活，描绘了清明时分京城内外的生动画面。长卷分三个段落：从郊外的景致开始，经过虹桥这一画面的高潮，转入城内。画上五百五十余人，包括了社会各色人等，体现出画家过人的观察力和形象记忆力。虽然前代画家都曾表现过类似的风俗题材，但他处理的场面，则前所未见，因为那不是寺院经济，而是市民经济形成的气氛。同时，画院各科水平的提高，造就了张择端对人物、山水、花鸟、骡马、建筑界画等全面表现才能，下笔之时，得心应手，运用自如。他对舟船的透视处理显示了很强的空间深度感，说明他再现物象的过人本领。最可贵的是他对整体气氛的协调，使全景画面洋溢着永不消逝的生活魅力。

南宋的历史人物题材的大量出现，反映出宋室南迁之初普遍的社会心态。李唐以八十高龄经历了颠沛流离的磨难，仍主张朝廷出兵收复失地。他不满朝廷偏安江南的心理，画了《采薇图》（图6-15）讽谏时政。所绘商遗民伯夷、叔齐在首阳山采薇度日的隐逸生活，颂扬其宁死不事周室的气节。以水墨来表现伯夷、叔齐二人，在山野之中席地而坐，仿佛像岩石、古树一样坚毅顽强。他们的面部造型一正一敧，充满个性。尤其是正视的形象，双眉紧锁，两眼射出犀利的目光。连络腮胡须也都挺直了，足见其愤愤之情。线描多侧锋，转折顿挫，刚劲有力，是古典人物造型中难得的精品。同一时期的人物画，还有《中兴瑞应图》《文姬归汉图》《望贤迎驾图》等，都表达了希望重新收回中原的要求。

在李唐之后，刘松年的人物画以道释题材为主，也画过《中兴四将图》，而马远、马麟等则以风俗和士大夫生活为主要内容。他的《踏歌图》，是山水人物的结合，描绘帝阙之

图6-16　马麟：静听松风图轴，绢本设色，226.6cm×110.3cm，南宋，台北"故宫博物院"藏

图6-17　李嵩：货郎图卷，绢本水墨，25.3cm×70.3cm，南宋，北京故宫博物院藏

图6-18　梁楷：六祖斫竹图，纸本墨笔，73cm×31.8cm，南宋，日本东京国立博物馆藏

下，农夫们喜气洋洋，踏歌而归的景象。马麟的《静听松风图》（图6-16）如果和徽宗的《听琴图》比较，又进一层：此时的音乐是天籁之声，一位文士靠坐在松树下，悠闲地享受着这自然的赐予。南宋中期也有李嵩在表现《货郎图》（图6-17）等乡村生活内容，以及《骷髅幻戏图》等城市生活题材。和他的《四迷图》一样，这些人物画，对不良的社会现象提出批评，也表达了画家的处世态度。

南宋中后期的画院，仍有大批院工按照"院体"风格进行创作，其中也产生了自出新意的天才，像活跃于宁宗嘉泰年间（1201—1204）的梁楷，以"减笔"人物画，开创了人物画创作的新水平。他在掌握了白描人物的精细技法基础上，发展出奔放的个人风格。虽曾被授为画院待诏，他却将金带挂于院中，不受而去。性嗜酒，人称"梁疯子"。梁楷受禅学的影响很大，所画《六祖斫竹图》（图6-18）、《八高僧故事图》等许多题材，都说明这一点。就水墨风格的演变而言，把水墨写意用在人物造型上，代表一个新趋势。宋以后，减笔画启发了一画家继续尝试水墨写意的方法，但他主要的影响是在日本，其作品与宋元禅僧绘画一起，受到东瀛社会特别是武士阶层的高度重视。

## 第三节　山水画的黄金时代

宋人郭若虚在论述当时画坛和前代画坛的总体区别时指出：若论人物，则今不如昔；若论山水，则昔不如今。明人王世贞（1526—1590）在分析山水画的发展时，指出从唐到元发生了五次大的风格变化：从唐代二李（李思训、李昭道）为一变，五代荆、关、董、巨为一变，北宋李成、范宽为一变，南宋李、刘、马、夏为一变，元末黄公望、王蒙（1308—1385）为一变。

其中五代到宋的三次变革，说明了山水画在这个时期蓬勃发展的特点。这样的变革使绘画再现的技巧越来越完备，空间的处理能力越来越多样化。把这个时期视为山水画发展的黄金时代，是很有道理的。

李成（？—967）是北宋前期贡献最大的山水画家，时人把他和范宽、关全并提，称为"百代标程"。李成，字咸熙，山东营邱人，世代业儒，但处在五代乱世，只能在社会上赋闲，靠字画为生。他却耻于承认以此为生计，常借助酒兴，抒写胸臆。《宣和画谱》指出："所画山林薮泽，平远险易，萦带曲折。飞流、危栈、绝涧、水石——风雨晦明，烟云雪雾之状，一皆吐其胸中，而写之笔下。"他喜欢表现齐鲁平原的风光，平林漠漠，一望无际。存世李成的《茂林远岫图》上，就充满了这种苍茫勃郁的气势。他善画老树寒林，作为个人处境的象征。所作《晴峦萧寺图》（图6-19），是表现成角透视画法的经典尝试。他和王晓合作的《读碑窠石图》中的几株枯劲的老树，和荒野古碑传达追忆往昔的历史意义。

范宽的时代较李成稍晚，他在仁宗天圣年间（1023—1031）尚在，字中立，华原人（今陕西耀县人）。他为人宽厚，性好酒，不拘世俗。荆浩、关全、李成都是他师学的前辈，但是他在"思"与"景"的关系中找到了自己的方案。他说："前人之法，未尝不近取诸物。吾与其师于人者，未若师诸物也；吾与其师诸物者，未若师诸心。"这表明他在掌握前人的山水程式时，不仅知其然，而且知其所以然。他在作画前，常常对景凝想，把心中的感受和手中熟悉的画法协调在一起，投射到所面对的景物中，以此"为山传神"。他的《溪山行旅图》（图6-20）是世界艺术史上划时代的杰作。从正面取势的堂堂大山，像一道从天而降的自然屏障，矗立在观众的眼前，显示出造化的神奇伟力。山涧飞瀑，直落千仞。山下一片空蒙，映衬出近处树木茂密的山冈，那里有楼阁梵宇，半隐半现。山脚下有一队行旅牵马而来，马蹄声声，和着溪水潺潺，谱写了一曲自然界最动人的乐章。"范宽"的签名在树叶缝隙间被发现，可以知道这幅巨迹的创作者竟然如此谦逊地把自己掩藏在林泉烟云之间。范宽的独特性是他细密刻实的山石皴法，它使"景"的表现有了新的程式语言。他画中的景是"全景"，画家和这雄伟的景观保持了一段距离，使自然成为外在于我们的客观对象。

燕文贵与许道宁是从外地跑到京师，以卖画而被人赏识，最后成为画院的专职画家。燕文贵来自吴兴（今浙江湖州），原隶军籍，太宗时在街头被高益发现，推荐参加大相国寺壁画的绘

图6-19　李成：晴峦萧寺图轴，绢本淡设色，111.4cm×56cm，北宋，美国堪萨斯城纳尔逊—艾特金斯艺术博物馆藏

图6-20 范宽：溪山行旅图轴，绢本淡设色，206.3cm×103.3cm，北宋，台北故宫博物院藏

制，负责山水树石。后又参加真宗时玉清昭应宫的壁画制作，名声卓著。他著名的"燕家景致"，见其存世的《溪山楼观图》。该图用大山大水的形式，画出峰峦耸峙的气势，并在山峦间精工

图6-21　许道宁：渔夫图卷（局部），绢本淡设色，48.9cm×209.6cm，北宋，美国堪萨斯城纳尔逊—艾特金斯艺术博物馆藏

描绘宏伟的楼阁宫殿，十分耐看。其皴法以细密见长，不像范宽那么刻实，体现江南人特有的灵气。许道宁的出身是卖药的，为了在汴梁街头推销药材，多画"寒林平远"为促销品，招徕顾客，名声大震。宰相张士逊（964—1046）有"李成谢世范宽死，唯有长安许道宁"的诗句，足见其当时的声誉。现存许道宁《渔夫图》（图6-21），显示出他在表现林木山水等景物时，有大胆粗放的发挥，因而自成一家。

郭熙对山水画的实践和理论都有突出的贡献，是荆浩以来又一重要人物。其山水备受宋神宗器重，从画院的"艺学"起步，升为"待诏直长"。山水师法李成，长于平远之景。文化修养全面，年纪越大，绘艺越高，能在厅堂的大幅素壁上，信笔画出"长松巨木，回溪断崖，岩岫巉绝，峰峦秀起。云烟变灭，晻雾之间，千态万状"，被称为"独步一时"。他响应王安石的新法，为官制改革后新成立的中书、门下二省和枢密院、学士院，制作许多壁画。多才多艺的郭熙，亦擅"影塑"，在墙壁上用泥堆出浮雕式的山水作品。在宋代的雕塑作品中，这样的手法是比较时兴的。

现存最早有确切纪年的卷轴画是郭熙的《早春图》（图6-22），落款为"早春，壬子年（1072）郭熙画"，钤"郭熙图书"印。描绘了初春时分万物复苏的勃勃生机。冬去春来之际，画家的喜悦心情洋溢于笔端。主峰高耸入云，次峰左右呼应，山峦之间，云雾蒸腾，闪耀着一道道春光，传递着大自然的信息。《早春图》和《溪山行旅图》，一虚一实，对比鲜明。在画面的结构上，郭熙对前景作了更多的交代，对李成的枯树程式用比较夸张的形式加以变通，有状如鹿角、蟹爪的枝条，增加画面形象的浮动感。山石皴法强调光影变化，或被称为"鬼面"，又叫"云头皴"。其画法显示对四季风光的观察，即"远近浅深，风雨明晦，四时朝暮之所不同"，传达山水的精神。把山水画与人物画等同视之，是理学的发明：在自然大宇宙和人类社会以及每一个人的小宇宙之间，有相通之"理"。通过认真研究自然，反过来能更好地认识人与社会。本着这样的理念，他写了《林泉高致》，由他儿子郭思整理成书。通过这部山水画理论经典，可

图6-22　郭熙：早春图轴，绢本水墨，158.3cm×108.1cm，1072年，台北"故宫博物院"藏

加深对其作品的了解，由此认识北宋山水的画意、功能和表现手法。

　　荆浩《笔法记》以"求真"为山水画家的宗旨。这一目标在《林泉高致》中被发展为"求理"，即从自然的变化规律来感悟社会人生的变化规律，以山水的布局象征宗法社会的等级秩序。郭熙以君臣关系比喻主山、次山的关系，是农耕文化自然观的视觉体现。在此语境中，不难感受四时变化对人的影响："春山澹冶而如笑，夏山苍翠而如滴，秋山明净而如妆，冬山惨淡而如睡。"这样感应关系，颇多象征性。画长松茂林，预示子孙绵绵不尽之意，所谓山水中的"相术"。从表现方法上，郭熙又为荆浩提出"思""景"这对范畴，增添了不少内容。他发展了范宽的观看方法，"远望以取其势，近看以取其质"。他特别总结了山水画的布局方法，使"高远""平远"和"深远"，成为处理全景山水构图的基本程式："山有三远：自山下而仰山巅，谓之'高远'；自山前而窥山后，谓之'深远'；自近山而望远山，谓之'平远'。高远之色清明，深远之色重晦，平远之色有远有晦。高远之势突兀，深远之意重叠，平远之意冲融而缥缥缈缈。……此三远也。"借助这几种方法，画家发展了宗炳提出的"竖划三寸，当千仞之高；横墨数尺，体百里之迥"的方法，能灵活地协调好山水画创作中的经营位置。此外，郭熙提出了观察花卉的角度，从上往下俯视，以得其全貌。这也运用于山水画布局中。因郭熙擅长李成"平远之景"，他并未对此再加以总结。到宋哲宗时，沈括在《梦溪笔谈》中明确了这一方法，指出："山水之法，盖以大观小，如人观假山耳。"他批评了李成所采用的"仰画飞檐"的透视法，认为如果从山下望山上，只能看到山上楼阁的屋檐，而看不到山后的景致，使画家的视野受到很大的限制，算不得佳山水。应该像观看盆景假山，全局在胸，然后作自由的取舍，创作出全景式的画面。

自从哲宗即位，郭熙的山水画遭到了冷遇。徽宗更是用大量的花鸟作品来装饰中书、门下二省和枢密院、学士院的墙壁。不过，帝王趣味的变化并非说明山水画地位的减弱。恰恰相反，北宋后期山水画创作更注重形式特点。与郭熙同时和稍后的山水画坛，在青绿和水墨两端，在大山大水和小景之间，变化多端，硕果累累。

前面提到梁师闵的山水，其风格大为徽宗欣赏。徽宗《雪江归棹图》，也表现江岸景致，以墨色为主，掺以雅淡的色彩，气氛抒情。在此之前，有僧人惠崇的"小景"流行一时，苏轼等名流都有诗相赠，带动了若干皇族成员来创造新的山水样式。如赵令穰、赵士雷等画了《湖庄清夏图》《湘乡小景图》等，作为响应。身为驸马的文人画家王诜（约1036—1093），其水墨设色山水，对徽宗有直接影响。现存王诜的《渔村小雪图》（图6-23），色调素净，情趣闲逸，表现同一时期文人士大夫们共同的艺术趣味。文人对于宫廷山水画家也作了具体的指导。如画家陈用志精工山水，名噪一时。文人画家宋迪批评其画虽工细，但乏神气。陈当即请教，宋以"败壁张素法"授之，让陈取一素

图6-23　王诜：渔村小雪图卷，绢本设色，44.5cm×219.5cm，北宋，北京故宫博物院藏

绢，挂在破败的土墙垣上，朝夕观之。根据绢上高低起伏的影像，来激发画家的视觉投射力。陈采用后，画艺大进。沈括讲的这个故事，对认识徽宗画院的山水画成就颇有启发。

徽宗画学，造就了年轻的天才王希孟，所绘青绿长卷《千里江山图》（彩图29），兼具精工和神韵两大特色。他在18岁时绘制的这一杰作，构图完整，展示了当时山水画家对一般自然景象的钟爱。张择端《清明上河图》交代的是汴京城内外特殊的自然人文景观，而《千里江山图》则在非特定的景物中，体现画家的着眼点。把平远景致一段段地组合在同一长卷上，贯穿一个主题，即郭熙所说"可望、可行、可居、可游"的感受，让观看者如身临其境，在自然中漫游。"景随步移"，前后上下，把大好河山尽收眼底。画家把笔墨的皴写和青绿色彩的调配结合得非常自然，现实成分胜于装饰效果。观看者能在长卷中有无尽的审美享受。徽宗画学确保了王希孟的绘画天才得以充分发挥，使用的精制画绢和上等石青、石绿和泥金颜料，理想地显示和保存了画家的本来面貌。存世还有一幅宋人的青绿巨迹《江山秋色图》（彩图30），旧传为赵伯驹作。描绘重峦叠嶂，采用丰富的皴法，在空间透视的处理上，也达到了古代再现性艺术的高峰。无数的细节，像茂密的竹林、形制不一的建筑物、各种往来的画面人物等，显示画家高超的画技和高雅的品位。它们堪称艺术史上青绿山水的双璧，代表了宋代画学的辉煌成就。

山水画的水墨形式，到北宋、南宋之交，有米芾、米友仁（1086—1165）父子为代表，做了重要的演绎，成为文人画的内容之一。米芾精于书画鉴赏，撰有《画史》一书，对古今绘画的创作和收藏有许多真知灼见，对后世影响很大。徽宗曾召见他，封为书学博士。他也可能参与了《宣和书谱》和《宣和画谱》的

图6-24 米友仁：潇湘奇观图卷（下图为局部），纸本墨笔，19.8cm×289.5cm，南宋，北京故宫博物院藏

编修，但却并未因此苟同院体的风格。米友仁在南宋初官至敷文
阁直学士，把水墨写意山水继续向前推进。该极端的出现，推崇
了"天真平淡"的美学标准，和徽宗画学提倡的"形似""格
法"相抗衡。在此之际，唐代的王维，南唐的董源、巨然，由米
芾、沈括等人大力标榜出来。米氏父子运用书法上的成就，发明
出新的画法，即以墨点表现江南云山，米友仁称之为"墨戏"。
米芾的山水画迹已佚失，从米友仁的《潇湘奇观图》（图6-24）
可体会"米家山水"的魅力。由于用的不是画绢而是宣纸，画面
对墨色的吸收和表现，形成浓淡各异的水晕墨章，真实地显示出
烟云变幻的自然景观。

　　米家山水对南宋画坛的影响还不如在金代的情况，这在画
史上十分特别。金灭北宋，占领了淮河以北的中原疆土，自然包
括了那里的汉族文人。在他们中间，有秉承米氏风格的王庭筠
（1151—1202）父子等人，再由他们影响北方的画家。这里有一
定的原因。一方面从辽代开始，除了辽庆陵的墓室壁画等描绘北
方草原四季风光和契丹贵族人物形象外，北方绘画也开始注重水
墨的画法。如辽宁法库县叶茂台辽墓中出土的山水挂轴《山弈
候约图》（图6-25），作为10世纪北方绘画传统的重要内容，反
映了东北地区所流行的艺术风格特征。其山石的描绘，以刷笔表
现了笔墨结合的特点，强调了墨色的主要作用。这和存世的《丹
枫呦鹿图》（图6-26）色彩浓重的风格，拉开了很大的距离。另
一方面，到金代统治中原时，还没有像南宋画院那样的机构来主
导一时的风气，于是文人的写意山水，在北方反而较南宋更自由
地得到延续。所以，到南宋末和元代初期，米氏云山由一位西域
出身的色目贵族高克恭（1248—1310）在北方复兴，也就不奇怪
了。当然，金代山水的主流仍然是李成、郭熙的平远之景，这和
地域的特点有密切关系，像传世李山的《风雪松杉图》就是代
表。金人的山水在皴法上也有忽视笔法而强调结构造型的，如武
元直的《赤壁图》（图6-27），在山石的描绘上，就有相当于西
方素描的线条。这种短小不连续的线条，还出现在金代和元初一
些画家的山石画法中。

　　南宋的山水画主流，自李唐开辟了新时期。他是从北方山

图6-25　佚名：山弈候约图轴，
绢本设色，106.5cm×54cm，
辽，辽宁省博物馆藏

图6-26　佚名：丹枫呦鹿图轴，
绢本设色，118.5cm×64.6cm，
辽，台北"故宫博物院"藏

图6-27　武元直：赤壁图卷，
纸本水墨，50.8cm×136.4cm，
金，台北"故宫博物院"藏

图6-28　李唐：万壑松风图轴，绢
本浅设色，188.7cm×139.8cm，
南宋，台北"故宫博物院"藏

图6-29　马远：踏歌图，绢本淡
设色，191.8cm×111cm，南宋，
北京故宫博物院藏

水传统转变为南方山水传统的关键性人物。在其《采薇图》上，
他以侧锋阔笔描绘石壁、树干，简洁有力。在其《长夏江寺图》
上，有宋高宗的题跋："李唐可比唐李思训。"这实际上跨越了
好几次风格的变化过程。严格说来，李唐是把范宽的纪念碑式的
山水转化成一种简约的程式，使后来的院体画家能够用来表现
新的自然景物。在题有"皇宋宣和甲辰（1124）春河阳李唐作"
的《万壑松风图》（图6-28）上，《溪山行旅图》的样式被浓缩
了，在相似的构图中，以阔放的皴法来组织山石结构和松树的枝
干，连山涧的溪水也勾画得相当程式化。不同于范宽藏名于树丛
的做法，李唐把名款大方地书写在主峰一侧的峰柱上，说明画家
对待自然的态度日趋主观化。

　　李唐的徒弟萧照明显地借用了其师的阔笔皴法，即所谓的
"斧劈皴"。他在《山腰楼观图》中还留出来画面一侧的空间，
作为任凭观众驰骋想象的地方。这种布局很快成为院体山水的新
程式。如无名氏的《秋江暝泊图页》，山峰只淡淡地渲染出几条
边线，近处有孤舟暝泊，显得非常空旷，上面有高宗题写的一行
诗句——"秋江烟暝泊孤舟"，成为十分典雅的景致。这是南宋
小品山水画常见的格式，把徽宗画学的诗题运用在更广泛的对象

上。这些诗句，可以是整篇、一联、单句，甚至不用诗句，像刘松年画《四景山水图》那样，把杭州西湖的四时风光描绘得特别精致，使人想到那些吟咏西湖美景的名句，是诗意画的原型。刘松年是杭州人，住清波门外，人称"暗门刘"。他在四幅不同的景致上，都空出将近一半的画面，作为体现湖光山色的基本手段。了解了这个构图上的特点，就可以知道为什么在院体的发展中会出现马远、夏圭的"半边""一角"的定式。

马远在南宋初、中期是画院的待诏，深受皇室的器重。他对山水画的贡献表现在对若干画法程式的总结上。在存世的马远画页中，有专门表现树枝画法的。马麟《芳春雨霁图》运用这种树枝画法十分成功。马远还作有《十二水图》，在历代描绘水的动态方面，他是集大成者。明人李东阳（1447—1516）认为，马远传达出了水的特性，抓住了对象的本质。荆浩所说的"真"和宋人强调的"理"，都在认识与表现事物之间的内在联系。马远把江河湖海、溪涧平滩的水性一一作了概括，反映出他在思考程式与物象的关系方面，花了大力气。这也出现在对树石皴法和构图程式的提炼上。如《踏歌图》（图6-29）就有典型的反映。他画山石，采用了水墨淋漓的大斧劈皴，岩石的块面，清爽利索。画柳枝松干，线条顿挫分明，形成了自己的样式。这套画法和《万壑松风图》相比，也是一虚一实，变得越发空灵。其中道理很清楚：北宋全景式山水的画面主体被挪到前景，主客峰的平衡关系也变得次要了。无名氏所作《深堂琴趣图》中体现了马远构图的最后效果：在画左侧有一堂屋，周围是花树山石，一位文士在屋内演奏乐器，堂前的仙鹤则闻乐起舞。画的右上方全是留白，令美妙的音乐传出画外。

夏圭，钱塘人，也是宁宗朝的画院待诏。他对水墨效果的掌握比马远更为精到。他能作小品，更能作长卷，是极有创造力的艺术天才。小幅画页如《烟岫林居图》《雪堂客话图》等，笔致虽然轻松，但构思却相当谨严，表现出他所精熟的墨色效果，并在日常生活场景中体现之，显得质朴动人。他取景的方式与马远相同，共同总结了院体山水的特征。如《山水十二景图》，把富于诗意的画面一段段连接起来，上面的四字诗题，如"远山书雁""渔笛清幽"等，可能出自杨皇后的手笔。夏圭《溪山清远图》（图6-30）是一完整的山水长卷，风格独特，足以和王希孟《千里江山图》媲美。纸本墨笔，堪称巨迹。与王希孟不同，夏圭运用了多处近景，以吸引观看者的注意力。为了自然地衔接近景与中远景，画家安排了一些寺院、舟桥以及少量的游人。如在突起的巨石下，有三两个准备登舟的行人，用他们起到穿插变化的作用。和青绿山水长卷相比，水墨在空间的处理上，要求画家

图6-30　夏圭：溪山清远图卷，纸本墨笔，46.5cm×889.1cm，南宋，台北"故宫博物院"藏

具备深厚的艺术涵养。后者在画面的叙事性和装饰效果上失去了前者的不少优势，须以水晕墨章来传达自然的精神，成为其明确的目的。夏圭创造这样的奇迹，让人"舍形而求影"，在空灵的画面上留给观众难忘的印象。

诗意的追求，从徽宗画学正式作为衡量绘画的标准。不过，如何定义诗意画，可以有不同的角度。在文字与图像的关系上，这类绘画的成熟，很大程度上不是取决于诗人或诗歌对画面的规定，而是取决于画家对古典诗歌起承转合程式的视觉阐释。像马远、马麟父子绘画的题诗，只是院体花鸟、人物、山水表现诗意的直观方式。更耐人观看的，还有一批精美的点景人物小品，堪称"诗意画"的上品。

南宋山水重视水墨的表现力，说明该形式符合内向型的文化心态。南宋初，徽宗时代的审美余韵犹存，李唐因不被时人赏识，有牢骚诗一首："云里烟树雨里滩，看之容易作之难。早知不入时人眼，多买胭脂画牡丹。"经过数十上百年的时间，情况发生了变化。宫廷画家们多用水墨形式，从上到下，南宋社会沉浸在一种淡雅的氛围中。李嵩的《西湖图》《钱塘观潮图》《月中观潮图》，陈清波的《湖山春晓图》等山水作品，体现了临安城内外的时尚。《西湖图》以墨笔勾画，魅力在于超越导游说明图，即宋人所谓"地经"，或者地方志中的版画示意图，南宋几种《临安志》附有版画，对好看不好画的西湖，作一鸟瞰式的描绘。画家追求的真实印象，八百余年后，仍感人至深。从"水光潋滟晴方好，山色空蒙雨亦奇"的变幻中，画家留下了南宋西湖的倩影。通过水墨形式，"淡妆浓抹总相宜"的本来面目跃然纸上。这清丽的作风，也体现在他描绘钱塘观潮等民俗题材上。以陈清波的西湖景色与刘松年的四景图相比，水墨对画境的改变十分鲜明。

宋代理学和禅学相通，像魏晋的玄学清谈，都重视内省自识，领悟生命即刻存在的价值。在院体水墨山水的发展中，夏圭、梁楷等人还与西湖四周丛林中的禅僧画家相互启发，如存世王洪的《潇湘八景图》，从题材到画法，对禅画山水具有示范作用。由此，禅僧们运用画院的程式作为表达顿悟境界的手段之

图6-31　牧溪：六柿图，纸本水墨，38.1cm×36.2cm，南宋，日本京都龙光院藏

图6-32　玉涧：山市晴岚图，纸本水墨，33.3cm×85.5cm，南宋，日本东京出光美术馆藏

一。禅僧们选择任何物象，借助水墨挥写，来阐发领悟人生的道理。其中，有释牧溪、释若芬（玉涧）、莹玉涧等，都创作了影响深远的作品。牧溪，俗姓李，四川人号法常，为径山寺无准师范的弟子，后因触犯了理宗朝的权臣贾似道（1213—1275）而被迫隐匿。他绘画天分高，精熟佛教人物、山水、花鸟等各种题材，存世有《六柿》（图6-31）、《观音、猿、鹤》三条屏等，独自成家。在以水墨形式表现时，工细、疏放两种作风并用。山水有《潇湘八景图》等，率笔为之，为疏放一路。禅画山水在市民文化中也有市场，如释若芬的《西湖十景》，与院画家同一题材的描绘，各有千秋。玉涧的《潇湘八景图》，诗画互见，存世的《山市晴岚图》（图6-32），落墨无多，独辟禅境，光彩照人。遗憾的是，与宋代院画被宋末元初收藏鉴赏家的批评一样，禅僧们的作品也往往遭到排斥，所以，在水墨形式上类似中晚唐泼墨表现的狂放派作品，很快失去其影响力。

## 第四节　文人书画家的追求

　　古典绘画艺术的发展，受到多种社会和文化因素的制约。在绘画再现登峰造极之时，这些制约也就越明显。单就绘画的再现特性而言，它需要在独立的创作者基础上发展。人物、花鸟和山水画的演变，已呈现了这一趋势。画家可以在线条、形体、色彩和布局等诸多方面，使绘画的表现力不断增强。皇家画院的作品集中体现了这种惊人的能力。可是，在技术成熟的过程中，有一个制约绘画的文化环境，即宋代所尊尚的文人学士的生活圈。

　　文人学士作为特定的社会阶层，将先秦以来"士"的概念具体化。当李成为生计谋，为汴梁相国寺东酒楼主人画了不少山水画后，有人也想向他买画，却被李成严辞拒绝，他以自古四民不同流为由，否认卖画为生的窘境。四民是指"士、农、工、商"四个社会阶层。"士"的地位在宋代以庶族寒门出身的读书人为中坚，而不是六朝的门阀贵族。因此，各阶层间的关系，随着经济的发展，开始相互融通。出于政治考虑而重用文士，使皇室和文化界的关系密切。徽宗画学划分"士流"与"杂流"，说明前者可从各个阶层通过科举产生，而后者包括了"农工商"的成分，也能在科举中凭才艺来提高自己的地位。在确立社会关系准则和艺术趣味等方面，士流中的领袖作用举足轻重。

宋代的"士流"阶层和前代一样，将书法作为视觉艺术之首。唐人确立了书法的森严法度，宋人便将兴趣转移到意趣上。这个倾向始于五代，杨凝式（873—954）的行楷就出于颜而秀润过之，追求晋人的萧散之致。代表作《韭花帖》，字距行距特宽，布局新颖，有疏松清朗之感，打破了唐人重法、重式的状况，对宋代米芾、明代董其昌等书家影响颇巨。宋太宗大兴书学，于淳化三年（992）出秘阁所藏历代法帖，命侍书学士王著（约928—969）编次，摹刻于枣木板上，共十卷，用佳纸佳墨拓赐给大臣，一派"文儒之盛"的气象。作为汇刻丛帖之祖，和雕版与活字印刷术的出现一样，在文化普及上，有同等的意义。王著虽不精于书学，但有北宋的专门家相互考订，"帖学"便繁荣起来。原板毁于火，后世的官私翻刻频繁，南宋的"绍兴国子监本""贾刻本"是其中善本，遂使这一学问在视觉文化中起了重要的作用。

书学的普及酝酿了一批天才。在北宋中期，以苏轼、黄庭坚（1045—1105）、米芾、蔡襄（1012—1067）为代表，形成了自己的风貌。他们中间只有蔡襄以楷书著称。其余都在行书或草书方面自成一格。

蔡襄，福建人。宋代南方经济文化的发达，在福建有很好的体现。建安是刻印图书的中心之一，与杭州、四川的刻书业并称。福建对教育的重视也始于宋代，乡村的私塾遍布全境。宋代闽籍的进士数量剧增，就是得益于教育的普及。蔡襄的书法才能十分全面，但他的书迹流传不多，有《谢赐御

图6-33 苏轼：黄州寒食诗帖，行书，墨迹素笺本，18.9cm×34.2cm，1082年，台北"故宫博物院"藏

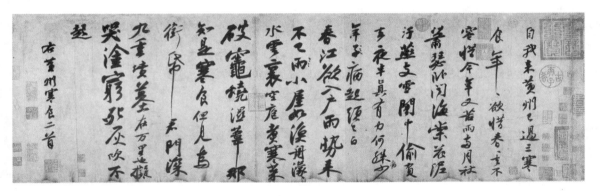

书诗》，为正书墨迹，取颜书笔势，凝秀雅俊，骨气深沉。安岐（1683—？）《墨缘汇观》称其为"宋人墨迹中之铮铮者也"。碑刻有大楷《万安桥记》等。

苏轼，字子瞻，号东坡居士，四川眉山人，伟大的文学家。与其父苏洵（1009—1066）、弟苏辙（1039—1112）并称"三苏"。政治上反对王安石变法，多次被贬，两度任杭州通判、知府，并在山东密州、湖北黄州、广东崖州等外放为官，政绩有声。在散文方面，为"唐宋八大家"的核心人物；在诗词创作上，以"豪放派"著称，与南宋辛弃疾（1140—1207）前后呼应，是文学史上的里程碑。其书法是这种天才横溢、博学多能的自然产物。马宗霍《书林藻鉴》概括了苏字的风格来源："本之平原（颜真卿）以树其骨，酌之少师（杨凝式）以发其姿，参之北海（李邕，678—747）以竣其势。"苏轼的承启作用在于，行书开宋人尚意之风，并对当时与后世产生很大的影响。传世的主要书迹有《黄州寒食诗帖》（图6-33）、《赤壁赋》、《祭黄几道文》等。《黄州寒食诗帖》，纸本行书墨迹，凡十七行，前小后大，气势如潮。在疏密对比上，此帖尤见新意。一方面，结字打破常规，做到"粗不嫌粗，细不嫌细"，增大反差；另一方面，字距行距随意而安，因情而变，收到无意于佳而愈佳的效果，因此被誉为"苏书第一"。

黄庭坚，字鲁直，号山谷道人，分宁（今江西修水）人。与秦观（1049—1100）、张耒（1054—1114）、晁补之（1053—1110）同为"苏门四学士"，并为江西诗派宗师。其作诗要求"无一字无来历"，提倡"点铁成金""夺胎换骨"。重视艺术形式使他成为诗坛上重要人物。他的书法，行草并用，气势夺人。得力于二王、颜真卿、杨凝式，并在结体、布白上吸取南朝摩崖石刻《瘗鹤铭》风格，入古出新，自成一家。以楷书、行书用笔，化入草书，也是宋人草书成就最著者。书风一反晋唐儒雅敦厚的倾向，艺术个性强烈，为尚意书风的楷模。存世《诸上座帖》（图6-34）是其草书的代表。黄笺墨迹卷，正文大草八十九行，款记行书十三行，节录五代文益禅师（885—958）《语录》。草法至为纯熟，结字瑰奇，笔势飘动隽逸，章法错落流贯，墨色枯润相间，全篇无一笔轻率，可谓无懈可击。在长画短点和整体把握上，较之前贤，都卓然有所发展。

米芾，字元章，号海岳外史。祖籍太原，迁襄阳，因号米襄阳。官画院博士，礼部员外郎。书法在博取众长的基础上，更得力于王献之，取其笔意，跌宕变幻，自成风规。善诸体，尤以行草最负盛名。其体势之俊迈，在蔡、苏、黄三家之上；其影响后世之深广，也在宋四家中首屈一指。行书代表有《蜀素帖》

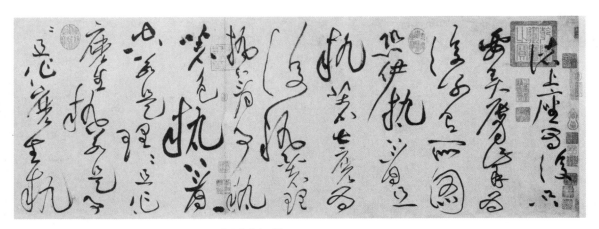

图6-34 黄庭坚：诸上座帖（局部），草书，纸本，33cm×729.5cm，北宋，北京故宫博物院藏

《苕溪诗》等。

宋四家之后，书坛上的名手还有蔡京（1047—1126）、蔡卞（1048—1117）、薛绍彭、吴琚、张即之（1186—1263）等。徽宗赵佶、高宗赵构以及宋儒朱熹（1130—1200）、名将岳飞，诗人陆游（1125—1210）、词家姜夔（1155—1221）等，都有一定的成就。在金代，著名的书家有王庭筠、赵秉文（1159—1232），他们在继承宋四家方面，各有所长。

由书法的发展看出一个宋代文化的特点，即该时期的精英人物都在笔法墨韵的创作上，贡献了自己的才华。文化普及带来了另一结果，它使文化的提高有了更坚实的基础。文人学士们可以在引导其他阶层的审美趣味方面，起到直接或间接的作用。所谓直接的作用，就像宋迪开导陈用志采用新的观察方法，或米芾担任徽宗朝画学博士，在鉴定书画，编撰收藏目录等方面提高院画家的眼力，完备其制度。而间接的作用，体现在文人画家自行其道对画院画家和民间画工形成的挑战上。

文人学士在书法之外更有诗文的修养，作为他们精神创造的主要内容。这样两重的优势，促成了宋代文人非常强烈的自我表现意识。尚意书风的"意"，首先就来自书法家个人的意趣。从苏轼、米芾的行书就可以知道他们在显示个人意趣上，已经是随心所欲不逾矩了。所以，像填词赋诗一样，他们也常常在临池之际挥毫作画，作为"墨戏"。"墨戏"的题材，以竹石、山水为主，因为它们比较适合表现笔墨的效果。

徐熙已创造了墨竹一类题材的程式，而后蜀时有人看见月夜中竹影投射在纸窗上，也发明了别致的墨竹画。竹叶枝干的错落变化，可以表现出墨笔画的特别情趣。到《宣和画谱》划分题材门类时，墨竹单列一门，可见其重要性。在这中间，来自四川的文人画家文同（1018—1079）作出了特别的贡献。他对苏轼的文人画理论的形成，有直接的影响。从魏晋以来，竹是士气的象

图6-35　苏轼：枯木怪石图，纸本墨迹，北宋，日本私人藏

征，所以苏轼在颂扬文同时，还包括了更丰富的含义。

文同，字与可，历官邛州、洋州、湖州知州，人称文湖州，其墨竹风格，也被称为"湖州竹派"。所画墨竹，叶面色深，叶背色浅，有空间透视效果。提出在数尺之内"有万丈之势"的主张，包含了对竹子特性的总体了解，苏轼概括为"胸有成竹"。《宣和画谱》也以"胸有渭川千亩，气压十万丈夫"，形容其艺术特点。传世文同墨竹作品有数件，表现其精工之笔。

苏轼本人的绘画更突出写意的精神，喜欢作枯木怪石，表现他心中的勃郁之气。其《枯木怪石图》（图6-35），以苍老遒劲之笔，抒发个人意兴。画面上传达了画家对于书法实践的深刻体验。比较文同的作品，苏轼不是以功力，而是以才气取胜。他画墨竹，没有按文同勾画竹节的程式，也不在乎枝叶的阴阳向背，而是不分节，不重竹竿特点的。米芾诘之，则答曰："竹生时何尝逐节生？"又曾发明以朱砂画竹，人问何以有朱竹，则反问世间难道有墨竹？诸如此类，反映出文人画家寓意于物的心态，在提高绘画的地位时，也开始消解绘画的再现特性。

和苏轼的绘画理论与实践最为默契的米芾，在使书法和画法相通的努力中，有许多新的贡献。现存《珊瑚笔架图》，又名《珊瑚帖》（图6-36），表明书画之间的特殊联系。其实米芾不过信笔画来，毫无刻意写生的动机。其不经意的结果，格外有趣。所创米氏云山，用大小不同的墨点来描绘长江沿岸的风光，效果出色，体现他常年生活在京口（今江苏镇江）焦山海岳庵的感受。通过和当时寓居润州（即镇江）梦溪园的沈括交流书画藏品，树立了董源、巨然在山水画历史上的重要地位。米点画法是从巨然"矾头皴"的印象派效果脱胎而来的，类似文同墨竹与徐熙水墨花鸟传统的关系。文人画家们根据其学养，变化出了书法意趣和象征性的风格。

在文人学士阶层中，把绘画作为个人爱好的，还大有人在。画史著作如郭若虚《图画见闻志》、邓椿《画记》等，收

图6-36 米芾：珊瑚帖，行书，纸本墨迹，26.6cm×47.1cm，北宋，北京故宫博物院藏

录了为数可观的一批人物。其中绘艺最精专者是李公麟。他出生时，崔白、郭熙刚在画院崭露头角。神宗熙宁二年（1070）他登进士第，哲宗元符元年（1098）患风湿病退休，在安徽舒城故里的"龙眠山庄"以书画自娱，自称"龙眠居士"。李公麟的时代，政治斗争异常激烈。围绕着王安石的新政，引起了"朋党之争"。李与新党、旧党都保持着密切的关系，延续了他三十年的官宦生涯。在此期间，学术界兴起了研究金石的风气，是历史上器物考古的重要阶段。像欧阳修（1007—1073）、沈括、黄伯思、董逌、薛尚功、赵明诚（1081—1129）等都有专门的著作，对传世的先秦器物文字和新出土的古器物文字进行考证，提出了有价值的学术观点。金石学为文人学士阶层打开了新的视野，从文字学一端，发现了解古代经典的不同途径。这对发挥理学主张，探索学术，起到有效作用。李公麟则重点研究古代青铜器的装饰纹样，将古质的线条吸收到其白描画法中。在其笔下，单凭线条就能产生朴素动人、优美典雅的视觉效果，对人物画笔法发展作出重要贡献。和苏轼、米芾的"墨戏"不同，其线条笔法，注入了学术的强大活力。他家学深厚，父亲李虚一藏有多种的古代画迹，使他通过临摹，得到各种艺术养分，也养成他勤奋为学的习惯。他曾临摹别人收藏的古画，建立了一套前代名迹的摹本收藏品。现存《临韦偃牧放图》，数百匹马在草原上奔走的牧马，场面宏大，声势不凡，显出他传达前人绘画精神的本领。

李公麟精心钻研绘画技巧，使所画人物、鞍马和山水具有高度现实主义的风格特点。所画人物，重视不同社会阶层的人物性格特点，民族和地域的差别，表现他观察对象的仔细和深入。在创作新的程式上，他对文学叙事性有独到的处理。如画汉代李广夺胡人马逃生时，在马上引弓瞄准追骑，是"箭未发而人已坠马"，让画面的冲突高潮由观看者在想象中完成，使作品产生强烈的艺术力量。其《五马图》（图6-37）是重要的代表作。这五

图6-37　李公麟：五马图卷（下图为局部），纸本墨笔，北宋，29.3cm×225cm，私人藏

匹矫健的骏马，不但外形准确，而且传达出马的内在神情。笔法表现力极强，单线勾画的外形轮廓，含有体重感、身体各部分的质感以及毛皮光泽的效果。李公麟吸收了疏密二体的特长，在顾恺之、吴道子以后，创造了新的白描风格。画卷上黄庭坚五处题跋，记述了作画的内容和经过。文人之间的书画交流与合作，有着共同的审美和文化基础。黄庭坚认为，他虽不作画，但因晓文，也能领会绘画的道理。而普通画工，由于不会文，所以即使能画好画，未必领会其中奥秘。黄庭坚和李公麟的关系，恰好体现出宋代文人对绘画艺术的普遍认识：只有晓文通禅之人，才是绘画艺术的知音。

据说李公麟因擅长画马，佛门信徒劝他不要堕入恶趣，因而他就创作了大量佛教绘画。所作"观自在观音"，没按一般流行的坐相，而是另创一种能表达自在心情的样式，强调"自在在心，不在相"。所塑造的维摩诘形象用注重内省的宋代士大夫形象为参考，突出了长于思索而怯于行动的性格特征。对比晋、唐不同的维摩样式，李公麟的创造最能表达文人的内心世界。

在描绘山水方面，他画过《山庄图》，记述他本人退隐龙眠山庄的悠闲生活。这类题材是山水画中很有特点的创作，其源头可以追溯到王维的《辋川图》和卢鸿的《草堂十景图》，表现与画家特定的家庭生活的联系。比较新近重见于世的张先的《十咏图》、李公麟的《山庄图》，更丰富地表现了画家本人的活动，而不仅仅是图示画家的诗篇。这在南宋以后的山水画中，有更大的影响。李公麟在绘画史上开

图6-38 李氏：潇湘卧游图卷
（局部），纸本墨笔，
29.3cm×225cm，南宋，
东京国立博物馆藏

宗立派的重要性：一方面是他作为文人学士画的代表，能以单线勾勒来呈现对象的形体、质感、量感、动感和空间感，表明笔墨线条本身的表现力；另一方面，他改变了北宋的人物画造型传统，使不同社会身份的画家，都在这种新风格下继续创新。南宋梁楷的泼墨与减笔人物画，就是如此。李公麟作为风格独特的士大夫画家，让画院画家知道何谓一流的艺术品质。他临摹古画的功力，对徽宗显然有直接影响。文人士大夫中有这等技巧的画家，促使画院内外涌现一批士流画家，让艺术再现能力登峰造极。

被最早冠之以"士夫画"的一批画家，是宋迪、晁补之、宋子房等人。宋迪因绘制一套《潇湘八景图》而出名。在董源的江南山水中，已出现《潇湘图》。潇水、湘水是湖南境内的两条河流，风光秀丽，气象清奇，又多和士人被放逐的传统有关，宜于把文人的处世心态委婉曲折地表达出来。宋迪的原作已佚，但在南宋院画家王洪和宋末的一些禅僧笔下，仍能得其仿佛。在八景中，宋人开始的"小景"被赋予了浓厚的诗意。宋迪"败壁张素法"能调动画家和观众的想象力，使文人们为之神往。传世南宋宣城李氏的《潇湘卧游图》（图6-38），除了在空间透视上制造了清晰的递进感，其抒情的诗意也同样感人。所有这些努力，印证了晁补之概括的宋画特点："画写物外形，要物形不改；诗传画外意，贵有画中态。"这个特点，也包括多数文人学士的绘画在内。

以水墨写意表现的各种题材中，还有墨梅、墨兰和其他一些内容。这些作品，在求意的同时，都显示了特殊的造型技巧能力。有的画家像李公麟那样，具有很强的写实性。南宋杨无咎（1097—1171）的《四梅图》和《雪梅图》，在墨梅一端，发展了自北宋华光和尚以影写梅的画法，把墨梅造形与画家意趣结合在一起。根据画家咏梅词的意境，逐一构思，较之院画家"命题作文"式的诗情画意，更为细腻。杨无咎观察与表现梅花，都有一定的程式，所画雪梅，显示再现的成分。到理宗朝，宋伯仁绘刻《梅花喜神谱》，体现了宋代士大夫对于"格

图6-39 赵葵：杜甫诗意图卷（下图为局部），绢本墨笔，74.7cm×212.2cm，南宋，上海博物馆藏

物致知"的具体实验，将梅花不同生长阶段的百态加以描摹，赋诗题名，集画谱和图谱两大功能于一身，成为表现艺术智性功能的范例。画谱供人学画时作参考，图谱则带有科学认识梅花这一自然植物的性质。类似的图谱还有不少，分门别类，体现了时人"格物致知"的广泛兴趣。无论画谱还是图谱，都雕板印行，在社会上流通，扩大其作用和影响。

在文人学士画中，画工整一路的画家也不少，如赵孟坚的《岁寒三友图》《墨兰图》《水仙图》等，意笔之中都有严谨的法度，显示了对笔墨技巧的高度敏感。无名氏的《百花图卷》，在勾线的表现力上，达到了炉火纯青的境地，让人体会到李公麟在白描鞍马人物方面的线条效果。江参的《千里江山图》、赵黻的《江山万里图》和赵葵（1186—1266）的《杜甫诗意图》，将人们对小景的喜好，带回到北宋的全景式构思，和画院中夏圭的《溪山清远图》有异曲同工之妙。江参，字贯道，生活在北宋、南宋之交，和文人学士过从甚密，山水创"泥里拔钉皴"，自成一家。赵黻从水墨风格上发展了李唐的笔法，追求苍劲简率的视觉效果。在巨幅山水的景物布置上，将云水连成一片，突出连绵起伏的宏大气势，《图绘宝鉴》称其"有气势，有笔力，师古人，无院体"。赵葵是一武将，曾组织宋朝军队抵抗蒙古的进犯，战功卓著。而《杜甫诗意图》（图6-39）则表达了画家的精神追求。以杜甫"竹深留客处，荷净纳凉时"的名句，演绎出一长卷山水。所画湖泊周围的竹林，烟笼雾约，弥望无际。竹子都用墨笔画竿点叶，潇洒森爽，株株可数，繁而不乱，浑然一体。这是历代表现竹林之美的上乘之作，体现文同墨竹对文人士大夫画家的影响。赵葵兼士大夫和画院二者之长，比较《江山秋色图》中的修篁丛竹，《杜甫诗意图》显示了水墨的特殊表现力。

在文人画的早期发展中，金代士大夫有不小的贡献。王庭筠的墨竹，在文同的基础上又有变化，更突出主观表现的作用。其《幽竹枯槎图》（图6-40）只取老树一段，竹枝数节。老树先以秃笔勾画，再用墨色染出阴阳向背，复以墨泼染其上，酣畅淋漓，豪强古劲。其老辣的笔致，体现了北宋苏轼画中的精神。画上有自题云："黄华山真隐，一行涉世，便觉俗状可憎，时拈秃笔作幽竹枯槎，以自料理耳。"

文人绘画的演变显示，其初创人和参与者都具备全面的艺术修养，在认识事物的方法上普遍受到禅学的影响，对事物存在的真实性具有独到的看法。苏轼登高一呼，区分了"常形"和"常理"的关系，宋代和金代的画坛上出现了多样化的回应。苏轼认为"形似"是院画家所能企及的，但进一步提高，则需要特殊的胸襟和眼格。他觉得"画工"之作，"看数尺便倦"，即使按照诗意命题的程式，也是如此，因为他对再现的套路很熟悉。他进而提出："论画以形似，见与儿童邻；作诗必此诗，定非知诗人。"在此基础上，他贬低吴道子，推崇王维，认为："吴子虽妙绝，犹以画工论。摩诘得之于象外，有如仙翮谢笼樊，吾于二子皆神俊，又于维也敛衽无间言。"从苏轼起，王维的"诗中有画，画中有诗"就成了"超以象外"的表征。从此，王维在文人画的系统中，超越了吴道子。其取舍的偏颇及其后果，要到宋以后，才彰显出来。

苏轼以画家的社会身份来重新看待艺术的传统，表面上是强调少数文人的艺术天才，如他的自我评价——"予近日画寒林，已入神品"，用以贬低院画家和民间画工的成就。透过这个现象，他注意到艺术创作的一般规律，即通过书法、诗词和所有艺术形式，表现艺术的终极目的。从唐代书论中已定出"能""妙""神""逸"四格，但在绘画上，其先后顺序各

图6-40　王庭筠：幽竹枯槎图卷，绢本墨笔，38.1cm×217.7cm，金，日本京都藤井齐成会藏

异。从欧阳修提出"萧条淡泊"，苏轼主张"清新自然"，米芾崇尚"天真平淡"，追求的都是"得之象外"的意境，即"逸品"。而在徽宗的画学要求中，画家首先要掌握绘画的语言，然后才能出神入化。因此"逸品"被降到次要的地位。从宋代的文化成就来看，正是因为有了苏轼和徽宗这么杰出的天才，由"士流"精英所代表的雅文化，和"杂流""百工"所代表的大众趣味，得到了合理的平衡，确保了宋代绘画整体水平的完美性。

## 第五节　世界瓷艺的巅峰

工艺美术到宋代在商品经济空前发达的前提下进入了一个高峰期。其商品经济的规模远远超过了唐代，史学界认为具有近代社会的类型特征。官府明显减少了对商业活动的管制和干涉，主要靠行会组织来征收赋税和摊派差役。《东京梦华录》《梦粱录》《都城纪胜》等描述汴梁和临安的都市经济状况，提供了北宋和南宋全国各类工商业活动的丰富细节，并在《清明上河图》上得到印证。汴梁街市繁华，在大街上，店家"屋子雄壮，门面广阔，望之森然，每一交易，动即千万"，结合晓市、夜市、酒楼、饭店、货摊、小贩及定期的庙会，行商坐贾，异常活跃。临安则更为繁华，"自大街及诸坊巷，大小铺席，连门俱是，即无虚空之屋。每日清晨，两街巷门，浮铺上行，百市买卖，热闹至饭前，市罢而收。盖杭城乃四方辐辏之地，即与外郡不同，所以客贩往来，旁午于道，曾无虚……其余坊巷桥道，院落纵横，城内外数十万户口，莫知其数。处处各有茶坊、酒肆、面店、果子、彩帛、绒线、香烛、油酱、食米、下饭、鱼肉、鲞腊等铺。盖经纪市井之家，往往多于店舍，旋买见成饮食，此为快便耳"。有普通的百货店，也有各种的作坊店面，由各行会组织经营管理。临安有四百行，如建筑业的泥工瓦匠等。外地货物源源不断地供应给都市的店铺商行，如汴梁有"温州漆器铺"。商品经济成熟的另一标志，是纸币大量流通，所谓"交子"。这极大地方便了各地的贸易，由此带动市镇经济，促进了乡村集市手工业的发展。

南宋国内贸易中的大宗是农副产品，其次是生产各种原料的手工业，如坑冶业等，都扩大了规模。再就是日用品的手工作坊，在都市中尤其发达，如《梦粱录》记载，"是行都之处，万物所聚，诸市百行，自和宁门杈子外至观桥下，无一家不买卖者，行分最多，且言其一二，最是官巷花作所，聚奇异飞鸾走凤、七宝珠翠首饰、花朵、冠、梳及锦绣罗帛，销金衣裙、描画领抹，极其工巧，前所罕有者悉皆有之"。这样的商业化都市，时人称为"销金窝"。这样的社会需求，使工艺美术便由下而上地发展起来，这和辽、金时期官营手工业的情况形成反差。后者以种族压迫为统治的主要形式，官府对手工业的控制，使工匠多沦为奴隶，加上战争，一些前代的重要北方手工业重镇遭受破坏，减慢了辽、金地区商品经济的发展速度。

发达的国内贸易也促进了和辽、金、西夏以及周边国家的商业交往。通过陆路，以茶、丝绸、铁器等从辽、金、西夏、回纥换马匹、牲畜，规模超过前代。而海上对外贸易尤为兴盛。指南针的发明，使宋人的造船业和航海业都很发达，成为当时世界上技术最领先的国家。如福建泉州出土的海船，其形制十分壮观。在对外的贸易中，有矿冶制品如金、银、铜、铁等，像湖州的铜镜，在日本很有市场。此外，陶瓷制品和传统的丝绸制品一样是重要的外销商品，其流通的国家，远达非洲东岸索马里。

了解了商品经济的概貌，可集中考察宋瓷这一最具代表性的手工业产品。在世界陶艺史上，中国是瓷器的发源地，因此在欧洲的主要语言中，"瓷器"成了中国的代名词。瓷器这一工艺本身集中地体现了宋人的精神和物质文化的特质，成为和社会各阶层审美趣味相吻合的标志。宋代官办手工业的管理方式对民间的手工业生产并没有形成垄断的局面，相反，官办手工业通过工役制的形式，向"团会"（即行会组织）招募劳动力，付给报酬。官府的用物也不由官府工场制作，而是向市场直接收购获得。这有利于各地瓷器生产者，他们以优质产品赢得官府的认购，连同人力、物力一起，成为官办手工业的组成部分，提高其市场的声望和影响。青瓷、白瓷及黑瓷的产地增加，生产规模扩大，制作技术也因为竞争而提高，创造出造型和装饰上更完美的瓷器艺术。通过宋瓷，可以了解这一世界艺术瑰宝的发展情况。

在研究瓷器的方法上，考古学对于类型学的研究，正在挑战传统的"窑系"分类法。尤其是有纪年的宋辽金瓷器（包括有纪年的器皿与有纪年的宋辽金墓葬中出土的器皿）的整理研究，使"类型"方法有了日趋明朗的叙述脉络。但从文物史的角度，历代以"窑系"为主的收藏鉴赏方法，仍然有其重要的风格特征可寻。例如，在处理瓷器演变的历史编年时，"窑系"的特征，显然是主要的分类参考。

瓷器主要靠特殊的原料如瓷土、釉料和烧制的工艺，以区别于以往的陶器。在史前时代，偶然出现有硬质白陶。先秦及秦汉时期，陶工对于陶土质地有了进一步的甄别能力，烧制出一些原始瓷，并发明了不同颜色的陶釉。到了魏晋南北朝时期，南方的越窑成为青瓷一系的代表，使瓷器工艺进入了崭新的阶段。青瓷除了日用品如食器、饮器、炊器、盛器外，还有作为佛教祭器和明器的，反映出六朝人日常生活中精神层面的特点。隋唐五代，北方的制瓷业也发展起来，并形成了以河北邢窑为中心的白瓷系统，欲与南方的青瓷相抗衡。陆羽（733—804）在8世纪中期比较了这两大窑系的特点："邢瓷类银，越瓷类玉，邢不如越一也。若邢瓷类雪，则越瓷类冰，邢不如越二也。邢瓷白而茶色丹，越瓷青而茶色绿，邢不如越三也。"当时的瓷器与刚刚兴盛起来的饮茶风气结合在一起，所以品评瓷艺，就与饮茶的感觉有密切的关系。陆羽就曾说："越州瓷、岳州瓷皆青，青则益茶，茶作白红之色。邢州瓷白，茶色红；寿州瓷黄，茶色紫；洪州瓷褐，茶色黑，悉不宜茶。"

唐代越窑青瓷有几个突破，一是烧成温度在1250摄氏度以上，叩之音响清脆。二是瓷釉中放入植物灰或石英、长石等，以克服釉汁不匀的问题，从而产生细润光柔的效果。长石釉的发明，是瓷器制造工艺上的转折点，其鲜丽动人的色泽，带给诗人美好的联想。"九秋风露越窑开，夺得千峰翠色来"，陆龟蒙（？—881）道出了青瓷的神韵。

越窑的主要窑址在浙江慈溪上林湖一带，它们在五代吴越国统治时期，继续达到新的制瓷水准。吴越向北宋进贡瓷器，有一次竟达十四万件之多。这时的青瓷，在唐代流行的装饰基础上，又创造了金银钿瓷器，即以瓷碗扣烧，口缘无釉，再镶以金或银，成为特殊的装饰。青瓷的烧制地点除了越州外，还有鼎州（陕西泾阳）、婺州（浙江金华）、岳州（湖南岳阳）、寿州（安徽寿县）及洪州（江西南昌）等地。

唐代的白瓷以邢州（今河北内邱一带）为主要生产地。到唐以后，白瓷的重心转移到了定州。白瓷在唐代也很流行，南北各地都有生产的窑址，像陕西、四川、湖南和江西等地均出产过白瓷器皿。

北宋以汴梁为京城，所以青瓷的烧造中心也受其影响，逐渐从吴越时仍然发达的上林湖越窑窑址迁往北方。北宋前期官监的越窑继续存在，但到神宗熙宁以后，那里的青瓷业便衰落下来，往南迁到处州龙泉（今浙江龙泉），使浙南成为青瓷的一个重镇。往北，在汝州（今河南临汝）设立了北方第一个青瓷烧造中心。现在在临汝四乡可以确定许多宋代青瓷窑址，如在南乡有严和店，在东北乡有大峪店、东沟、叶沟、黄窑等。以前的越窑在青瓷纹饰方面，唐代流行釉下胎上刻画线纹的方法，有牡丹、莲蓬、莲花、荷叶、卷草、宝相花等花卉纹样，有龙、凤凰、狮子、仙鹤、芦雁、鹦鹉、龟、鱼等动物纹样，以及神仙、人物、山水、云气等纹样，刻画得极为生动流利。它们大都作为碗盏等器物内面的装饰。北方则出现了没有花纹装饰的青瓷。像临汝东

图6-41 汝窑天青釉弦纹樽，高12.9cm，口径18cm，底径17.8cm，宋，台北"故宫博物院"藏

北乡早期烧造的产品，单靠釉色取胜，带葱绿色的釉面显得极其润泽。而时代较晚（可能至南宋）的在南乡烧制的青瓷，多有印花或划花的装饰在透明的艾绿釉色下隐隐浮现。

临汝的窑场是从民窑逐渐转为官办的。因为越窑的衰落，官府为宫中御用之需，在此督造"汝窑"，成为宋瓷五大名窑之一。其胎土细润，微带红色；釉汁稠厚莹润，通体有细片冰纹，多豆青、虾青色，介于蓝绿之间，灰而不暗，翠而不艳，光泽莹润，具有柔和淡雅的美感。其釉呈色稳定，显示出当时瓷器烧造技术已完全掌握了铁的还原性能。器底有芝麻花细小挣钉，是支烧的痕迹。台北"故宫博物院"所藏的"汝窑天青釉弦纹樽"（图6-41）就是代表性作品。"汝窑"的开烧给北方的青瓷制造业带来了一系列的冲击。熙宁年间耀州窑（陕西铜川黄堡镇）已成为主要的青瓷产地。在临汝附近宝丰的大营、青龙寺也在烧制印花青瓷。1999年至2000年在河南宝丰市发现了北宋汝窑官瓷的生产区域，出土了大批精美的汝窑瓷片，清理了窑炉、作坊，呈现了当时最高水准的青瓷生产。

受"汝窑"影响最直接的是北宋和南宋官窑的产生。北宋官窑在徽宗大观至宣和年间于汴京烧造，窑址尚未发现。据鉴赏家的记载和对传世品的观察，可以知道其形制与工艺基本承袭了汝窑的风格，多仿古器，胎骨较厚，釉面或有开大冰裂纹的；釉色主要有月白、粉青、大绿三种，还有黑瓷等品种，一般很少加纹饰。胎土含铁较多，呈褐色或紫色，外施薄釉，因口与足皆露

图6-42 粉青釉鼎式炉，高13.7cm，南宋，日本静嘉堂文库美术馆藏

胎色，所以称为"紫口铁足"（图6-42）。

　　宋室南渡后，两次在皇城附近设立官窑烧造青瓷。第一次为修内司烧造的，其特点沿用北宋旧制，釉色青带粉红，浓淡不一，有冰裂纹，紫口铁足，胎泥细润；有黑土者（含铁量特别丰富），称为"乌泥窑"。第二次是在郊坛下别立新窑，习称"郊坛下官窑"，其窑址也被完整地发现，在杭州乌龟山麓，现已开辟为南宋官窑博物馆。这里的青瓷胎骨很薄，胎土乌黑，而釉色很厚，有超过胎骨四五倍者。釉色近粉青色，晶莹美丽。也有近蜜蜡黄的釉色，均带细开片。20世纪末，杭州老虎洞窑址考古发现，在修内司营范围内，出土了南宋和元代两个时期的精美青瓷器。官窑的造型表现出宋代金石考古风气的影响，许多器皿可以在吕大临（1040－1092）摹制的《宣和博古图》上找到原型，成为文房摆设，如置于书桌、博古架上作陈列观赏之用，而与日常物质生活脱离了关系。（图6-43）

　　在南宋建行在所于临安后，龙泉窑成为全国青瓷生产的中心。它属于越窑系统，窑址在龙泉县琉田（今大梅村大窑），此外还有金村、新亭等十余处。在庆元、丽水也有几处窑址遗迹。（图6-44）龙泉窑是在江西景德镇未充分发展前，从宋至明代前期南方青瓷的最大产地，其瓷器在那个阶段出口量也最大，在近至日本、朝鲜，远达埃及的陶瓷贸易点上，都发现有大量的龙泉窑碎片堆积。宋代龙泉窑以灰白色胎骨为主，无釉露出部分呈铁血色。其标准釉色为粉青色，极为柔美。当其氧化不足时，就呈翠青色，而氧化过头时，则显米黄色。其器物上常凸雕花纹装饰，其中牵枝牡丹和双鱼纹样比较常见。

　　在宋代五大名窑中，龙泉的哥窑也算其一。主要特征是釉面布满龟裂的纹片，交错细小者称"鱼子纹"，极细碎者称"百圾碎"，而较粗疏的黑色裂纹与细密的黄色裂纹交织者，称为"金丝铁线"。这些纹片的出现是由胎体与釉面的膨胀系数不一所造成，原为疵病，但却被哥窑的工匠化朽为奇，成为天然的肌理美，从而赢得盛誉。其形制多仿古，有瓶、炉、盘、碗等，精美无比。据郎瑛（1487—1566）《七修类稿续编》记载："南宋时有章生一、章生二兄弟各主一窑。生一所陶者为哥窑，以兄故也；生二所陶者为龙泉，以地名也。"（图6-45）

　　钧窑包括在青瓷范围内，是宋代五大名窑之一。由于汝窑的烧制时期很短，前后不过二十年时间，所以在此之后，钧窑便代之而起。它位于河南禹县的神垕镇，中心在神垕西十里的野猪沟。其瓷器以釉色瑰丽著称，因为其青釉的色泽是釉中的氧化铜和少量的铁元素的颜色。在高温还原焰烧制过程中，红釉与青白底色交相映衬，青中带红，形成青蓝、玫瑰紫、海棠红等多种色

图6-43　双贯凤耳瓶，瓶高25.5cm，口径9.4cm，足径9.6cm，南宋，台北"故宫博物院"藏

图6-44　龙泉窑青瓷太白罇，高17cm，口径5.5cm，1195年，浙江省松阳出土，浙江省松阳县文物管理委员会藏

图6-45　哥窑鱼耳炉，高9cm，口径11.8cm，足径9.6cm，宋，台北"故宫博物院"藏

图6-46　玫瑰紫釉樽，高18.4cm，口径20.1cm，足径12cm，宋，台北"故宫博物院"藏

图6-47　建窑黑釉酱斑盏，口径12.4cm，南宋，建窑窑址出土，福建省博物馆藏

图6-48　吉州窑黑釉木叶贴花盏，口径14.7cm，南宋晚期，日本大阪市东洋陶瓷美术馆藏

图6-49　剔花牡丹纹瓷罐，高20.5cm，口径19cm，西夏，青海省互助县出土，青海省文物考古研究所藏

彩，极为灿烂神奇。同时，釉料的成分中有过量的矽酸，它们在慢慢冷却的过程中处于游离姿态成为结晶，形成了"失透釉"这一特殊的效果。失透釉和铜红色的发明是钧窑的重要技术突破，为中国色釉陶瓷的发展奠定了基础。宋代钧窑的形制多为花盆、盆托、花瓶等，作为宫廷养植奇花异草所用。器底有数字，一号最大，十号最小。也有仿古的造型，如瓷尊（图6-46）等。宋室南迁后，钧窑一度停烧，但其技术并未失传，而且影响日益深远。南方有模仿它的，金、元时期又创造出了形制硕大的作品，远销海内外。现藏内蒙古自治区博物馆作为镇馆之宝的元代钧窑大鼎（图7-1），显示了它在后世的遗响。

宋瓷取得如此高的成就，技术的进步是重要原因。像从青瓷一系中带出的黑瓷，经过唐代的努力，此时也完全成熟了。青瓷的釉色取决于釉中的含铁量，黑瓷也是如此。釉汁中含铁量如果达到饱和状态，就能烧纯黑色的釉。北宋徽宗提倡用黑瓷盏饮茶，因为当时盛行的茶品不是唐代陆羽所推崇的绿茶，而是发酵过的红茶。这样一来，福建省建阳县水吉镇出产的"建窑"黑釉盏（图6-47），就成为一时的贡品。这些瓷器在日本备受欢迎，被称为"天目釉"。还有吉州窑，其装饰效果各不相同，与徽宗

画院的工笔重彩的装饰趣味比较接近。（图6-48）

耀州窑在宋代也别具一格，它位于陕西铜川黄堡镇，以烧青瓷为主。在借鉴越窑的同时，耀州窑发展了刻花、印花技法，刀法深刻清晰，线条粗犷有力，积釉多寡悬殊，造成浅浮雕的效果，体现了豪放、雄健的美感。其纹样多为民间所习见者，造型也根据日用品的实际用途来设计，有花瓣式、瓜棱式、六折式和多折式等，均极美观。耀州窑宋元时期影响很大，图6-49就是西夏烧制的剔花牡丹纹瓷罐，很有代表性。元以后耀州窑衰落，至明嘉靖（1522—1566）停烧。

宋代的白瓷在陶瓷史上变化最大，改变了历史悠久的青瓷传统，使白瓷形成了自己的传统。五大名窑中，白瓷只有定窑一家，窑址在今河北曲阳。它从唐代就以白瓷而与邢窑媲美，入宋后发展更快，产量剧增。定窑的釉层薄润细腻，白中略透牙黄，色调柔润恬美。（图6-50）它最精美的产品胎骨很薄很轻，所以一些敞口小底的碗盏，采用扣烧技术，口缘无釉，露出素胎，称为"毛边"，或镶以金银扣，倍增华美之致。（图6-51）五代吴越曾有此法，这时更为普及。其装饰手法以印花、刻花、划花著称于世，图案多取花卉、鸟兽、游鳞等，纹样清晰隽秀，风格工丽典雅，在全国影响广泛。

"靖康之变"后，定窑衰落，工匠南迁，在江西景德镇继续制作，称为"南定"。景德镇之得名，是因宋真宗景德年间以出产洁白的白瓷而受人重视。南北的"定窑"在器皿、装饰方面具有一致的特点，而南定的瓷质极细，色极白，所以又称"粉定"。

磁州窑是北方白瓷的另一重镇，位于河北磁县观台和邯郸

图6-50　定窑白瓷"官"款刻花莲瓣纹盖罐，高11.5cm，1013年，北京顺义净光舍利塔塔基出土

图6-51　定窑印花缠枝牡丹花盘，高5.4cm，口径30.4cm，足径13.6cm，台北"故宫博物院"藏

图6-52　白底黑花瓷执壶，高28cm，口径9cm，河南省密县出土，河南省郑州市博物馆藏

图6-53 白瓷鸡冠壶，高23.5cm，959年，内蒙古赤峰辽驸马墓出土

图6-54 佚名：温酒侍吏备宴图，壁画，高1.93m，1116年，河北省宣化张世卿墓后室南壁拱门西侧

图6-55 黄釉黑花卧女枕，长46cm，高20cm，宽12cm，金，大定十六年（1176）款，陕西省博物馆藏

彭城一带。其特点是胎质较粗松，有白釉、黑釉各种器皿。由这里发明的黑色铁釉在白釉底上进行绘画的装饰方式，开了明清时期瓷绘艺术的先河。（图6-52）这主要是因为它一直在烧造民间日用器皿，始终保持着民窑的特点，元以后成为景德镇以外的全国第二大窑。现在所用的"磁器"一词，本来专指磁州窑而言，后因该窑的产品普及，竟取代了"瓷器"。在纹饰上，多取折枝花卉、鱼虫鸟兽、诗词书法及反映民俗生活的各种人物，具有淳朴、豪放的民间艺术风格。如在一些瓷枕的枕面上，有宋画风格的婴儿妇女题材，充满了现实的生活气息。

辽金地区的陶瓷制品在以官府控制为主的情况下，也有一些带民族特色的内容。辽上京官窑（在今内蒙古自治区巴林左旗林东镇）以烧造白瓷和黑瓷为主，兼烧部分绿釉陶器，受定窑的影响明显，器型中有长颈瓶、海棠式长盘、方盘、长柄鸡首壶等，具有辽瓷产品的典型特征。在上京城内出土的瓷器上有"官"字印款，可证明上京窑为辽代晚期的官窑。在辽宁赤峰西南的辽官窑，有典型的"辽三彩"的产品。它在唐三彩的基础上，烧制了胎釉更硬的陶器，以黄、绿、白三色为主，造型仿制契丹族传统中的皮制、木制容器，做成凤首壶、鸡冠壶、印花盘等，体现了民族的特色。该地的重要窑址是"缸瓦窑"，曾出土辽应历九年（959）带"官"字铭文的白瓷盘（图6-53），表明其属于辽代官窑。关于这类器皿的日常使用情形，可见于辽代的墓室壁画，如河北宣化辽墓壁画的精彩描绘（图6-54）。金代的陶瓷器皿，在造型上沿用了鸡冠壶等符合游牧民族生活习惯的做法，同时又兼有汉地的民间艺术传统，反映出地方文化的特点。（图6-55）

# 小　结

宋人的生活在精神和物质文化两方面，比前代有更多的自主性，因为有繁荣的宋朝商品经济为前提。宋朝和六朝比较，文人士大夫并不逃避现实，工匠也不再陷入对外来宗教的迷狂。其文化的现实基础是以地主而不是贵族作为社会中坚的。所以，代表地主阶级利益的赵宋王朝，重文兴教，强调文治，其作用有两个方面：一是使国内政治相对安稳，没有藩镇之患；另一方面，却出现了"积弱"的国势，使北宋、南宋先后沦于北方少数民族政权的铁骑之下。

如此矛盾的状态，宋代艺术家却能专注于艺术自身的创造。因为经济活动渗透在日常生活中，改变文化的性质。翰林图画院"士流"和"杂流"的来源，都以平民为主。书法的

"尚意"特点，标榜了士大夫绘画的精神。中国画走到宋代，在各个题材上都已经创造了丰富的再现物象的程式。院画中那么多精美绝伦的作品，是非常伟大的创造。

由宋代山水一端，我们强调了它在风格演变史上的作用。北宋李郭的一变，南宋李、刘、马、夏的一变，划分出从10世纪至13世纪山水画艺术两个重要的发展阶段。从李成、郭熙北方全景山水的程式，到"马一角""夏半边"的定型，可以反映出人们对自然的理解所发生的变化。这里面有地域特点在起作用，更有风格自身的规律在发挥作用。而介于这两者之间，还有许许多多的个人特征，每一幅杰作都可以成为独立的样板。这种个别和一般的关系，组成了宋代山水画的宏大画面。

以苏轼为首的宋代文人学士，把画家的社会身份作为划分绘画类型的根据。这样一来，画家的地位就决定了艺术的地位，让中国画从内容和形式两个方面满足人们精神追求的需要。在意境上，文人学士实际上是再现性绘画的终结，到元代蔚成表现性绘画的主流。

史前时代的玉器，先秦时期的青铜器，是宋代瓷器成为社会审美时尚的先例。宋瓷的艺术价值体现在商品经济中，满足社会各阶层精神和物质的文化需求，有现实生活的基础。官营和民营的瓷窑，都在寻找适合其消费者的样式，如五大名窑中供给皇室御用的产品，就以仿古的形制来设计，显得格外典雅。而民窑中的日用瓷，不但器形符合实用，而且纹式也特别富于生活气息。通过这样的市场调节，宋代的瓷器真正成为整个文化的理想和象征。

## 术　语：

**院体**　指以宋代画院为代表的绘画风格。其样式特点一般是工细严谨、讲究法度。这种法度体现在设色和水墨形式上，有精细不苟的程式。

**形似**　这是宋徽宗赵佶对其"画学"机构提出的审美标准之一，要求皇室画院的画家在绘画表现中有准确的造型能力，能够使所画作品符合对象的自然特征。在捉形的过程中，也注意传达对象的内在精神。

**格法**　赵佶的院画评判标准之一，它包括对前代画法程式的掌握和对物象特征的认识，由此形成画家的绘画基本功。

**高远**　由郭熙在《林泉高致》中总结的山水画的观察和表现方法之一，表现"自山下而仰山巅"所见的景物。

**深远**　郭熙总结的山水画构图法之一，描绘"自山前而窥山后"的画面。

**平远**　郭熙总结的一种山水画构图法，表现"自近山而望远山"所看到的景色。这也是郭熙本人特别擅长的布景法，后人也有以此指代其风格的。

**以大观小**　由沈括在《梦溪笔谈》中总结的中国画观察和表现方法之一，主要用于山水画的布局。它采用俯视的角度，表现人们观看沙盘模型时的全局感，以描绘崇山峻岭的丰富层次。

**士夫画**　特指业余爱好绘画的士大夫绘制的作品。这些作品在风格特点上以抒发个人的意兴为重点，体现画家的主观性情。苏轼率先提出这个概念，后来发展为文人画的概念，成了重新划分艺术史的特别类型。

**写意**　一种与工笔相对的绘画形式，其特点是落笔随意，不受拘束，通常以水墨挥洒来表达画家的胸臆。写意画的题材不限，主要是注重笔墨在发挥创作者意兴方面的效果。

**小品**　宋画的一种形式，在册页、斗方、纨扇等画幅上表现各种题材，作为屏风、宫灯、窗格等器物的装饰，或直接作为收藏鉴赏的艺术作品。从题材上，也以小景为主，具有浓郁的宫廷趣味。

**禅画**　由禅僧绘制的作品，兴起于宋代，主要表现禅的境界，具有启悟心智的功用。禅画没有固定的题材，但通常借助南宋院体中水墨一路的画法，以疏简为尚。禅画的参悟功能使它区别于士夫画，所以并没有在画坛上形成很大的影响。

**思考题：**

　　1．从视觉形象来看，宋代文化和唐代文化有哪些主要的区别？

　　2．山水画花鸟画为什么会取代人物画成为画坛主流？

　　3．两宋山水画为什么会出现南北不同的风格转变？

　　4．皇室赞助对两宋绘画繁荣有哪些重要作用？

　　5．《营造法式》对中国木结构建筑的总结，意义何在？

　　6．宋、辽、金官窑与民窑对中国陶瓷发展作了哪些突出的贡献？

　　7．文人士大夫画家的美学理想是什么？

**课堂讨论：**

　　宋代绘画在中国和世界艺术史上有哪些不朽的古典特征？

**参考书目：**

　　洪再新：《与世界艺术对话的历史平台——宋代美术诸问题的艺术史意义》，《新美术》，2007年第5期，页12—27

洪再新：《张先〈十咏图〉及其对宋元吴兴文化圈的影响》《故宫博物院院刊》，2003年第1期，页144—184

洪再新：《理论的证明，还是理论的发现：沈括"以大观小"说研究评述》，《新美术》，1986年第2期，页26—29

洪再新：《沈括的书画收藏与鉴赏》，徐规主编：《沈括研究》，浙江人民出版社，1985年，页285—296

郭若虚：《图画见闻志》《画史丛书》本，上海人民美术出版社，1963年

邓椿：《画继》《画史丛书》本，上海人民美术出版社，1963年

滕固：《唐宋绘画史》，邓以蛰校，中国古典艺术出版社，1958年

滕固：《滕固美术史论著三种》，商务印书馆，2011年，收录《中国美术小史》《唐宋绘画史》和《唐宋画论：一次尝试性的史学考察》（张晓雪译，毕斐校）

童书业：《唐宋绘画谈丛》，中国古典艺术出版社，1958年

郑振铎：《宋人画册》序，中国古典艺术出版社，1957年

杨仁恺：《叶茂台第七号辽墓出土古画考》，上海人民美术出版社，1984年

山西省古建筑保护研究所：《岩山寺金代壁画》，文物出版社，1983年

陈高华编：《宋辽金画家史料》，文物出版社，1985年

徐邦达：《宋徽宗赵佶亲笔画及代笔画的考辨》，《故宫博物院院刊》，1979年第1期

［美］方闻：《心印——书画风格与结构分析研究》，李维琨译，陕西人民美术出版社，2004年

［美］高居翰："Some Thoughts on the History and Post-history of Chinese Painting", *Archives of Asian Art*, LV, 2005. pp. 17—33

林伯亭主编：《大观：北宋书画特展》，台北"故宫博物院"，2007年

《文艺绍兴：南宋艺术与文化》四卷本，台北"故宫博物院"，2007年

［美］何惠鉴（Wai-kam Ho）："Li Cheng and the Mainstream of Northern Sung Landscape Painting", in *Proceedings of the International Symposium on Chinese Painting, Taipei 18th-24th June 1970, Taipei: National Palace Museum, 1972*, pp. 3—57

［美］石慢（Peter Sturman）："The Donkey Riders as Icon: Li Cheng and Early Chinese Landscape Painting", *Artibus Asiae,* 1995. vol. 55, pp. 43—97

［美］刘和平（Heping Liu）："Empress Liu's Icon of Maitreya: Portraiture and Privacy at the Early Song Court", *Artibus Asiae,* 2003, vol. 63, no. 2, pp.129—190

［美］李慧淑（Hui-Shu Lee）：*Exquisite Moments: West Lake & Southern Song art,* New York: China Institute Gallery, 2001

［美］李慧淑：*Empresses, art, & agency in Song dynasty China,* Seattle: University of Washington Press, 2010

［美］伊佩霞（Patricia Ebrey）：*Accumulating Culture: The Collections of Emperor Huizong，* Seattle: University of Washington Press, 2008

［美］姜斐德（Alfreda Murck）：《宋代诗画中的政治隐情》，中华书局，2009年

［美］艾瑞慈（Richard Edwards）：*The heart of Ma Yuan: the search for a Southern Song aesthetic,* Hong Kong: Hong Kong University Press, 2011

刘继潮：《游观：中国古典绘画空间本体诠释》，生活·读书·新知三联书店，2011年

张东华：《格物与花鸟画研究——以南宋宋伯仁〈梅花喜神谱〉为例》，博士论文，中国美术学院，2012年

梁思成：《营造法式注释》，中国建筑工业出版社，1983年

《〈淳化阁帖〉与"二王"书法艺术研究论文稿》，上海图书馆，2003年

黄时鉴：《相远以迹，相契以心：义天和他的中国朋友》《黄时鉴文集》II，中西书局，2011年，页73—86

徐建融：《宋代绘画研究十论》，上海大学出版社，2008年

徐建融：《法常禅画艺术》，上海人民出版社，1989年

河北省文物研究所：《宣化辽墓》，文物出版社，2004年

李清泉：《宣化辽墓：墓葬艺术与辽代社会》，文物出版社，2008年

［日］三上次男：《陶瓷之路》，李锡经、高喜美译，文物出版社，1984年

叶喆民：《中国陶瓷史》（增订版），生活·读书·新知三联书店，2011年

刘涛：《宋辽金纪年瓷器》，文物出版社，2004年

路菁：《辽代陶瓷》，辽宁画报出版社，2003年

# 第七章　元代美术

## 引　言

13世纪在欧亚大陆崛起的蒙古草原帝国在世界史上具有突出的意义。以封建文化的发展来看，蒙古的游牧文化和中原农耕文化之间差异巨大。南宋统治者用程朱理学对西汉以来中国的传统思想作了新的总结，确定了封建伦理纲常的绝对权威。而用武力统一中国的版图，实行蒙汉二元政治制度的元朝政权，其意识形态以原始的图腾信仰为主，各族统治者要努力缩小这一文化差距，产生出意外的结果。体现在视觉艺术领域，有两大表现：一是宋代社会政治制度保障的文人士大夫，发展出了不受官方控制的表现性艺术；二是蒙古和西域统治者的多元文化政策，使汉文化以外的艺术风格得到自由的发展，其中喇嘛教的艺术独树一帜，成为和汉地文化相抗衡的特殊成就。

蒙古帝国和元朝将欧亚大陆的交通在几个世纪的沉寂后又重新激活，形成了汉唐以来空前的中外文化大传播。尽管代价巨大，却使不同的文明在血与火的征战中增进了解。游牧和农耕文化的冲突也为使中国文明史增添了许多奇异的色彩。

从南宋的半壁江山到元大一统，巨大的社会变化对中国传统的视觉艺术产生了深刻的影响。各种社会和种族方面的矛盾冲突，呈现了宋代画院制度解体后新的绘画发展的客观环境，成为古典绘画从再现风格向表现风格变化的转折点。

赵孟頫（1254—1322）以宋皇室后裔出仕元朝，像时代的坐标，引发了一场绘画革命。通过赵孟頫这个影响社会各个阶层画家的精神领袖，可建立由宋至元不同风格的联系纽带，呈现出江南和北方文化错综复杂的关系。他是全能的艺术天才：在书法上有"赵体"，在山水、人物、花鸟、鞍马的绘画题材上表现出个人风格；在水墨和青绿形式上均有创新，在理论上主张援书入画、书画一律和画贵有古意；诸如此类，出色地体现了自苏轼以来文人画的新成就。

除了人物、花鸟的画科外，元中后期南北绘画新出现的问题和趋势，是水墨山水画的发展。它以黄公望、吴镇（1280—1354）、倪云林（1301—1374）、王蒙等为代表，把独特的个人风格体现在笔墨之中，将赵孟頫的理念变为江南文化圈内普遍认同的创作现实。其典型作品和艺术观，是认识继宋画之后古典艺术出现的又一个高峰的重点所在。

在汉文化艺术之外，来自藏传佛教和伊斯兰教的美术作品，如由蒙古皇室和官员所赞助的建筑、壁画、雕塑和其他工艺制作，也自成面貌。对于蒙古和西域贵族统治者而言，这是他们在视觉领域中独特的文化特色，促进了元帝国的多元文化繁荣。其地理分布，从南宋旧都杭州，到元大都和元上都，从河西的敦煌莫高窟，到后藏的萨迦寺，喇嘛教艺术有效地推进了蒙古政治统治。各地的清真寺也很有特色，为中外交流的又一侧面。

# 第一节　蒙古和元帝国

公元1206年，蒙古部落首领成吉思汗建立了大蒙古国，开始了征服世界的雄图大略。蒙古部落主要是从大兴安岭呼伦贝尔草原兴起的，形成了集战争和狩猎于一体的生产关系，组织了高效的军事机构，使这支马背上的民族，能在大半个世纪的时间内先后消灭了金朝、西夏、南宋，从中国到波斯的辽阔疆域中形成了以元朝为中心的四大蒙古汗国。蒙古旧制是一种游牧封建制，或称家产封建制。在其版图轮廓中，北方是游牧民居住的草原地区，是帝国的核心，也是整个蒙古帝国的政治重心。南方则为定居地区，包括华北平原及江南地区，突厥斯坦及伊朗等地，而定居地区则处于帝国的边陲。以蒙古人的观点来看，大蒙古国的人民，土地乃是成吉思汗家族——"黄金家族"——全体的共同财产。在旧制下，蒙古大汗对于宗王和功臣等享有最高的宗主权，由此形成了一系列特权阶层。在蒙古兴起之前，辽代的契丹、金代的女真都采用了双重政治体制。蒙古人在进入汉地后，也利用中原的政治制度，产生蒙汉二元制。所不同的是，这个制度有庞大松散的草原帝国作为大后方，所以，1368年朱元璋（1328—1398）派大将徐达（1332—1385）攻占了元大都后，蒙古朝廷就退到漠北，在外蒙古继续维持了若干年。

元朝政府在实行文治方面，有其天生的局限性。汉文化不论如何发达，在蒙古多元文化中，始终还是平等的一分子，没有优先权。在文化政策上，须兼顾汉文化和西域诸文化的关系，并加以利用。蒙古帝王有着南宋小朝廷难以想象的政治活动舞台。元朝的创立者忽必烈不仅以中国王朝史上的皇帝自居，而且从蒙古"大汗"的角度来立法决策。作为少数民族对汉族和其他地区的本地居民实行的统治，若不以民族特权为依托，就难以维系。蒙古和元政权的官吏由蒙古、色目和汉人三部分构成。蒙古人高踞各级政府的权力顶端，而分任汉人、色目人实际主政，使其在职权上相互牵制，利用民族矛盾来达到稳固其统治地位的目的。元朝的汉人概念是指北方的汉族，包括汉化了的契丹、女真人，以及臣服元朝的高丽人。在忽必烈统治初期，朝廷的实际行政权力几乎都操持在汉人官僚手中。但随后汉人内部的矛盾激化，忽必烈开始警惕来自这方面的问题。所以，他又重用色目人，让其控制政局。色目人的概念很复杂。顾名思义，这是指高鼻深目的西域人。而元代西域人范围可以和蒙古草原帝国的范围相叠，包括波斯、阿拉伯、中亚各国和藏族等复杂的民族成分。他们得到朝廷的重用，必然有助于非汉族宗教文化等内容的发展。南宋灭亡后，原属南宋的江南汉人被称为南人，和北方的汉人又有区别。于是，元初就出现了四种不同的民族等级，对当时美术的影响明显。南北汉族在政治地位上的竞争，左右了画坛风格的变化。这一竞争又依托和蒙古贵族的关系，包括和色目人的关系。各种社会关系的对立和协调，使汉文化艺术奇特地发展下去。

蒙古帝国中，各大汗国之间的艺术交往，主要在工艺美术方面。由征战掳掠来的工匠和财富，被集中在一些主要的城市，专门生产宫廷所需的物质和文化消费品。在漠南，官营手工业十分发达，如元上都的官设匠局中，有制毡和毛织品的毡局、异样毛子局，加工皮革的软皮局、斜皮局、杂造鞍子局，金银器盒局等，由百色工匠创造大量富于民族特点的工业品。在元大都，官营手工业的管理又上一个档次，规模庞大。和南宋的官营手工业相比，元代在生产规模和分工协作的程度上，都有所发展。民间的手工业却因此受到严重的破坏，使社会经济畸形发展。官营手工业作坊中的工人称为匠户，而少数私雇的工人则称为民户。在七十余所官营手工业单位中，系有匠户达四十二万之多，它束缚了商品经济的自由发展。

为满足草原生活和宫廷需要，元代的工艺成就体现在蒙古贵族的日用品上。其中有些外来的工艺，也盛行一时。如绣金锦缎，即所谓的"纳失石"，在当时大量生产使用。这种波斯锦不仅在丝织物中加金，在毛织物中也加金，富丽华贵。蒙古贵族及百官的衣帽都用织金，三品以上官吏的帐幕也用织

图7-1　钧窑釉贴花双耳三足炉，高42.7cm，口径25.5cm，1345年，内蒙古自治区博物馆藏

金，喇嘛教士所用的袈裟、帐幕也都饰以金锦，可见其奢华之一斑。波斯锦从南朝梁武帝时传入中国，陆续有进贡此物的记载。蒙古统治者在征服各地时掠夺了大量黄金，又通过纸币换取许多黄金，使大批量生产金锦成为可能。有些织物的工艺价值极高，体现了中外艺术融合的突出成就。

元代陶瓷工艺以南方的景德镇窑和龙泉窑，北方的钧窑为代表。钧窑制作较粗糙，但有的形制硕大，气势胜于前代。（图7-1）龙泉窑主要用于出口，在中外文化和贸易活动中十分重要。其釉色不再是宋代龙泉窑流行的粉青色，而是以青中带绿的釉面为主。景德镇窑的白瓷除了薄胎的碗盏之外，也有厚胎白瓷，并开始利用铜料在器物表面进行绘画装饰，即"釉里红"。与此同时，匠师们在烧制青花的基础上，利用钴蓝进行器物绘饰，是新的创造，将氧化钴作为着色剂的釉料施于坯体，再以高温烧制而成。钴蓝色料主要从波斯输入，很能代表元代文化的特点（彩图31）。其色调鲜艳而沉稳，光泽莹润，表明工匠们对钴金属的呈色性能已经掌握自如，为后来烧制回青、洒蓝、天蓝和霁蓝釉产品奠定了基础。

扩大一层来看，元帝国的功业还体现在对中国封建王朝后期的都城规划上。由于游牧传统的习俗，元朝统治者建立了上都和大都两处都城，以确保和草原帝国的联系。当成吉思汗1220年在和林（今鄂尔浑河上游东岸哈尔和林）建都时，中原还在金人手中。1234年蒙古灭金后，其政治重心仍在漠北。1256年，忽必烈让刘秉忠（1216—1274）在今内蒙古正蓝旗东修筑宫室，历三年而成，定名开平。忽必烈在此积聚了政治势力，于1260年继承蒙古汗王的大位。

1264年，忽必烈迁都北京，建立元大都，而称开平为上都，作为夏宫。这一选择历史意义深远，改变了中国的政治格局。从那时起直至今天，全国的政治中心，除了很短暂的时间外，都集中在华北。元大都的兴建，避开了金代的中都废墟，以琼华岛一带风景区（今北海）为核心重新进行了设计。它由刘秉忠和阿拉伯人也黑迭尔共同组织规划，郭守敬（1231—1316）参加设计、测量和修建，历时八年而成。它按照古代中原的都城布局营建，平面呈长方形。宫城中轴线即全城中轴线，都城东筑太庙，西建社稷坛，北设商市，与周王城制左祖右社、前朝后市的传统相合。居住区分五十个坊，与唐代的制度名同实异，因为它是行政管理的地段。都城的排水工程规模巨大，防御系统也十分完备，是唐长安城后中国最大的都城，也是当时世界上最壮观的都城之一。在城市的建筑方面，它也保留了一些具有蒙古和阿拉伯特色的建筑和建筑装饰。如宫城内有若干帐幕式宫殿，是历代皇帝在此举行大宴的场所，又称"棕毛殿"。它部分或全部覆以棕毛，形制为帐幕，地上铺地毯，有的可容纳千人。其他还有盝顶殿、畏吾尔殿等，都是以往中原宫殿建筑中所没有的。在各种宫殿寝阁中，使用了许多稀有的建筑材料，如紫檀、楠木、五彩琉璃等。主要宫殿内采用方柱，涂红色，绘金龙。室内装饰保持蒙古的习惯，墙壁上挂毡毯、毛皮、丝织帷幕等。

越来越多的研究表明，来自草原游牧文化的蒙古统治者，在入主中原的过程中，以及随后管理元朝政治的过程中，对汉文化艺术并不是无动于衷的。相反，在他们中间，也出现过几位重要的赞助人，构成了元代宫廷书画活动的内容。蒙古皇室对艺术的赞助，也有其祖宗的制度。在制作帝王及朝廷命臣的肖像，制作儒、释、道等宗教画像方面，都有专人和专门的机构来负责实施，规定非常具体。在《元秘书监志》和从元朝政书《经世大典》中辑佚出来的《元代画塑记》中，有帝王的敕令诏书，记录了有关要求，成为珍贵的史料。如《元代画塑记》仁宗（爱育黎拔力八达，1285—1320，1311—1320在位）延祐七年（1320）十二月十七日的敕令云：

> 敕平章伯帖木尔：道与阿僧哥，小杜二，选巧工及传神李肖岩，依世祖皇帝御容之制，画仁宗皇帝及庄懿慈圣皇后御容，其左右佛坛咸令全画之，比至周年，先令完备。凡用物及诸工饮膳，移文省部取之。仁宗皇帝及庄懿慈圣皇后御容，并半统佛坛等画三轴，各高九尺五寸，阔八尺。用物：细白麤丝一百一十四尺，阔二尺。平阳土粉三十斤，回回胭脂一斤八两。明胶二十四两。回回胡麻一十五斤。泥金三两七钱五分。拣生石碌一十三斤。黄子红四斤十四两。西番粉一十五斤六两。西番碌九斤六两。五色绒一斤八两。朱砂三斤。拣生石青三十斤。大红销金梅花罗一百二十尺，阔二尺。大红官料丝绢一百二十尺。鸦青暗花素绐丝二百四十尺。真紫梅花罗二十一尺，阔二尺。紫檀木六条。黑木炭二千个。江淮夹纸一千三百张。线纸一千三百张。木柴一千三百束。

这流水账单，看似烦琐，却说明问题，它显示了一个完整的创作过程：从皇帝吩咐丞相开始，下面有西域尼泊尔的画家和汉族画家执行贯彻，内容题材、时间、地点、功用、花费等，都一清二楚，毫不含糊。就风格而言，皇帝选定哪几位画家，就已经表明了其中的倾向。现存北京故宫博物院和台北"故宫博物院"的元朝历代帝王帝后肖像册，是这类作品中的一种。其艺术水平不尽相同，如果和一些主题性创作相比，略显程式化。存世《元世祖出猎图》（彩图32）上所表现的元世祖忽必烈和皇后察必形象就比较生动，更真实地反映出游猎民族的特色。这类作品在构思过程中，蒙古的围猎和军事制度也被作了巧妙交代，使熟悉这一制度的蒙古观众能从中得到不忘祖制的教益。其画风也采用了工细的重彩形式，以突出帝王的富贵之气。

和宋代的画院制度相比，元代宫廷的美术活动有不同的特点。忽必烈借鉴金代的宫廷制度，建立秘书监，负责管理书画活动。到1288年，秘府设立"辨验书画直长一员"，将得自金代和南宋宫廷收藏的书画作重新的整理。秘书监保存的元仁宗圣旨中，就有让赵孟頫为这批收藏题签，和调江南著名收藏鉴赏家王芝入京负责裱画等内容。在元朝灭亡前，秘书监一直担任着国家文物收藏的主要职责。

除了秘书监外，元文宗图帖睦尔（1304—1332；1328—1329年4月，1329年9月—1332两度在位）又专门创建奎章阁，使元代宫廷的文化出现了新气象。在各代蒙古帝王中，文宗汉化程度最高。他对书画都有造诣，和柯九思（1290—1343）等书画名家，"以讨论法书名画为事"，竟然"几无日而不御于斯"。在传世的前代和当朝的书画作品上，有其题字。如美国波士顿美术馆藏王振朋的《龙舟图》上的"妙品"二字，出于文宗手笔。

蒙古皇室收藏在秘书监和奎章阁（1340年改名为宣文阁）的书画名迹，也可以供画家们观摩临仿，有助于南北画风的交流。在皇室书画赞助者中，还有一位蒙古公主，最受时人的称道，她就是鲁国大长公主祥哥剌吉（约1283—1331）。作为元世祖的直系曾孙女，她的同母兄弟中有两位当皇帝的，一是皇兄海山，即元武宗（1281—1311，1307—1311在位），二是皇弟元仁宗。她从小在一个爱好汉文化的环境中长大，祖父裕宗和父亲顺宗都有一定的汉文化修养，加上两位兄弟的地位，还有母亲在经济上的支持，使她收藏书画的热情得到了满足。据袁桷（1266—1327）《皇姑大长公主图画奉教题》的统计，她有四十件历代名作，其中传世的有十五件，包括展子虔《游春图》（图5-14）、崔白《寒雀图》、梁师闵《芦汀密雪图》等，均为画史上的精品。她以此举行文人雅集，请书画名家题赏，成了大都文化圈中的重要活动。英宗硕德八剌（1303—1323，1320—1323在位）至治三年（1323）她在城南天庆寺举行雅集，颇为轰动，文化名流们借机一饱眼福。在艺术发展史上，大长公主是和南宋宁宗杨皇后前后辉映的女性皇室赞助人，而前者以蒙古族的文化背景而达到这一步，难能可贵。

蒙古的政治制度使北方画坛出现了奇特的局面。元朝立国后，废止了文人所赖以入仕的科举制度，直到元仁宗时，于1314年重新恢复。此后，科举的大门对于汉族举子，仍然狭窄，因蒙古和色目的举子占去大半比例，而两者的人口基数却大不相同。这使有才华的汉族文人另谋出路，以求发展。在蒙古旧制中，怯薛即近卫军的作用非常重要，是保障蒙古"黄金家族"一切特权的基本政治组织。若能进入这一特权组织，也就找到了升迁的机会。在能让蒙古贵族看中的才干中，艺术才干是重要的内容。视觉的形象在蒙古贵族看来，比汉文典籍更有吸引力，也更容易接受。所以从元朝建立之前，蒙古国子学出现之时起，汉文的教育就被放在比较随意的学习环境中，而以各种工艺技术作为教学中的重头戏。其中也有视觉形象的表现。元代官营手工业异常发达的情况，表明艺术和手艺是贴近蒙古贵族生活的。所以，汉族和其他民族中的才艺之士，或可通过特别的技艺得到科举中得不到的入仕机会。这层特殊的社会关系，使热衷于仕途者，凭一技之长，在有门第的贵族那里崭露头角。一些书画家、鉴赏家也得宠于皇亲国戚，甚至皇帝本人。对于汉族文人来讲，这是超越民族等级，直接进入最高统治层的捷径。有几位画家被破格提升，令人难以置信。像大都出身的老画师何澄（1217—1309），因界画山水的成就，在进献界画《姑苏台图》《阿房宫图》和《昆明池图》后，就被超赐从二品的昭文馆大学士、中奉大夫，成为仁宗朝廷中荣显一时的人物。许多江南的画家也如法炮制，跻身于北方画坛和文坛的名流行列。像画建筑界画出名的永嘉人王振朋，画鞍马人物出名的松江人任仁发（1254—1327），画李郭山水出名的睢阳人（今河南商丘）朱德润（1294—1365，寓居昆山），画墨竹出名的台州人柯九思等，都往来于王公贵族门下，获得官禄名爵。如王振朋，在仁宗的幕府中得到赏识，随后应仁宗的即位创作了《大安阁图》迎合圣心，累官数迁，平步青云。其题材显示，王振朋以忽必烈在开平上都的宫殿楼阁作为视觉象征，预示仁宗在像世祖亲登大宝后，文治有胜于前代。时人题跋云："王振朋受知仁宗皇帝，其精艺名世，非一时侥幸之伦。此图当时甚称上意，观其位置经营之意，宁无堂构之讽乎？止以艺言，则不足尽振朋之惓惓矣。"柯九思也是"以说书事英宗潜邸"，随后又以写竹受知于怀王潜邸，为最后在元文宗奎章阁一展身手铺平了道路。这也招引了蒙古官僚的嫉恨，御史台弹劾他："性非纯良，行极矫谲，挟其末技，趋附权门。请罢黜之。"文宗死后，柯九思就从奎章阁鉴书博士的位置退下来，回到江南归隐。

　　一般说来，元代蒙古统治者的文化程度不高，因此注重直接诉诸人们感官和心灵的意识形态，强化其精神统治。蒙古国和元朝的文字使用，也和当时艺术的发展有关系。多数的蒙古贵族不通汉文，所以在元代境内同时通行汉文、八思巴蒙古文和波斯文三种官方文字。所谓八思巴蒙古文，是忽必烈在1260年奉藏传佛教萨迦派高僧八思巴为帝师，由八思巴根据梵藏字母创造的拼音文字。在此之前，成吉思汗命乃蛮降臣塔塔统阿根据回鹘文创造了老蒙文，后来的蒙文是在老蒙文基础上发展而来。不管是哪一种文字系统，都有自己的书法篆刻作品。从汉印的发展史来看，蒙古的有些官私印章别具一格。有花押的形式，有八思巴篆文的官印，显示时代的特点。在蒙古文出现以前，在北方少数民族的文化中，契丹和女真都创造了自己的文字，但因为其统治范围有限，不如蒙古文字和印章作用重大。从书写的格式和结构等方面看，这些少数民族文字对丰富当时的视觉文化有积极意义。元文宗时，有西域龟兹人盛熙明撰写了《法书考》，研究"华文梵音"的区别。在书法史上，他第一次从比较文字学的角度来认识中国的书法特点，加深了对中国视觉文化精华的了解。由于几种官方语言并用，各族文人的语言素养比较全面。江南的隐士如书画家杜本（1276—1350）、鉴赏家陶宗仪（1329—1410）等，也以研究《华夏同音》著称，很多南人担任蒙古教授，丰富了中华文化的内容。

由于蒙古统治者的重视，道教艺术呈现了繁荣的局面。成吉思汗西征时，北方的全真教士曾随军做了传道工作，深得器重。金代在北方出现的全真教，和江南传统的家族式道教——天师道不同，它有一个僧侣式的教团组织。它在异族统治下，以宗教形式保存中原文化，贡献重大。刻道藏、建道观、绘制道教画像，均为重要的文化建设。蒙古大汗对丘处机（1148—1227）等道流高人敬重有加，视为"神仙"，并下令军队在征伐各地的过程中保护其田地产业，以求得"神仙"佑助。道教徒也以法术炫耀力量。传统的巫术文化，集中地体现在道教实践中。它和巫术有着一定的联系，都与万物有灵的泛神论密不可分。虽然忽必烈当政时，道佛之间出现争斗，后以道教败北而告终，但蒙古统治者仍掌控着道教各派势力，为其所用。在元大都的北方道教教派中，有太一教的势力，采用江南天师道的符箓传统，并由蒙古贵族出身的道士担任要职。这位道士本人是名画家，活跃在元中后期的南北画坛和政坛上，成为沟通蒙汉文化的重要角色。他就是张彦辅，其唯一存世的水墨花鸟作品《棘竹幽禽图》（1343年，图7-2）是这一交流的见证。为该画题跋的杜本精通蒙古语，但他在题画时，却把蒙古画家的艺术风格来源有意掩盖了，而用江南的风格加以发挥，说明汉文化的优势。在其他的道教作品中，1254年绘于山西大同冯道真（1189—1265）墓的水墨山水（图

图7-2　张彦辅：棘竹幽禽图，纸本墨笔，1343年，63.8cm×50.7cm，美国堪萨斯城纳尔逊—艾特金斯艺术博物馆藏

7-3）也很有特点，反映出当时道教界重视绘画方面的宣传工作，比较容易与蒙古统治者沟通认识。

图7-3　佚名：疏林晚照，水墨壁画，元，1265年，山西省大同市宋家庄冯道真墓

　　道教艺术中成就最高者，是山西永济的永乐宫道教建筑群和壁画。这是全真教的大本营之一，是吕洞宾（796—？）的故乡，金代在那里刻过道藏，具有深厚的道教文化基础。蒙古统治者对永乐宫有多道保护的敕令，使这道教圣地得到了大的发展。永乐宫在1959年迁到芮城，按原样保存。它的主要建筑沿纵向中轴线排列，有山门、无极门、三清殿、纯阳殿、重阳殿、丘祖殿（已毁）。主殿三清殿面阔七间，进深三间，单檐四阿顶（图7-4）。整个建筑群规模宏大，布局完整，是道教宫观中最有代表性的作品。在蒙古太宗时永乐宫就已经修建，而各殿的壁画装饰则是在元中后期陆续完成的。其中三清殿的《朝元图》（图7-5）在1325年完成，出自当地的著名画工朱好古及其门人之手。全壁以八个三米高的主神为中心，在它们两侧配以仙曹、玉女、香官、使才、力士及金、木、水、火、土星等两米左右的神祇，分三至四层安排，构图恢宏，气势非凡。画面整体性强，在各种前代样板的基础上创造出新的格局，保存了唐代吴道子的传统，类似北宋武宗元的画稿（图6-6），立足于山西一带悠久的宗教绘画基础。画家的线条运用能力是惊人的，其圆浑流畅的长线组织，既表现了衣带飞舞飘逸的动感，又体现出浓烈的装饰效果。（图7-6）纯阳殿的壁画完成于1358年，以东、西、北三壁五十二幅画面表现《纯阳帝君神游显化之图》。在这一连环画形式的壁画中，吕洞宾从降生到成仙的过程被一丝不苟地描绘了出来。每幅画旁都有题榜文字作为解说。全部的故事都安排在山水的自然环境中，保持了统一的画面基调，也生动地表现出当时的现实情景。保存完好的精彩画面，当推《钟离权度吕洞宾图》（图7-7）。钟离权解衣盘

图7-4　藻井，元，山西芮城永乐宫三清殿

图7-5 朱好古及门人：朝元图（局部），壁画，重彩，1325年，山西芮城永乐宫三清殿

图7-6 朱好古及门人：朝元图（玉女，局部），壁画，重彩，1325年，山西芮城永乐宫三清殿

图7-7 佚名：钟离权度吕洞宾图，壁画，高3.7m，面积16m²，元，山西芮城永乐宫

磺，目视对方；而尘缘未了的吕洞宾则拱手危坐，等待度化成仙。重阳殿也有连环画形式的壁画，表现全真教创始人王重阳的一生经历。永乐宫三大殿的壁画，洋溢着浓厚的生活气息，是北方宗教壁画中的经典作品。除此之外，山西南部的稷山县兴化寺大殿壁画上，也有两幅是道教的神仙行列。它们和同时代的佛教壁画一起，将百姓的日常生活刻画得极为生动精彩。

## 第二节　元初的江南画坛

在1279年南宋灭亡后，政治中心北移。艺术家所面临的选择，首先是一个"仕"与"隐"的问题。和宋代理学的教育有关，这成为评判艺术家政治态度的重要准绳。它强调士大夫的士气：对于效忠朝廷和国家，其价值胜于个人的生命。这是宋末为朝廷死节者的信仰基础。在其行列中，像陆秀夫（1236—1279）、文天祥（1236—1283）等人，都名垂青史。文天祥抗元被俘，坚毅不屈，最后以一曲《过零丁洋》的悲歌，表明他"人生自古谁无死，留取丹心照汗青"的凛然大义，为后人称颂和怀念。其价值观也根植于南宋遗民的信念之中。南宋初年李唐的《采薇图》（图6-15），是最早的遗民形象，但李唐只是颂扬他们的高义，还不需要他本人去实践这种对旧王朝的忠心，因为宋朝还存半壁江山。元军南下后，情形完全不同。江南文人士大夫要适应一个异族统治的新朝，面临严峻的现实。

江南文化界在是否入仕新朝的问题上，分出了不同的阵营。参加过抵抗元军或拒绝和蒙古人合作者，在杭州、吴兴（今浙江湖州）、绍兴、苏州等地结成了政治势力，即遗民的文化圈。他们以文学和绘画发亡国之痛，改变一时的士风。虽然社会气氛低沉，但文化冲突在人们心中产生了复杂的影响，激励人们去思考中国文化自身的问题。在不仕新朝的选择中，有人以绘画来维持生计，或者在收藏书画的活动中形成对历史的新认识。类似金代北方出现的全真教，用道藏典籍来保存汉文化。研究元初江南人对书画的兴趣，可从书画中看到元初江南社会的普遍心态。

南宋遗民的问题，也以画坛为重心，因为不少遗民在绘画上找到了自我实现的途径。其艺术风格各不相同，但其努力使元初江南的绘画品质大为改观。绘画中的精神性的因素变得非常突出，其核心就是文化冲突。

遗民没有固定的组织形式，他们通过雅集表达政治态度。除了在一起吟咏诗词、交流艺术收藏的心得，他们更多的是回忆前朝旧事，聊以自慰。艺术活动不是政治反抗的手段，所以在文化程度较低的蒙古贵族眼中，感觉不到直接的威胁。相反，一批仰慕江南文化的色目贵族，还积极地参与到汉族文人的雅集中，感受南方文化细腻精微的神韵。其结果是增强江南文人对自身文化优势的信心，为他们在文化冲突中寻找更大的发展空间。

遗民画家有两大类型。一种是极端派，在题材和风格方面决不兼容异族文化，甚至北方文化。一是温和派，对全国统一后出现的文化融合采取默认的态度，但自己仍然和新朝保持距离。两者对元代绘画的精神性建设都有贡献。如果没有前者，就不会有成为时代风气的个性派表现。因为都是像大都的画家何澄、李肖岩，或者尼泊尔画家阿尼哥（1244—1306）、阿僧哥父子等那样听命于蒙古统治者，那么，文化之间的对立和冲突就失去了意义。自苏轼提出士夫画的理想后，北方的金代文人在艺术实践中作了充分的发挥。原因是汉族和女真贵族之间的文化冲突，要比士大夫和南宋院画家之间的趣味冲突来得剧烈。在蒙古、色目、汉人贵族的统治凌越南人时，江南画坛的气氛就充满火药味。

郑思肖（1241—1318）的形迹和作品风格，是典型的极端派。出生福建连江，经历宋亡的变故，就在苏州一带靠田产生活，常寄居佛寺，与社会格格不入。他记录了元初政治的许多弊端，辑成为《心史》一书，放置于铁函中，沉于苏州天长寺枯井内。明末被重新发现，对清初和清末民国初年的民族主义有巨大影响。在叙事中，他引用另一位抗元志士谢枋得（1226—1298）的说法，把南人地位定在社会的底层，有"九儒十丐"之称。北宋初李成，虽然以书画交换的形式维持生计，但仍坚持"自古四民不同列"的社会等级观。士沦为

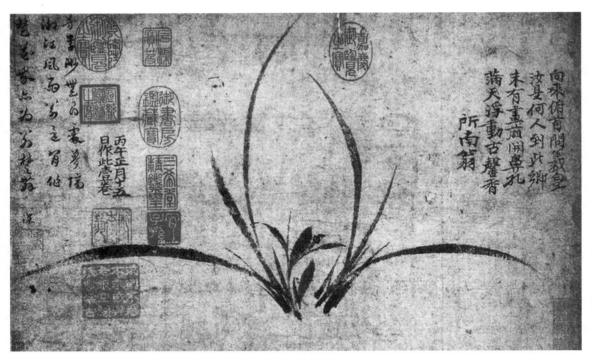

图7-8　郑思肖：墨兰图卷，纸本墨笔，25.7cm×42.4cm，1306年，日本大阪市立美术馆藏

商，已是难以接受的现实。元朝的种族等级把南人放在底层，加上废除科举，在社会等级上，使儒户成为和匠户、军户等相似的社会阶层，自然使郑思肖无法面对。事实上，儒户并没有像谢、郑描述的那么低微卑贱，元代政典中没有这类条律记载。《心史》中的"靼法"，是作者的个人感受，形成极端化印象。他坐必南向，以示不与北人交往之志。号所南，也是同样的道理。甚至一听到北方的口音就拒绝与来人谈话。这种精神偏执的特点，通过绘画诗文来一吐胸臆，尤能显露真情。作品以水墨为主，把墨兰、竹、菊等题材的象征意义发挥到前所未有的境地。画兰无根，或根不着土，云：土为蕃人所夺，不忍着之，以此寄托思念故国之意。存世《墨兰图》（图7-8），画兰花一丛，无根着地。此画以隶书意味挥写，传达出画家内心的冲动与激情。画上一印，印文曰："求则不得，不求或与；老眼空阔，清风古今。"画右侧自题诗："向来俯首问羲皇，汝是何人到此乡。未有画前开鼻孔，满天浮动古馨香。""无根兰"的图像和逸事，是他不与新朝同流合污的记录。在宋元鼎革的情景中，他赋予墨兰这类文人兴致所至随意挥洒的题材以新的寓意。宋末赵孟坚等人还是以此为咏物写生，郑思肖把强烈的政治态度见诸笔端，使物象成为人格理想的象征符号。这是新的时代信号，让画家们正视题材风格在表现主观感受时的特殊作用。

和郑思肖一样鄙元的遗民画家龚开（1222—1304），曾直接抗击蒙古军，组织南方抗元活动。往来于杭州、苏州一带，与遗老凡十余人，在文坛上"倡明雅道"。他不像郑思肖有三十亩田产作生活保障，而是卖画为生。"其胸中之磊落轩昂峥嵘突兀者，时时发见于笔墨之所及。"家贫无长物，唯有其画受人重视，"一持出，人辄以数十金易得之"。受画者不少也是遗民。如收藏他《江矶图》的，就是文人和书画鉴赏家周密（1232—1289）。龚开性格开朗豪放，"疏髯秀眉，颀身逸气，如古图画中仙人剑客。时时为好事者吟诗作书画，韵度冲远，往往出寻常笔墨畦町之外"。绘画题材广泛，多以水墨为之。在水墨人物、鞍马和鬼魅等内容方面，表现强烈的反抗意识和政治幽默感。其《瘦马图》是典型的自我表白。一匹瘦马，背风低首，缓缓而行。风沙吹散鬃、尾，意态凄楚悲凉，精神内涵丰富。诗题意味深长，广为传诵，"一从云雾降天关，空进先朝十二闲。今日有谁怜骏骨，夕阳沙岸影如山"，以瘦马哀叹失去主人、失去疆场的遗民的内心痛苦。龚开还有《中山出游图》（图7-9），采用了讽刺的手法，刻画出画家对当时异族统治者的蔑视之情。画中钟馗与其妹在鬼卒的哄抬下出游，其形象十分生动奇特。该画的主题是"扫荡凶邪"，把画家曾随南宋名将赵葵抗元未竟的业绩，通过绘画继续坚持下去。表现同一题材的还有颜辉，其《钟馗雨夜出游图》，水墨淡设色的画面，以粗厚的用笔，迅速多变的笔势，画出鬼魅横行的丑陋面目。这类漫画性质的作品，是墨戏新形式，也扩大了社会效应。

敢于和蒙古、色目贵族直接抗争的遗民画家中，有杭州葛岭玛瑙寺的僧人温日观。和宋末禅画家牧溪的性格相似，他疾恶如仇，不畏权势。宋亡之后，他每见江南释教统领杨琏真伽，就大骂其为"掘坟贼"。杨是西域色目贵族，横行江南，因发掘南宋诸陵而臭名昭著。为了笼络温日观，杨曾送去好酒，却被拒绝。温照样痛斥杨的所作所为，即使被打得遍体鳞伤，也无所畏惧。他在江南文人中间深得敬重。他擅长画的是水墨写意葡萄，观察方法和前人画墨竹、墨梅异曲同工，"于月夜下视葡萄影，有悟，出新意，拟飞白体为之"。温日观常常借助酒力，进入无拘无束的创作境地："酒酣兴发，以手泼墨，然后挥墨，迅于行

图7-9　龚开：中山出游图卷，纸本水墨，32.8cm×169.5cm，元，美国弗利尔美术馆藏

草，收拾散落，顷刻而就，如神。甚奇特也。"他精通草书，在画葡萄时，"枝叶皆草书法也"，体现出元代水墨写意画的精神。

在遗民温和派中，隐居吴兴的钱选（1239—1301）很有代表性。身为南宋末的乡贡进士，他刚踏上仕途，就有改朝换代的变故。他将所撰的著作付之一炬，绝意于宦海。放弃了儒生的资格，辞却元廷对儒户的待遇，他以绘画为生计，成为职业画家。他重视绘画问题，和同乡师友赵孟頫共同成为倡导文人画的主将。虽然对出仕元廷的态度不同，钱选的艺术主张受到赵孟頫的重视。绘画题材以隐逸人物和山水为主，在诗文书画中表达对故宋旧朝的怀念。活动范围以吴兴为中心，享用其丰富的自然和人文资源。

钱选虽没有系统的理论，但对文人画却有本质性的认识。董其昌《容台集》中记载："赵文敏（孟頫）问画道于钱舜举，何以称士气？钱曰：隶体耳。画史能辨之，即可无翼而飞，不尔便落邪道，愈工愈远；然又有关捩，要得无求于世，不以赞毁挠怀。"文人画的核心是"隶体"，把书法用笔和文人画的业余性作为要点，突出个人的境界。他在具体实践中采用了小青绿的风格，成为从南宋绘画向元代过渡的关键人物。存世作品显示，他在工笔花鸟上师法赵昌，接近北宋的传统，以色彩渲染、工笔细描为主。所作《梨花图》，以折枝形式画盛开的梨花，保持了清雅的艺术格调，无一笔刻露的痕迹。"梨花"为"离华"的谐音，苍白的梨花，像是被泪水洗过一般，显示画家希望的幻灭。

钱选希望从风格本身找到艺术变革的出路，以唐宋绘画传统来对抗南北画坛流行的风格。存世《浮玉山居图》（彩图33），纸本的效果和绢本不同，色与墨的融合更自然，构图均衡，意境恬静，体现了他所崇尚的"士气"。山峦和岩石多用硬拙的直笔斫皴，既表现出石体的质感，又富于古雅的装饰意味。树丛和水草以水墨和淡绿色皴染密点，葱郁清丽。七分水墨三分青绿的设色画法，开启了浅绛山水的新体貌。从青绿的传统出发，钱选提供了人们向往唐代文化的一种古意，把现实世界和幻想世界统一在一起。通过重新阐释过去，运用历史遗产来实现自我超越，都有重要的意义。在山水的景点选择上，他突出了家乡的名胜，把山水和地域文化传统融为一体。自号霅川翁，而《浮玉山居图》正是霅川翁在霅川上一处岛屿——浮玉山的生活写照。这份特殊的文化遗产表明，在元代种族和门第社会中，江南文人在经济文化上具有独特的优势。他还画了《卞山雪望图》等吴兴的著名景点，代表着山水画题材上重大的转变，即从唐代的宫苑景色，北宋的自然画面，南宋的城市名胜，最后落实到个人的家庭和书斋山水。在张先（990—1078）的《十咏图》上，诗人和画家以吴兴为对象，描绘了一幅生活的长卷。不过这些歌咏和再现的画面，都还是一般性的内容，不像元人的画面，集中在具体景点的象征意义上。就像其他遗民用墨兰、墨笔鞍马鬼魅以及墨笔葡萄等形式抒发个人意兴一样，钱选在家乡景点的表现上，发挥了自我认同感。他没有大笔挥洒，而以朴拙的"古意"渲染出梦幻般的隐逸理想，影响了同时代的风格创造。

除遗民画家外，元初江南画坛上还有南宋的院画家。在宋亡之后，他们没有了拿俸禄的地方，在社会上靠技艺生活。其政治倾向现所知不多，但画风却开始受文人水墨画的影响，重视士大夫阶层的趣味。南宋宫廷成员已经北迁，南宋恭帝赵㬎还被送到后藏的萨迦寺做住持，因此以往宫廷和文人的对立已经淡化，剩下的只有南方士大夫和其他地区士大夫审美趣味的对立。宋代宫廷画家们所掌握的各门技术照样有用，如肖像画之类，培养出一批名家，有些到大都去寻求发展。像钱塘人陈鉴如，在仁宗延祐六年（1319）在江南为高丽文人李齐贤（1287—1367）作肖像，名声远扬。和在前代画院效力所不同的是，艺术评判人从宫室走到了社会，由在野或在朝的江南文人引导新的审美时尚。水墨的形式使多数艺术家找到了当时主要的艺术表现语言。连道教、佛教之类宗教绘画，也和文人的艺术倾向十分接近。

## 第三节 赵孟頫和书画一律

在元初江南文化圈中，也有一批出仕新朝的文人。其出仕动机不一，但在保存汉文化，丰富中国文化多样性的效果上，却殊途同归。其出仕大致有三个途径。一是直接由朝廷召纳，属于特殊人物，像赵宋王室的后裔赵孟頫以及其他江南的名流，都是由忽必烈派程矩夫（1246—1316）南下礼聘至京担任朝廷命官的。二是从元代的吏制中谋得差事，一步步升迁。像以治理水利著称的任仁发，是在宋元鼎革之际毛遂自荐在新朝担任浙江省宣慰掾，经过大半辈子的奋斗，最后以宣慰副使退休。当然也有为吏而倒霉的，像元末山水画大师黄公望，就因为在一蒙古贪官张驴幕下为吏而遭牵连下狱，险些丢了性命。出狱后皈依全真教，回到江南，以教书卖艺为生。三是通过宗教的途径与朝廷建立联系，担当僧官、道官，也有非常荣显的人物。而在他们周围，艺术家也可以找到许多生计。蒙古统治者对宗教的兼容态度使宗教艺术有很大的市场，像道教的绘画就是其中相当突出的内容。

比较这些入仕的途径，第一种类型最特殊，出仕可以是被动的，而基于特别的考虑才决定出山。相形之下，第二、三两种选择，则是主动的，且按儒学的标准，算不上入仕的"正途"。在此情形下，作为文化名流的赵孟頫承受着巨大的舆论压力。蒙古统治者和江南士人都把眼睛盯着这批出仕者，但其期待却可能完全相反。换言之，被异族皇帝评价越高，在本族的士人中间就可能越遭冷遇。在选择与新朝合作的过程中，出仕者经受的考验比遗民实际上要严峻得多。如果说不同文化之间的冲突在郑思肖等遗民身上可以用偏执的心态来宣泄的话，那么，对赵孟頫这样的出仕者，就只有用真才实学将此冲突转化和升华。赵孟頫因此成了元初文化对抗的聚焦点。

赵孟頫，字子昂，号松雪道人。故宋宗室，宋太祖十一世孙。凭此出身，他成为朝野人士争议最大的人物，更是历史上褒贬不一的对象。站在南宋遗民的立场，他毫无理由事奉新朝，这背叛了祖业，罪名之大，可以想见。而站在蒙古贵族的立场，他最难让人信赖，因为直接代表着被推翻的旧朝宗室。在此两头难做人的尴尬局面下，赵孟頫坚持了下来，先后做了兵部郎中、翰林学士承旨，又在济南和浙江等地做官，封魏国公，"荣际五朝，名满四海"。元仁宗曾赞扬他有七美，前二美是"帝王苗裔"和"状貌昳丽"，后二美是"书画绝伦"和"旁通佛老之言，造诣玄微"。认为元有赵孟頫，如唐有李太白、宋有苏子瞻一样值得骄傲。从中国文化史来看，赵孟頫无疑是文化冲突的结晶。

出生于浙江吴兴，赵孟頫和钱选等人被誉为"吴兴八俊"。从赵孟頫跋张先《十咏图》，可以知道地域文化对他意义不凡。"吴兴潇洒郡，自古富人物。溪山映亭榭，尊俎照华发。"出自这样的环境，并为这一传统增辉，其重要性远远超出了江南一隅。他的出仕，充当了连接南北和中西文化的立体交叉桥。门生杨载（1271—1323）写其行状，认为赵在政治经济等方面的才能，如整顿吏治、革新钱法等，因受蒙古守旧派的排挤而不得施展，就使他只能在文学艺术方面表现其天才。

赵孟頫的全才在文化史上罕有其比。他主盟书坛，所创"赵体"，平整均齐，秀媚圆润，具有很强的实用性和变通性，使当时的书风，包括元代的刻书字体，都笼罩在他的影响之下。篆、分、隶、真、行、草诸体皆精，尤工楷、行书。他早年学宋高宗，又学钟繇、智永、褚遂良等，并受到北碑的一些影响，书法笔力深厚，结体方阔，体势近扁。中年专攻二王，尤得益于《兰亭序》和王献之的《洛神赋》，书风渐趋华美圆润，活脱潇洒。中晚年吸收李邕的沉雄刚健和柳公权的开张气势，使笔力更加深厚扎实，笔势也愈加雄健纵放。苍劲老到而又多姿多态的个人面貌，深为时人和后代习书者所喜爱，对书艺的传承和普及产生了巨大的作用。传世作品很多，著名的有《洛神赋》、《胆巴碑》（全名《大元敕赐龙兴寺大觉普慈广照无上帝师之碑》，图7-10）、《玄妙观重修三门记》等。除了书法实践，理论上也自有建树，和他的绘画主张相呼应。在当时书坛衰微不振的情况下，他力倡复古，以此作为书法发展中开拓新局面的主要途径。他比宋人更刻苦、更全面地进行艺术再创作，既广涉各种书体，又力求有所突破，易长为方，易欹为正，使结体"因时而变"，更为规范，因人而异，变得更为妍雅，从而成为书法史上承前启后、继往开来的一代宗师。

与赵同时的书法家中，有鲜于枢（1256—1301）、邓文原（1258—1328）等人，号称三大家。鲜于枢身为北人而长期在江南生活，葬于杭州。他的行、草皆从楷书中来，故落笔不苟，法度谨严。又因个性中的河朔伟气，喜酒酣作书，行草往往以骨力胜而乏姿态，韵度稍逊于赵。行书《苏轼海棠诗》（图7-11），行草相间，圆润流转，为其代表作。邓文原祖籍绵州（今四川绵阳），江南出仕元廷的名人之一，官至集贤直学士，兼国子监祭酒。其学书途径与赵相似，故书风相类。又因赵书风靡天下，所以不易脱其牢笼。比较二人，邓文原是欹侧浑厚过之而秀婉清丽不及。可以看出，赵孟頫的书法冠盖群伦，也是当时书法家竞相超越的对象。如元末西域出身的大书家康里巎巎（1295—1345），就因为赵日书万字而倍加发愤，自称日书三万字，未尝以力倦而辍笔，成为与赵孟頫、鲜于枢齐名的人物。

赵孟頫的画名和书名并重。工画山水、人物、花鸟、鞍马、墨竹，于青绿、水墨等不同风格都自成一家。这位全能的艺术家，表现的范围特别广泛。若是分门别类地描述他在众多领域中的成就，可能得不出一个清晰的风格印象。所以，认识其绘画成就，必须看他在整个风格史演变中所起的作用。在吴兴的文化圈中，赵作为"吴兴八俊"之首，以文才称胜，发挥了时代旗手的作用。这面旗帜就是在书法上倡导的"复古"，既可以超越南宋末年陈陈相因的院体作风，又能在追忆晋唐"古风"的口号下团结广大的汉文化后继者，同时为他出仕元廷开脱责任。这是他在文化冲突中找到的解决其困境的最佳方案。

从赵出仕的积极方面看，由于他和各族文人的努力，使南北之间隔绝了一百五十多年的文化关系，重新开始了相互间的交流。他在北方所接触的各种古代艺术，有不少是江南人所淡忘的。例如南宋以来就很少有画院画家了解北宋初中期李成、

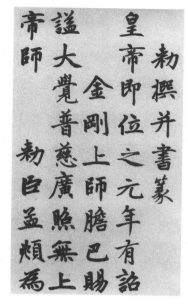

图7-10　赵孟頫：胆巴碑（局部），纸本，33.6cm×166cm，1316年，北京故宫博物院藏

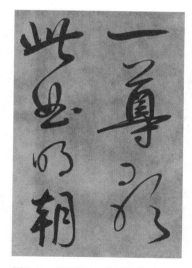

图7-11　鲜于枢：苏轼海棠诗（局部），纸本，34.5cm×584cm，1301年，北京故宫博物院藏

图7-12　赵孟頫: 双松平远图卷, 纸本墨笔, 26.7cm×107.3cm, 元, 美国大都会艺术博物馆藏

郭熙的传统。而在北方, 从金代到元中期, 这派山水风格的流传非常广泛, 几乎成了北方官僚们所公认的主导风格。与赵同在仁宗时期担任集贤学士的画家商琦 (? —1324), 就擅长这一派传统。他父亲商挺 (? —1288) 是忽必烈手下的重臣, 商琦借此特殊门第, 担任了皇室的禁军。而他的画艺, 在北方更是备受人们推崇。所作《春山图》, 其出发点就是李成、郭熙, 体现出北方青绿风格的山水特征。赵孟頫在不少作品中, 多采用了其画法, 使平远之景在江南画坛得以复兴。代表作有《重江叠嶂图》、《双松平远图》(图7-12) 等, 体现了画家由师王维、董源、巨然, 进而师李郭, 变古拙为潇洒秀劲的特点。远山多以水墨渲染, 江面平如镜, 无水纹, 汀渚坡石用清爽的线条勾出, 树木多类郭熙, 树干挺劲多虬枝, 枝如蟹爪。其清旷潇洒之意, 溢于画面。在赵的影响下, 产生了像唐棣 (1296—1364)、朱德润、曹知白 (1272—1355) 等以李郭风格著称的江南山水画名家。应该指出的是, 在东传至高丽, 西传至波斯的广泛影响中, 这一风格在蒙古帝国的文化建设中起到过积极作用。这一风格在江南的出现, 也伴随着北方官僚南下而更加流行。赵孟頫在多次往返吴兴和大都的经历中, 成为直接的推动者。为了超越"近世"画风的影响, 赵自然就和南宋宫廷拉开了距离, 使他能在艺术选择中获得更大的自由。

复古的另一层含义是追溯汉文化的鼎盛阶段, 以激励艺术家在创作过程中强化文化自信心。钱选小青绿风格的书斋山水已经表明, 文人画家们在运用前代装饰风格时, 可以寄寓丰富的感情。赵孟頫凭着开阔的视野, 具有驾驭前代风格的过人能力。他为生活在吴兴的书画收藏家周密所作《鹊华秋色图》(彩图34), 就有特别的意义。在这幅手卷上, 体现了复古以开新的艺术理想和成就。作于1295年, 该画是他在济南做官回到吴兴后, 赠予不曾回过故里的好友作为纪念。其题识云: "公谨父 (周密字公谨), 齐人也。余适守齐州, 罢官来归, 为公谨说齐之山川, 有华不注最著名, 见于《左氏》, 而其状又峻峭特立, 有足奇者, 乃为作此图。其东则鹊山也, 命之曰鹊华秋色也。"这也是以家乡山水为题的创作, 文化内涵深厚。宋亡, 周密成为江南

遗民圈中的精神领袖之一，撰写过《齐东野语》《云烟过眼录》
等多种回忆故宋政治与文化逸事的著作。他对赵孟頫仕元持宽容
的态度，赵因此很感激他。在此作品上，画家在选择风格语言时
匠心独运。董其昌跋文云："吴兴此图兼右丞（王维），北苑
（董源）二家画法，有唐人之致去其纤，有北宋之雄去其犷。"
如此复古，符合江南文人士大夫的精神追求，也是受画人周密梦
寐以求的境界。画面上，开阔的平远之景，远处有鹊、华二山遥
相对立，形态各异，别具风采；其墨色韵致接近董源，干笔皴
擦，但不作刚直方正的线条，因而圆浑潇洒。山石用披麻皴，富
于变化，使细密流畅的线条愈显凝重含蓄之美。它显示了一种新
的风格趋向。这样的复古，和通常的临摹仿古有本质的区别。从
古代绘画风格的发展史来看，画家在构图上表现了其掌握视觉空
间的成熟技巧，在再现景物方面，达到了汉唐以来的完善地步。
古代的艺术家对于征服三维空间的问题，形成了独特的方案。更
重要的是，在赵孟頫这样的全才那里，开辟出纯粹主观写意的新
境界。近年来学术界对此画真伪问题的讨论，实际上深化了我们
对赵孟頫绘画成就的认识。

　　和《鹊华秋色图》风格类似的，是赵在1302年为友人钱德
钧所作的《水村图》（图7-13）。该图为纸本，纯以水墨描绘，
没有小青绿的设色。据图后拖尾钱德钧《水村隐居记》，水村作
为他的家庭财富，是江南隐居生活的去处。而赵画突出了这种
情趣：旷远的田园风光中，有一处村落景致。平滩汀渚，芦荻丛
丛。其开阔的境界，无沉重险奇之感，适宜人们过隐居的生活。
用笔已无董、巨繁复的层次，比较简练。汀渚也以侧锋淡笔拖
出，有萧散荒率的韵致。

　　复古精神用在赵孟頫的人物和鞍马画作品上，也有现实
的意义。早年画作《幼舆丘壑图》上，已经显出他对晋人风骨
的向往。以顾恺之画谢鲲（字幼舆）像置之丘壑之间为原本，
他用勾皴法表现树木山石，赋色浑重典雅。区别于一般的青绿
山水，他把高古超逸的书法用笔施之于山水造型中，树石轮廓
线很像篆书的象形文字。这样的艺术涵养使画作洋溢着文人的
气息。赵孟頫题跋道："余自少爱画，得寸缣尺楮，未尝不命
笔模写。此图初敷色时，所作虽笔力未至，而粗有古意。"据

图7-13　赵孟頫：水村图卷，
纸本设色，24.9cm×120.5cm，
1302年，北京故宫博物院藏

图7-14 赵孟頫：红衣西域僧图卷，纸本设色，31.5cm×263.1cm，1304年，辽宁省博物馆藏

图7-15 赵孟頫：秋郊饮马图卷，绢本设色，23.6cm×59cm，元，北京故宫博物院藏

汤垕《画鉴》记："王芝子庆收阎令画《西域图》，为唐画第一。赵集贤子昂题其后云：'画惟人物最难，器物举止，又古人所特留意者，此一一备尽其妙。至于发采生动，有欲语状，盖在虚无之间，真神品也。'" 本着这一认识，他在人物的精神面貌和寓意性方面作了深入的阐发，使所画的形象充满感染力。存世《红衣西域僧图》（图7-14）是一经典。其跋文云："余尝见卢楞伽罗汉像，最得西域人情态，故优入圣域。盖唐时京师多有西域人，耳目所接，语言相通故也。至五代王齐翰辈，虽善画，要与汉僧何异？余仕京师久，数尝与天竺僧游，故于罗汉像，自谓有得。此卷余十七年前所作，粗有古意。"这里涉及赵孟頫在元大都重新体验唐人的中外文化交流活动。若没有宦游北方的经历，从画面和实践生活两方面都不易求得和认证晋唐人的古意。据考证，赵孟頫在1304年这幅画上的主

人公应该是在前一年去世的西域僧人胆巴（1230—1303）喇嘛（参见图7-10赵书《胆巴碑》），而他所指代的真正对象，则是当时远在万里之遥做萨迦寺住持的南宋恭帝赵㬎。通过"古意"，赵孟頫回到了他的文化发源地。在鞍马画方面，他也力追唐人神韵。存世《秋郊饮马图》（图7-15），写秋郊景色，林木萧疏，色质浓重。一围官身着红衣，驱使着群马临溪而饮，动态各异。对于画马的兴趣，也和他看待西域僧人相差无几。因为马是蒙古游牧民族的象征，同时又在汉文化中代表着杰出人才，所以，身在蒙汉二元政治制度下，选择马的题材，能起到双关的视觉效果。尤其巧妙的是，他笔下的马都以唐人的风格来处理，无论从哪个角度解释，都立足现实而又超越现实。

和赵孟頫同时期，还有一位画马名家的风格，即任仁发笔下的鞍马形象。任仁发是一心仕进，要用科学技术来有功于世的。在其《二马图》（图7-16）、《张果见明皇图》上，画家借助瘦马和小白驴的形象，做自我宣传。他也用唐人的风格，甚至唐人的题材，表达希望被元朝统治者重用的意愿。其跋文云："予吏事之余，偶图肥瘠二马，肥者骨骼权奇，荣一索而立峻坂，虽有厌饫刍豆之荣，宁无羊肠蹭蹬之患。瘠者皮毛剥落，吃枯草而立风霜，虽有终身摈斥之状，而无晨驰夜秣之劳。甚矣哉，物情之不类也如此。世之士大夫，廉滥不同，而肥瘠系焉，能瘠一身而肥一国，不失其为廉。苟肥一己而瘠万民，岂不贻污滥之耻欤。按图索骥，得不愧于心乎。因题卷末，以俟识者。"在此自我表白中，他跳出了唐人"画骨""画肉"的风格之争，而是充分展开了画马的图像意义。遗民画家龚开以瘦马自况，感慨"谁怜骏骨"，任仁发需要用瘦马"以俟识者"。龚开把瘦马放到"先朝十二闲"的位置上，让人去追忆它往日的神俊之气。而任仁发则把二马放在蒙汉二元政治制度中，描绘他充当"吏事"的卑微处境和"瘠一身而肥一国"的宏大理想。这些画面也说明为什么赵氏一门三

图7-16 任仁发：二马图卷，绢本设色，28.8cm×142.7cm，元，北京故宫博物院藏

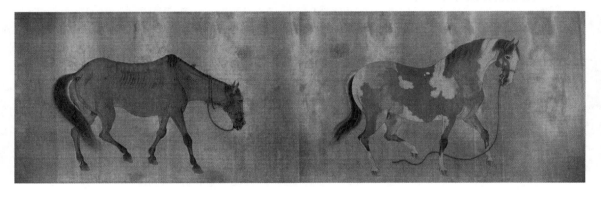

图7-17 赵孟頫：秀石疏林图卷，纸本墨笔，27.5cm×62.8cm，元，北京故宫博物院藏

代，都重视和擅长画马，就像任仁发一家也有几位鞍马画高手一样。在赵孟頫和他儿子赵雍（约1289—1360）、孙子赵麟的笔下，马成了表达特定意图的奇妙对象。

赵孟頫的复古主张，产生了直接的艺术效应。他在书画两方面的影响，能让个人的价值体现在永恒的书画艺术中。他在1305年的一则题跋中对此作了概括："作画贵有古意，若无古意，虽工无益。今人但知用笔纤细，傅色浓艳，便自谓能手，殊不知古意既亏，百病横生，岂可观也？吾所作画，似乎简率，然识者知其近古，故以为佳。此可为知者道，不为不知者说也。"他的自信令人信服。如果和钱选相比，他是开创出写意风格新局面的巨匠。当钱选强调"隶体"作为"士气"载体时，他的书法却限制了他的绘画。如陶宗仪《书史会要》所说，钱选"小楷亦有法，但未能脱去宋季衰塞之气耳"。赵孟頫则大不然，行楷不杂近体，直追晋人，不仅体现文人业余创作的心态，而且把文人擅长的书法融入绘画的笔墨线条之中，增强绘画的写意性。在存世《秀石疏林图》（图7-17）上，表现出这一特质。在纸本上画古木丛篁，与山石交错掩映。以飞白之笔法写石，篆籀之笔写古木，劲挺之笔写竹。墨色苍劲简逸，生动地演示了画家在卷后诗题中的著名观点："石如飞白木如籀，写竹还与八法通。若也有人能会此，方知书画本来同。"这是他长期艺术实践的重要总结，强调了"书画同源"的审美通感，由此提倡以"写"代"描"的画法。当时在画墨竹的几位名家中，高克恭称赵是"神而不似"，称李衎（1245—1320）是"似而不神"。原来，"写竹"与"画竹"，差别在于书法功力的高下。赵的《兰竹石图》也是水墨写意画，明显地融入了书法的笔意，山石的勾皴用草书飞白法，简括而流动；竹叶的撇趯挺劲沉着，如写八分；兰叶和小草则参以行书秀逸的笔势。墨色的浓、淡、枯、润相间，形成潇洒放逸的韵味。关于书画的一律问题，元代文人还有一些专门的论述。柯九思的《竹谱》就和李衎的《竹谱》侧重不同。柯长于行书，故写墨竹也一如其法。"凡踢枝，当用行书法为之。古人之能事者惟苏、文二公，北方王子端（王庭筠字）得其法。今代高彦敬（高克恭字）、王澹游（王曼庆字）、赵子昂其庶几。前辈已矣，独走也解其趣。"所以他自称是"写干用篆法，枝用草书法，写叶用八分法，或用鲁公撇笔法，木石用金钗股，屋漏痕之遗意"。

　　赵孟頫的艺术主张在画坛上引起广泛的共鸣。借复古而开新的画家，还有北方长大的色目官僚高克恭。在赵孟頫的吴兴和杭州文化圈中，常有高克恭的身影。在高的影响下，李郭风格在吴兴绘画圈中得到了进一步的发展，同时他的墨竹艺术，也在和赵孟頫等人的切磋下不断提高。赵孟頫专门有作品相赠，二人交谊很深。高克恭的最大成就是对米氏云山的复兴。第六章中曾经提到过这一现象，而放到复古的文化思潮中，问题就更清楚了。他用北方全景式构图来发展米点山水，给原来一味墨戏的文人风格，注入了生命活力。现存《云横秀岭图》（图7-18）作于1309年，是画家晚年之笔。近景为溪水汀渚、山坡丛树；中段为云烟轻笼，挺出主峰客峰。山峰多用米点表现烟树，而山脉气象，又有董、巨的韵味。用笔虽然粗重，但不求雄劲，以浑莽滋润的墨韵，给人烟波无尽的感受。

图7-18　高克恭：云横秀岭图轴，绢本设色，182.3cm×106cm，1309年，台北"故宫博物院"藏

　　和赵孟頫1288年左右在北方参加的文人雅集相呼应的，是杭州一带南北士人的聚会。其中心议题，不在今，而在古，所谓"其所志喜与缙绅游者，求古人之求似"。文人雅集中，很少会把当朝的武功作为津津乐道的内容。除了武功，当朝文化有哪些值得称道？显然，重开南北交流就是当朝的最突出成就，它使传统变得生机勃勃。赵的门生柳贯（1270—1342）曾记述了这样的场面："至元、大德间（1264—1305），儒生、学士收讲艺文绍隆制作礼乐之事，盖彬彬乎太平极盛之观矣。然北汴、南杭，皆宋故都，黎献耆长，往往犹在，有能参稽互订交证所闻，则起绝鉴于败缣残楮之中，寄至音于清琴雅瑟之外，虽道山藏室，奉常礼寺，亦将资之，以为饰治之黼黻。若予所识张君君锡，杜君行简则以汴人而客杭最久，于时梁集贤贡父，高尚书彦敬，鲜于都曹伯机，赵承旨子昂，乔饶州仲山，邓侍讲善之，尤鉴古有清裁，二君高上下其议论，而诸公亦交相引重焉。"在此气氛中，赵孟頫的艺术主张得以全面地推行开来。

　　赵孟頫不但有同朝的长辈，更有他的家族和门生，使其影响在后世延续。他的妻子管道昇（1262—1319），墨竹也画得别具风致。儿孙辈中，善画之人众多，成就最突出的有外孙王蒙。亲戚之外，赵孟𫖯也带动了士大夫和旧朝画工的艺术创新。如杭州人陈琳，是从院体出来，响应赵孟𫖯水墨写意主张的代表。赵亲授其画法，并合作了《溪凫图》，显示了职业画工在审美趣味上的变化。还有钱塘人王渊，自幼得赵指授，所作皆师古意而无院体画格。王渊以花鸟为工，发展了墨花墨禽的画法。虽师法黄筌父子，但全用墨线勾勒，并赋以水墨皴染，达到深浅有致、层次分明的效果。代表作有《竹桃锦鸡图》等。社会上还有一些绘画爱好者私淑赵孟𫖯，像黄公望就自称是"松雪斋中小学生"，他的早期作品，就有临仿赵孟𫖯山水风格的痕迹。

## 第四节　元中后期的文人画艺术

　　文人士大夫在仕途上的发展并没有恢复到宋代的局面。汉族文人的状况，也没有因重开科举而得到实质性的改善。被迫和其他阶层打成一片的儒士，许多人继续从别的路径来实现自我的价值。像赵孟𫖯这样的"帝王苗裔"和高克恭这样的色目贵族，以及李衎等北方汉人官僚，都不用担心其在社会上的地位和声望，因为统治者依靠他们来实行文化建设。这批名流谢世之后，新起的南北画坛人物，靠什么来自我建树呢？

　　在北方，通过投靠蒙古和其他种族的门第，一部分画家得到重用。投靠高丽藩王门下的朱德润，受到了元英宗的赏识，专门画英宗《雪猎图》，并作《雪猎赋》，为朝廷歌功颂德。采用典型的李郭风格，他归隐江南后，所画《秀野轩图》和《浑沦图》，都是证明。柯九思在元文宗的奎章阁做鉴书博士，为他墨竹的创作，提供了具体的书法来源。他回到江南，在书画鉴赏和创作上，仍然左右着舆论，受到重视。在奔波于南北、寻求出仕机会的画家中，李衎之子李士行（1282—1328）是突出的人物。他出身望族，知道"于时公卿大夫喜尚吏能，不乐儒士"的风气，所以用画技投送皇上，果然得到元仁宗的赏识，"命中书与五品官，偕集贤侍读商公琦同在近列"。他投送的是《大明宫图》，和何澄、王振朋等人的手法没有二致。其传世的《古木丛篁图》（图7-19），绘古木两株，形态苍古，气势沉郁。细枝勾勒形似蟹爪，取法郭熙。画上还钤有"游戏翰墨"的闲章。这游戏不光为了自娱，还有专门的寓意，难怪其友人的诗题云："蓟丘深意吾知得，珍重君王别栋梁。"李士行对于江南的董、巨传统也很熟悉，表明在

图7-19　李士行：古木丛篁图轴，绢本水墨，169.6cm×100.4cm，元，上海博物馆藏

图7-20　李士行：山水图轴，绢本墨笔，106.2cm×52.7cm，元，北京故宫博物院藏

文化交流的过程中，南方的趣味正在越来越占上风。他的《山水图》（图7-20）就反映这一趋势。因为在他接触的文人圈中，鉴赏家们已频频标举董源、巨然的名字，如杜本从张彦辅《棘竹幽禽图》（图7-2）上得出结论，认为张画就是与董源的花鸟画如出一辙。这有意的误读，说明南方的风格传统在元文宗以后，以强劲的势头压倒在北方占据主导地位的李郭传统。

被明人称为"元四家"的，有黄公望、吴镇、王蒙和倪瓒。"四家"之说，是中国艺术史上有趣的现象。比如南宋有"刘、李、马、夏"，明代有沈周（1427—1509）、文徵明（1470—1559）、唐寅（1470—1524）、仇英（约1494—1552），清初有"四王""四僧"，诸如此类，代表着艺术评判的一般看法。从"元四家"的情况来看，这种命名法靠约定俗成。在元人的评论中，赵孟𫖯、高克恭是不可或缺的领袖人物。可是在从明中期到明末的批评家看来，元初画风是过渡性的，只有元末大师才完成了划时代的风格创造。此后，效法这四家的画风的情况尤为普遍。这说明画家的画史成就，分成两种，一是在同时代的影响，一是对后代的作用。为什么此一时，彼一时，受到不同的评价，是风格研究之谜。趣味时尚的兴起、转变和重新发现，对于艺术家及其作品的检验，非常有意义。唐代吴道子和王维在俗文化和雅文化中迥然不同的两种命运，揭示了对人物和山水画之间存在的欣赏差距。而把江南董巨山水和北方李郭山水作为一对范畴来区别对待，又引出了野逸和正统的两种趣味。元四家的出现，把赵孟𫖯徘徊于那么多风格之间而举棋未定的问题明确下来，给出元代文人的答案。

黄公望是元四家中年龄最大，享年最高者，据说年过八十，仍神明不衰，得益于云烟供养。出身并不显赫，江苏常熟人，原姓陆名坚。因父母早逝，被同里黄氏收养。黄氏年九十无子，今有嗣子，便说："黄公望子，久矣！"更名为黄公望，字子久。他先充当小吏，后进京，被牵涉入狱。出狱后，回到江南，改号大痴。从顾恺之时代开始，"痴"是社会保护色，"痴"名之下，可掩盖画家真实的动机和面目。黄的身份也变为全真教士，先在松江卖卜为生，后定居杭州西湖霄箕泉，以教授三教学说为业。他和当时南方道教中的高士，自称"仙儒"的张雨（1283—1350）过从甚密，留下修炼全真教的心得。但是，他的社会地位并没有因为入道而发生变化。用张雨戏题其画像的话来看，就知道这一现实："全真家数，禅和口鼓，贫子骨头，吏员腑脏。"他在社会的底层中度过了一生。他像许多才学之士绝意功名、专精于杂剧元曲一样，也以戏文为消遣，填写曲牌，把自己融入社会的现实之中。他又以

图7-21 黄公望：天池石壁图轴，绢本设色，139.4cm×57.3cm，1341年，北京故宫博物院藏

民间宗教，把传统的精髓体现在视觉艺术上。他身上凝聚着的奇特的信念，使他能把由种族和门第等级所造成的各种社会矛盾，升华为高尚的艺术境界。所作《写山水诀》，讲了四种禁忌："作画大要去邪、甜、俗、赖四个字。"他是在百姓的日常生活氛围中提出这一见解，显示了对现实矛盾的深刻洞察。僧侣生活已不像全真教初创时那么清苦，而是兼容社会各种成分，以丰富其精神体验。从他身上，体现文化冲突的积极效果，即绘画创作能让那些保持高尚理念的人闪耀夺目的光芒。

此前，儒、释、道三教在艺术家身上的作用大都被孤立看待，突出某一宗教，说明其对艺术创作的影响。到了蒙古统治时期，三教共同成为汉民族文化的遗产，其差别显得相对次要。宋遗民邓牧（1247—1306）鼓吹"三教合一"，赵孟頫自称"三教弟子"，都从传统文化中寻找依托，使汉文化在异族统治下发扬光大。这是了解黄公望艺术的要点，他的山水，融会了传统的许多精华，是开宗立派的代表。作品虽尝试了不同的画法，却有统一的基调，即从董、巨演变出来的高逸格调，包括了"思"与"景"的有机联系。在其收藏中，董源作品有《春山图》《浮岸图》《秋山图》及窠石二帧，使他能对董的皴法、树石、用笔、用墨有深刻透彻的体会，见于他的《写山水诀》，称之为"明宗"。了解了元代画坛的大势，他说："近代作画，多董源、李成二家笔法，树石各不相似，学者当尽心焉。"这是"思"的作用：对"笔法"的问题心中有数，才能对观看自然作出合适的选择。对黄而言，董源的程式语言和风格特点，是他在常熟虞山的生活经历中最能引起共鸣的，也是他欣赏赵孟頫《水村图》等董源风格时最能得其精髓的。他的《溪山雨意图》受益于赵，同时也吸收了全景山水的布局特点，形成了画风中"南人北相"的伟岸气质。如表现苏州景色的《天池石壁图》（图7-21）和《丹崖玉树图》，是纪念碑式的大手笔。构图至繁至密，而又能从容潇洒，以简率的勾勒之笔，造成"景繁笔简"的艺术效果。在用墨用色上，这两幅巨迹以明丽见长。用墨青墨绿混合皴染，在浑厚中形成虚空灵动的感觉，浅绛法由此发端。以螺青、藤黄和墨色合用，加上赭石，旨在"使墨有士气"。一变宋人既重笔墨而又不舍青绿重色的作法，开创了文人山水的新体格。大幅立轴中，还有《九峰雪霁图》《剡溪访戴图》那样的雪景山水，用水墨将天色和景物都加以斡染，是南方名胜的别致表现。

描写江南景致，元人日益重视具体景点的选择。《天池》《九峰》也是如此，而黄公望更典型的作品则是表现富春江一带的山水，如《富春大岭图》和《富春山居图》。富春江

位于新安江下游，从杭州桐庐经富阳进入钱塘，沿江三百里风光，汇集了悠久的人文和自然景观。从东汉起，经孙吴至唐宋，留下了许多名胜。唐初张若虚（约660—720）的《春江花月夜》，把这里描述成仙境一般。黄公望喜欢在春江沿岸写生，像五代避乱太行的荆浩那样，带着画本和墨笔，不断地写生，积累画稿。《富春山居图》（无用师本，图7-22）为纸本水墨，在成画前后，留下传奇式的故事。至正十年（1350）题跋云："至正七年（1347），仆归富春山居，无用师偕往。暇日，于南楼援笔写成此卷。兴之所至，不觉亹亹布置如许。逐旋填剳，阅三四载未得完备，盖因留在山中而云游在外故尔。今特取回行李中，早晚得暇，当为着笔。无用过虑有巧取豪夺者，俾先识卷末，庶使知其成就之难也。"无用师是画家在道教中的朋友。画面境界阔大，气势恢宏。山峰多用长披麻皴，显其苍莽之态；平沙淡淡勾出，深山浓墨重涂，显得参差错

图7-22　黄公望：富春山居图卷（无用师本），纸本水墨，33cm×636.9cm，1347年，台北"故宫博物院"藏

图7-23 吴镇：双桧平远图轴，绢本水墨，180.1cm×111.4cm，1328年，台北"故宫博物院"藏

图7-24 吴镇：渔父图轴，绢本水墨，176.1cm×95.6cm，1342年，台北"故宫博物院"藏

落，别有韵致。布局方法，积树成林，垒石为山，并把宋人的"深远"以"阔远"代之。这个"阔"字，使宋画演变为元画。宋画构图通常的形式，是由近景到远景一层较一层高，"山大于木，木大于人"，而后在主峰后钩染远峰，使之更为深远。元人布景，往往由近景的坡石处，中间偏左（右）起表现树丛林木，超出画幅二分之一的位置。然后，以水为隔，把中景的山峦推到对岸，即"从近隔开相对，谓之阔远"的道理。《富春山居图》体现了元人的创新精神。道教思想也自然地反映在构图之中，像勘舆学中的一些概念，即风水的认识，也成为画家推敲画面意境的参考之一。从《溪山雨意图》到这一巨迹，显示了他个人画风的成熟。在明清的书画家和鉴赏家那里，这件作品产生了深远的影响。它在明末收藏家吴洪裕那里遭受了殉葬的火劫，被救出来后分成两段，首段又名《剩山图》。而到了清代，乾隆皇帝弘历把它定为赝作，而以另一明人的摹本（子明本）捧为真迹，反复题跋，使这件精品因祸得福，免去了被乾隆随处题诗的厄运。

在元四家中，吴镇是浙江嘉兴魏塘镇人，一生基本上没有离开那里，与外界的交往也有限。字仲圭，号梅花道人。主要是靠卖卜为生，在家乡或者杭州凭此手艺过活。据《图绘宝鉴》记载，他有两种风格，一是临摹前人之作，可以乱真，对巨然的风格体会最深，其墨法的掌握，由此而来。对郭熙树法也学得很到家，如《双桧平远图》（图7-23）的样式，从李郭的风貌而出。二是所谓不专志、极率略的风格，在墨竹画中表现比较突出。而山水作品中，有《嘉禾八景图》，属于同类风格。吴镇的隐士生活，主要靠传世作品的纪年勾勒轮廓，大致上是四十岁之前重临摹，奠定了坚实的艺术功底。五六十岁时，山水画独立创作居多，再到晚年，画笔趋于粗率，不甚经意。他的应酬圈中，有王蒙父亲，即赵孟頫女婿王国器。吴镇曾将王之请求拖了12年，才勉强应付了一套墨竹的册页。其他的应酬者，有道流和佛门中人，其生活的范围是在隐士中间。专注于绘事，以此作为精神寄托，也是元画的特点。他的《渔父图》（图7-24）用《楚辞》的典故，象征在野人士的自由心态。到唐代张子和的《渔歌子》，越发成为士大夫们向往的境界。此图分两段景，上为湖山清旷，夜幕苍茫的景色，下为沙际水面，与渔父款款归棹，遥相应接。自题诗云："西风潇潇下木叶，江上青山愁万叠。长年悠优乐竿线，蓑笠几番风雨歇。渔童鼓枻忘西东，放歌荡漾芦花风。玉壶深长曲未终，举头明月磨青铜。夜深船尾鱼泼剌，云散天空烟水阔。"吴镇诗篇的妙处在草书上，这帮助画面题跋产生新的感觉。几乎不用色彩，全靠水墨挥洒，草

书与之相得益彰。能够达到这样以草书题画水准的，只有清初的
髡残（1612—1673）才可与之媲美。

吴镇《墨竹谱》，共二十二页，作于1350年，画与其子佛奴
者。从南宋兴起制谱的风气，宋伯仁编的《梅花喜神谱》，是其
著名者。而元人编制《竹谱》，更多的是用于创作的目的，除李
衎《竹谱》、柯九思《墨竹谱》外，吴镇此谱的价值很特殊。它
把理论和画法实践统一在一起，把对儿子的言传身教，以墨竹的
形式表达出来。尽管吴镇通三教，既是梅花道人，又是梅沙弥或
梅花和尚，但他的骨子里还是没有忘记儒学的大义，让儿子在读
孔孟之书中悟得正道。墨竹的画法固然重要，但画竹的目的才是
关键。这使吴镇对艺术探索充满信心。吴镇的许多传说中，有他
与邻居盛懋关系的故事。盛懋的父亲曾是南宋院画家。宋亡后，
虽然很多人都在文人们影响下改用马、夏之外的风格，但仍有孙
君泽等少数人，坚持画院体的创作。盛懋在模仿赵孟頫的小青绿
山水方面，掌握了相当成熟的技法，作品受人欢迎，来买画的客
人门庭若市。据说吴镇之妻曾就此抱怨吴镇的画没有市场。吴镇
回答说："二十年后不复尔。"这则董其昌的笔记，出于杜撰，
目的是证明文人画家的作品经得起时间的考验。像盛懋的《秋舸
清啸图》（图7-25），人物、山水的描绘均很精细，而且设色也
比较讲究，花了时间和气力。吴镇《渔父图》则是戏作，强调诗
歌的境界。把文学和书法方面的综合修养，都融会在画面上，显
示其过人之处。

赵氏后人中艺术成就最突出者是王蒙。字叔明，号黄鹤山
樵。在1322年赵孟頫去世前，王蒙有可能得到过外祖父母的教
诲。父亲王国器收藏书画，活跃在江南的文艺圈。如为黄公望
《溪山雨意图》题词，向吴镇求墨宝，以及与妻兄弟赵雍等人交
往的活动，都有助于王蒙的艺术发展。王蒙个性好动，年轻时与
苏州、杭州等地的文人交往，并同游大都，扩大眼界。像外祖父
的功名心，他并不忽视社会责任感。元中后期的社会矛盾集中在
阶级矛盾上，王蒙一度在杭州附近临平的黄鹤山隐居。传世作品
中，表现隐居的题材占了大半。和他的抱负相比，则是衬托入世
的心情，这与赵孟頫有很大的区别。王蒙的时代，不再有来自宋
代遗民的压力，出仕元朝成为儒士责任。尚不清楚王蒙到底是在
元朝还是在叛军张士诚（1321—1367）苏州政权中担任"理问"
一职。明初他不顾友朋的劝阻，前往山东担任了泰安的知州。结
果因为在金陵观赏书画的关系，被牵涉进胡惟庸（？—1380）一
案，于洪武十八年（1385）瘐死狱中。综观王蒙一生，仕与隐的
关系，导致了他人生的悲剧。

王蒙才气横溢，比舅父赵雍、赵奕，表兄弟赵麟更富于

图7-25　盛懋：秋舸清啸图轴，
绢本设色，167.5cm×102.4cm，
元，上海博物馆藏

图7-26 王蒙：青卞隐居图轴，纸本墨笔，140.6cm×42.2cm，1368年，上海博物馆藏

创造性。同样继承赵氏文化遗产，唯有王蒙开创了个人风格。在这一点上，连赵孟頫也未能及之。王蒙的文才，能下笔成章，日书万言。诗篇经常出现在题跋中，显示广泛的修养。深得同时代人好评，倪瓒称"王侯笔力能扛鼎"，是一代之中不可多得的画家。他专长山水、墨竹，以及点景人物，尤以山水画作为家庭财富，运用来表现丰富的文化内涵。他在这方面的建树最丰。创作高峰期在1360年至1370年这十年间，留下了经典的作品。像《谷口春耕图》《秋山草堂图》《花溪渔隐图》《夏日山居图》《夏山高隐图》《林泉清集图》和《青卞隐居图》等，都是大幅全景式的作品，气势壮观。能把多种皴法交织在一起，传达出强健有力的笔墨功夫，达到抒写情怀的目的。运墨的方法，先淡后浓，层层点染。把重峦叠嶂的景物处理得层次分明，就是靠高远、阔远和平远三种方法的灵活运用。对绢纸在生发笔墨效果上的不同特点，掌握得心应手，使其绘画产生魅力。在1368年的《夏日山居图》上，用繁密的构图，作高远之观。其下临泉，苍松郁郁。峰峦重叠，山势巍峨，中有山野之家。用所谓的牛毛皴表现尖细乱碎的山石，浑厚而不板滞；用干笔皴出山阳的石面，以浓墨表现背阴处，达到华滋朴茂的视觉效果。比这早两年完成的《青卞隐居图》（图7-26），是画史上的里程碑之一。自识："至正廿六年（1366）四月，黄鹤山人王叔明画青卞隐居图。"写吴兴西北的卞山山景，那里有他外祖父著名的"水晶宫"。自山麓而至山顶，中间有不可衔接的一个跳跃，表明非现实的画面。但画家用繁密而又奇特的构图，使人认同了这一跳跃，进而欣赏其具体的各个细节。在画上，使用了最丰富的皴法技巧，有董源、巨然、范宽、李成、郭熙诸家的特点，又融会贯通。山石无明显的轮廓线，以稍乱的披麻皴，再掺以解索皴，达到细密繁复的流动印象。树木形态各异，主要以各种苔点，如浑点、破墨点、直线点等交织而成，使整个画面浑然一体。其墨法更是层层变化，秀润华滋。若要学习山水传统的各种皴法和墨法，这是成功的范本。在文化史上，其贡献在于刻画了青卞山的特定景点，那是吴兴文人圈共同的地域文化财富，钱选、赵孟頫都有表现。到了元末，张士诚占据苏州，准备和其他农民起义军推翻元朝政权时，吴兴的文化名人的家庭财富也就受到威胁。赵氏家族为了避乱纷纷出逃，而吴兴的那些名胜，经过叛军的侵扰，大都毁于一旦。王蒙此图在此背景下创作的。从该画四角的收藏印章知道，此画最早应在赵家手中。但画上原来的受画人姓名却被人刬去，这就无法断定究竟谁曾是王蒙作画的对象。这幅杰作使宋元以来形成的特殊山水画类型有了全

图7-27 王蒙：葛稚川移居图轴，纸本设色，139cm×58cm，元，北京故宫博物院藏 （左图为局部）

新的意义，强化了元初赵、钱等人画青卞山的文化价值。在王蒙笔下，这处隐居之地已不是现实的存在，而是理想的化身。赵家的文化遗产从现实中消逝，使这幅画更显珍重。难怪董其昌在画上题写"天下第一"赞辞，因为"此图神气淋淋，纵横潇洒，实山樵平生第一得意山水，倪元镇退舍宜矣"。

在《葛稚川移居图》（图7-27）中，晋朝道士葛洪（284—363）携家眷在罗浮山中行走的画面，就很精彩。画家在认识和表现隐居题材时，注意文学叙事性。布局方法来自范宽，比李唐的画面还要大气。王蒙善于掌握山石结构的特点，处理整体与局部的关系很周到。近景中葛洪步行在前，手执羽扇，神态安详。身后有妻子仆童，举家而行。前面山路上还有随从引导，构成彼此呼应的人物情节。在树木的形态上，也有多种变化，阔叶、针叶以不同的程式表现，给人深刻的印象。浅绛的设色技法，加上点点秋叶的暖色，把移居的气氛烘染得引人入胜。新近又有原苏州顾氏所藏纸本墨笔《葛稚川移居图》浮出市面，可供比较研究。王蒙晚年其他一些山水，如表现浙东天童寺的《太白山图》，表现太湖景色的《具区林屋图》等墨笔设色画，用了粗犷沉重的皴笔，色彩、墨色浑厚自然。文献记载中，王蒙还有两件大手笔。一是他在1365年用丈二高丽纸作的《云山图》，二是1370年左右在泰安与人合作的《岱宗密雪图》，都是需要过人的精力和才情完成的巨幅作品。他对后来的画家影响非常之大，像沈周的《庐山高图》，就从王蒙全景式构图中演变而来。以王蒙为代表的繁密风格，也形成了自己的传派。

除了山水和点景人物，王蒙的墨竹也很风流。现存《竹石图》作于1364年游灵岩寺时。笔致清秀，皴石的笔法，轻车熟路。综观元代文人画家的创作，墨竹的挥洒是习以为常的基本功。从赵氏家族更能找到深厚的渊源。王蒙在书法上长于楷书和篆籀，和他的性格吻合。从其题跋和皴法习惯看，中锋用笔成就了他主要的面貌。偏重繁密的画面构图，也因为他能驾驭各种复杂的笔墨程式。"笔力扛鼎"，就筑基于其书法造诣。

在元末四家中，个人面貌最突出者是倪瓒。其一生经历，对了解元末社会的文人世界很有帮助。字元镇，号云林，幻霞子等，出身于江苏无锡的望族名门，是无锡屈指可数的大户人家。自幼失怙，由长兄倪昭奎抚养成人。倪昭奎后来成为江南茅山道派中的显赫人物，家产就由倪瓒来负责管理。天分极高，年轻时就与道流中的高士来往，深得张雨等人的器重。他长于诗文，有《清閟阁集》。为人清高狷介，尤有洁癖，一般士大夫不易与之交往。在他身上，六朝的门第观念非常明显，只是表现得艺术化了。和郑思肖的偏执态度不同，他并非在乎种族或社会地位，而是强调"清"与"俗"的对立。最不能容忍的是"俗"字。在界定"俗"的概念时，倪瓒虽非全真教徒，却像是方外之人，"不食人间烟火"。在《倪云林像》上，张雨的长题，和张题黄公望像区别明显："产于荆蛮，寄于云林，青白其眼，金玉其音。十日画水五日石，而安排滴露。三步回头五步坐，而消磨寸阴。背漆园野马之尘埃，向姑射神人之冰雪。执玉拂挥，予以观其详雅。盥手不悦，曷足论其盛洁。意近摩诘，神交海岳。达生傲睨，玩世谐虐。人将比之爱佩紫罗囊之谢玄，吾独以为金马门之方朔也。"倪瓒的玩世，像米芾的雅玩，不必在凡人俗世中为衣食谋。其"清""俗"观，是文人精神特权的产物，也是他为世间文人推崇的心理基础。倪瓒的逃"俗"，不遗余力。面对着元末农民起义的威胁，决意放弃庞大的家业，在太湖一带过漂泊的隐逸生活。往来于寺观庙宇，类似出家人一样的生活，使他在元末明初的社会动乱中洁身自保，保全他在艺术方面的成功。看待身外之物的超凡脱俗的态度，受人推重。据说张士诚之弟张士信曾索画于倪瓒。倪瓒因拒绝而遭严刑拷打，仍不作答。人问其故，倪瓒答道："开口便俗。"这类传说，性质和吴镇评价盛懋的传说相似，都在推崇文人的高义雅致。他越到晚年，对山川自然的体会越深，表现也越有个性。谈到画竹石时，把文人画的精髓作了透彻的阐述。他在为张以中画墨竹时的两段题跋，脍炙人口，是文人艺术的理论结晶："以中每爱余画竹，余之竹聊写胸中逸气耳！岂复较其似与非，叶之繁与疏，枝之斜与直哉！或涂抹久之，他人视以为麻为芦，仆亦不能强辩为竹，真没奈览者何！但不知以中视为何物耳？"又云："仆所谓画者，不过逸笔草草，不求形似，聊以自娱耳！"这是倪瓒所达到的艺术境界。

倪瓒的出现，使人品一题，有了新的典范。强调了画以人传，是使元画继宋画之后成为又一个高峰的价值基础。经过元人近百年努力，这个典范得到了确立。倪瓒山水的发展过程，在他50岁前后，已有特色，其《六君子图》（图7-28），是一经典。此图纸本墨笔，作于至正五年（1345），应好友卢山甫之请，于灯下挥毫而成。画面构图分两截，近景有临江坡岸，六株不同品种的树木构成了画面的主体，隔着空旷的江面，和画面上方的远山相呼应。这是倪瓒的典型构图，体现了"阔远"的特点，画家在题记中点明："大痴老师见之，必大笑也。"黄公望深得此画精义。他题诗云："远望云山隔秋水，近看古木拥坡陀。"所谓"无人山水"和"有我之境"的问题，在倪瓒的这件作品上，表现得很精彩。正因为他不画人，画家个人的投射才更加强烈。使黄公望一眼看去，就知道倪瓒是以松、桧、柏树等象征文人的性格，比添上人物还要传神。他接着说："居然相对六君子，正直特立无偏颇。"这幅山水就被命名为《六君子图》。

如果说《六君子图》是以其象征性见长的话，那么，十年后的《渔庄秋霁图》（图7-29），是其画法炉火纯青的标志。渔庄为其好友王云浦的家产，1355年倪瓒完成此图后，被主人精心装裱起来。到1372年倪瓒重新见到时，感慨万端，因成五言，题于画上，有"秋山翠冉冉，湖水玉汪汪"之句，以示怀念畴昔的心情。近景一小片乱石，上有枯树数株，萧瑟荒寒。上方为遥岑远岫，中间的空阔江面，不着一笔，给人烟波浩渺的无尽之思。其笔墨的处理，近景和远景虽无浓淡的差异，同样产生空间透视的效果，清新辽阔的湖光雾色，显示出江南秋景的魅力。其点染皴擦，多率意为之，干浓结合，尤以枯笔居多。它以疏放的构图和笔致，形成山石荒寒、林木萧疏的情调，于空旷虚无之中洋溢出朴茂自然的生命感。它是晚年画风变为萧疏枯淡的转折点。该画中右侧有画家的题诗跋文，其上有明人孙克弘（1533—1611）隶书题记，曰："石田（沈周）云：'云林戏墨，江东之家以有无为清俗'。"回到上文提到的"清""俗"问题，通过《渔庄秋霁图》，能得到明确的印象。绘画品评的格调标准，由此变得十分具体，对境界的高下有明确的感受。董其昌画跋云："倪迂蚤年书胜于画，晚年书法颓然自放，不类欧柳，而画学特深诣，一变董巨，自立门庭，真所谓逸品，在神妙之上者。此《渔庄秋霁图》，尤其晚年合作者也。"从唐张怀瓘提出书法中的神、妙、能三品后，朱景玄在《唐朝名画录》中加以套用。而李嗣真又添上了"逸品"一格。黄休复在《益州名画录》排出"逸品、神品、妙

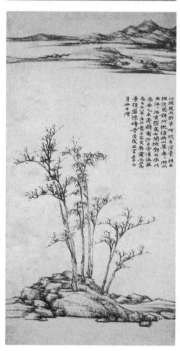

图7-28　倪瓒：六君子图轴，纸本水墨，64.3cm×46.6cm，1345年，上海博物馆藏

图7-29　倪瓒：渔庄秋霁图轴，纸本墨笔，96.1cm×46.9cm，1355年，上海博物馆藏

品、能品"的顺序，并作具体定义。但在唐宋批评家心目中的
"逸品"的概念，无论从个人的性格，还是从其具体的艺术表
现形式，都没有像倪瓒那么典型，因为前代那些超越常规的画
家，如王恰、李灵省、张子和、孙位数人，其逸格的参照物，
并不是雅俗的标准问题，而是似与不似的问题。倪瓒的意义在
于使后人知道文人心目中艺术高下的标准所在。

倪瓒对于艺术纯洁性的追求，是他对外部世界进行高度概
括的必然结果。董其昌认为是由书法转向画法的过程，也很有道
理。其实倪瓒的"逸笔草草"，不管是山水或是墨竹，都有过人
的功力垫底，全不像后来末流文人画家那样胡乱涂抹了事的。在
一些传为倪瓒的山水画稿上，可注意到画家对于树石画法的深入
研究。倪瓒表现坡石的折带皴，是从他对太湖一带山水的长期观
察得来的。他越到晚年，越注意丰富绘画表现的范围。在1371年
作的《虞山林壑图》中，采用了茂密浑厚的风格。这种敢于不断
尝试新画法的勇气，对他这样已经有鲜明风格的大师来讲，难能
可贵。他的天才，也使"思"和"景"的关系上升到了新的高
度。明清之际黄山画派中的弘仁（1610—1664），是传达倪瓒精
髓的代表。倪瓒的疏简风格，使绘画的抽象性逐步增强，也使笔
墨的独立表现能力提高。晋唐以来人物画用笔中的疏密二体，在
山水风格中产生了相似的范畴，由倪瓒、王蒙各执一端，呈现丰
富的艺术表现力。这一范畴的演变，说明笔墨继续成为艺术语言
中的核心内容，并越来越强烈地影响着画家的创作思维。当倪瓒
以山水来拟人时，他的整套笔墨语言都高度个性化了。

倪瓒这样的文人画家，并不是神仙中人。他的清高，不等
于就脱离现实的考虑。在其生前，已有人揭露过倪瓒神话的另
一面。原来与他同时的另有一位才学之士陈云峤，因听张雨介
绍而结识了倪瓒。没想到倪瓒提出要送陈大米百石，使陈极为
惊讶。陈回头质问张雨，只听说倪瓒是高洁之士，哪里想到竟
是这等俗人。结果张雨被问得狼狈不堪。倪瓒尚且不能免俗，
其他的画家，就可想而知。艺术家的精神世界，有它超越时代
的共性。与此同理，他们的现实世界，离不开柴米油盐，因此
才充满活力。这些画家从不同侧面丰富了艺术家的形象。

用元末江南的几位大画家来说明画坛的主流特点，很像用
赵孟頫来概括前期画坛特点，利弊并见。从积极的一面来看，
可使元画显得不同凡响，在画史上呈现风采。同样的叙述也反
映出历史上形成的偏见。当目光盯在少数大师身上时，常常忽
略作为画坛主体的其他各类人物的创造作用。弥补这一不足，
只有通过赵孟頫的周边来说明同一时期总的艺术趋向。元末四
家的周边怎么样呢？除了山水之外，人物、花鸟和杂画的创

作，三教九流的参与，还可以列数出许许多多，但限于篇幅，只能略及一二，作为辅助说明。

元末的山水画重心已经转移到江浙地区，出现了与四家风格相近的一批画家。他们中间，面貌比较突出的是道流画家方从义（约1302—1393）。他喜用米家墨法，又吸收金代山水的程式，笔墨跌宕有致，意境高旷清远。尝论自然实景乃天成之画，画家当以游历观览山水为陶冶性情之途径。游踪遍及南北，作品既有董、巨江南山水之秀润，又兼荆、关北方山水之壮阔，是四家之外影响较大者。他的《武夷放棹图》、《神岳琼林图》（图7-30）等作品，体现了超逸雄迈的个人特性。和他作为江南上清宫道士的社会身份也有一定的关系，往往在法度之外呈现画家的创作精神。同一时期的马琬（？—1378？）、赵原、陈汝言等人，都创作了有名的书斋山水，反映文化交往的内容。像赵原的《合溪草堂图》、陈汝言的《荆溪图》，题满了当时文人的诗文，描述了元末江南文化界的重要活动。

在元代的人物画创作中，白描的技法继续得到发扬，名家有张渥（？—约1356），被贝琼（1314—1379）誉为"李龙眠后一人而已"。他的《九歌图卷》（图7-31），是表现屈原的佳构。所作《雪夜访戴图》可以和黄公望的《剡溪访戴图》作一比较，突出人们内心活动的特征。在人物画中，肖像艺术的社会作用更突出，这使元代南北各地都涌现了许多肖像画家。元末的王绎，不但留下了《杨竹西小像》（图7-32）的传神精品，而且还撰有《写像秘诀》一书，是肖像画法的经典。据陶宗仪介绍，王年方十二三，就能作圆光小像，"继得吴中顾周道遂绪言开发，益造精微，是故于小像特妙"。王绎的杭州乡

图7-30　方从义：神岳琼林图轴，纸本墨笔，120.3cm×55.7cm，元，台北"故宫博物院"藏

图7-31　张渥：九歌图卷（局部），纸本水墨，28cm×602.4cm，1346年，上海博物馆藏

图7-32　王绎画像，倪瓒补松石：杨竹西小像卷，纸本墨笔，27.7cm×86.8cm，1363年，北京故宫博物院藏

贤中，有陈鉴如、陈芝田父子精于传神。陈芝田在大都从事此道三十余年，是元中后期北方上层社会的形象记录者。许有壬（1286—1364）《赠写真陈芝田序》云："就绘事中，人物最炫目近习，工之尤难。人知芝田之工，而不知其得于笔墨之外者。且似者，形也；似之者，非形也，神也；形外而神内也。外而最著者，面也；形至焉内而最微者，心也；神出焉使心而见于面，内而襮于外，其为道不既渊乎？故有得其形矣，而识者不以为似；得其神，则虽眉目之有参差，容色之有浅深，望而知其为某也。芝田好论人贤愚、寿夭、贵贱，有人伦之鉴。故其所造，不例人之难。盖相之与画，名虽异而理则一。得于相而不能画者有之矣，未有不得于相而能深于画者也。不得于相而画者，不过为肥红瘠黑，庸史之笔尔。"可惜陈没有作品流传，所以王绎的成就更为珍贵。《杨竹西小像》上刻画了一位阅历深广的文人，从他的安详神态，可体会到主人公超然处世的胸襟。画家和陈芝田一样，精通面相术，作为肖像造型的基础。他能做到"闭目如在目前，放笔如在笔底"这样得心应手的表现，而不是让人"正襟危坐如泥塑人，方乃传写"。画上主人公持杖缓步于户外，而松石景物，则由倪瓒补全，格调高洁清逸。王绎此作纯以水墨表现，在纸本上充分显示了其线描造型的能力。而在《写像秘诀》中，他还总结了几十种配色的技法，可知他传神的造诣十分全面。

墨花墨禽是当时主要的创作。工笔花鸟有传世的谢楚芳的《乾坤生意图》，非常难得。南宋后期逐步盛行的水墨花卉，除了文人写意一路的作品，还有工细谨严的画笔，像钱选的白描花卉，以及其他遗民画家的白描水仙等。受业于赵孟頫的陈琳、王渊等人，发展出一套水墨花卉禽鸟皴法，把山水中的一些技巧借用过来。经过几十年的努力，在元末画坛上，墨花墨禽蔚为大观，成为主要风格样式，创作者也不再局限江南一带，而是包括了像张彦辅等蒙古贵族和边鲁等北庭西域之人。边鲁的《起居平安图》、张中的《芙蓉鸳鸯图》等等，使徐熙、崔白等水墨技法，变得精工细致。所不同的是，元人普遍采用了纸本作画，其平衡笔墨和纸质表现效果的能力，为前人所不及。在元末画坛上还有以墨梅见长的名家，即浙江诸暨人王冕（1310—1359）。其传记故事很有代表性，牧童出身，生性好画，在自然怀抱下成为名画家。性情磊落，所画梅花以繁枝为主，成一家之法。这从杨补之演变而来，笔墨硬挺，花朵极繁，生机盎然，所谓"千花万蕊"，对后世很有影响。常常以墨笔点梅，不加勾勒，成为自然恬淡的没骨梅花，表现简率野逸之气。如他题诗所言："不要人夸颜色好，只留清气在人间。"其传世的《墨梅图》（图7-33）有多种，抒写胸臆。著有《梅谱》一书，记述画梅的种种技法。

图7-33　王冕：墨梅图轴，纸本墨设色，68cm×26cm，1355年，上海博物馆藏

## 第五节　喇嘛教和其他宗教艺术

在蒙古帝国内，除了宫殿建筑部分地保留了草原文化的特点外，另一个特色就是不同宗教的建筑相互并存，共同发展。入元以后，佛教的地位日升，忽必烈拜后藏萨迦派高僧八思巴为帝师，喇嘛教即藏传佛教便是各朝帝王的信仰对象。帝师制度贯穿有元九十余年的历史，对蒙古帝王的政治决策和文化倾向产生了直接的影响。各帝王帝后有专门的佛寺，祈求吉祥。他（她）们死后，其织锦遗像即供奉于所建寺院内，所在殿堂便称为神御殿或影堂。每年帝后做佛事次数频繁，这促进了藏传佛教的繁荣，使"梵式"建筑大量出现在蒙古地区和汉族聚居地区。

在20世纪50年代前，由北京景山上四面俯瞰全城，坐落于西城区阜城门内的妙应寺塔（图7-34）就是全城最显眼的建筑物之一。它由入仕元朝的尼泊尔艺匠阿尼哥于1271年参与设计和兴建。塔身通体皆白，为单层实心砖石结构，总高50.9米。下有三层方形折角须弥座，高8米，边宽22.5米。须弥座上为覆莲座和承托塔向的环形金刚圈。七条铁箍环绕覆钵形塔身，覆钵最大直径为19.5米。相轮座上立底径12米、高15米的圆锥形相轮，承托直径9.9米的铜质华盖。华盖顶端有高5米、重4吨的铜质小喇嘛塔。华盖周边悬挂三十六个铜质流苏和风铃，装饰效果极强。全塔结构洗练，比例匀称，风格粗犷。其洁白如玉的形象，在蓝天白云的衬映下，给人临近佛国天界的感觉。这是现存元代最大的喇嘛塔。1281年，在此拓建寺院，赐名大圣寿万安塔。元末寺院毁于火，白塔独存。明代重新建寺，更名妙应寺。

在建大圣寿万安塔的同时，元军攻下了南宋都城临安。随着

图7-34　阿尼哥：妙应寺白塔，砖石结构，高51m，1271年，北京阜城门大街路北

军事上的胜利，蒙古统治者也采取了重要的文化措施，以消除旧王朝的影响。在南北之间长期隔绝的情况下，蒙古和西域人心目中的江南为"南蛮"之地，彼此很多误解。宋亡之后，蒙古和色目贵族开始曾以为到杭州是发配去炎徽荒远的边地充军。结果南方富庶的经济和悠久的文化传统，很快改变了他们的这一误解。为维护与蒙古、色目贵族的文化联系，时任江南释教统领的杨琏真伽在平毁南宋宫殿、发掘宋帝陵墓的同时，在西湖四周开凿一些石龛造像，以梵式佛像为蒙古皇帝、大臣们祈祷祝福。从五代开始，杭州的南山一带就出现了若干石窟，像烟霞洞的观音、势至及各种罗汉像，有一定的艺术成就。北宋时代在灵隐飞来峰开凿的窟龛中，也留下了部分造像。而不同于显教风格的作品，元代灵隐飞来峰的石刻，采用密教的新样式，为新朝统治者所欣赏。这批造像中，现存最早的题记是至元十九年（1282），最晚是至元二十九年（1292），显示出在厌胜南宋故都风水方面的功能。如第93窟"至元二十九年仲秋吉日建"题记，就说明其作用："大元国功德主宣授江淮诸路释教都总统永福大师杨□谨发诚心，捐舍净财，命工镌造阿弥陀佛、观世音菩萨、大势至菩萨圣像三尊，端为祝延皇帝圣寿万岁，阔阔真妃寿龄绵远，甘木罗太子、帖木厄太子寿筹千秋，文武万官常居禄位，祈保自身世寿延长，福基永固，子孙昌盛，吉祥如意者。"造像的审美倾向，和当地原有的作品大异其趣。它们有的不披袈裟，而只斜披衬衣，有的直接表现裸露的身体。如理公寺塔旁一尊金刚手菩萨造像，是由"荣禄大夫宣政院使脱脱夫人"出资镌造的，为汉地造像中所稀见。有些不合佛像量度，如清代蒙古族艺术家工布查布所说："忿怒明王及恶相护法神，乃以慈力为降服世间纯阴毒神，待变猛烈之相者也。"不合造像量度的形象，奇异的服饰，恐怖和威严的视觉效果，是喇嘛教所需要的，也是蒙古贵族所需要的。在杭州紫阳山宝成寺大殿内，也有蒙古贵族资助的麻曷葛剌（Mahakala）雕像，完成于1322年。这些梵式造像，帮助江南士大夫来了解六朝和唐代画家表现佛教和西域人物的祖本，为追求"古意"提供新的途径。据汤垕《画鉴》记："丁酉（1297）九月三日，王子庆携陆探微《降灵文殊》来观，后有宋高宗御题。……大小人物共八十人，飞仙四，皆有妙处，内有番僧手持髑髅盂者，盖西域俗然。"

在石窟开凿史上，飞来峰梵式造像是其尾声。有意思的是，在飞来峰造像中，有一组浮雕，表现玄奘西行取经的画面，就像敦煌早期壁画中有张骞通西域的作品，说明通过佛教而建立起对外部世界的认识。现存的全国众多石窟遗址中，每一处都有奇异的故事。在前揭魏晋南北朝美术和隋唐五代艺术两章中介绍的敦煌莫高窟，经过一千年的连续开凿和建设，也在元代画上了一个

图7-35 佚名：欢喜金刚，壁画，420cm×310cm，元，莫高窟第465窟

图7-36 佚名：千手千眼观音，壁画，200cm×240cm，元，莫高窟第3窟

句号。它以藏传佛教艺术封笔。如第465窟的《欢喜金刚》（图7-35），其赋色浓艳厚重，有藏画的特色。而第3窟的白描《千手千眼观音》（图7-36），在以线造型的能力上，有突出的表现。自晚唐以来，吐蕃对敦煌的影响就不断增强，从地理上讲，经由河西走廊入青藏的沿途，建立了不少藏传佛教的寺院。而蒙古帝王尊崇的帝师，在由后藏进出往来的过程中，也必然增进藏族聚居区与全国各地的联系。尤其是南宋恭帝在萨迦寺出家，沟通了汉藏间的文化脉络。敦煌所见的喇嘛教绘画，在萨迦寺（图7-37）的元代宗教美术遗物中，也有大量的反映。通过这复杂的关系，全国东西两端的佛教石窟，都以喇嘛教艺术作为终结。

元朝最后的三十年间，喇嘛教帝师左右了元顺帝妥懽帖睦尔（1320—1370，1333—1370在位）的文化兴趣，在大都修建了著名的居庸关云台（图7-38）可与前代同类题材的表现（图6-12）相媲美。用六体文字刻写佛经，营造四天王像大型浮雕（图7-39），成为北方文化生活中的大事。这和江南的文化旨趣是非常不同的，表明在蒙古皇室中也在兴起少数民族文化的"复古"运动。有的色目贵族还将喇嘛教的影响在东南沿海的寺院中扩大传播，增进佛教文化的多元性。从元代初年起，有些汉族的艺匠跟随着阿尼哥等西域的艺术大师学艺，其中有黄冠出身的巧工刘元（约1240—1324），掌握了一整套的高超技艺，在大都担任多项梵式建筑和造像工程。刘元被封为正奉大夫，元仁宗还像唐玄宗对待吴道子那样，封了刘元的手臂，非有旨不得为他人造

图7-37 萨迦南寺，始建于1268年，西藏日喀则萨迦县

图7-38 居庸关云台，长26.84米，宽17.57米，高9.5米，1345年，北京市西北郊昌平区南口镇北

图7-39　东方持国（左），北方多闻（右）天王像，石刻浮雕，高280cm，元，北京市昌平居庸关云台

像。所以，元顺帝至正初年在居庸关镌造的浮雕作品，也是出于类似刘元的那些精通梵式造像的巧匠之手。

除了喇嘛教艺术，元代的伊斯兰教艺术也有精彩的遗存。如果从文献上整理的话，在蒙古国最早的政治中心和林，在元上都和元大都，都有专门的回教聚居区，清真寺数量很多。但现存的元代清真寺，则分别位于杭州和泉州这两个海运出口管理中心，那里经营着与阿拉伯世界的大宗贸易，回民人口也特别密集。现在杭州的中山中路上，有一回教建筑群行如凤凰，故名凤凰寺（图7-40）。俗称礼拜寺，原名为真教寺，最早建于唐代，元仁宗延祐年间（1314—1320）重建。今存大殿为元代的结构，面阔三间，无梁架，内壁上端转角处作菱角牙子叠涩收缩，上覆半球形顶，其顶部饰以建筑彩画，外观起攒尖顶三座。这样的无梁殿在中国沿海伊斯兰教古寺中最具特色。泉州的清净寺（图7-41）在涂门街，南向而筑，据寺内古阿拉伯文和中文碑记，始建于北宋真宗大中祥符二年（1009），元代多次重修、增建，形成现有的规模。该寺以青绿石垒砌而成，与杭州凤凰寺的木结构

图7-40　凤凰寺，元，浙江省杭州市中山中路

图7-41 清净寺，1009年建，1309年重修，福建泉州

形式不同。寺门宽4.5米，高20米。门楣作葱式尖拱三重，是典型的阿拉伯风格。建筑高度自外向内递减，门上建堞垛及月台。原建塔已毁。礼拜殿在门内西侧，正面向东，面阔五间，进深四间，东墙辟门，西墙设龛，南墙开窗。墙壁全为花岗岩垒成，但原有的屋顶均已不存。从这些伊斯兰教礼拜寺可以体会到沿海文化中特殊的外来影响。

# 小 结

蒙古国、元代一系列的文化冲突，呈现了中华民族美术发展的内在活力。汉族艺术家，尤其是江南的文人艺术家，由此重新认识了自己的悠久传统，在"复古"的旗号下，把在唐以后割据局面中所忽视的各种传统要素重新发扬光大，从而创造出独特的时代艺术。

在江南的文化传统中，一些天才的艺术家承受了文化冲突的内外考验，把个人的价值充分地体现在艺术创作中，产生了大批精品。元人所经历的文化冲突及其化解冲突的方案，对后世影响最为深远。元代绘画是明清画家不断力图超越的对象。

元画对唐宋写实传统的改造，是以笔墨的能力，突出了自我表达的重要性。元人在创造新程式的过程中不断开拓，对各种艺术问题进行思考。如何表现的问题，更是每个大师都自觉地在探索的，许多画家制作画谱的事实就证明这一点。从赵孟頫这一代表性人物的身上，折射出了时代艺术的灿烂光芒。他深知绘画造型语言特点，从他教儿子赵雍掌握界画技巧一事，就说明在强调古意，努力达到书画一律的同时，他没有轻视绘画的训练。就像他的"赵体"行楷，如果没有他日书万字的功力，同样达不到圆润流转的自如境地。他在艺术史上的转折作用，在书法方面更为成功，有确定的风格面貌。而他在绘画各科中还概括不出其最典型的样式。尽管如此，他尝试各种新风格的勇气和禀赋，为文人画的成熟铺平了道路。

元代的历史不过百年，但它在文化史上的重要性，不可低估。有许多少数民族的文化成就，在中西交通重新开通之后，闪耀出夺目的光芒。从实用工艺到宗教信仰，从语言文字到书画创作，都改变着人们的思维和生活习惯。虽然蒙古游牧文化和前代的匈奴、鲜卑、契丹、女真、党项等许多文化一样，在农耕文化面前逐渐失去其征服力，但是它带给中原和江南文化的新鲜血液和强大活力，却使中华文明变得深沉博大。

## 术　语：

**蒙汉二元制**　元代的社会政治制度，它包括蒙古传统的制度如宿卫制、宫帐制、投下制等和中原的行政管理制度。通过这种二元的制度，保证蒙古帝王的政令能有效实施。

**怯薛**　蒙古语对皇室禁卫军的称谓，即宿卫。成员多为帝王家族的子弟、蒙古和西域贵族的子弟，在社会上享有许多特权，是元代主要的仕途之一。

**色目**　泛指元代西域的少数民族，因其眼珠的颜色不同于蒙古人种，故称之。色目人在元的种族等级中享有仅次于蒙古贵族的地位，对元朝政治和文化有重要的贡献。

**遗民**　通常指改朝换代后不事新主的故国旧臣。从商朝就有伯夷、叔齐，不事西周。元灭南宋，有郑思肖、龚开、钱选等一批士大夫不仕元朝，其数量增多的原因是宋代理学对名节的强调。他们多以文艺为形式来表达自己的消极抵抗精神。

**逸笔草草**　元代文人画家倪瓒宣扬的艺术表现形式，它发展了宋以来水墨写意画的精神，在抒发个人意兴方面，追求更自由的发挥。它是对前代画家注重形似问题的一种挑战。

**古意**　元代初期开始在画坛上流行的审美倾向，主张摆脱近世（指南宋院体）画的作风，追求晋唐的艺术境界。倡导"画贵有古意"的主要人物是赵孟𫗧。

**十三科**　民间和画院画家要掌握的绘画基本科目，由汤垕首先提出，元末陶宗仪作具体说明，包括："佛菩萨相，玉帝君王道相，金刚神鬼罗汉圣僧，风云龙虎，宿世人物，全境山水，花竹翎毛，野骡走兽，人间动用，界画楼台，一切傍生，耕种机织，雕青嵌绿。"

**浅绛山水**　与青绿山水画不同的一种风格形式，以笔墨皴写为结构，再敷之以淡赭色点染山石、树干，呈现出苍劲古朴之气，为元末山水画大家黄公望所专长。

**阔远** 山水画构图的一种，最早由宋代韩拙提出，到元代成为代替"深远"一法的表现形式。黄公望《写山水诀》解释为："从近隔开相对，谓之阔远。"

**书斋山水** 元代山水画的一种新的类型，专门以文人画家自己或友朋的斋室为对象，表现个人的审美情趣和精神寄托。它和表现一般性自然山水的作品相比，更能突出特定的文化背景。

**书画合一** 是宋代文人开始将书法笔法和写意画法结合起来的一种形式。它由赵孟頫明确加以提倡和总结，得到了元代文人画家们的积极响应。

**四君子** 指绘画中梅兰竹菊四种题材，代表文人的雅致格调。其来源是与"岁寒三友"（松竹梅）等专题有关，到宋末元初组合起来。它们在笔墨表现上有很大发挥的余地，主要靠特定的程式来传达其固有的象征意义。

**三教合一** 宋代以来思想界和宗教文化界的主要趋势，儒、释、道三教相互融合，使汉文化在一个新的认识基础上发展。元代以"三教弟子"等名号自诩的就有赵孟頫等人，声势很大。

**梵相** 特指佛教造像中来自印度、尼泊尔等地和密教风格样式。元代的蒙古、色目贵族通过藏传佛教在普及"梵相"方面作了大量的功德，在杭州、元大都（北京）、敦煌等地都留下了不少美术遗迹。

**思考题：**

1. 宋元之际绘画风格发生了什么重大的变革？
2. 元代艺术有哪几个活动中心？各有什么特点？
3. 元代宫廷和私家收藏对元代画风变革起了什么作用？
4. 赵孟頫为什么提出"画贵有古意"？
5. 援书入画在水墨写意画的发展中起了什么作用？
6. 蒙古和西域统治者的多元文化政策对文人画有什么影响？

**课堂讨论：**

元代文人画家独特的个人风格是怎样体现在笔墨之中的？

**参考书目：**

［美］李雪曼（Sherman Lee）and 何惠鉴：*Chinese Art Under the Mongols: The Yuan Dynasty（1279—1368）.* Cleveland, 1968

［美］高居翰：《隔江山色：元代绘画（1279—

1368）》，台北石头出版股份公司，1997年

［美］夏南悉（Nancy Steinhardted），"Current Directions in Yuan Painting"，*Ars Orientalis,* v. 37, Smithsonian Institution, Washington, D. C. 2009

傅申：《元代宫廷书画收藏史略》，台北"故宫博物"院，1981年

卢辅圣主编：《赵孟頫研究论集》，上海书画出版社，1995年

张光宾编著：《元四大家》，台北"故宫博物院"，1976年

陈高华编：《元代画家史料汇编》，杭州出版社，2004年

［美］何惠鉴：《元代文人画序说》《新亚学术集刊·艺术史专号》，中国香港新亚书院，1983年

［美］文以诚（Richard Vinograd）：《家庭财富：王蒙1366年〈青卞隐居图〉中的个人家境与文化类型》，洪再新译，《新美术》，1990年第4期

石守谦：《有关唐棣（1287—1355）及元代李郭风格发展之若干问题》《艺术学》第5期，1991年

洪再新：《儒仙新像——〈吴全节十四像〉的图像和文化背景》《美术史与观念史》，南京师范大学出版社，2003年，第1辑，页93—180

洪再新：《任公钓江海　世人不知之——任仁发〈张果见明皇图〉研究》，《故宫博物院院刊》，2000年第3期，页15—24

洪再新：《从盛熙明看元末多元文化政策》《故宫博物院院刊》，1998年第1期，页18—28

洪再新：《元季蒙古道士张彦辅〈棘竹幽禽图〉研究》，《新美术》1997年第3期，页30—45

洪再新，曹意强（Cao Yiqiang）："Pictorial Function and Constitutional Identity in the Painting Khubilia Khan Hunting"，in *Arts of the Sung Yuan: Ritual, Ethnicity, and Style in Painting,* Princeton: The Princeton University Art Museum, 1999, 180—201

洪再新：《赵孟頫〈红衣西域僧图〉研究》《新美术》1995年第1期，页29—33

丁羲元：《国宝鉴读》，上海人民美术出版社，2005年

宿白：《永乐宫创建史料编年》《文物》，1962年第2、3期

黄涌泉编：《杭州元代石窟艺术》，中国古典艺术出版社，1958年

［美］魏安妮（Ankeney Weitz）：*Zhou Mi's record of clouds and mist passing before one's eyes : an annotated translation,* Leiden；Boston, MA：Brill, 2002

［美］魏玛莎（Marsha Weidner），梁庄爱论（Ellen Johnston Laing），罗郁正（Irving Yucheng Lo）：*Views From Jade Terrace: Chinese Women Artists.* 1300—1912, Rizzoli, 1988

# 第八章　明代美术

## 引　言

　　1368年，由朱元璋（1368—1398在位）建立的明王朝推翻了元朝政权，定都于南京，恢复了汉族的政治统治。其后永乐帝朱棣（1360—1424，1402—1424在位）移都北京。这主要是制衡北方的蒙古旧部和后来兴起的满族的势力。明代重新修筑了战国以来的万里长城（图3-2），它东起山海关，西至嘉峪关，基本上中断了和西域的交通，而扩大了东南沿海的对外贸易。元代的文化冲突已不复存在，明后期欧洲耶稣会士带入西方的影响时，中国的知识界才感受到外来文化的差异。明帝国幅员辽阔，强化了宋代的许多文化特征，又在商品化的趋势中，形成新的特色。

　　明初政治对江南的文人画家是一黑暗的象征。改朝换代之际，朱元璋消灭异己，以统一思想。对比蒙古的多元文化政策，不利于艺术的自由发展。一大批文人画家遭到迫害，导致了画坛的凋零。定都北京后，修建紫禁城成为文化复古的举动，对封建时代的建筑艺术作了官方的诠释。作为世界建筑史上最伟大的宫殿建筑群之一，它体现了传统宇宙观。明代北京城的规划，则完善了历代都城建设的格式。关于南京的文化，明末的传统木刻版画是重要内容，其中彩色套印版画的制作，是同时期全国版画繁荣的范例。

　　明代前期画坛的主流代表是浙派和宫廷绘画。这一时期，画家可参照前代的各种样式。不同的取舍和趣味，导致了不同艺术流派的形成。这和元代前期的倾向相反，明人对元人避之不及的"近代画"——南宋院画，有了新的认识。因为院体画突出一类绘画的共性，造型技巧完备。以钱塘戴进（1388—1462）为首的浙派画家，在再现能力上，吸收了宋人的多种成果，达到很高的成就。由此发挥的吴伟（1459—1508）等人，深得皇帝的欣赏，追随者甚众。在恢复了宫廷画院机构的情况下，浙派代表了宫廷的审美趣味。到明末，钱塘蓝瑛（1585—1664或更后）因其全能的画艺被视为浙派殿军，说明其基本社会身份是职业画工。浙派在山水、人物、花鸟等题材上，把民间画工和宫廷画家两方面的水平综合在一起，形成了专门样式。通过幕府的收藏和来访画家雪舟等杨（1420—1506）的努力，对日本的水墨画发展，有一定的影响。

明中期逐渐占据画坛主导地位的是吴门画派，代表了文人画的特殊类型。沈周、文徵明等利用书画组成了庞大的趣味和利益集团。不像宫廷绘画受帝王的褒奖，他们靠着社会舆论，通过师生、友朋之间相互标榜，来达到压倒浙派的既定目的。这场派别之争，吴门画家最终以其文化地位胜出。在吴门出现"明四家"等代表人物之后，也有末流画家滥竽其间的弊端。

江南园林艺术是了解文人书斋的重要途径，看明代的士大夫们怎样在日常生活中消费其丰厚的文化资本。它把山水画的构思原则立体化了。离开这样的创意，很难使私家园林成为世界园林中别具一格的样式。

作为吴门派的变体，董其昌、陈继儒（1558—1639）等人在理论和实践两方面掀起了规模空前的文化运动。他们以"山水南北宗"来重新划分艺术史的主张，将文人画中特有的笔墨形式，推到新的高度，以此区别于吴门画派，即"吴门画重理""松江画重笔"的差异。明末画家承受着传统的巨大压力，同时也要面对西洋传教士带来的欧洲写实风格。他们认识西洋画，也激发了对中国视觉文化的再认识。董其昌的意义足以和前代赵孟頫相比：他对明末文坛和画坛都产生了巨大的影响，尤其是标榜南北分宗的绘画观念，成为此后近三百年艺术界的主导思想。

## 第一节　明代都市文化

明人在农业、手工业和商业比较前代有了长足的发展，形成了强盛的大帝国。明初用奖励开垦、兴修水利、推广种棉、发放种子和免租减税等措施，在恢复元末战乱的损失上收效明显。1393年全国耕地面积达850万顷，朝廷通过丈量田亩，普查人口，将豪富们隐瞒的大量土地造册在案，限制了他们的势力，使百姓在明初七十余年中有较为安定的生活。这也保障了城市经济的繁荣，促使手工业和商业活动的蓬勃发展。南京、北京和全国三十多个城市的经济文化都有相当的规模，尤其是在长江下游与沿海一带，形成了明显的优势。对外贸易继续扩展，永乐时郑和（1371—1433）率领舰队七下南洋，航线远达东非。这是哥伦布（Cristoforo Colombo，1451—1506）1492年发现美洲前，世界航海史上的重大事件，对中国和南洋群岛的交流有直接的推动作用，成为早期华侨和原住民共同开发这些地区的先声。随着欧洲殖民者环球航线的开通，明朝中期以后，中国不但和南洋的贸易继续发展，而且与欧洲也有了海上往来。来自欧洲的商人和耶稣会士，由海路进入中国。耶稣会士由此向中国知识界输入了欧洲文化。这是继元代意大利旅行家马可·波罗（Marco Polo，1254—1324）后，欧洲文化对中国知识界产生直接影响的开端。

16世纪的明朝，面临来自内外两方面的危机。对外，西北和北方时有边疆民族的侵扰，沿海有日本海盗的威胁；对内，以权宦为首的贪官污吏横行天下，以朝廷的名义，向各大城市敲诈勒索，无所不用其极，破坏了城市正常的工商业活动。结果，全国性的农民大起义爆发，"闯王"李自成（1606—1645）"贫富均田"的口号得到了广泛的响应。崇祯十七年（1644），他率军进入北京城，当政的崇祯皇帝朱由检（1611—1644，1627—1644在位）于煤山自尽，明朝灭亡。在此同时，发源于东北白山黑水之间的满洲人，在努尔哈赤（1559—1626）统率下，形成了强大的军事力量，占领了山海关外的辽阔地区，并在1636年建立"清朝"。随后，勾结明朝大将吴三桂（1626—1678），清兵入关，击败李自成的起义军，占领了北京城，成为新王朝的主人。

京城是明朝经济发展中的重头。明初南京在前代都城的基础上，主要是修建和扩充了城垣的规模，使南京城的面积大大增加。南京的经济文化生活，在首都北移后，偏重在教育文化方面，如金陵的刻书业，就是全国的重要中心之一。

从永乐四年（1406）开始修建，至永乐十八年（1420）竣工的北京故宫，是世界宫殿建筑史上最辉煌的业绩之一。朱元璋第四子朱棣封地在大都，后更名北平。1403年取得帝位后，迁都于此，重新修建了这座现存规模最大、规划最完整的古建筑群。占地约72万平方米，建筑面积约15万平方米，为北京城的中心。它以一条南北中轴线来展开其空间序列，南起天安门、端门、午门、太和门、太和殿、中和殿、保和殿，经乾清门、交泰殿、坤宁宫、坤宁门、钦安门至神武门，排列于中轴线上或两侧，左右对称呼应，体现皇权的绝对威严。（彩图35）皇城正门天安门，始建于永乐十五年（1417），称承天门。清顺治八年（1651）改建，更今名。城门五阙，重楼九楹，双层木构，通高33.7米。城墙有拱门五座，门前五座汉白玉石桥横跨金水河。城楼前各立汉白玉华表一对，与两对石狮相配合，庄严肃穆，雄伟壮观，气派非凡，象征着皇城的特色。

图8-1　紫禁城午门，黑白照片，明，北京

由承天门经端门进入宽敞的午门广场。午门（图8-1）是紫禁城的正门，造型复杂，庄严华丽。其城墩座呈倒U形，上建庑殿顶城楼及四座崇阁，以廊庑连接，被称为"五凤楼"。午门内的宫廷区域包括外朝和内廷两部分。外朝为帝王行使政治权力的场所，前部是太和门内的太和殿等三大殿为主的建筑。太和门是太和殿的前奏，建于白石台基上，左右衬以崇政、宣政两门，呈对称状。门前有宽阔宏伟的院落，弯曲的内金水河上横跨白石桥，通向三大殿的主殿——太和殿（图8-2）。

太和殿建于1420年，初名奉极殿，清顺治二年（1645）重修，更今名。这是故宫最壮观的主体，也是古代最大的木构宫殿。建于高约2米的工字形三层白石台基上，形成鲜明的三分立面：殿面阔十一间，进深五间，东西横63.96米，南北纵深37米，重檐庑殿顶，红墙金色琉璃瓦，通高35米，总面积2380平方米。国家大典在此举行，殿内外采用了尊贵的装饰形制。殿内有象征皇权的金漆雕龙宝座，顶上有盘龙藻井。殿外有象征吉祥的七十二根廊柱，殿前石台上还有龟、鹤、日晷等祝颂性的雕塑装饰。从太和殿南望，前面是宽阔的庭院，东西有体仁、弘义两阁，四角又有崇楼相衬，辉煌无比。

故宫三大殿的造型各有不同，中和殿规模较小，为皇帝上朝前休息的便殿，采用亭形四角攒尖顶。保和殿开间虽然是十一间，但用了重檐歇山顶，这样就反衬出太和殿的高大雄伟。三大殿的装饰，龙凤图案使用最多，在建筑彩画、梁柱、石栏杆、台阶陛石上处处可见，体现了天子至高无上的威严。后面部分是内廷，为帝王处理政务和后妃生活起居之处，以乾清门内后三宫为代表。御花园在宫廷的最后部分，布置着亭台馆榭，奇花异石，样式多变，布局幽深。整个建筑群沿中轴线出现多次高潮，体现

了杰出的艺术构思。

北京城的设计包括紫禁城、皇城、内城和外城四重城垣。除外城是明嘉靖四十三年（1553）增建，其他三道城垣都在明初的总体设计中付诸实施。内城东西长6.6公里，南北长5.3公里，大体呈方形。城墙外包砖石，四周共建九座城门。城门包括箭楼和瓮城，外有护城河环绕，防护严密。皇城及紫禁城位于内城的前方，贯穿在同一条中轴线上。它从南面永定门开始到北面钟鼓楼为止，全长达7.5公里，展开了一幅完整的都市建筑蓝图。在总体规划中，考虑到国家政治、宫廷生活和日用需要，按主题思想分别落实，使之融为一体。明代营建北京城，是古典建筑的集大成者，基本特点是在一个层层封闭的建筑空间内，突出君权神授的至尊地位。在1925年故宫博物院成立前，皇城和紫禁城都是与平民百姓完全隔绝的，这对广大百姓来说，意味着不可逾越的等级规范。它呼应了中央集权的封建等级社会的结构特征，使西周时期确立的王城观念，在建筑的平面设计和立体造型两个方面，变得生动具体，像凝固的音乐谱写出封建文化的主旋律。中轴线的概念、左右对称的布局形式、建筑群开合的空间变化、建筑物高下起伏的节奏韵律，以及建筑色彩的运用发挥，无不强调出同一基调。神武门后的景山，是用修护城河挖掘的土石堆积而成，作为宫殿的屏障和内城的制高点。由景山南望，可以俯视皇城和紫禁城的全貌，感受王者之气。在天子脚下的京城文化，也被赋予了浓重的政治色彩。

在此文化气氛中，坛庙建筑也有突出的成就。功能是强化君权和神权之间的联系。商周以来，各朝都城都有专门的宗庙祭祀场所，而明代北京城内，由位于天安门东侧的太庙，除了殿堂的宏伟结构，还用了大片古柏簇拥，烘托神圣庄严的宗庙氛围。

图8-3　天坛祈年殿，彩色照片，明，北京

明嘉靖年间对北京城内各项坛庙建筑的充实完善，使整个城市的规划更有帝都的神气。如天坛西侧的先农坛、朝阳门外东南的日坛、西城区的月坛、东城区安定门外的地坛，诸如此类，都是在永乐年间北京城规划的基础上新增的项目。

永乐年间开始营建的天坛，位于内城的南端永定门内大街东侧，与西侧嘉靖时修建的先农坛相对，到明嘉靖年间改建为现在的规模。占地约270万平方米，为中国现存最大的祭祀建筑群。布局是按一条与内城轴线平行的南北轴线，分内外坛两部分。外坛以祈天的圜丘为主，内坛主要有用以祈祷丰年的祈年殿。这两组主体建筑分布在南北两端，中间以高出地面2.5米，宽20米，长300米的丹陛桥相连接，两旁空地多植柏树，使神道上的建筑显得更引人注目。北端的祈年殿（图8-3）是天坛最重要的建筑，殿座为三层白石圆形高台，中央为圆形三重檐大殿。大殿平面直径为26米，高38米。三层圆顶铺以青色琉璃瓦，逐层向上收缩，顶尖饰鎏金宝顶。大殿以十二根檐柱支托下层屋檐，象征一天中十二时辰。十二根外金柱支托中层圆顶，象征一年中十二个月。檐柱及外金柱合为二十四根，象征一年中的二十四节气。柱数的运用，意在体现"祈年"的主题。全殿为大跨度无梁殿，藻井中呈一圆井，内刻龙凤图案。其造型稳定，色彩绚丽，是木构建筑中艺术性和技术性都极为高超的经典。南端的圜丘坛，是皇帝冬至时祭天的场所，建于明嘉靖九年（1530）。平面呈圆形，全部用白石砌成，共三层，每层都有石栏杆围绕。据《周易》天阳地阴、天奇地偶说，其结构取数为阳，上、中、下层直径分别为九丈、十五丈、二十一丈，取"一九""三五""三七"之意，以全一、三、五、七、九之奇数，表现敬畏上苍的建筑主题。坛外有矮墙两重，内圆外方，围以四柱三门的百石棂星门，体现了单纯洗练的造型风格。作为祭天的场所，仅以三层坛台传达皇天咫尺的辽阔感，完成天人对话的主要命题，是最具艺术性的大手笔。作为皇帝祭天和祈祷丰年的场所，也鲜明地反映出和故宫建筑相同的设计观念。（彩图36）

　　除宗庙建筑外，都城的大型建筑还有著名的南京明孝陵和北京明十三陵。后者的规模最大，有自永乐至崇祯十三个皇帝的陵墓，分布在北京昌平天寿山下。始建于永乐七年（1409），整个工程前后历二百多年。陵区总面积40平方公里，是历朝保存最完整的帝王陵寝。这些帝陵面积大小不一，但布局都以明成祖朱棣长陵为规范。自石桥起，依次设陵门、碑亭、祾恩门、祾恩殿、明楼、宝城等。宝城呈圆形或椭圆形。入陵区有长7公里的神道。在长陵布局中，有纵向安排的三进院落的陵园。第一进从陵门至碑亭，碑亭四周，有四座华表。第二进为祾恩门、祾恩殿，配以东西庑殿。第三进自红门经石牌坊、五供座、方城、明楼至宝顶而为地面建筑的终结。其主体规划强调了凝重悲凉的风格，建筑形象威扬庄严，成为历代陵园建筑中的典范，尤以祾恩殿在规模上成为十三陵中的翘楚（图8-4）。全殿面阔九间，进深五间，合"九五至尊"之数。殿东西跨度66.75米，南北进深29.31米，梁、柱等均以产自云南的金丝楠木制作。殿顶为重檐庑殿式，上饰鸱吻、兽首；红墙黄瓦，富丽华贵。它是祭陵时举行祭典的场所，复现了帝王生前享用金銮宝殿的格局，为古礼中事死如生的做法。从秦始皇陵的兵马俑到唐高宗、武则天乾陵的神道，再到明长陵的陵园，显出此类建筑的变化特点。清代的关外三陵和关内清东陵和清西陵，基本上是明陵的延续。

　　明成祖经营北京宫廷和城市建设，历时十五年，集中二三十万劳力，由一批能工巧匠带领，只有很少几位见诸记

图8-4　长陵祾恩殿，彩色照片，明，北京

载。像工艺师蔡信，瓦工杨青，木工蒯祥、蒯义、蒯纲等，都是功绩卓著者。蔡信为阳湖（今江苏武进）人，木工出身，官至营缮所正、营缮清吏司主事、工部右侍郎等。永乐四年（1406）随成祖迁都，营建北京，提督调度营建工程。宣德年间（1426—1435），他是明宣宗景陵营建工程的主持者之一。杨青为松江人，有精思巧艺。蒯祥为吴县（今江苏吴县）香山人，木工出身，祖辈从事营造，技艺超群，人称"蒯鲁班"，官至营缮所丞、营缮清吏司员外郎、太仆寺少卿、工部左侍郎、食正一品俸等。永乐十五年（1417）主持北京紫禁城外三殿及端门、承天门（即今天安门）的设计施工。后又受命兴建乾清宫、坤宁宫、隆福寺、明英宗裕陵、西苑殿亭等，年八十余，仍供职京师。嘉靖三十六年（1557）皇城遭火灾，重修宫殿时，优秀木工徐杲负责设计和主持三大殿和奉天门的重建。他历任工部侍郎、工部尚书等，还参与或主持兴建皇史宬、太庙、京师外城、太玄都殿永寿宫等工程。

宫廷内府在刻书方面有专门的机构，征集四方绘、刻、印的高手，绘制印刷出版各类图书。这是继承了元朝内府的制度而更加完备的部门。明正统五年（1440）内府刊《正统道藏》中的大量插图，镌刻、印制得都很精美。这对民间的版画业也有一定的推进作用。相比较全国各地的刻书业成就，北京内府的版画题材以政治、宗教等内容为主，镌刻以精工细致见长，但富丽堂皇之中却往往缺少生动的灵气。

明代南京的刻书业，情况正好相反，代表着全国图书出版的突出成就。在这个刻印出版中心，先后有富春堂、世德堂、文林阁、广庆堂、继志斋、环翠堂、十竹斋等著名书肆以版刻为主，云集了王少淮、凌大德、汪耕、黄镐、黄应祖、刘希贤等大批绘刻高手。作品多为戏曲、传奇插图，尤以画谱、画笺闻名于世。这样的图书刻印和出版中心，和周边各个私家刻印流派互相影响。由于特殊的政治背景和贸易传统，更容易吸引人才，在南京大展身手。宋元时期在建安（今福建建瓯一带）刻制的版画对金陵版画有直接的影响。"建本"至明代嘉靖年间进入鼎盛期，风格朴实无华。早期金陵版画，线条粗犷，刀法朴拓流畅，人物生动，构图活泼。其版式以单面独版为主，并有双面对页大版式、多面版式等多种形式。这比"建本"上图下文，插图两旁联句，上标图目的形式有所变通。金陵版画在明中后期又受徽州版画影响，逐步走向鼎盛阶段。像黄应祖就是徽州著名的木刻家，他寄业金陵环翠堂从事剞劂，以其凝练工致的风格，改变了金陵版画的面貌。十竹斋主人胡正言（1580—1671）也是海阳（今安徽休宁）人，客金陵，专心致

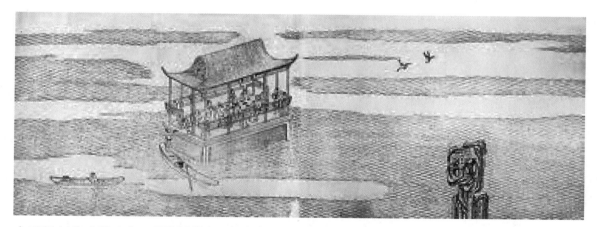

力于版刻艺术数十年，不断创新。金陵本地的刻家刘希贤也吸收了外地刻手的风格，制作了双面大版的书籍插图，如《三遂平妖传》等，集金陵版画的豪放和武林版画的秀丽于一体，具有很高的艺术性。总的来说，明末的金陵版画，作品雕版精工细致，风格清丽俊秀。像《环翠堂园景图》《画薮》《十竹斋书画谱》《十竹斋笺谱》《萝轩变古笺谱》等，在版画史上占有重要地位。

由黄应祖独镌的《环翠堂园景图》（图8-5），是一版画长卷，画卷框高24厘米，长1486厘米。其底本由钱贡所绘，表现环翠堂主人汪氏私家庭院的景色，将徽州山水名胜与风土人情收于一图，布局谨严，意气隽永，绘制精工绝妙，堪称国宝。环翠堂主人汪廷讷，海阳人，客居金陵以著刻自娱，编撰书画集数十种，如请黄应祖镌刻《坐隐先生精订捷径弈谱》《人镜阳秋》《环翠乐府》等，均精美绝伦。这些刻本与建本的粗豪古朴之风相比，更能反映人们的审美要求，因此各地书坊纷起效仿，使徽派的版画盛行于天下。但由于汪、黄均客居金陵，环翠堂刊本一般都被纳入金陵一派。胡正言的十竹斋也是如此。精通篆刻书画，并能凑刀向木，兼文人和出版家于一身。所辑《十竹斋书画谱》，请了明末文坛名流高阳、凌云翰、吴士冠、魏之克、胡家智等校勘，收录赵孟頫、倪瓒、沈周、文徵明、米万钟（1570—1628）等名家的作品，由汪楷等数十人同刻，于天启末（1627年前后）刊出。分书画谱、竹谱、梅谱、兰谱、石谱、果品谱、翎毛谱、墨华谱八种，每种图二十幅，计一百六十幅，既可为学画的样本，又是供人欣赏的佳作。

金陵版画发明了一些传统水印木刻技法，如拱花技术，以刻镂好的块版或线纹，不施墨彩，而用压印法使线或块面突出于纸上，呈现凹凸感，如后来钢印的效果。先出现在吴发祥《萝轩变古笺谱》（1626）（图8-6）中，表现行云流水、博古纹样

图8-5 环翠堂园景图（局部），钱贡绘，黄应祖刻，万历年间（1573—1619），汪氏环翠堂刊行

图8-6　萝轩变古笺谱，套色木刻版画，21cm×14.5cm，天启六年（1626）金陵吴发祥刊本

图8-7　十竹斋笺谱初集二幅，21cm×14cm，套色木刻版画，崇祯十七年（1644）胡氏十竹斋刊本

等，增强表现力。还有水印木刻技法中的饾版，它依画稿的色彩层次将其分割并雕镂成若干小版，随类赋彩，套印成画。因套版形似饾钉，故得名，最早在金陵《十竹斋书画谱》（1617）（图8-7）中创用，为彩色套印之典范。为此，胡正言与大量绘刻者"朝夕研讨十年如一日"，形成可与原画乱真的彩色图画。彩色水印的绢本佛像在辽代的应县木塔中曾有出土，但其技术失传。十竹斋成功采用彩色印刷术，贡献非常突出。

　　版画这一形式就像篆刻为书法的分支一样，有特殊的表现力，强调刀法的韵味和力度，达到笔墨所不能及的效果。古典版画多以复制绘画为主，对于刀法的作用更为重视。在小品类的笺谱上尤为精彩，作为文人雅玩的一部分。吴发祥、胡正言等多才多艺的文人和出版家，体现了晚明江南社会细腻的生活趣味。金陵之外，湖州闵、凌二家，也在镂刻彩色套印版画方面，各呈其美。如闵齐伋（1575—1656？）所刻的彩色套版《西厢记》插图二十页，其绘制、雕版与彩色套印，体现出物质文化的时尚，以表现幻术的视觉命题，均代表了晚明同类艺术的最高水准。（彩图37）陈继儒泰昌元年（1620）序闵振业朱墨套印本《史记钞》说："自冯道（882—954）毋昭裔为宰相，一变而为雕版，布衣毕昇再变为活板，闵氏三变而为朱评。"这从中国印刷史的角度对闵氏地位作了充分的肯定。可以说，闵齐伋对中国套印本的贡献是无人媲美的。

　　徽州地区的版画和其他文化艺术活动，成为当地经济发展的先导。徽州最著名的制墨业，有专门的产品包装和设计，有些墨品成为纯粹的观赏物，像程大约的《程氏墨苑》，是徽州四大墨谱之一。绘制者中有著名画家丁云鹏（1547—1628）、吴廷羽等，刻工则为徽派名手黄应泰、黄应道等。其构图饱满，阴刻、阳刻互用，黑白处理精当，刀法流畅纯净，并有罕见的设色彩印本。这套墨谱中附有天主教宣传图数幅，镌有罗马字母，为研究明代的中西文化交流提供了宝贵的记录。版画是反映消费文化的晴雨表，从书籍流通和文房四宝买卖的情况看，明末版画体现出了文人日常生活中正在发生的变化。北宋苏轼曾感叹印刷术发明后人们学习经典的不同方式。他年轻时，读《史记》要靠抄录记诵。而不过几十年时间，印刷术使各地的学子都能在坊市上购到《史记》。到了明末，不但书贾大量刻书，而且许多书籍，特别是通俗文艺读物，都附有插图。其市场之大，普及程度之广，都是空前的。

以上从地域文化介绍版画发展的思路，多以刻工的籍贯为出发点。然而从都市印刷文化的发展大势看，这样的叙述与刻工和赞助人及其视觉消费品市场之间的有机互动，存在明显的不足，难以准确地体现晚明都市经济与文化繁荣的整体面貌。在此语境下，像"徽派版画"的界定正在受到颠覆性的挑战，引发学术界更宏观地审视当时及此后版画创作中不同角色的作用，跳出"以刻工为中心"画地为牢式的困境。

## 第二节 浙派和宫廷绘画

明代绘画有早、中、晚三个时期，并有主导性的画派，影响当时的画坛。明前期的绘画有两个重点：一是宫廷绘画的重新兴起，几位帝王参与到绘画创作中来；二是南宋院体的复兴，由钱塘（今浙江杭州）人戴进为代表，形成了浙派。浙派师法李、刘、马、夏，笔致粗放，注重绘画性的表现。从时间跨度上讲，浙派和宫廷绘画的高峰期始于明初，而到正德（1506—1522）后趋于衰落。

明代在恢复汉族制度的过程中，继续保存了元代的一些特点。和宋代画院不同，明代画院除少数几个画家曾被授以文职外，大部分都值仁智殿，授以"锦衣卫"的官衔，受宦官掌控。这是元代禁卫军制度（即蒙古语"怯薛"制度）的延续。锦衣卫由朱元璋于1382年在重建私人卫队时创立，专掌侍卫仪仗。但实际上，明太祖、明成祖将其用作特务组织，巡察缉捕，主持讼狱。明太祖对任何异己务必除尽，兴起大案，杀戮功臣，对于思想意识形态的钳制也非常严厉。洪武年间（1368—1398）死于非命的著名画家就有王蒙、赵原、徐贲（1335—1380）、周位、盛著等，还有像陈汝言、王绂（1362—1416）等，也受到迫害。明成祖征调其亲信为指挥使，包括蒙古和女真人，授予秘密调查的特权，让被怀疑想和皇上对抗者，都列入黑名单。结果，元末画坛盛行的文人写意风气遭到沉重打击，迫使画家唯王命是从。王绂的例子就很好地说明了这一点。

王绂，无锡人。长于诗文，18岁时被征入京，第二年就被

图8-8 王绂：北京八景图卷
（太液清波），纸本墨笔，
42.1cm×2006.5cm，明，中国国
家博物馆藏

图8-9 边景昭：春禽花木图轴，
绢本设色，137.7cm×65.5cm，
明，上海博物馆藏

牵入冤狱，充军到山西大同，长达二十年。太祖死后，他回到家乡，42岁以善书供事文渊阁，后升中书舍人，52岁扈从明成祖至北京，三年后病死京城。王绂坎坷的一生，未能以画艺列籍宫廷画院，因为坚持画文人山水画，得不到时人的赏识。他创作了表现文人应酬生活的题材，如《送行图》《送别图》等，特别是《北京八景图》（图8-8），强调了地域文化的特点，丰富了纪游的主题。他的山水无人效学，曾有无锡人陈勉初仿其画，因为画院盛行浙派，便又改学夏圭。倒是学其墨竹的弟子夏昶显赫一时，使他这位老师的地位也附带地提高。

画院在设立之初，由于管理不善，出现画家因"应对失旨"或"不称旨"而被杀的悲剧，造成画家人人自危的局面。但画家被授以武功之职，本身就不伦不类。不过明代宣宗（宣德）、英宗（成化）、宪宗（弘治）诸朝继续将锦衣卫的头衔授予宫中的画家。

据统计，留下姓名的明代画院画家不下百人，专长和旨趣多在人物故事、宗教画、帝王贵族的肖像及行乐图，山水花鸟也是画院中很受重视的画科，有较确定的风格类型。永乐年间画道释人物的蒋子成、画虎的赵廉、擅长黄筌花鸟风格的边景昭，被称为"禁中三绝"。其他有长于花果翎毛的范暹，长于山水的郭纯、卓迪，长于写照的陈妙等，风格取向都和元末江南画坛有所不同。边景昭，字文进，沙县（今属福建）人。永乐时官武英殿待诏，博学工诗，继承黄氏父子的富贵体格，以勾勒精细、设色艳丽著称。王绂曾经与他合作过《竹鹤双清图》。所作《春禽花木图》（图8-9），于花鸟之后衬以树石山水，画境开阔。能于花之娇美，鸟之飞鸣，叶之正反，色之蕴藉等处合宜中度。其后继者有钱永善、俞存胜、张克信等，自成一派。

明代画院以宣德时期最为兴盛，其后成化、弘治时期被认为可以同北宋宣和画院相媲美。明宣宗朱瞻基（1399－1435，

图8-10　谢环：杏园雅集图卷（局部），绢本设色，37cm×401cm，明，镇江博物馆藏

图8-11　商喜：关羽擒将图轴（局部），绢本设色，200cm×237cm，明，北京故宫博物院藏

1425—1435在位）多才多艺，对绘画的不同画科均有涉猎，传世作品如《武侯高卧图》《万年松图》《莲蒲松阴图》《苦瓜鼠图》等，显示这一特点。他在水墨和设色方面有相当修养，表现出沉静自然的典雅趣味。在位期间，画院名家有长于北宋李郭山水的谢环，属于马远系统的倪端，工画人物、山水、花鸟的商喜，长于界画楼阁和金碧山水的石锐，兼得郭熙、马远之长的李在，出自夏圭、吴镇的周文靖，以及被称为明朝第一却终身潦倒的浙派领袖戴进。

谢环，字廷循，天台人，是宣宗画院品评绘画的权威。山水人物具有相当的造诣，曾作《杏园雅集图卷》（图8-10），将文坛领袖杨士奇（1364—1444）等人的雅集场景绘于一图，还在画的一侧画上自己的形象，表明他个人的政治意图。倪端吸收了南宋历史风俗画的表现方法，创作了《聘庞图》，和商喜的《关羽擒将图》（图8-11）、李在的《琴高乘鲤图》等人物故事画，共同满足宫廷的需求。当时在文华殿还绘有《汉文帝止辇受谏图》《唐太宗纳魏徵十思疏图》之类宣扬君臣伦常的作品。这类讽谏性和寓意性较强的绘画，适宜宣宗朝较为开明的政治气氛。画法各有差异，李在的线条豪放雄健，姜绍书《无声诗史》称"其人物则八面生风"。李在能把马远、夏圭的山水遗法和人物画法结合在一起，在画院中声誉很高，时称戴进以下第一人。同时代人石锐，承南宋院体遗风，得盛懋之法，兼擅青绿山水、界画、人物等，徐沁《明画录》将其列入宫室类，称其"工于界画，楼台玲珑窈窕，备极华整。加以金碧山水，傅色鲜明，绚烂夺目"。周文靖曾以《枯木寒鸦图》称御试第一，历官至鸿胪序班。画风细密，笔力古健苍润，兼工人物、花竹、翎毛。他们虽是比较全能的画家，但比较戴进的成就，又相去甚远。

　　戴进，字文进，号静庵。过人的技艺使同朝的院工产生妒忌之心，在这场争斗中，他成为牺牲品。对此，郎瑛《七修续稿》有所描述："永乐末，钱塘画士戴进，从父景祥征至京师。笔虽不凡，有父而名未显也。继而还乡攻其业，遂名海宇。镇守福太监进画四幅，并荐先生于宣庙。戴尚未引见也，宣庙召画院，天台谢廷循评其画。初展《春》《夏》，谢曰：'非臣可及。'至《秋景》，谢遂忌心起而不言。上顾，对曰：'屈原遇昏主而投江。今画原对渔父，似有不逊之意。'上未应。复展《冬景》，谢又曰：'七贤过关，乱世事也。'上勃然曰'福可斩。'是夕，戴与其徒夏芷饮于庆寿僧房，夏遂醉其僧，窃其度牒，削师之发，黄夜以逃，归隐于杭之诸寺，为作道、佛诸像。故今华藏、潮鸣，尚多手迹。吾友张济川家，亦有《天王斗圣》数十幅。继而廷循使人物色，戴闻云南黔国好画，因往避之。值岁暮，持门神至其府货之。其时石锐为沐公所重，石见其画曰：'此非凡工可为也'。询戴同郡人，遂馆穀之。然终不使之越己。又数年，谢死。而少师杨公士奇、太宰王公翱皆喜戴画，归则老矣。先生循循愉愉，人乐与友，凡亲友不给者，每作数纸与之。人争货焉。其点染颜色，妙夺造化。铺叙远近，宏深雅淡。人物、山水，较前人另出一格。其于诸家无不能。王、杨二公常称其画当与古人相颉颃。"

　　戴进的遭遇，何乔远（1558—1631）《名山藏》另有一说："戴进，字文进，钱塘人。临摹精博，而意趣包涵，不以清媚自臻。凡一落笔，俱入神品，为本朝画流第一。宣庙善绘事，一时待诏有谢廷循、倪端、石锐、李在，皆有名。及进入京，众工忌之。一日仁智殿呈画，进特以得意之笔上进，首幅为《秋江独钓图》，一红袍人垂钓水次，画家惟傅红色最难，而进独得古法。宣庙方阅，廷循从旁奏曰：'此画佳甚，恨野鄙耳。'宣庙叩之，对曰：'红，品官服色也，用以钓鱼，失大体矣。'宣庙颔之，遂挥去，余幅不复阅，放归，以穷死。死后而人重之。"

　　这些传说表明共同的问题，即宫廷艺术家受制于政治势力的影响。艺术竞争也不例外。但即使戴进不得志，其创作成就仍为世人所公认。山水师法李唐、马远，多用水墨淋漓的斧劈皴作画，亦工人物、神像、花鸟虫兽等，人物多用铁线描、兰叶描。他又稍变兰叶描，创造了蚕头鼠尾描，行笔顿挫有力，使水墨表现技法得到发展。他在表现神像的威严、鬼怪的勇猛，以及处理衣纹和色彩等方面，熟练程度可以与唐宋诸大家相比，尤其是在临摹古画方面，几至于乱真的水平。这些卓越的能力使他主导了明前期的画坛，并在他的周围形成了人数众多的画家流派。作为职业画家，他的本领是使所表现的题材显示出绘画自身的魅力。

如《春山积翠图》（图8-12）在润墨描绘方面作了发挥，体现了南方山水空灵秀润的清新之感。在《雪景山水图》中，他能将严冬时节的自然景物刻画得相当逼真，使人如同置身其中一般。这类四景山水的中堂条屏，功能特点明确，要让观赏者感应自然节气的转换，体会年复一年、周而复始的变化规律。戴进的佛道鬼神作品也体现其高超的画技，所作《达摩六代祖师像》《钟馗雪夜出游图》等，给人难忘的印象。

　　成化弘治年间有著名的"画状元"吴伟和花鸟画家林良、吕纪，善山水草虫的种礼，被弘治称为"今之马远"的王谔，人物画家吕文英，等。到正德年间，则有山水名家朱端。这是宫廷内外"浙派"势力大盛的阶段。在戴进死后，吴伟和陈景初等画家继之而起，尤其是吴伟以健壮奇逸的笔墨风格，引人注目。吴伟，字士英，次翁，号小仙。宪宗时待诏仁智殿，授锦衣百户，因画称旨赐"画状元"印。这时政治气氛较宽松，吴伟的个人意兴得以发挥。其方式带有强烈的表现性，有不少关于其奇妙画艺的传说。一次，他正饮酒酣醉，忽奉诏入宫作画。结果跪翻墨汁，便信手涂抹而成佳局，宪宗赞其为"仙笔"。又曾在友人处，取莲蓬濡墨印纸上，人不知其所为，而最后挥洒成一捕蟹图。又说他好酒，曾得饮于一老妪家。次年复至，老妪已作古，因援笔作其像，形神酷肖，其子见之痛哭，乞而收藏之。人物出自吴道子，重才情的发挥，奇逸动人。又学李公麟，以铁线白描写像，极富生态。有记载说他"临绘用墨如泼云，旁观者甚骇，俄顷挥洒巨细曲折，各有条理，若宿构成"，表明笔墨功夫的深厚。29岁时作《铁笛图》，水墨造型变化多姿，显出早熟的才艺。亦工山水，师南宋院体马夏之笔而有创意，笔墨纵姿，健壮豪放。《江山渔乐图》（图8-13），画茫茫不尽的溪水，上有往来穿梭的点点渔舟。近景为山坳，其上奇树纵横，右上方有重重山峦，遮挡住几乎所有的通道，唯有一线溪水，引出幽深的远景。布局左轻右重，但仍保持着画面的平衡。山石从大披麻皴中变出，为晚年乱麻皴的先导。山石轮廓反复勾勒，笔法躁动不安，体现出个性特点。这种狂放纵肆的画风，和文人们追求超逸、恬静的趣味不同。还有，即使逞才使气，其作品仍重视对物象的描绘。

　　明代宫廷提倡院体风格，山水画中推重马、夏。佼佼者之一就是王谔，奉化（今浙江奉化）人，官至锦衣千户。多作奇山怪石，古木惊湍，树石多呈烟霭之状，蓊郁如泼墨然。作《江阁远眺图》（图8-14）构图较马远略繁，而清秀雅淡或有过之。山石以粗重线条勾其外形，再加以斧劈皴；远处山峦以粗放的苔点点出林木，树木则以坚硬的线条双钩枝干，画出其虬曲嶙峋之

图8-12　戴进：春山积翠图轴，纸本墨笔，144.1cm×53.4cm，1449年，明，上海博物馆藏

图8-13　吴伟：江山渔乐图轴，纸本设色，270cm×173.5cm，明，台北"故宫博物院"藏

图8-14 王谔：江阁远眺图卷，绢本淡设色，143.2cm×229cm，明，北京故宫博物院藏

态。难怪明孝宗朱祐樘（1470—1505，1488—1505在位）称其为"今之马远"。画院人中也有专门师法元代画师盛懋之笔而成名的。正德时朱端有《烟江晚眺图》，用笔尖硬细腻，构图偏于繁密，追求虚旷、朦胧的境界，并借鉴了郭熙的笔意，意态潇洒，风格俊秀，山石明润，虬枝挺劲，带有盛画特点。

花鸟题材在宫廷艺术中地位突出，以弘治时林良、吕纪贡献最为突出。林良，字以善，南海（今广州）人，初官工部营缮所丞，后改锦衣卫百户。善以墨色写烟波微茫，凫雁出没容与之态，意境淡远，有《山茶白羽图》（图8-15）、《灌木集禽图》等作品传世。花卉树木，笔势遒劲，运笔流利如作草书，形成简淡灵动的画风，毫无拖泥带水之嫌。墨色浓重，以干而浓的笔墨，粗犷而有力的线条，描绘各种造型的飞禽，展示生机跃如的动感。他是明代院体写意花鸟画的代表，开近代岭南花鸟画派的先河。同时供奉朝廷的吕纪，字廷栋，号乐愚，鄞（今浙江宁波）人。值仁智殿，后官至锦衣卫指挥使。擅工笔，师边文进，传黄筌父子妍丽工整的院体风格，常以鹤、孔雀、凤凰等入画，并以大斧劈皴法作江岸流泉，以悬崖古木作为花鸟形象之背景，形成画境开阔、博大有力的风格，以区别于宋代院体娇巧细致的作风。他的《梅茶雉雀图》（图8-16）工笔与写意并重，勾勒细腻，注重写实。近景坡石层叠，双雉互相依偎，栖于白梅老干之上；画面左上方再横出两枝梅干，向画面右下方倾斜，占据大部分空间，加上疏密聚散的花朵，增添了飞动的气势。《鄞县志》记："武宗居东宫时，孝宗谓曰：吕纪之画，妙夺化机，如《英明听谏》《万年清洁》等图，极关治体，足为传世之宝。工执事以谏，吕纪有焉。"作为宫廷画家，吕纪未忘其政治职责。这也是以花鸟图像进行说教的范例。

在崇尚南宋院体的风气下，职业画工们也自然追随其后。戴

图8-15 林良：山茶白羽图轴，绢本设色，152.3cm×77.2cm，明，上海博物馆藏

进、吴伟的号召力，由宫廷来推动。浙派以劲拔精简为特点，后继者有戴泉（戴进之子），夏芷、夏葵兄弟，陈玑，仲昂，钟钦礼，张复阳，郑文林等人。造型功力强，但陈陈相因，缺乏转益多师的学养，很难再自开名目。师从吴伟而来的江夏派，则趋于狂野，成为画坛上很有争议的风格。其中张路、蒋嵩、汪肇、郭诩等人为代表人物。张路，祥符（今河南开封）人，工画人物、花鸟，画风着力师法吴伟，然过于驰骋而少有蕴藉。蒋嵩，字三松，金陵人。笔势枯淡豪放，以焦墨入画，多纵肆之作，不在矩度之内。作多幅《秋溪放艇图》，是得意之笔。他并不是完全忽视规矩法度，因为在他较用心的作品中，还是能看到其功力老到的一面。郭诩，字仁弘，号清狂道士，泰和（今属江西）人。与当时名流沈周、吴伟、杜堇等均有交游，画名称重朝野。其疏狂耿介的性格、豪放飞动的笔势、清奇高古的画面形象，在写意人物方面是一极端人物。信手点染的山水、花卉及杂画，如存世《人物草虫杂画册》，受时人欣赏。他不媚权贵，不入仕途，也增添其作品的身价。所谓清狂是一自我标榜。就像郑文林以"颠仙"自谓一样。到吴门画派占据画坛主导地位后，这些行笔粗莽、多越规度的画法，被指责为"狂态"，是画坛"邪学"。

　　和张路、蒋嵩等人的画风完全不同，蓝瑛的风格接近黄公望。蓝瑛，字田叔，钱塘人。擅画山水，性耽游历，遍睹名山大川，以丰富其技艺。他的传统功力十分突出，从宋元诸家中得到滋养。以没骨法作青绿山水，设色浓艳；亦作浅绛山水，笔法细柔。他的山水初年秀润，中年后自立门户，笔势纵横奇古、气象雄奇、骨力强健，成为浙派殿军，并有所超越。其苍古之处多类吴派沈周的笔法，论者以为若能以柔逸之气融入其苍古笔法，无愧于沈周、文徵明。其《红树青山图》《仿张僧繇山水图》（图8-17）等作品，显示其笔墨和设色方面的水准。他兼工竹、石、梅、兰等，画名甚得时誉，学者众多，如陈洪绶（1598—1652）、陈璇等皆承其技，形成了浙派之内的新支派，史称"武林派"。蓝瑛一家都善画，儿孙蓝孟、蓝深、蓝涛等是这一派的后继者。

　　"浙派"和明代宫廷绘画的历史，是职业画家重整旗鼓，大展身手的时期。他们中间产生了很有影响的代表人物，受到朝野的重视。这些画家天才横溢，擅长各种题材，像戴进、吴伟、张路等人，都擅长人物画，为吴门中大多数文人画家所不及。戴进、吴伟等从吴道子等民间画派中还掌握了壁画的能力，如戴画报恩寺、吴画南京昌化寺，题材有五百罗汉，其形象变化多端，令人赞叹，连偏好吴派的评家也表示敬佩。徐沁《明画录》指出："近时高手既不能擅场，而徒诡曰不屑，僧

图8-16　吕纪：梅茶雉雀图轴，绢本设色，183.1cm×97.8cm，明，浙江省博物馆藏

图8-17　蓝瑛：仿张僧繇山水图轴，绢本设色，177cm×91cm，明，无锡市博物馆藏

坊寺庑，尽污俗笔，无复可观者矣。"浙派画家的水墨造型能力是从临摹南宋而来的，有很多精美的摹本，常被混同于南宋的作品。它们和宋元时期传到日本的禅画、院体画一起，进一步扩大水墨画在东瀛的影响。

## 第三节　吴门画派

如果说浙派是在宫廷赞助下时兴起来的话，那么，吴门画派的崛起，则是靠江南地区的经济文化繁荣。元朝以来，文人士大夫们以苏州地区为中心，形成了雅好艺文书画的风尚。元末四家的出现及其文人画的繁荣，和这一带私人艺术赞助的风气有关。具体景点的描绘，不同程度上体现了这些赞助者个人物质和精神的财富；而象征这些个人家产的绘画风格，作为地域传统的重要组成部分，在苏州等地的文化名流那里延续下来。士大夫或闲居，或归隐，以诗人和画家的身份表现自己。他们周边，有热衷于书画的收藏家和好事者，作为家乡艺术的支持者，制造声势，扩充文化资产。而士大夫业余画家借此宣扬其政治观、人生观和审美理想，担当本地文化的代表人物。这还带动了江南的工商业与艺术市场，使苏州在此后数百年中成为荟萃人文、消费和流通文物的重镇。艺术市场包括了字画的买卖，字画的仿制、临摹、修补和装裱，书籍版画的刻制刊印，铜、牙、玉、漆、缂丝、文房四宝等各种工艺品的经营，诸如此类，吸引了国内外的客商前来光顾。

江南地区在经历了群雄并争的动乱之后，出现了复杂的局面。有赵原、徐贲、张羽、陆广、马琬、刘珏、杜琼、王绂、金铉、陈汝言、姚公绶、王一鹏等人延续元末诸大家强调的文人笔墨特点，其人数相当可观。有些却因仕途不幸，使画风一度沉寂。上述王绂的例子，就是如此。同郡人对其山水风格弃而不学，转师院体，说明人们可能有政治上的顾忌。王蒙瘐死后，其画风也遭冷落。吴门中也有少数追随马、夏风格的，突出者有行医出身的王履（1332—1391）和职业画工周臣。当时尚无吴派的概念，故能超越后来"南宗"的狭隘范围。

王履，字安道，昆山（今江苏昆山）人。精诗文，通医术，善画山水。从南宋院体山水入手，行笔细密秀劲，长于经营位置，实际为浙派早期人物。然而他的文学功底非职业画工所能及，将其归入吴门画派，似较为恰当。晚年画风一变，主张师法自然，做到形与意的统一。以画华山图著称于世，其《华山图序》，是画论史上的名篇。他提出："画虽状形，主乎意，意不足，谓之非形可也。虽然，意在形，舍形何所求意。"人问其何

图8-18　王履：华山图册（之一），纸本设色，34.6cm×50.6cm，1383年，全册分别由北京故宫博物院和上海博物馆藏

所师法，答云："吾师心，心师目，目师华山。"这一观点奠定了后来吴派传统中流行的纪游山水的认识基础，使之成为重要的题材。50岁以后，多次登临以险峻著称的西岳华山，饱游饫看，绘制了《华山图册》四十开（图8-18），是画史上精美的杰作。他在创作过程中，几因疲病辍笔，其弟鼓励他："此古今奇事，不宜沮。"遂奋力完成之。他在剪裁上，既遵循华山的险峻特点，又突出个人的主观感受，以展示华山内在的精神。先以粗浓之笔勾画出山石的大体轮廓，其力度、速度都很强，显得刚劲有力；同时通过线条的组合产生奇特的变化。他的画风极刚健，颇受马远、夏圭的影响。此册有题记、诗文、序跋等，是古代带有明确写景目的的系列专题创作。比较宋迪的"潇湘八景"、张先的"十咏图"，以及后来遍布各地的"四景"、"八景"和"十景"之类作品，王履使描写对象更具体，更有自然的魅力。他通过前代的图式与自然造化的对比，形成新的艺术面貌。吴门画家对家乡山水的纪游，多采用这一途径。

周臣是地道的专职画工。先从同郡陈暹（吴门画派的先驱）学画，后遍师南宋诸家。中年以谨严浑朴的风格将李唐、马远等人的凌厉激烈变为凝重苍老，进而形成其晚年苍秀烂漫的画境。主要靠卖画和课徒为生，在苏州城内弟子甚众，包括唐寅、仇英等人。作品很多，显出深厚的创作功力。如《春泉小隐图》、《沧浪濯足图》（图8-19）等，就取材于苏州城内的风光景物。由于其风格与文人画家的倾向不尽相同，画艺虽高，仍屡遭贬斥。尽管如此，他为培养吴门画家的造型能力，发挥了师资传授作用。在王履、周臣等人的努力下，吴派画家可以借鉴各种不同的风格。在继承南唐董源、巨然和元代诸家的同时，照样吸收马、夏的水墨山水和赵伯驹、刘松年的青绿山水的影响。吴门

图8-19　周臣：沧浪濯足图轴，绢本设色，165cm×82cm，明，上海博物馆藏

图8-20 沈周：西湖岳坟图（两江名胜图册之一），绢本设色，42.2cm×23.8cm，明，上海博物馆藏

四家中的画工仇英因此获得盛誉。

吴门画派的建立，功劳最著的是沈周、文徵明。其家学背景、个人经历和创作才能，是吴门中出类拔萃的。沈周，字启南，号石田，晚号白石翁，长洲（今江苏苏州）人。祖上文化渊源深厚，主张不仕，在家乡过悠闲的绅士生活。其父辈的交往圈中，有杜琼、刘珏等名画家，伯父沈贞吉（1400—?）、父亲沈恒吉（1409—1477）喜好书画。他家的收藏，据都穆（1459—1525）《寓意编》所载，有巨然《赤壁图》《雪屋会琴图》，郭忠恕《雪霁江行图》，李公麟画《女孝经》四章并书，赵孟𫖯临《伏生授书图》，特别是黄公望的《富春山居图》。沈周艺术天分很高，从小在诗、画方面崭露头角。家里收藏的巨迹对他的影响可想而知。师从陈宽（1404—1473），又接触到黄公望的《天池石壁图》、王蒙的《岱宗密雪图》、陈维允的《仙山图》等名迹，大大提高了眼力。友朋吴宽（1435—1504）、史鉴（1434—1496）为著名收藏家，一起长大，或与沈家联姻，对沈周艺术阅历的增长，有直接帮助。沈周不愿意做官。三十岁左右，苏州郡守汪浒想推举他出仕，为他谢绝，人称"沈征君"，最后以布衣终生。这一选择使他有条件实现艺术才能。他平生好游历，在太湖、宜兴、杭州、嘉兴、南京、京口、扬州多次游览，虞山更是常到之地。他以江南的奇丽风光充实艺术涵养，所到之处，赋诗作画，为自然写照。传世真迹《两江名胜图册》（图8-20）、《吴江图》《灵隐山图卷》《张公洞图卷》等，就是记录其特殊感受。他笔下的山水，和王履追求的"古今奇事"大相径庭。他用生于斯、长于斯的视觉文化传统来表现家乡的人文景观。平和的心态，使他能够沉浸到传统里面，体会精华所在。

在沈周身上，有士大夫文化的许多美德。恪守孝道，宽以待人；喜好周济，胸无芥蒂。作为处士，他广交宾客，与书画诗文方面的同好分享艺术心得，欣赏各自的珍藏宝玩，把生活和艺术融合在生命的有机体中，优雅自在。与世无争的生活态度，加上他儿子云鸿善理家务，保证了他不受俗务的羁束，安心于诗画的创作。比较倪瓒中年放弃家产、放浪江湖的生活，沈周是幸运的，在游艺之中度过八十三年生命历程。沈周宽仁，求画作者络绎不绝。无论贫贱富贵，尽量满足。结果出现两种情况：一是来不及应酬，让弟子门生代笔；二是画作一出门，就出现赝品，使文化消费市场鱼龙混杂，热闹非凡。加上沈周对赝品态度宽容，甚至还为卖画为生的贫士在赝作上题款、补笔，周济其生活，增进了书画在日常生活中的价值和功用。沈周作画，意不在射利，但绘画作为特殊商品，能让画家在经济文化，甚至政治生活中，得到金钱买不到的好处。在苏州特定的文化市场机制下，产生了后世所谓"粗沈""细沈"的两种个人风格，这的确是艺术史上耐人寻味的现象。这和南宋梁楷早期精工细密至晚期疏放简约的个人风格变化，存在着很大的差别。沈周的粗笔，并不是他个性豪放，而是他个性随和所致。所以，他能够在粗笔中得到沉郁苍茫的神韵，成为吴门画派中最杰出的人物。沈周的一生，由于绘画这一特殊商品，使他完满地实现了个人的价值。

图8-21　沈周：庐山高图，纸本淡设色，193.8cm×98.1cm，1467年，台北"故宫博物院"藏

沈周的师承，以王蒙、黄公望入手，所临摹者多为真迹。在文徵明的题跋中说，沈少时所作，"率盈尺小景，至四十外，始拓为大幅，粗枝大叶，草草而成。虽天真烂发，而规度点染，不复向时精工矣"。早年学王蒙，受杜琼的指授，因为杜偏重于王蒙一路，如其《天香深处图》就是证明。而沈周成化三年（1467）作的《庐山高图》（图8-21），呈现了王蒙的体格。这一纸本浅设色的大幅立轴，是41岁时为老师陈宽祝寿而作。陈宽是元末画家陈汝言之孙，与沈家为世交。因陈祖籍江西，沈周取庐山为题，以示师道之尊。作品属于"细沈"一类，明显区别于后来泛泛应酬的"粗沈"之作。其分章布白，繁密严谨。山石主要用短披麻皴，干湿互用，层次关系更加分明。山峦没有沉重险绝之感，而是增添了几分温雅柔丽，是沈周的特色。长篇题诗云："我尝游公门，仰公弥高庐不崇！"庐山作为地域文化的象征，适宜用来比喻陈宽。选择王蒙的风格，也很恰当，清楚地呈现了艺术师承的脉络。这与习见的祝寿类作品，高下之别立见。颂寿图为他人而作，按照固定的程式，只要有某种视觉图像为人认同即可。比如郭熙为文彦博（1006—1097）庆寿而创作的《一望松图》（曾为沈周姻亲史鉴收藏），以松树连绵象征子孙绵绵不绝之意。对此元明画家时有套用，沈周却不落俗格。在他后来的创作中，这么精心的绘画较为稀见。一方面是他画学已有成就，在粗笔的发挥中，自然包含了绵密的笔致；另一方面是求画者太多，应接不暇，所以渐画大幅，草草而成。苏州名士王稚登（1535—1612）在《国朝吴郡丹青志》中，共列苏州名画家二十五人，而以沈周为冠。他不仅是吴门画坛的主帅，而且比浙派领袖戴进的成就更高出一筹。他除了山水、花鸟外，也点染人物，曾经画过苏州太守府中的壁画。友人吴宽比较说："近时画家可以及此者，惟钱塘戴文进一人。然文进之能止于画耳！若夫吮墨之余，缀以短句，随物赋形，各极其趣，则石翁当独步于今日也。"吴门画派在明中期以后开始在画坛上取代浙派，原本于此。

沈周是诗画全才，书法上却无特别之处。他的学生中，文徵明书画全能者，有出蓝之誉。初名璧，字徵仲，号衡山居士，长洲人。中年时虽被推荐至翰林待诏，但很快就回到家乡，以创作字画为生。他绘画学自沈周，文学师吴宽，书法学李应桢

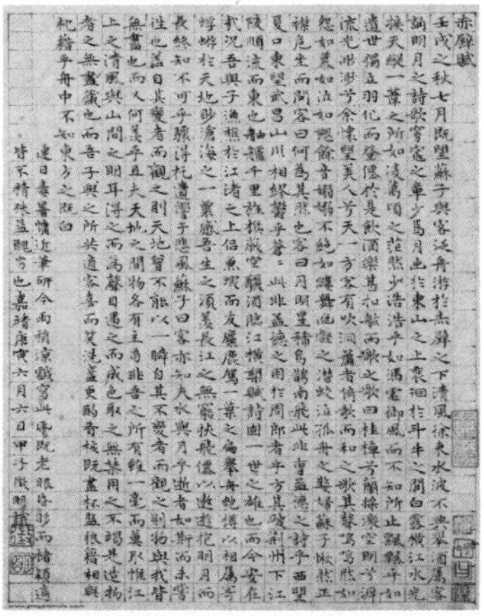

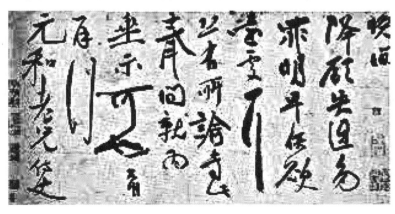

图8-22 文徵明：前赤壁赋，小楷，纸本，1539年，北京故宫博物院藏

（1431—1493），他们都是一时的名家。他和祝允明（1460—1527）、唐寅、徐桢卿（1479—1511）被称为"吴门四才子"，成为风流儒雅达三十多年的中心人物。这种文化地位使他的字画拥有很大的市场，到老年时车马盈门，求其字画的绢纸堆积如山。甚至有不少人靠伪造其作品为生。在这种环境中，他有"三不卖"的原则，即不卖画给藩王贵族、宦官和外国人，自由地选择风格和题材，追求更高的境界。文徵明少因家境不顺，拙于书法。后刻意临学，规模宋元，既悟笔意，又专法晋唐，终于以"书名雄天下"，为吴门书派的领袖。真、行、草、隶诸体皆精，尤以小楷、行书成就最高。其小楷远宗《黄庭》《乐毅》，近师欧阳询，结体紧密，锋颖俊拔，有自家面貌。其行书以《圣教序》为宗，力追二王，并参以宋元诸家笔意，成温润遒劲之体格（图8-22），与祝允明齐名（图8-23），并称"文祝"。他们不仅扭转了"台阁体"光润妩媚的书风，而且开创了王世贞所说"天下书法归吾吴"的局面，成为书法史上的关键性人物。由于这样的书学成就，文徵明的绘画也秀丽温雅，风流蕴藉。他善作水墨和青绿山水，遍学元代诸家而自成一体；重写意，既不规于形似工巧，又不失其法度。他于笔墨之干湿浓淡，运笔之轻重缓急，设色之纤浓深浅，均有丰富的经验，使其落笔之际，能达到笔精墨妙的艺术效果。沈周虽也画青绿，但作品流传很少。文徵明则创作了许多洋溢着书卷气的工细作品，胜过老师一筹。他的《江南春图》（彩图38），是用元人笔意表现江南春色的佳构。青绿赋色不以浓艳，而以清丽见长，特别典雅。文徵明辞去在京师编修《武宗实录》之事，情愿在故里闲居，是意识到对宦官当权的腐败政治无能为力，不如在字画中寻找一方净土，作为寄托，在苏州人文荟萃之地，享受真正的文化特权。从这个意义上讲，《江南春图》何尝不是个人理想的再现？这也是他的作品大都纤美精致的原因。在他表现的题材中，除了临古和一般性自然景物的描绘外，还有元代形成的书斋山水和明代流行的纪游山

图8-23 祝允明：致云和手札，印花笺纸本，27cm×45cm，明，北京故宫博物院藏

图8-24 文俶：写生花蝶图（下图为局部），28.2cm×155.6cm，明，上海博物馆藏

水。其画作现实成分很清楚，和受画人在认识上彼此沟通。所作《东园图卷》《真赏斋图》《石湖清胜图》《浒溪草堂图》《石湖图》《天平纪游图》《洞庭西山图》《金陵十景图》等，倾注了对所画对象的感情，受人称道。

文徵明主盟吴门画坛，也和他一家的文艺才能有关。家族传统的力量和声势，元代初期赵孟頫已经就是先例。在明中期以后的苏州，文家的文化资产，价值就更为显著。子侄辈中继承书画诗文的，有文彭（1489—1573）、文嘉（1501—1538）、文伯仁（1502—1575）、文从简（1574—1646）、文震亨（1585—1545）、文俶（女，1595—1634）等一大批名人和女史，每人都专精一艺，光耀门庭。像文彭开文人治印的风气，扩大了游艺的领域。文震亨对文人生活有透彻的了解，所编《长物志》这部百科全书式的著作，阐发了吴门文化的精粹。文俶以女性身份从事艺术创作，带动了明末一批才女对书画的兴趣。她善画花鸟草虫，精于勾勒、渲染，设色鲜艳生动，于汀花溪草迎风浥露之状，皆得其生趣。《写生花蝶图》（图8-24），是其佳作。画上常署款"寒山兰闺画史"。三百年来，吴中名媛莫不推重其丹青。历史上的才女很多，可是大多在诗文方面展现才华。五代西蜀有李氏发明墨竹画法，其后就要算赵孟頫之妻管道昇最为出色。吴门文化气氛中出现文俶和不少女画家，表明社会风气正变得较为自由。

在吴门的自由气氛中，一些和社会礼法相牴牾的艺术家被接纳。"吴中四才子"之一的唐寅，就是这类人物。唐寅，字伯虎，号六如居士等，吴人。出身为盐商，性情疏放，博学多才，

图8-25 唐寅：孟蜀宫妓图轴，绢本设色，124.7cm×63.6cm，明，北京故宫博物院藏

曾为弘治十一年（1498）南京解元，因牵连进考场舞弊案，丧失了仕途。以"江南第一风流才子"自称，纵情声色，靠诗文书画为生，字画卖价很好，有能力过上舒适的生活。沈周别墅叫"有竹居"，文徵明筑了"玉磬山房"，唐寅则名其别墅为"桃花坞"，以示流连风花雪月之意。师承周臣仕女人物，又自出新意，分水墨、设色两种风格，前者线条遒劲，笔墨富于变化。如墨笔人物《秋风纨扇图》以仕女作比，感叹身世。其题诗云："秋来纨扇合收藏，何事佳人重感伤。请把世情详细看，大都谁不逐炎凉。"用笔细劲，构图简率，以萧瑟的背景来表现仕女孤立一人的神情，富于表现力。后者则线条工整，突出装饰性，画风清新鲜丽。如《孟蜀宫妓图》（图8-25），装饰意味强，从仕女人物，显示吴派画家的独到之处。山水也受周臣的影响，取法于南宋院体，发展出清劲细长的皴法，增添灵逸秀雅之气，如王世贞所说，是"行笔极秀润缜密而有韵度"。其代表作《落霞孤鹜图》为绢本设色画，以唐代王勃少年得志的诗篇，转为自己的身世之叹，在开阔的画境中，抒发其孤迥自傲的情怀。变李唐等南宋刚硬的风格为柔润明秀之笔，变斧劈皴法为长线条的清劲皴法，形成唐寅的特点。其花鸟发展了林良等人的水墨写意技法，造型和笔法都很有情趣，如《古木幽篁图》《灌木丛筱图》等，显示率意挥洒达到的境界。吴门的自由风气，很大程度上是由商品经济促成的。文人士大夫似乎都不必谈钱，可是沈周、文徵明、唐寅以及大多数吴门画家，都靠着诗文书画作为独立人格的支撑物。这成为区别于浙派画家的文化优势。他们书法功底深厚，自然讲究笔墨，讲究从元人风流蕴藉的审美理想，这也拉开了和浙派末流任意发挥的距离。这些吴派的特点，吸引了成化、嘉靖年间大批职业画家转向吴门，扩展了文人画的声势和影响。

吴门画家对诗意的追求常常在那些画技出众的大师笔下才真正显示出来。与唐寅同被称为"院体"的职业画家仇英，是其代表。仇英，字实父，号十洲，太仓（今江苏太仓）人，寓居苏州，师学周臣，以临摹古画为业。青绿山水成就，深得时人的重视，连最鄙视工匠之作的董其昌，也称他是赵伯驹后身。临摹古字画的行业在艺术史上有重要的地位，宫廷和民间有专职人员，以维系文化传承。该行业和民间绘画中如灯画、扇画、木刻版画以及其他形式的风俗装饰画有关，满足文化消费之需。仇英在仕女、族辇、台观、车仗、城郭、舟桥等方面，悉心临摹宋代院画。通过遍集诸名家之长，创出新格。张丑（1577—1634）《清河书画舫》称其"山石师王维，林木师李成，人物师吴元瑜，设色师赵伯驹，资诸家之长而浑合之，种种臻妙"。画风介于浙、吴二派之间，笔墨细润绵密，色彩浓丽柔和，具有装饰性。常以山水与人物相结合，人称"双美"。如《剑阁图》，写四川剑门关峥嵘之态，奇峰刺天，古松倒挂，壁立千仞而以栈道天梯相连，其宏大的气魄，为明画中罕见。根据前代样式，加上个人的天才想象力，才有这样的创作。笔法出自李唐，山石多用斧劈，有力拔千钧之势。设色以青绿重彩烘染雪景，成为"工笔重彩"传统中重要作品。《桃源仙境图》（图8-26）、《仙山楼阁图》、《海天落照图》等，是金碧山水风格中出奇的佳构。仇英不长于诗文书法，画上只落名款，由他人代为题诗作跋。许多摹古之作，以往被作为宋画，足以乱真。常见的《天籁阁旧藏宋人画册》，不乏生动的历史风俗内容，有助于了解宋代的生活场景。仇英和吴门画工属于文人所谓的"行家"之列，但其绘画成就是有目共睹的。他被归入"明四家"，体现了商业文化的硕果。

　　吴门名家还有陆治（1469—1576）、陈淳（1483—1544）、王问（1497—1576）、钱榖（1508—1572）、陆师道（1510—1573）、周天球（1514—1596）、文氏家族成员等。在山水方面，除了继续发展纪游山水的写实传统外，吴门画派已处于陈陈相因的衰势之中，渐渐丧失活力。在和书法创作相结合的努力中，文人画家们作了不同的尝试，使写意花鸟的发展出现新起色。明前期林良的水墨写意花鸟，到沈周等人手中得到继续发展。沈周曾借鉴禅僧画家牧溪的水墨杂画卷，运用水墨技法描绘花鸟虫鱼，信笔点染，情意已足。师法文徵明的陈淳，字道复，号白阳山人，苏州人。以淡墨敧毫，疏斜乱历之致，打破了边景昭、吕纪等工整妍丽的花鸟技法传统，为水墨写意花鸟大家。所作《瓶莲图》《荷石图》等，用笔草草，颇不经意，然妙用无方，天真乍露，受后世推崇。和他齐名的还有徐渭（1521—1593），有形神兼备之妙。徐渭，字文长，号青藤，浙江绍兴人。他不隶属吴门，但风格和陈淳一致，大刀阔斧，纵横睥睨，使画面产生墨汁淋漓的酣畅感，形象勾画，简练明快，丰富和提高了水墨写意花鸟画。所作《墨葡萄图》（图8-27）、《榴实图》等，表现怀才不遇的心情。前者有诗云："半生落魄已成翁，独立书斋啸晚风。笔底明珠无处卖，闲抛闲掷野藤中。"融合草书笔法和花鸟写意技法，突出"野"的风格和"润"的效果，表现潇洒的笔情墨趣和盎然的生命意兴。后世以陈徐并提，称为"青藤白阳"，影响了近代的花鸟画家。与陈淳同师文徵明的陆治，长于山水，在花鸟上也以傅色工致秀丽出名。虽用勾勒法，但不板滞，而富有生意。王世贞评论陆、陈二人："胜国以来，写花卉者无如吾吴郡，而吴郡自沈启南后，无如陈道复，陆叔平（陆治字），然道复妙而不真，叔平真而不妙，周之冕

图8-26　仇英：桃源仙境图轴，绢本设色，175cm×66.7cm，明，天津市艺术博物馆藏

图8-27　徐渭：墨葡萄图轴，纸本墨笔，165.7cm×64.5cm，明，北京故宫博物院藏

图8-28　周之冕：杏花锦鸡图轴，绢本设色，157.8cm×83.4cm，明，苏州博物馆藏

（1521—？）似能撮二子之长。"周之冕，字服卿，号少谷，长洲人。其笔墨技法既有黄筌父子的工笔勾勒，又有文人创作的写意特点，作品既设色鲜艳又清新潇洒，备极生机，史称"勾花点叶体"。作品如《芙蓉凫鸭图》《杏花锦鸡图》（图8-28）等，都反映出画家的独特创造力，成为明代花鸟画坛上和林良写意派、边文进工笔画派三分天下的表征。

## 第四节　江南私家园林

　　传统造园可以分为宫廷苑囿和私家园林两类。宫廷苑囿出现很早，商周时期的帝王狩猎场，为其雏形。两汉时期重视这类建设，汉武帝就建立了上林苑，规模壮观，辞赋家们争相描述。唐宋时代，宫廷的御苑受道教神仙思想的影响，产生了宋徽宗时的延福宫和寿山艮岳。私人园林和六朝世族的兴起有关，满足豪门大族的享乐生活。唐以后世族衰落，庶族地主继承该传统，积累了丰富的造园经验。诗人、画家纷纷参与其事，在模仿自然和表现诗情画意上，取得了大的发展，如筑山叠石、理水种花等方面，为明代园林的繁荣奠定了基础。明代江南社会由消费文化推动，私家园林特别发达，成就超过前代。在诗文和山水画的影响下，出现了一批意境幽雅、气氛恬静的园林，成为文人书斋生活和士绅商贾休闲玩乐的去处。官僚士大夫和巨商富户的深宅大院中点缀精致的园林池榭，在风景名胜处建造别墅，是苏州、无锡、杭州、松江、扬州、嘉兴一带的生活时尚。在经济繁荣，人文荟萃之地，上流社会以装点山林、优游林下为乐趣，使择地叠石造园蔚成风气。一方面借鉴前代的经验，修整旧园；另一方面，别出心裁设计新园，各家各派争奇斗艳。古典造园传统以自然山水景观见长，通过山池水石、花卉树木和各种建筑物，表达造园者的审美意图。明代造园家的主要原则如"虽由人作，宛自天开"和"巧于因借，精在体宜"等，在私家园林设计中运用，并对清代大量出现的皇家园林产生了直接的影响。

　　私家园林鼎盛期的出现，和明代各门艺术的发展密不可分。以画坛论，艺术家们在综合前代艺术成就方面就有便利的条件。吴门一带，繁荣的工商业使人能选择适合个性发展的生活方式。江南和全国政治中心之间所保持的距离，创造了相对独立的个人空间。"元四家"和"明四家"出自江南，说明其独立价值容易在那里得到承认和发挥。以洁癖著称的倪瓒，对于园林艺术情有独钟。早年他曾在故里筑园自娱，园内主要建筑清閟阁是吟咏作画之所，藏有许多图书古玩。此外，还筑有云林堂、逍闲仙亭、朱阳宾馆、雪鹤洞、海岳瓮书画轩等。园内松桂兰

菊，花卉繁茂，古木修篁，蔚然深秀。故号云林，集名《清閟阁
集》。元至正二年（1342），倪瓒应名僧天如禅师之请，与名画
家朱德润、赵原、徐贲等一同设计制造了苏州的名园狮子林，园
中湖石玲珑，洞壑宛转，颇类倪瓒画风。明洪武初年，又绘《狮
子林图》，扩大了该园的名望。明中叶以后，狮子林归于私人，
屡换主人，成为苏州四大名园之一。造园是一门综合性艺术，
牵涉面较广，类似佛教文化中的石窟艺术。石窟有宗教的明确主
题，还要根据不同赞助者的特点以及皇家或私家的供养要求来设
计。但不管哪种要求，设计者都需综合建筑、绘画、雕塑、装饰
等因素，实现传教的主题。造园也有主题，除了佛寺园林，多为
世俗之用，是个人化的，如造园家及其园主中不乏贬官谪居、经
历坎坷的文人画家，造园有如赋诗作画，要"以景寓情，感物
吟志"。有了主题，便要融合绘画、书法、诗歌、环境设计、建
筑装饰工艺等因素，取自然之势，营造出优雅的生活与游乐环
境。园名中往往有所表达，如苏州拙政园，园主王献臣（1473—
约1543）从御史贬至县令，牢骚满腹，借晋代潘岳（247—300）
《闲居赋》中"灌园鬻蔬……此亦拙者之为政也"之意，作为自
嘲。选址可以是山明水秀的郊外，也可以在繁忙热闹的城市里。
按照文震亨《长物志》的观点，园林是"居山水间者为上，村居
次之，郊居又次之"。而在城区内的园林，也可以通过巧妙的择
地度势，叠山引水，创造出"市隐"的清幽环境；通过"得景随
形"，把因地制宜的景观概念强调出来。

　　在明代的私家园林中，苏州诸园林的规模和布局，很有代
表性。受城市环境的限制，不像皇家宫苑那样占地广阔，就在
有限的空间里，营构变化无穷的生活景区。造园家们把山水画
"咫尺千里"的手法，应用在园林设计上，产生了动人的艺术
效果。如入园处多先抑后扬，以曲径通幽。穿过花石小院渐入
佳境，园内以重重庭院及花石分隔景区，布置以水为主点缀亭
台桥树，创造平淡清新之境。如苏州拙政园，虽经历代改建，
不失明代遗风。全园分东、中、西三区，以中区为其精华所
在，面积约18.5亩。水为布局的中心主题，水面广大，视野开
阔，池水面积占中区总面积的五分之二。建筑多临水映波，山
径水廊，起伏曲折，天光云影，林木葱茏，景色自然幽静。池
东倚虹亭为中区入口，遥望北寺塔，历历在目。池西北有见山
楼，是园内最高处，四面环水，桥廊可通。登楼可远眺虎丘，
借景于园外。明确而清晰的立意，采用山水廊榭分割串联的布
局，形成以动观为主的丰富层次，园中有园，景内有景，达到
了绚极灿烂而归于平淡的效果。（图8-29）

　　留园是苏州四大名园之一，最早由周秉忠为太仆徐泰时

图8-29　香洲，拙政园，彩色照片，明，苏州

（1540—1598）建造，名为东园。后几经改造，在清光绪初易名留园。此园可分四个景区，以中部寒碧山庄旧地经营最久，成为精粹之处。特色在于建筑空间的处理，以池水居中，堆山叠石，奇峰罗列，林木萧森，出现清奇之丘壑。由这一系列流动变化的空间布局，划分出特色不同的景区，又用蜿蜒曲折的长廊和沟通两侧的漏窗把它们联系起来，组成似断实连，半隔半透，环环相套，层层递进的无穷画面。它从对比中求得统一，在多样中求得完整，展示了虚实、开合、明暗、曲直、高低、疏密等造园的妙趣所在。（图8-30）留园东部林泉耆硕之馆北面庭院内的三块石峰也非常著名，冠云峰（图8-31）居中，高达三丈，是江南园林中最大的一块湖石，传为宋代"花石纲"遗物，曾落入太湖中，后捞出置于东园。冠云峰东为瑞云峰，西为岫云峰，三峰无不兼具瘦、漏、皱、透的特点，清秀起伏，玲珑剔透，为名园增色不少。造园家又根据生活、游历的不同需要，布置观赏、居住、品茗、宴游、小憩之建筑，考虑四时晨昏风雨包括流水声响、竹影摇曳所产生的效果。像留园中部主厅涵碧山房，就是江南园林建筑的典范。它的南面辟有牡丹小院，北面有平台临池。厅西接爬山廊，厅东连明瑟楼、绿荫轩，曲廊北折至池东曲溪楼、西楼、清风池馆。廊屋环环相扣，空间曲折幽深。在这环境中，对一台一阁一亭一轩甚至门窗家具的形制设计都非常讲究。造园家善于运用文学上的形象思维来美化园林，由名人题咏集联，以诗歌书法点缀而引人入胜。随处可见的匾额、楹联、刻石、题名等，不仅有装饰的作用，而且还起画龙点睛的效果，将历史、文化、审美心理等无形的因素体现在有形的景物之中，产生无尽的遐想。

造园的关键在叠山。形体可大可小，造型变化多姿。以山

图8-30 中部山池，留园，彩色照片，明，苏州

图8-31 冠云峰，留园，彩色照片，明，苏州

水画理论指导假山的布置，使山石的构造如同画境。要求依地势高下创造丘壑，妙在开合变化、取境自然；又常与理水相结合，水随山转，山因水活，山水相映成趣。叠石掇山常俯临水面，衬托水池，或设洞壑溪谷，造成幽深之境；或雄奇，或浑厚，或玲珑，或奇巧，或峭拔，或平淡，或依墙而叠，或临水而筑。叠石的种类繁多，有园山、厅山、楼山、阁山、书房山、池山、峭壁山，显示其在园中不同的位置和功用。有的点缀疏竹小树，如倪瓒补景之作；有的山石浑厚，草木华滋，宛如黄公望、王蒙的大手笔。不少叠石名家都有诗画修养，构思立意过人一筹。遗存至今的多种风格的园林叠石显示了它们与绘画的相互影响和作用。到明末总结造园理论时，人们清楚地意识到"三分工匠，七分主人"的原因。整个园林的规划设计，园主的立意，决定了该园的品味高下和成败与否。

明代造园家多集中江南一带，如陆叠山、张南阳、周秉忠、计成（1582—1642）、文震亨、张涟（1587—1673）等。陆叠山，佚名，明初杭州人，以堆叠园林假山为业，绝有天巧，时人称之为陆叠山。张南阳，字山人，明中叶上海人。自幼习画，以此为造园基础，随地赋形，胸有丘壑，作品有上海豫园、太仓弇山园等。周秉忠，生卒不详，享年93岁。字时臣，号丹泉，明中叶苏州人。精于绘画，笔墨苍秀，曾至江西景德镇造仿古瓷器，时人谓之周窑。又善作铜、漆器，俱极精工，亦擅妆塑。尤长于造园叠石，匠心独运，布置出人意表。其作品有苏州留园和惠荫园。《袁中郎游记》云："徐冏卿园（今留园）……石屏为周生时臣所堆，高三丈，阔可二十丈，玲珑峭削，如一幅山水横披画，了无断续痕迹，真妙手也。"惠荫园原名小林屋洞，假山仿太湖洞庭西山名胜林屋洞而筑（即元人王蒙所画《具区林屋图》描绘的风光），尤称奇妙：层叠巧石为洞，引水灌之，点以步石，曲折幽深，宛如天然洞穴。计成，字无否，苏州人。从小酷好绘事，宗荆（浩）关（仝）笔意，曾游历北方及湖北等地，后居镇江，转事造园。天启四年（1642）在常州为江西布政使吴玄建造东第园，是为名作。另在仪征为汪士蘅筑寤园，在南京为阮大铖（1587—1646）筑石巢园，在扬州为郑元勋（1604—1645）筑影园等，经验丰富。擅长绘画，游踪广泛，胸有丘壑，设计不凡。他于崇祯四年（1631）52岁时撰写《园冶》，系统地总结了当时江南一带造园艺术的成就。共分三卷，计万言字。第一卷为"兴造论、园说、相地、立基、屋宇、装折"，为总论，分别叙述园林相地立基和各式建筑的特点。第二卷讲栏杆及其造型。第三卷讲门窗、墙垣、铺地、掇山、选石、借景等多种技法。门窗栏杆铺地部分有大量图示，掇山中有法无式，虽不附图，讲境界、野致，叠石注意皴纹，仿古人画意，注意竹木搭配创造佳境。重视借景，在视野所及处，将园外佳景组织到园内景观之中。为此提出了"远借、邻借、仰借、俯借、应时而借"等方法，认为借景处理"为园林之最要者"，立论精辟，为专论园林艺术的经典著作。

文震亨，字启美，长洲人，为文徵明曾孙。崇祯年间官中书舍人，给事武英殿。明亡，绝食而终。他继承家学，书画格韵俱佳，工诗，又擅造园。造园作品有苏州的香草坨、碧浪园等。他和计成一样，写了不少造园的著作，有《长物志》《怡老园记》《香草坨志》等，尤以崇祯七年（1634）成书的《长物志》为造园精论。分为室庐、花木、水石、禽鸟、书画、几榻、器具、衣饰、舟车、位置、蔬果、香茗等十二卷，大多与造园的理论和技术有关。实际上，这是关于文人书斋的一部百科全书，自园林构建、山泉水石，兼及花草树木、鸟兽鱼虫、金石书画等，博而不杂，约而能赅，又通彻雅俗，对认识明末文人的生活和情趣，是极好的读物。在这个雅文化的氛围中，可以感受到文人生活中物质和精神之间的有机联系。作者将山水画的原理，化用于造园艺术的各个方面，常有独到的见解。其中室庐、水石两卷，论述尤为精妙。前者十七节，论及园林建筑的位置、布局、式样、材料、格调诸方面，认为园林"要须门庭雅洁，室庐清靓，亭台具旷士之怀，斋阁有幽人之致。又当种佳木怪箨，陈金石图书，令居之者忘老，寓之者忘归，游之者忘倦"。后者十八节，备述造园中池、瀑、井、泉之设置，山石之选用，水石结合之原则等，指出："石令人古，水令人远，园林水石，最不可无。要须回环峭拔，安插得宜。一峰则太华千寻，一勺则江湖万里。"凡此种种，集造园理论及技术之大成。

明清之际，华亭（今上海松江）人张涟也是出色的造园家。他自幼学画，善绘人像，亦工山水。以山水画意造景，尤长于叠石，颇受董其昌、陈继儒等文化界名流的赞誉。造园善作平冈小坂、曲岸回沙，带有自然疏野的情致。经营设计时统一考虑山石花木屋宇及内部陈设等，不事雕琢而妙合自然。其造园作品很多，如松江横云山庄、太仓王时敏（1592—1680）乐郊园、常熟钱谦益（1582—1664）拂水山庄等，均已不存。张涟的四个儿子都能传其术，以次子张然最为知名。张涟在明末松江的文化圈中出现，对于随后的松江画派一定能帮助。可以说，私家园林在江南的大量出现，代表了文人山水画普及的趋势。当魏晋南朝时士大夫们在画中"卧游"时，他们是借助山水诗来扩大想象力的。到明末，文人们的"卧游"可以在园林中真正实现，因为这些匠心别运的造园精品，提供了人们"画中游"的绝好去处。

## 第五节　董其昌的意义

通过江南园林在明末的繁荣情况，显示了松江一带的经济文化发展情况。明代松江府（今上海）在纺织业方面颇具规模。它在长江三角洲文化地理上的位置，使各地的文人，常以此为聚会中心。元代后期，曾有夏文彦等艺术收藏家，客寓此地的文化名流如杨维桢（1296—1370）、陶宗仪等，推进了这一地区的文化发展。松江地区也成为明代文人画家们重要活动场所，产生了一批出色的艺术家。松江府出现了三个画派，即以顾正谊为代表的华亭派、以赵左为代表的苏松派和以沈士充为代表的云间派。因其活动地区都在松江，故合称为松江派。以董其昌为其领袖，掀起了声势颇壮的文化运动，把文人画的创作推向高峰。在莫是龙（1537—1587）、董其昌、陈继儒等鼓吹的山水画南北分宗学说影响下，突现南宗风貌，取法王维、荆、关、董、巨等画家，尤其推崇黄公望，排斥浙派的剑拔弩张作风，以温润含蓄的笔墨情趣见长。唐志契（1579—1651）在《绘事微言》中比较了松江派和吴门派，指出"苏州画论理，松江画论笔"。说明松江画家对绘画形式的重视达到了新的高度，以取代吴门的影响，成为明末清初的画坛正宗。

松江派对山水画的发展作了风格流派的划分，有深刻的思想背景。程朱理学到明中叶发展出了提倡知行合一的王阳明（1472—1529）学派，发展了南宋陆象山（1139—1193）的"心学"，重点强调人的认识能力。被称为"狂儒"的李贽（1527—1602）提出识高才能胆大的问题，对传统思想进行怀疑和批判。山水画南北宗论的提出，参照禅宗史上顿悟与渐悟南北二宗之分，以此把山水画中水墨与青绿两种风格的创作加以区分，强调前者是文人画的正宗，后者则是行家画的代表，进而"崇南抑北"，标榜文人画。董其昌《容台别集·画旨》云："禅家有南北二宗，唐时始分；画之南北二宗，亦唐时分也，但其人非南北耳。北宗则李思训父子着色山水，流传而为之赵幹、赵伯驹、伯骕，以至马、夏辈；南宗则王维始有渲淡，一变钩斫之法，其传为张璪、荆、关、董、巨、郭忠恕、米家父子，以至元之四大家。"同样的观点也见于松江画家莫是龙的《画说》中，可见这是当时比较统一的思想认识。董氏以禅宗的南顿北渐来为画派分野，意在崇南抑北。陈继儒《偃曝余谈》说："李派板细，无士气，王派虚和萧散。"沈颢（1586—？）则直谓北宗为"野狐禅，衣钵尘土"，抑扬之势溢于言表。他们认为，南宗画为士人画，缘自顿悟，格调高逸，萧散闲雅；北宗画为行家画，只重苦练，满纸匠气，燥硬繁冗。根据这种分宗法，北宗的归属是把矛头对准明代的浙派，而南宗的正传就是松江派自己，成为典型的宗派理论。因此"南北宗论"提出后，画坛一时附和者蜂起，弃彩重墨，去浓就淡，以水墨山水为画坛正脉，远法荆关董巨，近师元季四家，蔚成炽烈的文人画风。

尽管南北分宗说不是董其昌个人的发明，但如果不是他登高一呼，明末画坛就不会出现这么清楚的宗派阵营。张彦远认为书画笔法的疏密二体，是识画的关键："若不知疏密二体，不可议乎画。"经过近八百年的发展，明人关心的问题更加抽象。把着色和水墨相互对立，作为南北风格的差异，虽不尽合事实，但重视绘画风格中的个人创作境界，揭示了更为一般性的问题。以南宗禅派顿悟与北宗渐悟为喻，体现了艺术创作中的基本规律。艺术境界靠渐悟和顿悟的综合得以升华，并没有终极的标准，显示出绝对真理和相对真理之间的关系。所谓"一重境界一重天"，要上升到新的认识和表现的高度，应首先从创作者自身的修养做起，这是文人画家们自认为超越一般画工的特点。北宋黄庭坚已提出这类观点，申明他虽不善画，但通于禅，长于文，因此比画工们更知道画的精义。南北分宗的理论，又在认识方法本身区别了高下的层次，使画家更有意识地强化综合的艺术涵养。这方面，董其昌是最重要的范例。

董其昌，字玄宰，号思白、香光居士，华亭人。举进士，官至礼部尚书，殁谥文敏。他在文化史上的地位，可以同宋代苏轼、元代赵孟頫、明代王世贞等并提，曾主持明末文坛二十年，对同时代和后世的影响既深且巨。

身为一代宗师，董其昌首先以书法称胜，和邢侗（1551—1612）、米万钟（1570—1626）、张瑞图（1570—1641）合称"明末四大书家"。他从颜真卿入手，广涉晋、唐诸家，又参合李邕、徐浩、杨凝式、苏轼、米芾等笔意，遂自成一家。书风儒雅秀逸，境界空元古淡，极富书卷气息。用笔潇洒随意，轻松自然；结体巧丽灵秀，不拘陈法；章法以疏为则，直可驷马并驰；墨法以淡为宗，富于秀润之气。有"楮墨空元透性灵"之誉，又有"姿致中出古淡"之评。其书论以"淡"为宗，书法亦以"淡"为旨归，有"余不好书名，故书中稍有淡意"之说；而在书写上，讲究淡墨的运用，以其不腻笔，故易得流畅之势，使转之为雅淡之境。然其长处也包含了短处，率意则易致轻滑，秀雅则易乏苍厚，偏淡则难免寒俭，朗阔则不免凋疏，致使后世对董书褒贬不一。其小楷法帖《月赋》（1601）后有题记："小楷书不易工，赵孟𫖯虽得《黄庭》《乐毅》笔法，要亦有刻画处。余稍反吴兴，而出入子敬，同能不如独胜。"行草法帖《昼锦堂记》为绢本墨迹卷，用笔流畅，前呼后应，左右顾盼，一气呵成。结体灵秀清雅，因势成形，往往笔不到而意态自足，意不尽而寓意深远。为使书法和文章内容协调，此卷采用了行草笔法，使人看去有行云流水、清风徐来之感，产生让人欲看不止的艺术魅力。虽取米书之奇宕潇洒，时出新致，体现出自家风貌。其他精品如《乐毅论》、《储光羲五言诗》（图8-32）等，对认识他的绘画成就亦有帮助。

　　除了创作，董其昌还是帖学研究的重要人物，刊刻有《戏海堂帖》《玉烟堂帖》等。他的影响是通过书画收藏和鉴赏，重新认识和评价文化史。他以个人创作和反思历史两种途径来阐述南北宗说，成为在艺术史上划时代的人物。在理论上，以《画禅室随笔》等笔札题跋，表达了他对前代文化的独到见解。每一重要的历史时期，凡有影响的大师，大多直接地接触和研究前人的名作，这在传世的书画上，可看到其题跋与收藏的印记。这方面，影响最大的，就是董其昌。许多以前没有归属的佳作，由他来定论。董源的作品，就是董其昌的个人鉴定，成为后世的研究参考。书画鉴定靠鉴赏家"望气"来定夺真伪优劣，有许多的主观成分在。他们的偏好，使风格之间的差异得以分辨。同样的偏好，也局限了他们的客观性。从南宗出来的画家，带上笔墨的特别滤镜，在笔墨上达不到文人标准的，即遭排斥。董其昌几乎对上下千余年的卷轴书画都有过目，是在近代博物馆和照相印刷术出现以前很少有人能企及的阅历，体现了他在艺术判断上的权威性。为此，董其昌有得天独厚的条件。首先是江南地区的私人收藏之风极盛，他本人就曾在嘉兴的大收藏家项元汴（1525—1590）家做过私塾先生，并在后来五十年的官宦生涯中，有机会接触到南北各地官私收藏的历代名作。其次，明代的帝王对皇家的书画收藏并没有特别重视，使民间的书画交易非常活跃，而鉴赏家的权威意见也就一言千金。董其昌在万历、天启、崇祯诸朝文坛艺坛上的盟主地位，使得那些有意参与书画交易的人都希望

图8-32　董其昌：储光羲五言诗轴，楷书，纸本，117cm×47.8cm，北京故宫博物院藏

得到这位盟主的首肯。各地的收藏品会被人送到董其昌那里，而董其昌在南北游历的过程中，也会发挥他这方面的天才和特长。比如他一生曾十七次到过风景秀丽的杭州，而几乎每次都在那里的名园或寺院中进行书画鉴赏活动。再次，凭董其昌的书画造诣，足以使被题写的作品增添光彩。从他的鉴定题跋中，可感受到一段段活生生的艺术史。如他在洞庭之上对米氏云山的再认识，他对前代各家山水风格与地域景物相互关系的阐释，都有过人之处。这样广泛的鉴赏经验，使人想到元初赵孟頫沟通南北艺术界之间联系的功绩。比赵孟頫深入一步，他不光是从画中求得古意，而是从古人那里找到了自己要超越的目标。由于对传统有如此全面系统的认识，他在界定自己的艺术史地位方面，也格外自信。从吴门到松江，他知道自己是在和王世贞主持的文坛对垒，所以，南宗的正脉，最后会体现在他的身上，是传统书画的精华所系。所谓吴门重理，是指画家们对于自然结构的规律仍然保持着清醒的认识，而到了松江画家那里，自然结构的重要性让位于笔墨结构，董其昌意识到了一个抽象的山水表现形式。所谓"胸中丘壑""笔底烟云"，成为他和松江画家们一致的追求。在南北宗的旗号下，董其昌指出了山水创作中的新方向。就像其书法有不同评价一样，形式主义的方向也导致不同的结果，为清初的正统派和个性派画家同时提供了重要的参考，这就是绘画的笔墨。这是世界艺术史上最早重视形式分析并强调其价值的突出贡献，仿佛唐代张彦远撰写世界上最早一部绘画通史一样，显出绘画在中国文明中的重要性以及在人类文明发展中的前卫性。

董其昌的绘画成就集中在水墨写意山水上，画风清润灵秀，讲究笔墨韵致，追求写意效果，从以往对造型写实技巧的重视，转移到对笔墨结构的推敲，开创了松江派的独特面貌。师承上，他借鉴董源、巨然、米芾父子、黄公望、倪瓒诸名家技法，为吴派沈周、文徵明之后又一大家。他自视很高，尝与文徵明相较，自以为于古雅秀润略胜一筹。秦祖永（1825—1884）《桐阴论画》列董其昌为神品第一人，称其画"落笔便有潇洒出尘之概，风神超逸，骨格秀丽，纯乎韵胜。观其墨法，直抉董、米之精，淋漓浓淡，妙合化工，自是古今独步"。此论反映出当时及后世对董画之推崇。他对传统的再创造，表现在许多方面。他1617年仿王蒙《青卞隐居图》而作的《青卞山图》（彩图39），是极为精彩的发挥。立轴巨制，自题为"仿北苑（董源）笔"，从笔墨形式上把原来充满真实文化内涵的画面，抽象成为独特的形式结构，强调笔墨所具有的特殊表现力。如果和王蒙表达"家庭财富"山水题材的画作比较，两者间的差别十分明显。董其昌既不关心画面的叙事性情节，也无所谓画面形象的写实与否，而只是

图8-33　董其昌：昼锦堂图卷（局部），纸本设色，41cm×1492cm，明，吉林省博物馆藏

强调画面形式的特殊关系。回到荆浩的"思"与"景"的关系，可以发现明末文人画家已经在艺术风格程式上，走到一个极端。往往托名于真实的"景"，而靠着"思"来纵横驰骋，显出心灵中的画面。即董其昌所说："画家以古人为师，已自上乘，进此当以天地为师。"他有"读万卷书，行万里路，胸中脱去尘浊，自然丘壑内营"的宏论，以达到"出于自然而后神"的境地。在其作品题材中，不少是书斋山水，像《剪江草堂图》《昼锦堂图》（图8-33）等，但是画家和受画人，在认识上都有共识，即画面的笔墨趣味。这一认识有划时代意义，把形式问题作为超越时空的抽象因素，要求画家具备更全面的修养。在董其昌看来，他的理想不在于同时代人的欣赏和承认，而在于和古代大师进行对话，在传统中建立不朽的功业。在20世纪，有一种观点认为董其昌实际上不会画画，却虚得大画家名声。这个话题很有意思，很像看待西方19世纪末开始到20世纪的现代派艺术。问题在于，董其昌是十六七世纪的人物，他在那时就在关注绘画的纯形式表现，表明中国当时的艺术问题已超越了图像再现的范围。什么是绘画性，在董其昌就等于什么是笔墨。离开笔墨便没有绘画性，至于笔墨所表现的对象是否写实，或者说是否象形，已降到第二位。这正是董其昌在清代二百多年间极享盛名，而到20世纪几经褒贬的原因。站在写实派的立场，他不长于描绘。但上升一个层面，他的抽象表现力，却揭示出人类艺术发展的普世性。他在文化史上的意义和贡献，远远超过了同时代的绘画名家。

　　董其昌在《容台别集》卷四中有一卷《画旨》，其中部分条目就与莫是龙《画说》相重复，可知他们不同寻常的关系。莫是龙也有山水画的创作，但以诗文著名。董的密友陈继儒是又一位著名的人物，作品如《云山幽趣图》（图8-34）等，是以笔墨称胜的佳作。撰有不少小品和书画鉴赏文字，如《书画史》《妮古录》，代表了笔札文体盛行的特点。只言片语，显真知灼见。如："画者六书象形之一，故古人金石、钟鼎、隶、篆，往往如画；而画家写水、写兰、写竹、写梅、写葡萄，多兼书法，正是

图8-34 陈继儒：云山幽趣图轴，绢本水墨，110.4cm×54.6cm，明，辽宁省博物馆藏

禅家一合相也。"又如："有笔妙而墨不妙者，有墨妙而笔不妙者，有笔墨俱妙者，有笔墨俱无者。"这些隽语，显示了这位布衣和董其昌在认识上的默契。像吴门画家之一的沈颢，也在《画塵》中提出画分南北宗的论述，直斥戴进、吴伟等为"野狐禅"，观点非常激进。主张师法自然，并对于山水画的辨景、笔墨、位置、点苔、刷色、命题、落款等，有专门论述。有"似而不似，不似而似"的见解，对后人影响颇深。工画山水，画风清新淡远，近乎沈周，但雄浑豪放不足。清初诗人吴伟业（1609—1672）曾作《画中九友歌》，盛赞明清之际董其昌、程嘉燧（1565—1643）、李流芳（1575—1629）、卞文瑜（约1576—1655）、王时敏、邵弥（约1592—1642）、杨文骢（1594—1646）、王鉴（1598—1677）、张学曾九人书画之谊。王时敏、王鉴的情况，下一章将介绍。而李流芳等数人，则是吴门中与董其昌趣味相投的代表性人物。李为歙（今安徽歙县）人，居嘉定（今属上海），万历年间举人。长于诗文应酬，山水不但师法元人而逸气飞动，而且写生之作也称佳妙，如《吴中十景册》就是时人称道的精品。杨文骢，贵阳人，寓居金陵，官至兵部郎中。画风潇洒，笔墨超逸，兼备宋人之骨力与元人之风致，人称其"下笔有风舒云卷之势"，同时"静逸之趣充溢缣素间"。程嘉燧，休宁（今安徽休宁）人，寓居嘉定。山水师倪瓒、黄公望，笔墨深净枯淡，得自然之致，世人甚重之。卞文瑜、邵弥、张学曾的风格也较接近，具闲情冷致，清瘦枯逸之貌，与董其昌的追求相吻合。

在松江派画家中，赵左是重要的人物。初受业于宋旭（1525—？），画宗董源，兼学黄、倪，在山水上能以己意创新，喜用干笔焦墨皴擦，长于烘染，其画云水有似米非米之妙，成为苏松派的健将。代表作《溪山清远图》（图8-35），山峰先以淡墨绘出大体，再以稍浓墨染渍，复以干浓之墨点垛，多以横墨点点为之，远山以没骨法抹出。和董其昌的关系密切，时为董代笔，敷衍应酬之事。同一地区的顾正谊、沈士充等山水画家，与董、赵等人相互影响，并依托董的大旗，为地域文化造势。对他们而言，董的存在既是幸事，又是挑战。如赵左在大师的影子下，只得一"能品"的位置。

另有一些画家，以书法名家涉足绘画，很受时人的重视。如与董其昌并称明末四大书家中的米万钟、张瑞图，以及黄道周（1585—1646）、倪元璐（1593—1644）、詹景凤（？—1602）等人，都是值得称道者。

米万钟，字仲诏，号友石，关中（今陕西）人，寓居燕京（今北京）。米芾后裔，万历进士，官至太仆少卿。他善行草，

得米家法，笔势流畅，疏落有致；尤善大字榜书，擅名四十年，书迹满天下。兼善山水、花竹，画风清朗，代表作有《雨过岩泉图》《竹石菊花图》等，可以看出其笔墨的功力。

张瑞图，字长公，号二水，泉州晋江人。万历进士，后官至礼部尚书、武英殿大学士，崇祯三年（1628）罢官。书法能于钟繇、王羲之之外，另辟蹊径，得张旭、怀素、孙过庭、苏轼之流韵。书风奇逸，独标气骨，俨然有北宋大家之风。其书不特力矫竞尚柔媚之时尚，开后来黄道周、倪元璐、王铎（1592—1652）、傅山（1607—1684）等书家笔墨创新之先河，故前人评价甚高。草书帖《醉翁亭记帖》，气势磅礴，犷悍无比。用笔翻折紧勒，盘旋跳宕，体势横取，节律生动，字距紧缩，行距宽绰，牵丝映带，血脉贯通，使古法为之一变。他亦工山水，有《晴雪长松图》（图8-36）、《松泉图》、《渊明涉园图》等，用笔简逸，风格苍秀。笔法多取黄公望，山不作险奇，而作浑厚明润之态；皴作大披麻，收笔上扬，唯见飘势。作为大书法家，其画笔的纵肆飘洒，不经意的淡墨侧笔，都可以显示出其书法的功力。

黄道周，字幼平，号石斋，漳浦（今属福建）人。天启进士，官至礼部尚书、武英殿大学士。他率兵抗清，兵败不屈，被杀于南京，死后清廷赠谥"忠端"。其文章风节高天下，冷严方刚，不谐流俗。书法亦如其人，峭厉遒劲，自树一帜。他以魏晋为宗，行草如《自书诗》《喜雨诗》（图8-37）等，深得二王神髓，但离奇超妙，欹侧峭逸；楷书如《王忠文祠碑文》等，直逼钟、王，然峭拔险峻，拙朴遒健。他主张"书字自以遒媚为宗，加之浑深，不坠佻靡，便足上流矣"。又云"作书是学问中七八成事"，强调艺以人传。这和其人品宛然相合，在其画上也是如此。所写山水人物，浑灏流转，元气淋漓，别具风采。画迹有《雁岩图》等，极受时人推重。

倪元璐，字汝玉，号鸿宝，浙江上虞人。天启进士，官至户部、礼部尚书。擅行草，工小楷。书宗颜、苏，上溯魏晋，旁

图8-35 赵左：溪山清远图卷（局部），纸本墨笔，23cm×530cm；明，广州美术馆藏

图8-36 张瑞图：晴雪长松图轴，纸本墨笔，136.3cm×43.3cm；明，北京故宫博物院藏

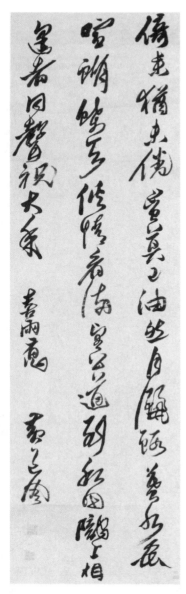

图8-37 黄道周：喜雨诗轴，行书，绢本，142cm×38cm，明，山东省博物馆藏

通篆隶，集诸家之长而自创新貌。行草用笔苍古奇肆，沉雄酣畅，结字纵横欹侧，跌宕奇逸，字距茂密，不嫌迫塞，行间宽疏，不觉空松，通篇布局，气势贯达，有"新理异态尤多"之评。他与黄道周齐名，同为明末法古开新的大书家。又擅山水花卉，笔墨清旷，有苍润古雅之致。作品如《山水花卉图册》《山水图》，体现了他的艺术涵养。

在明末的书家中，还有一位以狂草知名的詹景凤也擅长绘画。他字东图，号白岳山人，休宁人。时人评价其书法："用笔不凡，如冠冕之士，端庄可敬；狂草若有神助，变化百出，不失古法，论者谓与祝京兆狎主当代。"祝京兆就是吴门著名的狂草大师祝允明（1460—1526），曾为应天府通判，人称"祝京兆"，为"吴中四才子"之一。詹景凤和他前后呼应，对激励明代书坛的活力起了作用。以此狂草笔法作墨竹，别有生趣。代表作有《墨竹图》等，并兼作山水，取法倪、黄。他在书画收藏鉴赏和画论著作的编辑出版方面，继王世贞《王氏画苑》后，出版了《画苑补益》，尽管识见有限，但对整理传统艺术有一定功绩。这种收藏鉴赏的风尚，也伴随着甚嚣尘上的书画作伪活动。如松江人张泰阶（1619年进士），致仕后退居吴门，因目疾仅靠耳鉴从事收藏，最后卷入作伪一行而不能自拔，杜撰前代字画二百件题跋著录，编为《宝绘录》二十卷，是赝品泛滥的典型产物。

和董其昌有密切关系的书画收藏家和鉴赏家中，还有项元汴、项圣谟（1597—1658）爷孙等在书画创作方面有所成就。项氏收藏富甲天下，流传至今唐宋元明的巨迹，大半经过其手，钤有"项元汴氏""项子京家珍藏""墨林子""项墨林鉴赏章""墨林秘玩""项墨林父秘笈之印"等藏印。他的画作如《双树楼图》《桂枝香园图》等，艺术功底深厚。项圣谟从小生活在书香门第，又有董其昌等名流的指点，下笔自有一种书卷气。作品有《山水图》《且听寒响图》《大树风号图》（图8-38）等，体现出文人画的文化优越性。和董其昌、项氏家族同时活跃于嘉兴地区的李日华（1565—1635），长于书画诗文，精研画史，在其家乡味水轩与同道雅集酬唱。书画理论富有真知灼见，是明末与董分庭而立的少数精英人物。

明末在江南的文化圈中，并不是只有文人画家在孤立活动。相反，这时的艺术市场激发了许多画家在风格上进行变革。了解这些变革，对认识松江画派和董其昌等人提出的绘画南北宗理论是十分有用的，可以突显出后者的特殊意义。

明人艺术趣味的转移，基本是所谓的行家和戾家的分野。前者指职业画工，依赞助人的要求进行绘画创作，以此为生计，又泛指宫廷画家，主要是明代的浙派人物；后者指业余爱好者，泛指文人画家，士大夫出身，或归隐之士，以画为寄托，抒写胸臆。虽在发达的城市消费文化中，文人业余爱好之说只是借口或幌子，但却有特殊的市场效应。戾家画的标签，吸引了更多的文化消费者来光顾。这从吴门画家那里可以看到，他们把直接的竞争对手浙派打下去。比较典型的文人还有李士达（1550—1620），举进士后，隐居不仕，艺名重于当时。深得绘画义理之精髓，论画有苍、逸、奇、远、韵五美，和嫩、板、刻、生、痴五恶，表明他在画学方面的修养。而同时代的苏州人张宏（1577—1662），则是学沈周而重其古拙笔意者。他的写生之作极佳，墨色滋润，具天然之态。又工写人物，所以笔下作品，往往生动别致。他作的《句曲松风图》（图8-39），水墨渲染，强调出景物的真实感。《西山爽气图》等作品，结合临古与写生，来达到真实的效果。作为职业画工，他在吴中名气很大，为吴中学者所推重。在打败了浙派后，吴门之中没有特别的行戾之别。同为职业画工的袁尚统（1570—1661后），师承宋人笔法，山水面貌浑厚，人物线条粗放野逸，得古人之趣。作品中添加了民间美术成分，如《岁朝吟兴图》《岁朝围炉图》等，表现风俗题材。

明末从吴派中出来的画家很多，他们不一定就在苏州活动，但是师承与作风有和吴派相同的地方。在人物画家中，苏州人尤求，移居太仓，从事肖像画、仕女画和道释画的创作，其白描技法精工，被认为是仇英后继。而休宁人丁云鹏，师文徵明山水画，承吴派传统，尤以道释人物画著称于时。他的白描画，线条极工细，能于毫发之间传达出人物的神情意态。所作《漉酒图》（图8-40）描绘陶渊明形象，是一佳作。主人公双目圆睁，散发而坐，在童子相助之下漉酒，背景是森然掩映的古柳，近处桌上还有一张无弦琴。丁云鹏早年的人物工细，晚年归于粗简，此画乃由工入粗，是接近其晚年的作品。用笔潇洒，以游丝描表现陶渊明的衣纹，极其流畅，而童子的衣纹则以短而多折的纹理勾画，简劲有力。在人物画坛上，丁云鹏的作品体现出一种追求变异的风气，这在吴彬的画上特别明显。

吴彬，莆田（今福建莆田）人，寓居金陵，以善绘事而官至中书舍人，工部主事。山水、人物有个人特点。山水构形曲折重叠，繁密细致，穷极变化。表现佛像人物，奇形怪状，比五代时贯休因梦而成的《十六罗汉》还要夸张，自成一家。有研究认为求怪的特点受到了当时传入的西洋绘画的影响。其莆田同乡，寓居金陵的名家曾鲸（1568—1650），以写真为特长，其生动逼真如镜取影，妙得神情。画重墨骨，有风神修整、仪观伟岸之态；设色明丽温润，光彩流动，于墨骨烘染赋彩，淡墨勾勒加彩渲染等多种技法方面均得精要。每作画，必先以墨骨为底，反复

图8-38 项圣谟：大树风号图轴，纸本设色，111.4cm×50.3cm，1645年，北京故宫博物院藏

图8-39 张宏：句曲松风图轴，绢本设色，148.9cm×46.6cm，1650年，美国波士顿美术馆藏

图8-40 丁云鹏：漉酒图轴，设色纸本，137.4cm×56.8cm，1592年，上海博物馆藏

图8-41 曾鲸：王时敏小像轴，绢本设色，64cm×42.3cm，1616年，天津市艺术博物馆藏

烘染至十数层之多，吸收了西洋画法，突出三维立体感。画风风行一时，弟子众多，因其字波臣而号称"波臣派"。所作《王时敏小像》（图8-41）、《葛一龙像》等名作，为明清之际中西美术交流的成果。如果和元末王绎留下的杰作《杨竹西小像》比较，就会看到肖像画法经历的变化。曾鲸的画法，经过清代西洋传教士在清宫廷中继续强化，对照相术产生之前的中国肖像艺术，影响十分明显，使单纯的勾线造型法逐渐失去了市场。

明末的人物画，还有南北两大名家。北方崔子忠（约1574—1644），初名丹，更名子忠，字道母，号北海，莱阳（今山东莱阳）人，寓居顺天府（今北京）。曾游学于董其昌之门，画工人物仕女，师顾恺之、陆探微、阎立本、吴道子之技，不为宋元法度所拘，意趣高古。所作《长白仙踪图》《伏生授经图》（图8-42）等，皆细描设色，笔墨灵秀，线条流转自然，能师古法而出以新意。这种古法借鉴了六朝画中的稚拙之趣，所以很能够引起观者思古之幽情。他和南方的陈洪绶并称为"南陈北崔"，名重一时。

陈洪绶，字章侯，号老莲、悔迟，浙江诸暨人。阅历广泛，经历明清易代，画中的文化含义特殊。十岁左右从蓝瑛学画，早慧的才能使蓝瑛自叹不如。这位神童认真研习古代名作，汲取养分。在杭州府学看到李公麟的七十二贤石刻，以十天时间临出副本，被认为接近原作。又经过十天的临摹，被认为不像原作。他对此十分高兴，因为他找到了自己的绘画风格。成年后，投入著名学者刘宗周（1578—1645）门下，研究理学。因性格放

纵，不久离去。19岁时作了一套著名的《九歌图》，又画了《屈
子行吟图》，成为后来《楚辞述注》的插图版画的底本。所绘
《西厢记》插图《窥简》（图8-43），为历代仕女画中的极品。
崇祯年间，陈洪绶到京师，在宫廷内临摹历代帝王像，得以遍观
历代名作真迹，画技大进。但这和他苦求功名，希望仕途通达的
初衷相违背。作为画工，社会地位低微，因此当他以书画"名满
长安"，与北方前辈崔子忠分庭抗礼时，内心是痛苦的。于是
离去，结束了二十多年热衷于仕进的社会活动。入清以后，他在
"死"与"不死"的问题上挣扎，甚至有些癫狂。最后他流落到
杭州，靠卖画为生，并达到了他创作上的高峰期。在画法上，早
年人物衣纹多出以方笔，晚年转入圆浑，所谓"用毫环转，一笔
而成"。构思精湛，线条和色彩提炼得简洁古朴，通过概括和夸
张，将自然物象的形态和内在性格表现出来，作品洋溢着充沛
的生命力。代表作有《何天章行乐图》、《调梅图》、《归去来
图》、《莲石图》、《乔松仙寿图》（图8-44）、《水浒叶子》
（图8-45）等，人物皆伟岸，衣纹线条清圆细劲，襟怀高古，笔
力宏深。运用大胆的想象，用夸张的手法进行创作，常常将人物
头部画大，身体变小，极尽变形之能事，返璞归真，为一代人物
画大家。《桐阴论画》列其画为神品，称其画"深得古法，渊雅
静穆，浑然有太古之风……直可并驾唐（寅）仇（英），追踪李
（公麟）赵（孟頫）"。陈洪绶的绘画修养精深渊博，除人物
外，作花卉、禽鸟、蛱蝶等，皆有生趣。他艺术中的平民特质，
使作品雅俗共赏，流传极广。尤其是和版画艺术创作结合在一
起，能看到他对民间艺术的作用。当时"海内传模为生者数千

图8-42 崔子忠：伏生授经图轴，
绢本设色，184.4cm×61.7cm，
明，上海博物馆藏

图8-43 陈洪绶：窥简（北西
厢秘本插图），木刻版画，
13cm×20.2cm，崇祯十二年
（1639）刊本

图8-44　陈洪绶：乔松仙寿图轴，绢本设色，202.1cm×97.8cm，1635年，台北"故宫博物院"藏

图8-45　陈洪绶：水浒叶子二幅（一丈青扈三娘、花和尚鲁智深），木刻版画，18cm×9.4cm，崇祯年间（1628—1644）刊本

家"，对后世影响深远。他的爱妾胡净鬟、儿子陈字（1634—约1713）、女儿陈道蕴，也长于作画，风格酷似乃父。同时代人丁元公，曾仿老莲《水浒叶子》四十开，工笔设色，亦为精品。陈洪绶在其《宝纶堂集》中也有画论见解，和盛行的南北宗论相互发挥。他对传统的认识是，"以唐之韵运宋之板，宋之理行元之格"，以达到大成。他对马、夏持贬斥态度，但也不同意陈继儒所谓"宋人不能单刀直入，不如元画之疏"的看法，认为此"非定论也"。他对董其昌的南北"雅""俗"之分持有异议，认为："大小李将军，营丘（李成），伯驹诸公，虽千门万户，千山万水，都有韵致，人自不死心观之、学之耳。"表明他善于独立思考，走自己的路。总之，陈洪绶是明清之际的画坛怪杰，给松江山水画派一统天下的局面，带来勃勃生机。

## 小　结

明代艺术开始走向集大成，突出对传统的继承。明成祖在北京兴建都城，为集中表现。皇城和紫禁城是典型代表，反映了西周以来传统宇宙观的特色，是世界建筑史上最有特色的宫殿建筑群之一。

明代绘画有早、中、晚三个时期，各有代表性的风格流派。从明初到嘉靖年间，主持画坛的代表是崇尚南宋院体的浙派和宫廷画派，都采用"半边""一角"式的构图，水墨淋漓的斧劈皴法，以及带有政治说教意味的表现题材。宋明的宫廷画家重视绘画造型基本功，而林良等人则在水墨写意花鸟上加以开拓。浙派山水、人物到吴伟以后，造型结构松散，走向衰落，和南宋梁楷创造减笔风格而使院体艺术升华，形成鲜明的对比。

和浙派师承南宋院体一样，吴门画家着重借鉴元末山水各家的成就，形成了自己的面貌。沈周、文徵明的政治主张和创作态度，体现出苏州地区文人生活的优越环境。直接利用其文化资产，创造出新的精神和物质财富。元人的山水皴法等被不断地强化，成为表现家乡景物的理想程式。表现纪游题材方面，特别符合当地欣赏者的审美传统。吴门画家也继承北宋和南宋画风，如唐寅的作品，如果和浙派代表人物如戴进的作品相比，前者在皴法结构上具有独特的发展。仇英则体现了苏州一带画坊制作业的最高水平，延续了传统绘画中的再现成分。

江南私家园林是文人书斋的延伸，显示其审美情趣，即造成"景随步移"的山水画观赏效果。明人对日常生活的体验，到了无微不至的地步。江南的物质基础保障了文人们尽情地去发现那些细腻优雅的艺术情调。这也是晚明印刷文化和版画艺术繁荣的社会经济土壤，如文房四宝之类的装饰，就由版画扮演了特殊的角色。不仅《程氏墨苑》呈现了当时社会文化的奇特画面，而且《萝轩变古笺谱》《十竹斋笺谱》等更是增添了无穷趣味。

明末以董其昌为代表的松江画派，更加重视笔墨的抽象形式。董其昌的重笔墨，本身是再创造，是对艺术史传统的再认识。他是世界艺术史上最早意识到笔墨形式结构重要性的人物。山水画南北宗理论，对中国艺术史作了新的分类，从画家的认识境界上，分出雅俗高下，对明以后绘画发展影响巨大。其积极的一面，是把绘画的境界，通过艺术史的参照加以揭示，强调"分宗"和"取法乎上"的极端重要性，是把个人融入传统并独树一帜的正确方法。其消极的一面，是助长了明中期以来越来越明显的宗派之争，从吴门贬低浙派，松江派取代吴门派的过程中，产生出不良的习气，对职业画家和民间画工的轻视，也在历史上有很大的负面作用。

## 术　语：

**浙派**　明代前期绘画流派，因创始人戴进为钱塘（今浙江杭州）人，故名。它适应了当时宫廷对南宋院体风格的提倡，在画坛上一度成为主流。浙派师法李、刘、马、夏，笔致粗放，后有吴伟崛起，追随者蜂从。武林派的蓝瑛画风与浙派接近，被认为是浙派殿军。

**吴门派** 明代中叶兴起的绘画流派，与浙派前后逶迤达两百余年。吴门为苏州别名，是元四家影响最大的地区。沈周作为吴门画派的领袖，重新倡导文人画，自成一派。后有文徵明，使画派阵容更加浩大，家族可看，势倾浙派，成为画坛主流。它对明中叶以后的画坛影响深远。

**松江派** 明末绘画流派。它是吴门画派的延续，将文人画的创作推向高峰。它包括在松江府（今上海）出现的华亭派、苏松派和云间派，而以董其昌为其领袖。在山水南北分宗学说影响下，凸显南宗风貌，尤重笔墨情趣，在当时被认为是画坛正宗。

**行家** 指职业画工，他们按照赞助人的要求进行绘画创作，以绘事作为谋生的手段。它后来被用来泛指宫廷画家，主要是明代的浙派人物。

**戾家** 相对于行家，指业余爱好者。泛指文人画家，尤其是那些士大夫出身的人，或归隐之士，他们以绘画为寄托，抒写个人胸臆。

**绘画南北宗** 明末董其昌等人提出的绘画理论。它对中国山水画的发展进行了风格流派的划分，其根据是禅宗史上顿悟与渐悟南北二宗，以此把山水画中水墨与青绿两种风格的创作加以区分。强调前者是文人画的正宗，后者则是行家画的代表，进而"崇南抑北"，标榜文人画。

**画谱** 包括著录中国画的著作和欣赏与学习绘画的范本。前者如北宋的宫廷收藏目录《宣和画谱》，后者有专题性和综合性图谱两类。在宋元时期，已经有梅、竹、山水等专题画谱；明代木刻版画业发达，出现了《顾氏画谱》《十竹斋书画谱》等多种综合性图谱。

**造园** 指园林的设计与营建。中国古典造园传统以自然山水景观见长，通过山池水石、花卉树木和各种建筑物，表达造园者的审美意图。其原则是"虽由人作，宛自天开"，"巧于因借，精在体宜"。

**借景** 造园手法之一。在视野所及处，将园外佳景组织到园内景观之中，称为借景。计成《园冶》把借景作为造园的基本原则，提出了"远借、邻借、仰借、俯借、应时而借"等多种方法。

**叠石** 指园林中以山石叠筑的假山，形体可大可小，造型变化多姿。造园家以山水画理论指导假山的布置，使山石的构造如同画境。

**水印木刻** 中国传统木刻形式之一。先将画稿刻镂上版，再由印工依原画稿的浓淡干湿，以水调墨或赋彩，印制成画。传统木刻多为水印复制木刻，现代木刻则以水印创作木刻。

**拱花** 中国传统水印木刻技法之一。以刻镂好的块版或线纹，不施墨彩，而用压印法使线或块面突出于纸上，呈现凹凸感，如现代钢印的效果。这种技法最早出现于吴发祥《萝轩变古笺谱》（1626），用来表现行云流水、博古纹样等，增强了艺术表现力。

**饾版** 水印木刻技法之一。依画稿的色彩层次将其分割并雕镂成若干小版，随类赋彩，套印成画。因套版形似饾钉，故名。最早在金陵《十竹斋书画谱》（1617）中创用，为彩色套印之典范。

## 思考题：

1. 明代浙派和南宋院体的异同何在？

2. 吴门画家如何借鉴前代山水画的成就而自成面貌？

3. 松江派和吴门派的艺术旨趣有什么差异？

4. 江南私家园林和文人书斋之间有什么关系？

5. 书画器物收藏在明代的艺术市场和艺术创作中有什么作用？

6. 晚明印刷文化和版画艺术繁荣的社会经济文化土壤是什么？

## 课堂讨论：

谈谈董其昌的书画实践和理论对明以后中国画发展的积极和消极影响。

## 参考书目：

［美］高居翰：《江岸送别——明代初期与中期绘画（1368—1588）》，生活·读书·新知三联书店，2009年

［美］高居翰：《山外山——明代后期绘画（1570—1644）》，生活·读书·新知三联书店，2009年

［美］高居翰：《气势撼人——17世纪中国画的风格和自然》，生活·读书·新知三联书店，2009年

［美］高居翰、黄晓、刘珊珊：《不朽的林泉：中国古代园林绘画》，生活·读书·新知三联书店，2012年

［日］铃木敬：《明代绘画史研究——浙派》，木耳社，1968年

［英］柯律格: *Superfluous things: material culture and social status in early modern China*, Urbana, Ill.: University of Illinois Press, 1991

［英］柯律格: *Fruitful sites: garden culture in Ming dynasty China*, London: Reaktion Books, 1996

［英］柯律格: *Pictures and visuality in early modern China,*

Princeton, N.J.: Princeton University Press, 1997

　　［英］柯律格: *Empire of great brightness: visual and material cultures of Ming China, 1368—1644*, Honolulu: University of Hawaii Press, 2007

　　［英］柯律格：《雅债：文徵明的社会性艺术》，邱士华等译，石头出版股份有限公司，2009年

　　穆益勤编著：《明代院体浙派史料》，上海人民美术出版社，1985年

　　［美］班宗华（Richard Barnhart）, ed, *Painters of the Great Ming: the Imperial Court and the Zhe School*. Dallas Museum of Art, 1993

　　故宫博物院编：《吴门画派》，中国香港中华书局，1991年

　　［美］何惠鉴（Wai-kam Ho）, ed. *The Century of Tung Chi-chang*, Vol. 1—3. The Nelson-Altkins Museum of Art, Kansas City, 1992

　　《朵云》编辑部编：《董其昌研究论集》，上海书画出版社，1997年

　　［美］乔迅（Jonathan Hay）, *Sensuous Surfaces: The Decorative Object in Early Modern China*, London: Reaktion Books, 2010

　　［美］白谦慎：《傅山的世界：十七世纪中国书法的嬗变》，生活·读书·新知三联书店，2006年

　　张长虹：《品鉴与经营：明末清初徽商艺术赞助研究》，北京大学出版社，2010年

　　单士元：《故宫札记》，紫禁城出版社，1990年

　　［明］计成著、陈植注释：《〈园冶〉注释》，中国建筑工业出版社，1981年

　　董捷：《明清刊西厢记版画考析》，河南美术出版社，2006年

　　董捷：《明末版画创作中的不同角色及对"徽派版画"的反思》，《新美术》，2010年第4期，页13—27

　　万木春：《味水轩里的闲居者：万历末年嘉兴的书画世界》，中国美术学院出版社，2008年

　　李若晴：《玉堂遗音：明初翰苑绘画的修辞策略》，中国美术学院出版社，2012年

　　洪再新（Hong Zaixin）："Antiquarianism in an Easy-Going Style: Aspects of Chang T'ai-chieh's Antiquarian Practice in the Urban Culture of Late Ming China", in *The National Palace Museum Research Quarterly*, Taipei, v.22（2004）, 1: 35—68

　　洪再新：《从明清画谱看师徒传授的类型》，《新美术》，1995年第4期，页25—30

　　李湜：《明清闺阁绘画研究》，紫禁城出版社，2008年

# 第九章　清代美术

## 引　言

　　作为最后一个封建王朝，清朝是由满族人主政的大帝国。其版图仅次于元帝国，但国策却不同于蒙古人，不但保持了理学的正统地位，而且在农业、手工业和商业方面延续了明帝国的规模和特点，因此在18世纪结束以前，保持着强盛的国势。然而，这个自给自足的封建王朝，迅速面临着欧洲工业革命和海外殖民扩张带来的强大冲击。在乾隆以后，这种冲击日盛一日。1840年第一次鸦片战争，是世界近代史上的一大转折，清帝国开始卷入和世界列强的正面交锋。清朝区别于亚洲另一个文明古国印度的情形是，尽管不断战败，割地赔款，却没有完全沦为外国殖民地，致使中外文化通过不断扩展的市场形式得以共存，体现了19世纪中国美术的时代面貌。1911年辛亥革命，建立中华民国，清帝逊位，宣告了长达两千余年的封建王朝的结束。据此，清代文化和美术的发展，可分为前后两个阶段，反映出其主要特点。

　　中西文化的互动在清代亦分前后两个时期。前一时期通常指从"17世纪"或"明清之际"开始的中外文化交流。这是继佛教传入中土以后，文化史上中外艺术彼此沟通的又一重要阶段，例如在18世纪中国和法国的宫廷艺术交往方面，留下了令人寻味的艺术品和风格对话。后一时期是从鸦片战争以后外来文化的全面传播，明显的如大众媒体的出现，月份牌所体现的艺术商业化走势，照相术和珂罗版印刷术的应用，震撼了整个视觉艺术领域。

　　清代宫廷提倡的董其昌书画及其传派，使之成为画坛上的正统代表，是确立其权力合法性的政治举措之一。在清初"四王"的努力下，传统绘画得到了全面的总结。这在美术教育与文人画的普及方面，形成了一个教学理论体系，像《芥子园画谱》就是其突出的成就。在此基础上，皇家艺术收藏在乾隆朝形成了自宋徽宗以来又一个高峰。它也是中国宫廷收藏史上最后一个盛世。

清代富有独创性的绘画，以清初"四僧"为代表。他们多以明遗民著称，其创新的激情部分来自满汉之间的文化冲突，在风格和自然两个方面，潜心钻研，成功地实现"予代山川而言，山川代予而言"的主客观交融境地，使个性表现找到了理想的艺术形式。这些画家的创造性是和古人"血战"得来，通过对传统的批判性继承而使之发展。在这一创新派的实践基础上，产生了《石涛画语录》这部系统的绘画美学著作，成为中国古代视觉艺术理论的经典。

宫廷对于艺术的赞助，都市生活对职业艺术家的需求，国内市场对艺术品消费的热情，使社会各阶层（包括女性）都在分享物质文化带来的愉悦感。宫廷内外，南北各地，用于怡情和实用的市井绘画和用于城市居住者消费的装饰品流行于世，作为人们的"玩好之物"。这些功能性绘画和奢侈工艺品的消费，加剧了艺术市场的竞争。到18世纪，被称为"扬州八怪"的一批画家，敢于迎接市场的挑战而出人头地。他们"怪异"的风格，是自我表现的产物。在艺术品位上，他们的题材风格各异，揭示出艺术家生活的各个层面。此外，还有用于外销的艺术品，在广州、中国香港成为当地商业文化的脸面。

清末美术以上海这个东方都会为代表。尤以书法上帖学的衰落和碑学的兴盛，标志中国视觉文化的一个范式转变。当画坛上的正统派势力日渐衰微，而商业化创作流于俗套时，蓬勃兴起的金石书画运动开始扭转艺术乾坤。这是清代学术文化从宋明哲学讲究义理的风气转向考据求实的一个必然产物。以历代金石文物来重新认识视觉文化价值的努力，而清中叶以后再度兴起的金石学热潮，把清代美术第一阶段的系统教育、个性发挥和商业化趋势都包容在一起，使文人们对诗、书、画、印的综合修养，在外来文化的映衬下，显现得别具一格，光彩夺目。

## 第一节　中国和欧洲的艺术交流

从晚明至清末，先后两波外来文化的冲击最终改变了中国社会的性质，并在世界文化发展史上调整了中国在当时国际关系上的位置。

晚明到18世纪后半叶出现了中国和欧洲的第一波艺术互

动。明末来华的耶稣会士利玛窦等人并不长于绘事，而是通过所携带的圣母画像和城市地图铜版画插图间接影响了中国的观众和艺术家。引进西洋画法的外来画家，对不同的技法都有所涉猎。其中以善画著名者，有世俗画家格拉第尼（Giovanni Gheradini）、传教士画家马国贤（Matteo Ripp，1682—1745）、郎世宁（Giuseppe Castiglione，1688—1766）、王致诚（Jean Denis Attiret，1702—1768）、艾启蒙（Ignatius Sickeltart，1708—1780）、蒋友仁（Michel Benoist，1715—1774）、安德义（Jean-Damascène Sallusti，？—1781）、贺清泰（Louis de Poirot，1735—1814年）等。他们在清宫廷创作铜版画、油画和中西合璧的绘画作品，逐渐形成以西洋画家为主的"海西画派"。

马国贤，意大利人，1710年抵达中国澳门。他隐瞒了传教士的身份，被作为康熙玄烨（1654—1722，1662—1722在位）的御用画家召至北京。在华十三年，集翻译、画家、绘画教师、传教士数任于一身。马国贤回忆他在宫廷的情况："我受命进宫是在1711年1月7日，我被带到了格拉第尼弟子们的画室，他是第一位把油画引进中国的画家……在这里，作油画用的'画布'是高丽纸……然而，由于我不习惯这种画布，我从来也没能照自己主观想象创作过作品，只能做一些平庸的复制工作。"据说康熙对他临摹的山水画很满意，并要求他制作铜版画。"当铜版画一做完，它就与原作一起被呈给皇上看，皇上看了非常高兴。因为他惊奇地发现摹品与原作很接近，丝毫没有使原作失真。这是他第一次看到铜版画的制作。"康熙决定让他刻印《避暑山庄三十六景图》，于1713年完成。随后又命其刻印《皇舆全览图》共四十四幅铜版画。在此期间，他指导了几名中国学生。马国贤又将郎世宁介绍给康熙皇帝。

意大利米兰人郎世宁1715年来华，历任康熙、雍正胤禛（1678—1735，1722—1735在位）、乾隆三朝宫廷画师，擅人物肖像、花鸟走兽等，形成了中西结合的新画风，在清初画院中影响颇著。其画作流传很多，题材有军事、历史、人物肖像、鞍马走兽（图9-1）等，范围广泛。胡敬（1769—1845）《国朝院画录》评价说："世宁之画，本西法而能以中法参之。其绘花卉，具生动之姿。非若彼中庸手之詹詹于绳尺者比。然大致不离故习……高庙（指乾隆）……于世宁，未许其神全，而但许其形似，亦如数理之须合中西二法，义蕴方备。大圣人之衡鉴，虽小道必审察而善择两端焉。"郎世宁和朝廷的官员有比较密切的关系，他曾和喜好西洋透视法的年希尧（？—1739）一起探讨学问，激励了后者对《视学》进行了历

图9-1 郎世宁：八骏图轴，绢本设色，139.3cm×80.2cm，清，台北"故宫博物院"藏

图9-2 郎世宁：乾隆皇帝半身像屏（左），纸本油彩，54.5cm×42cm，清，法国巴黎吉美博物馆藏；慧贤皇贵妃半身朝服像屏（右），纸本油彩，53.5cm×40.4cm，清，北京故宫博物院藏

时三十年的批判性研究。又和身为内务总管的唐岱（1673—1752，满族）合作《豳风图》等作品。除了糅合中西的画法，郎世宁也制作了若干油画作品。据考证，确定为郎氏所绘者，现存共有五幅，如《乾隆皇帝半身像》《慧贤皇贵妃半身朝服像》（图9-2）等，均为挂屏式样，用油色画于多层粘贴加厚的高丽纸上，是中国早期油画的见证。在郎世宁的指导下，中国油画家如王幼学等参与创作了大量室内装饰作品。现存最完整者，为故宫倦勤斋西四间的通景画，共170平方米。顶棚的

图9-3 郎世宁、王幼学等：通景纸质重彩画，清，北京故宫倦勤斋

海墁天花，饰以竹架藤萝，四围环绕竹篱，画白鹤、喜鹊嬉戏于楼阁间，姚黄魏紫，争芳斗艳，形成了强烈的错视觉效果。（图9-3）正如邹一桂所描述的："西洋人善勾股法，故其绘画于阴阳远近，不差锱黍，所画人物、屋树，皆有日影。其所用颜色与笔，与中华绝异。布影由阔而狭，以三角量之。画宫室于墙壁，令人几欲走进。"

图9-4 郎世宁：圆明园西洋楼二十景之十（海晏堂西面），58cm×93cm，铜版画，清，法国国家图书馆藏

图9-5 圆明园谐奇趣主楼，［德］恩斯特·奥尔末（Ernst Ohlmer，1847—1927）摄影，22.5cm×27cm，1873年，私人藏

郎世宁还和法国传教士蒋友仁等设计监造了被称为"万园之园"的圆明园中的"西洋楼"，是中西艺术融合的另一产物。这组建筑位于长春园的北部，有海晏堂（图9-4）、远瀛观、大水法等兼具巴洛克（Baroque）、罗可可（Rococo）两种欧洲风格的宫殿园林建筑。咸丰十年（1860），英法联军攻入北京，圆明园众多景点被焚，"西洋楼"亦遭破坏。（图9-5）自废弃后，损毁更甚。

康熙、雍正、乾隆皇帝都重视外来的艺术。清代档案对当时画院的研究表明，清代院画家通称为画画人。他们通常不隶属于正式的宫廷机构，有具体的职称和俸禄，待遇相对于其他文官是不错的。他们在宫廷内各指定的厅堂担任职事。这些与各厅有关的画家活动内容都有档案记录。像如意馆的郎世宁在圆明园的住所就有画室。雍正元年（1723）九月二十八日，他奉命授徒，"将画油画乌林人佛延、柏唐阿全保、富拉他、三达里等四人，留在养心殿当差；班达里沙、八十、孙威风、王玠、葛曙、永泰等六人，仍归郎士宁处学画；查什巴、傅弘、王文志等三人革退"。乾隆十六年（1751）七月初一传旨："王幼学的兄弟王儒学，亦赏柏唐阿学画油画。"而且内府造办处也建了一个专门画油画的画室。和宋、元帝王的审画要求一样，清代帝王对宫廷绘画有明确的指示，画画人在接受绘画任务时，须完成三个程序：一是得到具体的要求，二是准备和检查所画的画稿，三是由专人审核定稿。康熙、乾隆等人直接参与一些大的宫廷作品的审核，并对不同的绘画形式提出要求。这么一来，就更加明确"海西画派"的御用性。对此，传

图9-6 焦秉真：耕织图，清康熙三十五年（1696）内府铜版印本，版画，24cm×23.8cm，北京故宫博物院藏

图9-7 禹之鼎：仕女弈棋图，绢本设色，176.5cm×167cm，清，天津市艺术博物馆藏

教士们经常抱怨被迫为皇帝的行宫设计罗可可的亭阁、装饰板壁，而不能去装饰耶稣教堂。法国人王致诚在给罗马教廷的信札中，描述了他和郎世宁在如意馆的处境："吾人所居乃一平房，冬寒夏热。视为属民，皇上恩遇之隆，过于其他传教士。但终日供奉内廷，无异囚禁。主日瞻礼，亦几无暇暑。作画时颇受掣肘，不能随意发挥。"他为有辱宗教使命感到悲哀："我不敢相信所有这一切都是为了上帝的荣耀。"他和别的传教士绘制的鞍马作品表明，他们按照帝王的口味在重复郎世宁的折中画法。

　　以吸收阴阳光影之法和透视法而闻名的宫廷画家有焦秉贞。生卒年不详，字尔正，山东济宁人，也是天文学家，康熙朝官钦天监（相当于现在的国家天文台）五官正。他和德国耶稣会士汤若望（Johann Adam Schall von Bell，1591—1666）等人交往密切，对欧洲的天文学、数学等自然科学有较深的了解。画工人物、山水、楼观，花鸟画亦精工，曾为皇帝画御像而称旨。《国朝院画录》解释康熙对焦秉贞的高度评价，说："海西法善于绘影，剖析分刌，以量度阴阳向背，斜正长短，就其影之所著而设色，分浓淡明暗焉。故远视则人畜、花木、屋宇，皆植立而形圆。以至照有天光，蒸为云气，穷深极远，均粲布于寸缣尺楮之中。秉贞职守灵台，深明测算，会悟有

图9-8 华嵒：八美图卷，绢本设色，142cm×332cm，1736年，私人藏

得，取西法而变通之。"他奉敕画了46幅《耕织图》，为皇帝称许，并命镂版印赐各大臣（图9-6）。林木、屋舍、人物、山水等仍守旧法，而远近位置、大小比例则采用西洋画法。这种画风，在清盛期流行于画院内外，并对世俗画、民间年画、版画技法产生了积极的影响。弟子有冷枚、崔镨等，都有很强的写实能力，他们发展了焦秉贞的仕女画程式，创作了一批供宫廷内外文化消费的绘画。

乾隆时供职内廷的徐扬用了二十多年时间绘制的《盛世滋生图》（又名《姑苏繁华图》）长卷，反映乾隆时期的姑苏城内外的民俗景物，刻画得细致生动。太平盛世，南北都市发达的消费文化，由此可见一斑。世俗绘画也采用融会中西的画法，是普遍欣赏的。曾供职康熙朝画院的禹之鼎（1647—1716），字尚吉，号慎斋，江苏兴化人，与同时代许多著名和佚名职业画家一样，在宫廷内外参与了用于日常生活的世俗绘画创作。他的《仕女弈棋图》（图9-7），描绘了一女子在执子对弈，仿佛在等待旗鼓相当者前来手谈，营构了特殊的视觉对话情境。又如华煊的巨制《八美图》（图9-8），类似同时代北欧的群像，而其特殊的幅式显示，很可能用于青楼、酒肆，作为装饰品，招徕顾客。这和明末清初著名才女柳如是（1618—1664）的绘画作品（图9-9），反映了不同的时代气息。

此外，蒙古正蓝旗人莽鹄立（1672—1736）也用西洋法写真，纯以渲染皴擦而成，而能做到神情毕肖。在绘制御容方面，最受皇帝的器重，曾奉敕追画康熙晚年肖像，极其传神，令雍正看了悲不自胜，潸然泪下，可知其感染力之大。所作《允礼（1697—1738）小像》（图9-10），面部五官以线勾出，再用赭色晕染须发眉毛的深淡，具有立体感和皮肤的质感。

西洋画在被吸收到中国画中的过程中，一直经历着严峻的挑战。文人们可能对欧洲来的最早的油画家格拉第尼在北京天主教堂的湿壁画风格留下印象，但由于和中国风格距离太远，一时无从臧否。而郎世宁们的中西合璧，因采用了中国的材料和工具，故其特长和不足十分明显。如胡敬分析焦秉贞的"丹青"之所以得到康熙奖掖，"正以奖其数理也"。而从文人士

图9-11　粉彩人物笔筒，高13.3cm，口径及底径均为17.4cm，清雍正，上海博物馆藏

图9-12　珐琅彩雉鸡牡丹纹碗，高6.6cm，口径14.5cm，足径6cm，清雍正，北京故宫博物院藏

大夫在笔墨上积累的丰富表现力来看郎世宁等人及中国门生的图像制作过程，难免认为其格调平平，如邹一桂认为的："笔法全无，虽工亦匠，故不入画品。"

　　清宫赞助的"海西画派"虽局限在一定的范围，但其影响却不可低估。间接受其影响的陶瓷工艺品，在装饰风格上走向繁缛华丽的极端，代表着清朝统治者的审美趣味。康熙、雍正、乾隆三朝在江西景德镇烧制的一系列名窑瓷器中，尽管没有直接搬用外来的风格样式，但有些督造官，如雍正四年（1726）督理窑务的内务府总管年希尧，对西洋艺术的技法原理有精到的研究。年窑是清代陶瓷业鼎盛期的代表，器物造型无所不备，装饰技法更为精美，尤以粉彩和珐琅彩著称。在唐英（1682—1756）督理窑务期间（1728—1756），又进一步加以完善。雍正白瓷的白度达70%以上，这就为粉彩（图9-11）、珐琅彩（图9-12）等釉上彩绘提供了理想的条件。所绘的纹样精细入微，色调层次柔和丰富，达到了完美的地步。

　　另一方面，中国美术对欧洲艺术的影响也是史无前例的。在汉代的丝绸贸易和唐以来的陶瓷贸易中，欧洲人部分地接触到了汉唐文明的影响。元朝初年来自意大利威尼斯的旅行家马可·波罗东游回国后，有著名的游记问世，激发了许多欧洲殖民者到东方探宝的好奇心，促成了环球航路的开通。明清之际的传教士回国之后，作了大量介绍和翻译中国文化典籍的工作。像马国贤回到意大利后，曾花了十年时间建立那不勒斯的中国学院，传播东方文化。他将在华期间得到皇帝和大臣们馈赠的大量艺术品，作为向欧洲人展示中国文明的形象材料。尽管如此，从利玛窦开始，传教士们在认识中国画方面还存在着巨大的隔阂。他们认为中国人不懂明暗，不晓油画技法。如葡萄牙人曾德昭（Alvaro Semedo，1585—1656）1655年谈论中国艺术时就认为："他们绘画中的奇特性胜过了完整性。由于既不懂用油画技巧，也不知道明暗法，所以画出来的人物形象全无美感。但他们画树木花卉禽鸟等等，却非常逼真。现在有些中国画家受了我们的影响，运用油画的技法，开始画出完美的图画。"

就像清宫重视西洋钟表等奇异珍宝一样，欧洲各国的上层社会对中国装饰工艺品也表现出极大的热情。中国的瓷器、丝绸和漆器等在欧洲供不应求，于是出现了仿制品和代用品。从法国路易十五（Louis XV，1710—1774）的宫廷到中产阶级的家庭，从精美的瓷器到中国墙纸、壁挂，流行起一种中国装饰风，即法文的Chinoiserie。这一风格也扩展了中国外销产品的出路，使之迎合"新奇怪诞"的趣味。随后，欧洲艺术家根据这类幻想般的画面，设计和创作出他们的东方园林和艺术作品。苏格兰人威廉·钱伯斯（William Chambers，1723—1796）在访问中国后，于1750年在伦敦建造了欧洲第一座"中国"园林（图9-13）。他指出："中国人比欧洲人更加尊重园艺，他们把这一艺术中的完美之作与人类理解的伟大产物相提并论，并认为园艺在激发情感上的效力绝不亚于任何其他艺术。"这种充满感情的描述，实际上是陶醉在自我遐想之中。

图9-13 ［英］威廉·钱伯斯：中国式塔，18世纪，英国伦敦丘园

18世纪以后欧洲反对罗可可浮华矫饰的装饰风格，也导致对"怪诞化"的中国事物的厌倦。加上耶稣会士的名声日衰，由传教士介绍的中国专制制度，在法国大革命以后成为众矢之的。而清朝方面则加强了对西方贸易文化的限制，使中西交流处于停滞状态。1793年乾隆在召见英国使臣时给英王乔治三世（George III，1738—1820）一复函，明确告诉对方，本天朝物产丰富，无一匮乏，无须从外部蛮夷那里引进各种制品。面对着欧洲资本主义18世纪在世界范围的殖民，为了防止对外商业贸易引起国内经济的动荡不安，清朝政府采取了闭关政策，只允许在广州一地通商，并只允许通过指定的公行，即所谓"十三行"才能进行交易。

17世纪至18世纪，康、雍、乾三朝出现的普遍繁荣，使全国人口到19世纪中叶达到四亿之多。开采的金、银、铜、铁、锡、铅、水银、丹砂等矿产都有相当数量，从事这方面生产的劳力人数也很可观。广西大矿场的工人有上万人，广东制茶厂的劳力也超过五百。道光年间广东的纺织厂有两千五百个，工人总数逾五万。作为丝织中心的江南地区，仅南京一地就有五万张锦缎织机。大的工场有五六百张织机。此外，当时有名的手工业产品，像四川的织锦，山西的绢布，山东、河南的棉布等，都有一定的生产规模。在对外经济贸易中，外销瓷的比重相当突出，其中包括专门为欧洲市场定制的产品。总体而言，整个社会仍处在自给自足的封闭环境中，部分地保持和外界的联系。1840年中英鸦片战争爆发，清帝国受到第二波西方文化的冲击。但这次的处境和明清之际的情况大不相同了。中国境内的各民族反满斗争此起彼伏，其中1851年爆发的太平天国革命，前后持续十三年，严重地动摇了清王朝的国本。清朝在外国侵略者的武装面前更是无能为力，致使中国陷入落后挨打的被动局面。为了寻找图强自新的救国之路，中国的思想界和知识界进行了各种努力。像蓬勃兴起的金石运动，是艺术界追求自新的重大抉择，将在第五节详细介绍。与此同时，作为视觉设计的开始，商业广告开始与传统年画市场结合起来，作为新的大众文化形式。光绪乙亥十二月初七（1876年1月3日），上海棋盘街的海利号商行在《申报》销售华英月牌，为"月份牌"的先声。翌年，《申报》随报派送中西月份牌，遂成时尚。每逢农历新年，上海的票号、洋行、烟草公司、保险公司等企业定制了阴阳年历表和产品广告月份牌，突出媚俗趣味的图像，大量发行，影响遍及国内外。到20世纪前期，更成为销售快乐的廉价媒体。鸦片战争前后，广东、中国香港等地也涌现了一批制作外销画的油画家。他们主要以欧美为市场，描绘一些中国的街景和风光，特别是写真肖像。自道光、咸丰以后，这类外销画尤其盛行。它实际上是18世纪中西美术交流的余波。而19世纪中叶直接来自西方的照相术和珂罗版印刷术，使沿海大都市的媒体最先传播真实的图像。20世纪以后各种画报的陆续出现，继续推动了视觉革新的活动。

对西方文化艺术实行比较开放态度的，是1894年中日海战失败后从日本引进现代艺术教育制度之后的事。从清末的京师大学堂和两江师范学堂等处培养的近代西洋美术教育人才，特别是从日本和欧美留学归来的美术家和美术教育家，在发展近代中国美术事业方面，作出了可贵的贡献。与近代留洋的情形相反的是，17世纪至19世纪前往日本鬻艺的中国书画家，曾经在长崎等地颇具影响，将"南宗画"的种子，播撒在德川文化的土壤中。到1887年，德国柏林东方学院聘请诗人、书法家潘飞声担任四年中国文化语言教习，兼任博物馆顾问，正好与封建科举首次采用选拔出国游历官员的考试和清朝首次派游历使出洋考察等举措同时，成为东学西渐和西学东渐跨语境交流的重要标志。

## 第二节　清初"四王"和正统派风格

明清易代，国家政权又一次为北方少数民族所掌控。17世纪初，发源于东北白山黑水一带的满族人，在其领袖努尔哈赤的统率下，占领了长城以北的广大疆域，于1636年在沈阳建立"清"，并于1644年入山海关，占领了北京，开始了征服全中国的大业。满族统治者为了保证社会制度的安稳，建立了比明朝更为严厉的中央集权管理体系，采取了在全国各地派驻八旗军队、大兴文字狱等一系列措施。这使得社会矛盾经常处于尖锐的对抗状态。与此同时，满族统治者吸取了元朝灭亡的教训，很快地与汉族统治阶层组成利益共同体，恢复和发展社会经济，使农业、手工业和商业在明朝的基础上得到发展。

画坛上被奉为正宗的正统派，不仅见重于朝廷，而且左右了清初百余年的画风。当时最有名的有六位画家——王时敏、王鉴（1598—1677）、王翚（1632—1717）、王原祁（1642—1720）、吴历（1632—1718）、恽格（1633—1690），简称"四王吴恽"或"清六家"。他们并非一个画派，但都强调临古，推崇元人的笔墨，能以精熟的技巧，形成各自的面貌。

了解"正统派"的风格特点，需从政治和社会基础方面着眼，认识清代统治者的思想意识倾向。满族的军队入关扼杀了农民起义后，通过和汉族官僚大地主联手，很快征服了全中国，建立了清朝的统治。满族统治者重视从意识形态方面巩固其正统地位，采取了种种压迫和欺骗的政策，力图使广大的知识分子就范。通过书画界董其昌流派的影响，清代统治者找到了文化代言人。就像满族帝王处理西洋绘画的情况，监控传教士画家的个人信仰，使其只服务于清朝的政治需要。他们对待汉族文人士大夫们的心态，也毫无二致。

对董其昌艺术的提倡，主要是和康熙喜爱董其昌的书画有关。清初书坛沿习明代盛行的"帖学"，使本来已誉满江南的董其昌身价益重。康熙对董书研习最勤，并将海内作品真迹搜访几尽，唯题"玄宰"二字者，以"玄"字犯其讳，臣下不敢进览，才使那部分董书流落世间。凡能搜集到的，都精裱装订，玉牒金题，藏之秘阁。经他的提倡，当时朝殿考试，斋廷供奉，董书几乎成了唯一的标准。清代台阁体的代表书家、松江人张照（1691—1745），行草也从董书入手，继而出入颜、米，天骨开张，气魄沈雄，有"卓然大家"之评，常为皇帝代笔。

和康熙不同，乾隆则喜爱赵孟𫖯的绘画和书法，故有"香光（董其昌）告退，子昂（赵孟𫖯）代起"之势。不管康、乾二帝个人的偏好如何，他们对帖学的重视是相同的。乾隆将珍藏传为王羲之、王献之和王珣书写的《快雪时晴帖》《中秋帖》《伯远帖》的故宫养心殿西室命名为"三希堂"，授意刊刻了《三希堂法帖》，推动帖学的发展。乾隆游艺翰墨，兼擅山水、花草、梅花折枝等，笔用中锋，画法兼有草隶之意，

图9-14　王时敏：仿北苑山水轴，纸本墨笔，37.9cm×17.3cm，1629年，上海博物馆藏

图9-15 王翚：小中见大册（之一），绢本墨笔，56.8cm×34.9cm，清，上海博物馆藏

图9-16 王原祁：仿黄公望山水图轴，绢本墨笔，122.71cm×52.8cm，1703年，辽宁省博物馆藏

喜用董其昌笔法作平远小景。在他南巡时，张宗苍（1686—1756）献画，披阅之际，为加三两笔，气韵发越，面貌为之一改。在满族的书画家中，绝大多数都从董其昌一派出来，由此可以想见朝廷内外所崇尚的艺术风格特点。

王时敏，字逊之，号烟客、西庐老人，江苏太仓人。明末以祖荫官至太常寺奉常，人称"王奉常"。入清不仕，以书画自娱。画工山水，少与董其昌、陈继儒等过从甚密，相互切磋。与董其昌、王鉴、程嘉燧（1565—1643）等共称"画中九友"。早年笔墨精细淡雅，工整清秀，晚年渐得宋元标格，笔墨苍润。其画运腕虚灵，布墨神逸，随意点染，丘壑混成，深得黄公望之妙，被秦祖永誉为"画苑领袖"。他的作品多以仿某某笔为题，反映了他在思想倾向上和董其昌的一致性。代表作有《仿北苑山水轴》（图9-14）等，可以显示其深厚的艺术功力。当时追踪王时敏画法者甚众，因太仓在娄江之东，他被视为"娄东派"之祖、"正统派"首领。

和董其昌同为"画中九友"的王鉴，字圆照，号香碧、染香庵主，太仓人。明末时仕至廉州太守，入清不仕。他家富收藏，精于临摹，于董源、巨然尤为精诣。他的画风沉雄古逸，笔墨工雅精细，青绿山水纤不伤雅，皴染技法亦称佳妙。

出于王时敏、王鉴门下的王翚，字石谷，号耕烟山人、乌目山人等，常熟人。画工山水，融南北宗之技法，以南宗笔墨技巧写北宗之丘壑，独开门户。曾为康熙作《南巡图》。此画先由王翚执笔画草图，分四片，计十二卷，经过皇上审阅后发还，正式定稿。前后历时三年，十二轴画卷上，人物形象两万余名，细致生动地反映了南巡的盛况。所表现的各地的风物景象也相当真实，是纪实性较强的历史长卷。为此，康熙赐书"山水清晖"四字，故又自号"清晖主人"。王翚晚年画风一变而为苍茫简劲，形成清代画史上影响最大的"虞山派"。他临缩前代名迹的《小中见大册》（图9-15），充分地显示了他全能的画艺。王翚是四王之中临摹古人的专门家，功力极深厚，而且面目最为多样。他认为："以元人笔墨，运宋人丘壑，而泽以唐人气韵，乃为大成。"康熙的欣赏，体现了统治者以古人模范今人的政治用意。北京宫廷推崇和追随虞山派，因为王翚家乡有虞山，故名。画家从之者若鹜，著名者有杨晋（1644—1728）等。

王原祁，王时敏孙，字茂京，号麓台，康熙年间进士，仕至户部侍郎，人称"王司农"。元朝画家黄公望、倪瓒最擅长用干笔，经董其昌提倡后成为时尚，王原祁亦善于运用干笔枯墨的方法。他的"浅绛"法极精要，笔力沉着。康熙欣赏其画艺，命他担任《佩文斋书画谱》纂辑官，并为内廷鉴别书画。1713年康熙六旬万寿庆典后，他奉诏率领十多位著名画家，合作了《万寿盛典图》。康熙关心王原祁的创作，曾在南书房命王作山水，自己"凭几而观，不觉移晷"，一时传为美谈。由于这种特殊的君臣关系，画院内外均以其技法为圭臬。而从艺术本身来看，其画法流行有内在原因。如清人张庚（1685—1760）所说，因为"湿笔难工，干笔易好。湿墨易流于薄，干笔易于见厚，湿笔渲染费劲，干笔点曳便捷，此所以争趋之也"。由于王时敏、王鉴和王原祁的提倡和模仿，把善用渴笔皴擦的黄公望偶像化，并由此排斥南宋马、夏那种"水墨淋漓"的画法，视湿笔为"俗工之趣"。王原祁很自信，认为其笔端有力如"金刚杵"。如所作《仿黄公望山水图》（图9-16），笔墨苍老浑厚，虽有模仿黄公望的痕迹，但多参以己意，富有创造性。张庚称赞其优游于生熟之间，熟不甜，生不涩。他笔墨不求外在的精熟圆通，而求内在的含蕴，用大披麻皴法，再加许多横点，以干枯之笔为主，层层皴擦，沉稳而有气度。他一变碎石堆积的布局，层次比较鲜明，风格明秀苍润。王原祁有明确的创作理念，主张作画介于"生、熟"之间，以"理、气、趣"兼到为佳，讲究画之"开合""体用""龙脉""气势"等问题。他在《雨窗漫笔》中对笔墨结构有精彩论述："龙脉为画中气势，源头有斜有正，有浑有碎，有断有续，有隐有现，谓之体也……且通幅有开合，分股中亦有开合；通幅有起伏，分股中亦有起伏；尤妙在过接映带间制其有余，补其不足，使龙之斜正，浑碎，隐现，断续，活泼泼地于其中，方为真画。如能从此参透，则小块积成大块，焉有不臻妙境乎！"这些创作山水画的结构方法概括了"正统派"的特点。概言之，"四王"的画风在清代弥漫，使当时的山水画坛，不是归属于娄东派，就是属于虞山派，可知其作用范围之大。

在娄东弟子中，较能体现宫廷和文人两种趣味的重要人物有唐岱。字毓东，号静岩等，满洲正白旗人。历事康、雍、乾三朝，以画供奉内廷。康熙赐他为"画状元"，乾隆题其《千山落照图》，有"位置倪黄中，谁能别彼此"的诗句，推崇备至。他学王原祁，得其精要。代表作《晴峦春霭图》，为乾隆六年（1741）霜降时仿黄公望之作，长年悬挂于主敬殿西山墙，是唐岱晚年的精品。他以阔笔画崇山叠嶂，霭横晴峦，有曲流小径，蜿蜒于隔山之壑。水榭山居，高树疏林，错落有致。以干笔皴擦山石，加浓墨横点，层次与立体感分明，沉厚的笔势造成了深远的境界。唐岱作为画院中的出色人物，曾与郎世宁等海西画家合作，《松鹤图》就是一个范例。这幅工笔设色画，由郎世宁画松鹤，唐岱补巨石，可以看出唐岱受西洋画法的启发，有意将巨石画得有凹凸之感，减弱皴擦的作用，使光线明暗更为突出，为融合中西画法作了积极的尝试。唐岱著有《绘事发微》一卷，共二十四篇。以"正派"起首，至"游览"为终，条理分明，显示了他对画学原理有深入的认识。他以深入浅出的语言，发挥董其昌山水"南北宗说"，推重四王，贬低北宗，并对前代画论加以概述，颇便于初学。如"欲求神逸兼到，无过于遍历名山大川，则胸襟开豁，毫无尘俗之气，落笔自有佳境矣"。通过"四王"及其弟子们的努力，"正统派"画家在画法和画论两个方面都作了深入的总结，形成了清晰的体系。

在"娄东派"的健将中，王原祁的族弟王昱又和王玖、王宸（1720—1797）、王愫等合称"小四王"。乾隆年间，方薰（1736—1799）、张宗苍、钱维城（1720—1772）等为"画中十哲"，也是娄东的余风。乾嘉以后的山水名家也被牢笼其中，说明在董其昌的影响下，由"四王"身体力行，山水画沦为某一宗、某一派的传绪。换言之，山水画成为自身历史的诠释。

从董其昌的《画禅室随笔》到"四王"的艺术笔记，凝聚了重新认识传统的重要心得。这些大师的课徒手稿是他们传授艺术丰富经验的结晶。康熙十八年（1679）由王槩（1645—约1710）等人编撰的《芥子园画传》（彩图40）初集问世，则是集大成的楷模。画谱之名见于宋代。明代印刷文化繁荣，出版了一些综合性与专题性的画谱。而真正作为教学用的画谱，《芥子园画传》堪称翘楚，在此后数百年间对绘画教育产生了深远影响。这部介绍绘画基本技法的读物，将玄妙高深的画论，作了深入浅出的叙述，详尽而有系统，为广大初学者提供了入门参考。初集为山水画谱，五卷，简明扼要地论述画山水的要求，开篇亦以"分宗"为第一要义。到康熙二十六年（1687）编撰了二、三集，由芥子园甥馆彩色套印出版。二集为兰、竹、梅、菊四谱，八卷，其前俱有画法、歌诀、起手式，由浅入深，方便初学。三集为花卉、草虫及花木、禽鸟两谱，四卷，都有浅近说明并列其样式。值得一提的是，这部画谱在中国版画史上也有很高的地位，将晚明套版水印技术，应用在普及性课徒教材的出版上，以提升视觉文化的艺术水准，功莫大焉。到清末，这套画谱被石印翻刻，又添了人物画谱，作为第四集，还添加了19世纪画家的新样式，继续成为普及中国画的主要教材。

在认识清初正统派的历史地位时，有两个特点值得强调。

特点之一和认识董其昌的功过有关，即"娄东""虞山"二派在笔墨形式结构上作了重要的贡献。如王原祁处理山水画单元结构和整体结构的相互关系，注意的是形式语言本身。表现一般性自然景物和专题性对象的山水画，形成了诗意化和纪实性风格的不同侧重。像画的品名可看出其特点，如《早春图》《吴中十八景》之类。到了董其昌，这些品名虽继续在用，如《昼锦堂图》《青卞山图》等，不过其兴趣点已经转移到笔墨形式上——《青卞山图》实际参照的是1366年王蒙的《青卞隐居图》，但他画上却题写着"仿北苑笔"。董的画面推敲的是形式结构关系。到"四王"及其传派的作品上，几乎"仿某某笔"成为唯一的选择，艺术史的观念充当了风格的主体，即唐岱、王㬙等人强调"正派""分宗"的缘由。能够从形式语言的高度认识绘画的精华所在，是中国画家在思想上的一个飞跃。它在传统的规范中，发现不同语言之间细微而又丰富的差别。与此同时，追求形式主义的弊端也暴露出来，因为在"思"与"景"的范畴中，"正统派"忽略了"景"这个活水源头，招致"五四"新文化运动中对"四王"的一片讨伐声，认为他们导致了"中国画衰败已极"的局面。

特点之二时常被忽视，即强调形式语言在美术教育上的重要意义。"传移"在谢赫"六法"结构中强调了学画过程的一个基础。但究竟如何"模写"，只有到董其昌以后，才上升到一个认识论的高度，以区别于民间画坊和职业画家的单纯技法传授。《芥子园画传》等系统教材也以画法为重点，由于编撰者从"四王"的传派出来，所以能把画法形式作为一个个既独立又相互关联的单元要素（即认知心理学上的"图式"）提炼出来，做到条分缕析，高屋建瓴，具有普世的价值。如在日本浮世绘大家喜多川歌麿（1753?—1806）描绘版画制作的流程图中，有包括《芥子园画传》在内的参考书，点明其作为创作图式的重要性。20世纪西方艺术史大家贡布里希（E. H. Gombrich，1909—2001）在其名著《艺术与错觉》中，也对这些图式的心理认知作用进行了分析。

吴历，字渔山，号墨井道人，常熟人。工诗，有《墨井诗钞》存世。师从王时敏，在"清六家"中自成面貌。书法学苏东坡，以善用墨著称。信奉天主教，曾到中国澳门接触部分西洋文化。他心性超然，行止淡泊，一生不入仕途，以卖画自给。早年作画多具元人气象，清新秀丽，虽刻意摹古，却处处独辟蹊径，不肯有一笔寄人篱下。他所画的山，多是用"阳面皴"，对山石的受光部分也以皴笔表现，加强明暗与黑白的对

图9-17 吴历：静深秋晓图轴，纸本设色，95.6cm×24.1cm，清，南京博物院藏

图9-18　恽格：锦石秋花图轴，纸本设色，140.5cm×58.6cm，清，南京博物院藏

比。他的宗教信仰是否有助于接受西洋画的影响，可以《湖天春色图》（彩图41）作为例证。其画面的构图重视进深感，色调清淡，有如西洋水彩的效果。吴历虽为天主徒，在艺术取向上仍重笔墨意趣。他枯笔淡皴的方法和构图创意的精神多从宋元传统中化出，晚年学王蒙的繁密构图，层次丰富，画崇山峻岭，苍松古柏，有渐入渐远、苍茫无尽之感。（图9-17）他的点苔最可称道，成为画面上虚实互参、灵气贯通的重要因素，如其在《墨井画跋》中所言："山以树石为眉目，树石以苔藓为眉目。"他的艺术观点主张模写己意，认为："画要笔墨酣畅，意趣超古，画之董、巨，犹诗之陶、谢也。"又说："泼墨，惜墨，画手用墨之微妙。泼者气磅礴，惜者骨疏秀。"可见这位墨井道人的艺术归宿还是文人的笔墨精华，而不像供职宫廷的画画人去做中西合璧。吴历的山水画名播全国，王翚称之为"出宋入元，登峰造极"。

在清初的"正统派"山水画之外，也出现了花鸟画的正宗，即由恽格开辟的明丽生动的风格。恽格，字寿平，以字行，号南田，江苏武进人。一生不仕，卖画自给。工诗、书、画，时称"三绝"。他最初画山水，并致力于独创。间作小幅山水，深得元人冷淡幽隽之旨，一丘一壑，雅秀超逸，与王翚相抗衡，唯笔力稍弱。见到"虞山派"天下独步之势，不愿步踵其后，决定舍山水而画花竹翎毛。常州历史上有不少花鸟名家，如元代"毗陵画派"谢楚芳等（其1321年作《乾坤生意图卷》就是一件精品）。恽格发展了这一传统，花鸟画法宗徐崇嗣之"没骨法"，融会明人写意笔法，兼工带写，笔触轻快，色彩明丽，以清秀、柔丽代替了浓艳富丽的画风特点，终成一代名家。其风格在常州一带风行，故有"常州派"之称。宫廷贵族、朝野名流、名门闺秀也竞相仿效，而宫廷画院中演绎其技法者甚众，均以之为正宗规范，遂成为清代花鸟画的重要画派。精品如《锦石秋花图》（图9-18），主要以没骨勾勒画成，极力保全天机物趣，不以人为的线条框定对象，传达最微妙的生命感觉。画面所示"秀"的视觉感受，实现画家对元人绘画境界的向往。在设色中表现空灵超逸的境界，除了花卉品类十分丰富外，还因为花鸟艺术没有舍弃创造真实生动的形象的要求。在创造意态飞动、富有天机物趣的形象时，也追求着明洁光润的画面效果。

恽格虽受董其昌注重笔墨的思想影响，但从不脱离现实生活的源头，以自开新风。如论花卉画法，强调生态意趣："凡画花卉，须极生动之致，向背、敧正、烘日、迎风，挹露，各尽其变，但觉清芬拂拂，从纸间写出乃佳耳。"所著《南田画

图9-19 邹一桂：白海棠图册页，绢本设色，31.7cm×51.8cm，清，上海博物馆藏

跋》，分画跋和题画诗两类，画跋又分画法、画鉴、画品三种，识见过人。论境界一题，意义深远，认为"意贵乎远"，"境贵乎深"。"意远"在于"人人能见之，人人不能见"，"境深"在于"全不求似"，"独参造化之权"，如此得造化之神工，创艺术之妙境。这些独到的思想，对近代山水画家黄宾虹等有深刻影响，提升了古典绘画艺术的美学品格。

和恽格的"常州派"并立的还有王武（1632—1690）一派和蒋廷锡（1669—1732）一派。王武，字勤中，长洲人，风格不如南田画派那么细腻柔美，但往往突出了疏朗飘逸的风致。蒋廷锡，字南沙，常熟人。康熙年间进士，入翰林，官至大学士。这种特殊的地位，使他与恽格布衣终身、王武为中落旧家子弟的艺术趣味形成差异。他以画风庄重著称，中规中矩，朝野人士雅尚笔墨者，多奉为楷模。其人工书善画，兼工带写，往往能于一幅之中同见率意、工细之笔，共具赋彩、水墨画法，且神韵生动，入元人堂奥。同时在与郎世宁等"海西画家"的接触中，吸收了写实的养分。前叙莽鹄立为果亲王允礼的写照，就由蒋廷锡补景（图9-10），亦非偶然。蒋的作品为皇帝左右的人们所贵重，巩固了他在艺术领域中的地位和影响。传其画法者有其子蒋溥，及邹元斗、马逸、汤祖祥等，皆一时名家，所以在他身后也蔚然形成一独立的画派。

无锡人邹一桂，号小山，雍正年间进士，官至礼部侍郎。工诗、画，擅工笔花卉，为清代画院中的杰出人物之一，是独

图9-20　袁江：仿郭忠恕宫庭月夜图轴，绢本设色，153.7cm×66.3cm，1693年，美国纽约大都会美术馆藏

立于恽、王、蒋派之外的又一位重要的花鸟画家。他演绎恽格没骨写生画法的余绪，画格则接近蒋廷锡，以笔墨清古冶艳、设色明净而享誉艺林。（图9-19）著《小山画谱》，分上下二卷，专论花卉画法。上卷分八法四知，后列举一百一十五种花草和三十六种洋菊的花叶蕊的状态和颜色，记述其特点及描绘要领。这明显借鉴了"海西画派"观察自然的方法，是模状花卉不可多得的经验总结。下卷摘录古人画说，多参以己意，为探讨花卉画法的系统著作。他强调"以万物为师，以生机为运，见一花一萼，谛视而熟察之，以得其所以然，则韵致丰采，自然生动"。目标是"欲穷神而达化，必格物以致知"。他标举"活""脱"，指出："活者生动也，用意用笔用色，一一生动，方可谓之写生。""脱者笔笔醒透，则画与纸绢离，非笔墨跳脱之谓。跳脱仍是活意，花如欲语，禽如欲飞，石必嶙嶒，树必挺拔。观者但见花鸟树石而不见纸绢。"这些立论，见地不凡。邹一桂提到西洋画家，只将其作为参酌一二的借鉴，并未认同其中西合璧的尝试，认为西洋画法"虽工亦匠，不入画品"，在文人士大夫画家中具有代表性。

在清宫廷画院中，除了"海西画派"追求写实效果外，也有山水画家袁江、袁耀父子（一说叔侄），继续以界画的传统，表现北宋李郭传统中的特殊趣味。他们是江都（今江苏扬州）人。作为典型的职业画家，很像元代盛懋以及明代浙派和吴门派中的职业画工，掌握了全面的绘画技能。袁江为雍正年间的内廷供奉，山水初师仇英，后转师宋人笔法，所作景物皆工致细腻，为当时卓有艺名的画院人物。他精楼台殿阁，被推为界画第一。他的作品很多，《仿郭忠恕宫庭月夜图》（图9-20），构图宏大壮阔，用笔富于表现力，给人以强烈的视觉震憾，显示了他的长处。袁耀为乾隆年间如意馆供奉，也属于非士流出身，为无官职的画工。画承家学，有出蓝之誉。与"四王"及其流派的形式化山水相比，二袁的作品突出了画面的戏剧性效果，使民间的艺术传统再次出现在宫廷绘画中。这是游移于"正统派"风格之外的一个不同的声音。在清末，天津杨柳青著名画师高桐轩（1835—1906）被召入如意馆作画，可谓其余响。

厉鹗（1692—1752）《玉台书史》与汤漱玉《玉台画史》分别是第一次对女性书法家及画家历史的梳理，为此后黄宾虹、魏玛莎（Marsha Weidner）、陶咏白（1937—　）等研究中国女性艺术家提供了参考。这些书画家的创作，有特殊的受众，其流通的形式，也因人而异。清代她们人数的增加，表明在社会交往中重要性有所提高。从其史传看，她们的身份大致分为宫廷贵胄、名流妻妾、画家后裔，以及青楼才女数种。举其著名者，如上述柳如是，由明末文坛领袖钱谦益的红尘知己转而为妾，终因出身微贱，酿成了"钱氏家难"中被逼自尽的悲剧。汤漱玉，字德媛，钱塘（今杭州）人。藏书家汪小米之妻，托生名门，幼耽翰墨，进而补《玉台书史》之未录者。江苏武进女画家恽冰，字清於，别号兰陵女史，《国朝画征录》有传，然非恽格之女，而为五世族孙女；恽格六世族孙女恽珠（1771—1833），字星联，自称毗陵女史。有诗集《红香馆诗草》，选编《国朝闺秀正始集》，均传承恽氏画法。清末任颐（1840—1896）之女任霞，字雨华，亦擅绘事。侨居沪上，人物、花鸟得家传。朝廷皇族中，慈禧太后（1835—1908）叶赫那拉氏，亦好丹青，并以缪嘉蕙（1848—1918）为代笔；又作擘窠大字，常书"福""寿"等字赏赐朝臣。这位垂帘听政四十七年的"老佛爷"落笔有气势，使人想到唐代女皇武则天的书功（图5-12）。

## 第三节　清初"四僧"和个性派风格

在董其昌艺术思想影响下，清朝初年还出现了一批极具个性的画家。他们与"四王"等人走着很不相同的生活和艺术道路：在政治上，他们大多对清朝统治者持不合作的态度，表达了作为明遗民的鲜明爱憎；在艺术上，他们则利用传统的形式抒发真实的思想感情，创作了代表自己时代面貌的经典作品。其中最有名者为弘仁、髡残、八大（1626—1705）、石涛（1642—1707），因都出家做过和尚，故被称为"四僧"。

弘仁，本姓江，名韬，字六奇，歙县人。抵抗清兵失败后，剃度出家。法名弘仁，号渐江学人、渐江僧、梅花古衲。他把强烈的民族感情寄托于诗书画中，是明清之际最有创造性的画家之一。擅山水、梅花，曾师事萧云从（1596—1673），格近倪瓒、黄公望，而以倪瓒影响为最深。然而弘仁之师古，全在把握古人之精神，不落古人技法之窠臼。他把倪瓒作为实现自我超越的一种理想。他在一帧册页上写道："余力不能克，愿从其简。学迂翁（指倪瓒）者，幸勿以余为准则。"他勤于观察写生，往来于武夷、黄山、白岳、匡庐之间，对黄山情有独钟，一再描绘，如《黄海松石图》、《黄山始信峰图》（图9-21）、《卧龙松图》、《扰龙松图》等等，感受独特。当时人评价说："渐公画卧龙松，于黄山卧龙松绝不相似，然笔法高处，正妙在不似。盖黄山松奇奇怪怪，即一松一石，有不容强似者，必欲求为小儿团泥作戏具，但可发噱耳。天下事

图9-21　弘仁：黄山始信峰图轴，纸本浅绛，214cm×84cm，清，广州美术馆藏
图9-22　弘仁：秋景山水图轴，纸本墨笔，120cm×62cm，清，美国檀香山美术学院美术馆藏

图9-23 髡残：苍山结茅图轴，纸本浅绛，89.8cm×35cm，1663年，上海博物馆藏

以离得合者为限，未可为不虚心人道也。"这虽和吴门画家的纪游山水具备相同功能，但其突出的风格，得武夷之险，酌黄山之秀，进而自出机杼，冠绝当时。《黄山始信峰图》通过描绘西海始信峰一景，体现出画家独创的幽冷宁静的意境；出自倪云林一路，而萧疏荒寒过之。山石线直而陡，多空勾而不加渲染，只点出丛树几簇，顿生疏密变化之奇。画面多作几何块面构图，见其傲岸之态，给人以超凡出尘的美感。加之运笔虚实合度，蕴藉深沉，令人展玩不已。他非常凝练的风格冷峻异常，使人敬畏。（图9-22）通过他的画笔，所有变幻不定的东西都成为不朽。弘仁在开创新安画派上，名重于当时，影响久远。如程邃（1608—1692）题弘仁《黄山图》所说："吾乡画学正脉，以文心开辟，渐江称独步。"

髡残，字石溪，号白秃、残道人、电住道人，晚号石道人。俗姓刘，武陵（今湖南常德）人，居江宁（今江苏南京）牛首山。和其他三位画僧不同，髡残并非因为明亡而出家，但出家十余年后经历的国难，对他的绘画创作仍有明显的影响。画以山水见长，不入当时画坛门派。画法远师巨然、米芾父子、元季四家等，并得董其昌之神。这在很大程度上，得益于和董其昌入室弟子程正揆的交往。

程正揆（1602—1675），字端伯，号鞠陵、青溪道人。湖北孝感人，寓居南京，明末进士，入清官至工部右侍郎。画传董其昌晚年笔法，喜用枯笔干墨写山水，画风枯劲简老而设色浓丽。他一生致力于《江山卧游图》的创作，凡五百余卷，构造繁复，笔墨精妙，意境幽邃。北京故宫博物院藏有数卷，可以显示其精湛的画艺，即时人所谓"冰肌玉骨"的风格面貌。

通过与程的交往，髡残达到了他艺术创作的高峰。他善用干笔皴擦之法，笔墨荒率干涩而魄力苍劲，境界浑厚。以禅解画，或借画谈禅，表现出独到的见地。他在北京故宫博物院藏的程正揆作《山水图》上题跋道："书家之折钗股、屋漏痕、锥画沙、印印泥、飞鸟出林、惊蛇入草、银钩虿尾，同是一笔，与画家皴法同是一关纽，观者雷同赏之，是安知世所论有不传之妙耶？青溪翁曰：饶舌，饶舌！"正如张庚在《国朝画征录》的评价，髡残之画，"奥境奇僻，缅邈幽深，引人入胜，笔墨高古，设色清湛，诚元人之胜概也！此种笔法不见于世久矣，盖从蒲团上得来，所以不犹人也"。由于过人的识见，髡残对自己提出了极高的要求，曾言一生中有"三惭"：一惭双脚不曾尽历天下名山；二惭双眼不能读万卷书，阅遍世间广大境界；三惭两耳未曾亲聆智人教诲。他画名甚重，与石涛并称"二石"，与程正揆并称"二溪"，时人以其艺高不可学，有"曲高和寡"之叹。以他的

《苍山结茅图》（图9-23）为例，画家借云壑层峦抒发自我孤傲出世的情怀，就表现出他的高迥立意。其画采用全景式构图，山重水复，又历历可辨。秦祖永比较二石时说："盖石溪沉着痛快，以谨严胜；石涛排纂奔放，以奔放胜。"此图颇繁复，然写来一丝不苟，飞泉流瀑，阡陌交通，苍松杂树，亭阁屋宇，皆沉静作来，盖得益于王蒙之"密"法。用笔干枯苍润，显得层次丰富，内蕴深厚，整个画面以气韵胜。前人谓其作画"生辣古雅，直逼古风"，这正是髡残的本色。高居翰在《髡残和他的题跋》一文中还指出该画所体现的"诗意"结构："其主人翁在自然中隐居，时不时外出旅行，带给他感性的经验，滋养精神；他停下来休息，或站立观看，欣赏一些闲逸景致，或倾听什么声音；然后回到他安宁的茅草屋中。同样的时间和空间结构，构成了一种理想的四段落的叙事，它们在很大程度上，使南宋院体人物点景山水可以归入其中。"髡残也是元吴镇以后擅长草书题画的大家。

朱耷，号八大山人，本名统鉴，是明皇室后裔，分封南昌，故又为南昌人。明朝覆亡后出家为僧，不久还俗当了道士，别号雪个、驴汉、个山驴、荷园主人等，定居南昌青云谱。好酒，行动佯狂，以此摆脱与清朝有任何政治干系。张庚认为朱耷写"八大山人"四字，笔画连缀可以认作"哭之"二字，也可认作"笑之"二字。这名号有多种解释。陈鼎《八大山人传》说："数年妻子俱死，或谓之曰：'斩先人祀，非所以为人后，子无畏乎？'个山驴遂慨然蓄发谋妻子，号八大山人。"很可能这与他在宗谱中为第八代子孙和小名"耷"有关，表示他要归宗延嗣，不至"斩先人祀"。画工山水花鸟，常以作画传达亡国之痛，寓意深邃莫测。画风简练雄奇，笔势阔大痛快，意趣冷傲而不可亲近。花鸟成就最著，在前人林良、徐渭、陈淳的水墨写意基础上，进一步发展创新，笔墨豪放而温雅，单纯而含蓄，形成了一种稚拙清新的独特风格。在花鸟题材中，以神情奇特的水鸟最引人注目。所作鱼鸟，形象倔强冷艳，眼部描写夸张，眼珠皆向上方，作白眼看人之态，此皆画家胸中一股愤慨沉闷情感之寄托。他真正的艺术精品无不用意深邃，借助佛学禅理，将视觉形象变为一个个令人寻思不尽的图像符号。像他的《荷花水鸟图》（图9-24）等杰作，就有这类丰富的文化蕴含，使人不断可以从中体会画家的弦外之音。如当时人所说，其"题跋多奇致，不甚解，笔情纵恣，不泥成法，而苍劲圆晬，时有逸气"。八大山人书法奇特，清新飘逸（图9-25）；山水画受董其昌影响至深，善于从笔墨形式结构上去重塑绘画风格史，把"四王"们借鉴董其昌的那套方法，作了极端个性化的诠释。他的《彩笔山水图》（图

图9-24　朱耷，荷花水鸟图轴，纸本墨笔，126.7cm×46cm，清，北京故宫博物院藏

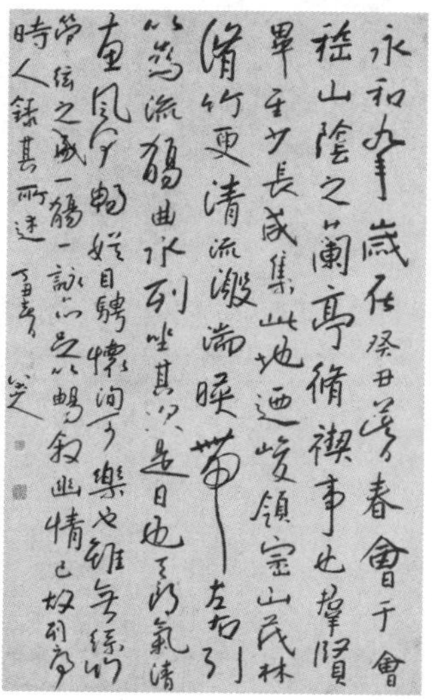

图9-25　朱耷，临河序轴，纸本墨笔，1697年，150cm×90.3cm，清，私人藏

图9-26　朱耷：彩笔山水图轴，纸本浅绛，154.9cm×49.3cm，清，日本大阪市立美术馆藏

9-26）使人想到董其昌《青卞山图》"仿北苑笔"的精义。画残山剩水，一片荒凉之态。它既不同于黄公望的苍率笔意或倪瓒的疏简风貌，也不同于马远、夏圭的"半边""一角"画法，而于荒茫的形式结构中注入真情，展示大美。虽没有"四王"中任何一家的那种临古的深厚功底，但就他领悟董其昌推崇董源的苦心孤诣而论，其高度远在"四王"之上。从某种意义上说，真正在创作高度上达到南宗顿悟境界的，不是"四王"，而是八大山人；而一味模古的"四王"追随者们，落入了北宗渐悟的法障之中。八大山人以其过人的灵性和才艺，不但多产，而且绘画品质极高。据其题跋，他有时一天能画一部册页。生前画名极重，石涛曾几度求其墨宝，示敬仰之意。他的写意画法对后代绘画名家影响深远。

石涛，俗姓朱，名若极，广西全州人，是明朝皇室的后裔，在入清以后做了和尚。法名原济，字石涛，号清湘老人、大涤子、苦瓜和尚，别名很多，后人尊称其为"道济"。一生精研佛学，深究禅理。书画极工，特擅山水。曾住在庐山，中年以后漫游黄山，在安徽泾县等地居住数十年。他在与庐山、黄山等自然名胜的长期接触中，深悟造化之至道，画艺因此大进。所作山水皆笔墨雄伟，恣肆纵逸，构图灵活多变，自成家数，形象奇特，风神独具。通过自然的陶冶，其山水画艺术臻于完备。王原祁称其画"大江以南，无出石师右者"，评价极高。代表作《搜遍奇峰图》和《细雨虬松图》（图9-27）等，都有鲜明的个人风格。根据他数游黄山的经历，他把青山盘旋，绿水缭绕，白云荡乎其间的景物，都用繁密的构图表现出来。这些画面中山峦往往上顶天，下着地，而在画卷中部索性截取一段，突出山峰巍峨之势，体现了石涛"三叠两段"山水画构图的重要程式：三叠是一层地，二层树，三层山；两段是景在下，山在上。画家以心灵空间去融会自然空间，提出这种程式化的构图，是对"思"与"景"相互关系的新认识。与此同时，石涛用点苔的变化来丰富画面的笔墨表现力；以浓点和枯点的交叉互用，形成恣肆奔放而又凝重饱满的形式结构。更重要的是，石涛在不大的篇幅中表现他自己的真切感受和强烈的爱憎。由于他的身世，大自然随处可以激发他强烈的民族情感，并将压抑不住的亡国痛苦转化成为艺术创作的巨大动力。像他的《狂壑晴岚图》《古木垂荫图》《万点恶墨图》等，都能显示他在运用笔墨形式时所寄托的内心激情，具有狂放排奡的气势，趋向于晚年泼墨飞舞的自由境界。

石涛在对待清朝的态度上，也逐渐发生了转化。康熙两次南巡时，他曾分别在金陵和扬州接驾。康熙二十九年（1690）

石涛应辅国将军博尔都（1649—1708）之邀赴北京，其目的可能是想得到康熙的召见。在京期间，他和王原祁合作了《竹石图》，并接触了北方的艺术收藏品。不过他在政治上的希望却落空了，所以在康熙三十三年（1693）南回扬州。他晚年长期住在那里，靠卖画为生。他创作的《淮扬洁秋图》（图9-28），表现出对江南风物的一片深情。采用俯视的全景构图，并以长篇的题跋描述其作画的心绪，给人丰富的艺术联想。他还擅长兰竹花果，笔意纵恣，功力很深而又脱尽窠臼，对后来的扬州画风产生了直接影响。所作《墨荷图》（彩图42）、《梅竹图》等，将纵横恣肆的画风带入花卉墨竹艺术，在墨色淋漓中能呈现自然的勃勃生气和画家的独特个性。在扬州，石涛还以造园叠石著称。李斗《扬州画舫录》记："释道济，字石涛……兼工垒石。扬州以名园胜，名园以垒石胜，余氏万石园出道济手，至今称胜迹。"

石涛常常自题诗文于画上，皆独造精工，显示他全面的艺术涵养。他的诗作，特别是他的题画诗，抒发了他对生活的深厚的感情。他在《石涛画语录》（又称《苦瓜和尚画语录》）等论著中，阐述了超越同侪的现代理念。和他的创作一样，这些理论异彩纷呈。如反对一味地临摹古人的法度，反对泥古不化，强调抒发个性，主张师法造化，认为"我之为我，自有我在，古之须眉，不能生我之面目，古之腑肠，不能安入我之腑肠"。又如反对把山水画降低为单纯的皴擦点染的技术，主张以笔墨传写山川万物之神，主张用画家自己的想象深入对象，要能领悟自然事物的形象的丰富内涵，认为"山川使予代山川而言也，山川脱胎于予也。予脱胎于山川也，搜尽奇峰打草稿也。山川与予神遇而迹化也，所以终归于大涤也"。通过写"天地万物"和山川大地的形势，呈现出广阔的艺术理想。石涛从宇宙论的高度，来说明绘画所创造的精神世界的重要性。《石涛画语录》十八章，开宗明义就提出"一画论"，其内涵有三：一是作为绘画的本体，"众有之本，万象之根"；二是理一万殊，"一画之法，乃自我立"；三是一气呵成，在作品中以有形的线迹蕴含弥贯宇宙的生命之线。这是石涛美学思想的核心所在，也是世界艺术理论的杰作之一。

石涛的山水取景安徽黄山地区的很多，从他早期的作品中很明显地看出其深受梅清的影响。梅清（1623—1697），字渊公，号瞿山、敬亭山农，宣城（今安徽宣城）人。顺治间举人，屡试进士不第，后遍游各地山川，寄情书画。画工山水松石，笔墨浑厚，景色奇伟。他与石涛交契极深，画风相类。石涛非常赞赏梅清绘画"豪爽"，称其为"一代解人"。石涛

图9-27　石涛：细雨虬松图轴，纸本设色，100.8cm×41.3cm，清，上海博物馆藏

图9-28　石涛：淮扬洁秋图轴，纸本设色，89.3cm×57.1cm，清，南京博物院藏

图9-29 梅清：西海千峰图轴，纸本水墨，73.6cm×49cm，清，天津市艺术博物馆藏

图9-30 汪之瑞：山水图轴，纸本水墨，136cm×56.7cm，清，浙江省博物馆藏

1670年到宣城，成忘年交。他还喜以黄山实景为画题，后人以梅清、石涛、梅庚（1640—1722）、戴本孝（1621—1693）共称"黄山画派"。身为清初创造性的画家，他们为黄山创作了充满郁勃生气的形象。《黄山十九景图册》（图9-29）、《黄山炼丹台图》、《天都峰图》、《白龙潭观瀑图》等，气韵苍郁，笔墨灵秀，洋溢着大自然的生机。以布衣终身的戴本孝，画名早著于石涛，师元季四家笔法，得其意趣。作画善用枯笔，墨色苍润雄浑，丘壑磊落，取景于黄山，亦自成面貌。

明末清初在黄山一带形成的绘画流派中，以新安派最著名。它创自弘仁，因其为新安歙县人，故得其名。仰慕弘仁绘画风格的同郡人汪之瑞、孙逸、查士标（1615—1698），绘画旨趣颇近，合称为新安四大家。此派以元四家入手，尤重倪云林。但因其经历明清易代的变化，其作品思想内涵非常深刻，又因得力于黄山的启示而意境奇特。以汪之瑞的《山水图》（图9-30）为例，其用线勾勒景物的简笔形式，将弘仁的画面作了更概括的表现，也别有一番趣味。新安派对金陵、扬州等地的江南绘画产生了深远影响。又有人倾向于将这一画派笼统归入黄山画派。与弘仁同邑的程邃，也是个性派中的一位重要的人物。他能诗画，善书法，工篆刻。明亡后，隐于扬州，篆法甲天下；转徙金陵，书法篆刻益工。作画以枯笔干皴，中含苍润，得董、巨之神。有《千岩竞秀图》（图9-31）最为精彩，堪当"润含春雨，干裂秋风"之誉。另外，芜湖的萧云从则被认为是新安派的支派——姑熟派的祖师。萧云从，字尺木，号默思、无闷道人等。入清不仕，工书法、通音律，画擅山水，风格萧疏淡远，清新松秀。张庚《国朝画征录》云："不专宗法，自成一家，笔亦清快可喜。"他较其他新安派画家如查士标等人更出色之处，在于他绘制了《太平山水图》等表达乡土之情的山水画，并将这些作品镂刻为版画，成就突出。《太平山水图》（图9-32）计图四十三幅，顺治五年（1648）张氏怀古堂本，图绘当涂、芜湖、繁昌一带景色。其宏章巨帙，为山水组画的杰作，也是古代版画之珍品。他还与汤天池共创铁画这种工艺装饰画，别具一格。

由此看出，弘仁及其黄山画派得到了徽商集团的支持，使徽州等地区在明清之际的文化中显示了特殊的影响。徽州版画业与书籍、文房四宝及艺术品交易活动相结合，成为这一地区的经济强项。由于徽商的积极赞助，黄山地区的多数画家能够靠卖画等方式来发展自己的艺术。徽商的趣味和吴门社会的文人趣味有鲜明的差异，突出了赞助人对徽皖山水人文的钟爱。如著名的徽商吴羲就收藏了不少弘仁的作品。弘仁为送吴羲赴

图9-31　程邃：千岩竞秀图轴，纸本水墨，29.5cm×22.7cm，清，浙江省博物馆藏

扬州，专门创作了著名的《晓江风便图》。弘仁的学生中，郑旼（1632—1683）还曾在其《拜经斋日记》中清楚记述了他卖画的价格和过程。这些内容和徽商方用彬（1542—1608）与艺术家过从的七百余通书信一样，是明清之际书画交易史上珍贵的史料。

　　清初，在宗派盛行的风气中，除了"正统派"的各家门户外，还有很多画家因籍贯或居住的城市被划为不同的派别。例如金陵就是如此。他们是指明末清初聚居金陵（今江苏南京）的八位画家，即龚贤（1619—1688）、樊圻（1616—1694后）、高岑（1621—1691）、邹喆、吴宏、叶欣、胡慥、谢荪。他们并不属于同一画派，画风也不完全相似，其共同点在于他们不趋时尚，能在模仿董、巨、元四家之外，师法李成、范宽的北方山水画风方面独树一帜，给当时以南宗为正统的画坛带来一股新鲜的气息。龚贤云："今日画家以江南为盛，江南十四郡以首都（金陵）为盛。"其中龚贤以浓重的笔墨创造

图9-32　萧云从：太平山水图，版画，27cm×38.6cm，清顺治五年（1648）张万选怀古堂刊本

图9-33　龚贤：千岩万壑图，纸本水墨，62cm×103cm，清，瑞士苏黎士里特堡博物馆藏

了许多效果强烈，富有野逸之趣的画面。

龚贤，字半千，号野遗，又号柴丈人，昆山人，迁居金陵。曾有济世救国的抱负，明末为复社成员，参与政治改良活动，入清以卖画为生。他文学修养很高，与《桃花扇》的作者孔尚任（1648—1718）有深交。他工山水，师董源、巨然之法而自成一派，自诩为"前无古人，后无来者"。其画多以金陵一带丰饶富丽的风光为题材，笔墨沉雄，善用积墨，常浓墨涂抹多达十数层，而不见堆砌繁复之迹，并善以浓淡相间之墨色互映取势见长。他也善简笔山水，寥寥数笔，不皴不擦而神气俱足。他的艺术观点与石涛等人相同，曾在课徒稿中说："一笔是则，千笔万笔皆是。""一点要圆，即千点万点俱要圆。"这和石涛"一画"论是异曲同工。他也反对一味模古，主张绘画创作应与造化同根，与阴阳同候，强调画境的气势和效果。《溪山无尽图》画跋记"忆余十三便能画，垂五十年而力砚田，朝耕暮获"，可见其用功之勤。此画图写苍莽群山，平林大江，深山亭阁，风光无限。龚贤以中锋为主，所画树干的长线条，差不多都是以一段一段匀整贯气的线段组成，达到

"千笔万笔无笔不简"的印象。他非常推重董源和米氏父子，认为画道以用墨为重，"唯善用墨者能得气韵"，故其毕生潜心钻研墨法，以用墨独标新格，后人谓"半千之所以独有千古更在墨"。此图即用积墨之法，层层染渍，内枯而外湿，既见骨力，又雄深苍莽，圆润华滋。在整个画面处理上，有意突出阴阳对比。山石沉重，勾皴点染，一再叠加，有的加至七遍之多。而树干以粗线空勾，大体留白，甚至一点不皴不染，白色的树干和黝黑的山石形成对比，在"混沌中放出光明"，别具趣味。和他的《千岩万壑图》（图9-33）类似，他可能是在接触了耶稣会士携来的欧洲城市图像后，进行某种新的尝试。他著有《画诀》，重视授徒传业，对画法有系统的总结，从之者甚众，声誉颇著。金陵八家中，樊圻善作青绿设色，皴法细密，具清疏秀逸之趣。高岑格近蓝瑛，以工谨整秀的披麻皴作青绿山水，无粗疏之气。吴宏笔墨纵横，气势健壮，得造化之工。胡慥的山水画风苍茫浑厚，也是自成一家。

　　明末清初还有一些著名书法家兼擅绘事的，如王铎、傅山、祁豸佳（1595—1670，一说1595—1683）等人，他们在笔墨形式和思想内容两方面，都有独特的发挥，对南北艺坛产生了较大的影响。像傅山提出"楷书不知篆隶之变，任写妙境，终是俗格""楷书不自篆隶八分来，即奴态不足观矣"。这些观点正是清代碑学的先声，标志着书法范畴的更新。而上面提到的程邃，把金石趣味带到文人的绘画中，开辟出崭新的艺术境界。

　　从以上介绍的这些个性派画家身上，可以注意到清初画坛上和四王相区别的艺术特点。他们在笔墨上与董其昌的思想有关，从根本上找到了"思"与"景"的相互关系，丰富了明末清初的视觉文化内涵。这些个人或流派，都并不是凭空出世，而是通过地域、师承等多种形式来维持与传统的联系，并由此创造出新的传统。他们更胜"正统派"一筹之处，就在于得"南宗"所授的"心法"，故能自辟蹊径，绝处逢生。

## 第四节　"扬州八怪"与艺术市场

　　个性化的艺术表现，是艺术创作上一个关键问题。早在青铜时代晚期，不同作坊的工匠们就开始"物勒工名"，竞相媲美。"百家争鸣"的思想解放运动，引发社会底层的"百工"也来展示一番个人的价值。到了东汉时期，画像石上也有刻工留下的姓名，一方面搅入市场竞争，另一方面也表现了刻工的个人魅力。从民间艺术的演变中，可以不断看到这种表现的方式。如元代永乐宫三清殿、纯阳殿壁画上的画工题名，或明清之际版画上刻手们的落款，诸如此类，都是艺术家们在卑微的社会地位中突显其个人价值的重要努力。历代的职业画家也有类似的表现。如宋代宫廷中非士流出身的"杂流"画家，明代的宫廷画家，吴门中的画工如周臣、仇英、张宏等，就是这样的情况。对他们来讲，个性就像一个商标，但他们的名气，还是要靠手上的画技来保证。所以，个性的意义在于画技是否过人。到了文人士大夫画家那里，个性成为其文化资产的一部分。而自宋元以来，在文人社会地位变化的过程中，除了政治的因素之外，商业的因素已举足轻重，使他们可以在使用社会特权的同时，也依靠经济背景达到自我表现的目的。文人画家们甚至可以放弃其社会特权，把自己的文化资本和商业活动融合在一起，成为自由人。乾隆年间在扬州地区活动的一批画家，就是这样的典型。

"扬州八怪"的称谓显示了这种"自由人"的特点。从东晋顾恺之"痴绝"，北宋米芾"米颠"，元末黄公望"大痴"，明代郭诩"清狂"，到清中期"扬州八怪"，凡此种种，均为画家为保全其个性的完整所采用的极端形式，即"痴""颠""狂""怪"的非常途径。在此过程中，扬州的文人画家是以群体的"怪"相出现在画坛上，表现其不合于正统派风格的特征。他们也被称为"扬州画派"，人数未必限于八位（"八"在扬州方言中表示"多"的意思），主要人物有高凤翰（1683—1749）、边寿民（1684—1752）、李鱓（1686—1762）、汪士慎（1686—1759）、金农（1687—1764）、黄慎（1687—1770）、高翔（1688—1753）、郑燮（1693—1765）、李方膺（1695—1755）、闵贞（1730—？）、罗聘（1733—1799）等，因其绘画表现形式奇特，所以被目之为"怪"。故"八怪"就成为这批革新派画家的总称。他们来自不同地区，主要靠卖画为生，受市场需要的影响，在花鸟、人物等题材上进行了多种变形和开拓，对写意传统作了大胆的突破。其共同特点是以徐渭、八大山人和石涛的方法，奇逸的笔墨，发挥了个人的创造。不同于清初的花鸟画家，"八怪"适应市场的变化节奏，敢于出奇创新，使绘画艺术呈现了一个重要转折。

"八怪"出现在被称为太平盛世的康熙、雍正、乾隆三朝，有深刻的社会原因。扬州位于长江与南北大运河的交界处，尤以盐业为其商业活动的重心。儒家对商人阶级的歧视和压制，使得那些富商大贾靠附庸风雅来改善其社会形象。所以，文化投资成为其经济活动的有机组成部分。扬州的商人们则将竞相建造园林馆阁，搜罗古董字画，延聘著名书画家，作为提高其文化品位的手段。这些文化艺术上的需求，激活了扬州民间买卖字画的市场，吸引各地画家会聚扬州，以卖画为生，创造了当地经济的一道新景观。据不完全统计，这一时期先后来到扬州鬻画者有一百多人。在"扬州八怪"出现之前，龚贤、石涛、程邃、戴本孝等名家也都在扬州盘桓。石涛除了卖画，还为富商设计园林，留下了精彩的叠山作品。这和倪瓒于元末明初在苏州为寺院住持筑"狮子林"的情形不同，因为后者是靠寺院作为赞助，前者则靠富有的商人。两相比较，商人的资力远比寺院经济雄厚，这使画家所得的回报更高。为赡养老母，黄慎曾三赴扬州卖画。而郑燮在出仕前后，也以扬州为据点卖画为生。他们以纯商业化的手段来推销自己的艺术，通过"润格"来作为自我估价的形式。郑燮明确陈言："送现银则中心喜乐，书画皆佳。任渠话旧论交接，只当秋风过耳边。"在扬州这个商业都会，市场规则使画家们放下文人的架子，同时保持其自我的尊严。

在与商人们的周旋中，文人画家们特别善于运用自己的文化优势，体现个人价值的所在。如扬州的徽商马曰琯（1687—1755）和马曰璐（1701—1761）兄弟，以经营盐业致富，同时以儒雅著称，其私刻的书籍，品质上乘。其"小玲珑山馆"内，经常有汪士慎、金农、郑燮等为座上客，共同推进商业文化的繁荣。他们一起赏花、游园、吟诗、作画，营造出扬州特有的社会气氛。据牛应之《雨窗消意录》，金农居扬州时，"诸盐商慕其名，竞相延致。一日有某商宴客平山堂，金首座。席间以古人诗句'飞红'为觞致，次致某商，苦思未得，众客将议罚，商曰：'得之矣：柳絮飞来片片红。'一座哗然，笑其杜撰。金独曰：'此元人咏平山堂诗也，引用綦切。'众人请其全篇，金诵之曰：'廿四桥边廿四风，凭栏犹忆旧江东。夕阳返照桃花渡，柳絮飞来片片红。'众皆服其博恰，其实乃金口占此诗，为某商解围耳。商大喜，越日以千金馈之"。这说明金农是如何善用其文化资本，在扬州享有广泛的声誉，由此保持和赞助人之间的微妙关系。

金农，字寿农，号冬心先生等。钱塘（今浙江杭州）人。曾应试乾隆元年（1736）在京举行的博学鸿词科，未被选中，因而绝意科场，布衣终身。他游踪遍历大江南北，最后寓居扬州以卖字画为生。书法长于碑版，创"漆书体"，尝言："余夙有金石文字之癖……石文自《五凤石刻》，下至汉，唐八分之流别，心摹手追，私谓得其神骨。"蒋宝龄（1781—1840）

图9-34 金农：自画像轴，纸本墨笔，131.3cm×59.1cm，1759年，北京故宫博物院藏

图9-35 金农:梅花图册页(之一),
纸本设色, 23.6cm×30.7cm, 1762
年, 旅顺博物馆藏

图9-36 金农:山水人物图册页
(之一), 纸本设色, 26.1cm×34.9cm,
1759年, 上海博物馆藏

图9-37 高凤翰:"家在齐鲁之
间"石章、印文及边款拓片,
1722年, 上海博物馆藏

《墨林今话》称其"书工八分, 小变汉法, 后又师《国山》及《天发神谶》两碑, 截毫端作擘窠大字, 甚奇"。所谓"漆书", 纯用方笔, 横粗竖细, 方整浓黑, 即"截毫端作擘窠大字"而形成的"冬心体"。他的隶书和行草书也自成风范, 表现出碑学的强大活力。江湜(1818—1866)《跋冬心随笔》称: "先生书淳古方整, 从汉分隶得来, 溢而为行草, 如老树着花, 姿媚横生。"总体风格是"以拙为妍, 以重为巧"。在书学史上, 他不仅具有广博的艺术修养, 更有不趋时尚、敢于创新的傲岸风骨, 成为碑学的先行者。

金农画工人物、佛像、山水、梅竹等, 造型奇古, 笔墨简淡, 布局构图均别出心裁, 张庚称其"涉笔即古, 脱尽画家之习"。人物肖像画法独创一格, 73岁时作《自画像》(图9-34), 笔墨线条笨拙古朴, 极不求形似, 妙在似与不似之间, 扩大了文人画的表现领域。金农之梅, 也自创新法, 一如其人, 多迁怪而不同凡响。作老梅虬枝, 构图以密见长, 故有"密梅"之称。如76岁时作《梅花图册》(图9-35), 主枝以淡墨方笔勾成, 多折曲, 复以焦墨点苔。花以细线圈成, 以浓墨点簇, 阴阳明暗极其分明。细枝多穿插交错, 较为繁复, 然繁而不乱, 姿态横生。又如《山水人物图册》(图9-36), 不似许多画家多求轻逸, 而始终以古拙奇崛为指归, 成为"扬州八怪"中格调最高者。

金农的全面艺术修养还体现在画理中, 著有《冬心先生画记》, 分画竹、画梅、画马、画佛、写真题记五种, 持论自有见地。如画竹题记有言: "同能不如独诣, 众毁不如独赏。独诣可求于己, 独赏罕逢其人。予于画竹亦然。不趋时流, 不干名誉, 丛篁一枝, 出之灵府, 清风满林, 惟许白练雀飞来相对也。"他又说: "予之竹与诗, 皆不求同于人也, 同乎人则有瓦砾在后之讥矣。"由于博学多才, 又巧于应酬, 所以他能把自己精深钻研

图9-38 高凤翰：牡丹图，指画，纸本设色，38.4cm×42.5cm，清，日本大阪市立美术馆藏

的题材表现得很绝，成为鹤立鸡群的艺术珍品。

和金农等人过从甚密的高凤翰，是胶州人，官泰州巡盐分司，寓居扬州多年。他晚年因右臂病废，改以左手书画。他精篆刻，师承秦汉，又不为成法所囿，粗中藏巧，拙中得势，风格朴茂苍古，又具有诗情画意，时人推重之。郑燮印章，均出其手。55岁右臂病痹后，仍以左手挥刀，毅力过人。代表作有《雪鸿亭长》、《家在齐鲁之间》（图9-37）、《伏枕左书空》等。他在给友人的信中说："弟右手之废，其苦尤不胜言。近试以左腕代之，殊大有味，其生拗涩拙，万非右手所及。"显示了他对艺术的执着追求。他以山水、花卉为工，山水以气韵胜，不拘成法，能得宋人之雄浑与元人之静逸。花卉传青藤、白阳之技，早年工整，晚年多写意之作，如他的《牡丹图》（图9-38），融工笔勾填与纵笔写意为一体，构图出人意想，颇具特色。

汪士慎，字近人，号巢林，安徽歙县人，寓居扬州，以书画篆刻为业。他一生贫困，比高凤翰经历的人生挫折更大。老年病瞎双眼，但仍作书画不辍。说："衰龄忽尔丧明，然无所痛惜，从此不复见碌碌寻常人，觉可喜也。"画工花卉竹木，尤擅写墨梅，无论简枝繁花，皆清淡秀雅，具空里疏香、风雪山林之趣。金农赞其画曰："巢林画繁枝，千花万蕊，管领冷香，俨然霸桥风雪中。"《梅花图册》所画梅花，笔法极简淡，枝干多侧锋，且带转折；花瓣用中锋，回转自如。虽为小品，却笔精墨妙，寥寥数笔，清香袭人。汪士慎、高凤翰这两位画家对待艺术和人生的态度，正好体现出扬州画派的倔强个性。

"八怪"中大多是布衣、寒士，其中少数士大夫官僚也因

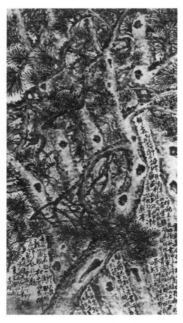

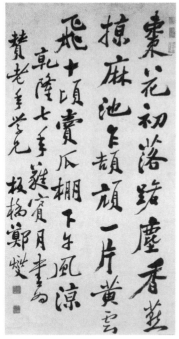

图9-39 李鱓：五松图轴，纸本墨笔，199.4cm×94cm，1747年，美国克里夫兰美术馆藏

图9-40 郑燮：行书轴，纸本，56.8cm×22.5cm，1742年，北京首都博物馆藏

不满社会上流行的画风而到扬州寻求发展。其代表人物，就是李鱓。字宗扬，号复堂，江苏兴化人。出身于书香门第，26岁中得举人，画擅花卉虫草鸟，初为蒋廷锡的弟子，曾被吸收入画院任内廷供奉，被康熙皇帝看中，但终因"风格放逸"而辞去宫廷的职位。后曾师指画大师高其佩（1660—1734），又于乾隆初年谋了官职，先后在山东临淄和滕县任县令，结果"忤大吏罢归"，跑到扬州以卖画终老。他受石涛豪放笔意的启发，参以书法技巧，达到任意挥洒而奇趣横生的境地，郑燮评其画："规矩方圆，尺度颜色，深浅离合，丝毫不乱，藏在其中，而外之挥洒脱落。"所作《五松图》（图9-39）全用粗笔，如走龙行蛇，浓淡之间显示出层次，交叉之中透现出奇谲。其笔意之放肆不亚于白阳、老莲，收到"墨晕翻飞"之妙。尤其是以行、草书之法入画，奔放中有凝重，平淡中出天真。他的题句在画面构成上发挥了重要的作用，成为市场上大受欢迎的表现形式，题跋的字里行间也表达了他对文人画艺术的真切体会。如"颜色费事，墨笔劳神；颜色皮毛，墨笔筋骨；颜色有不到处可以添补遮盖，墨笔则不假妆饰，譬之美人，粗服乱头皆好"。这类口语化的经验之谈作为题跋，雅俗共赏。由于扬州距离宫廷艺术风气中心较远，故较容易摆脱政治风气形成的种种束缚，而画家的异端性质也突破了正统派绘画的美丑界限。

"八怪"把着眼点从宫廷转移到市井坊巷的现实生活中，自觉地运用经济手段来保障自己的权益，通过创作实践传达对世事的感受和立场。这方面，郑燮十分突出。郑燮字克柔，号板桥，江苏兴化人，乾隆年间进士，官山东潍县县令，罢官后居扬州以卖字画为生。他在给弟弟的信中感慨道："大丈夫不能立功天地，字养生民，而以区区笔墨供人玩好，非俗事而何？"他作画多关心现实，自称"凡吾画兰，画竹，画石，用以慰天下之劳人，非以供天下之安享人也"。他书法远师《瘗鹤铭》，近学黄庭坚，以"心血为炉，熔铸古今"，别开生面。杂掺隶、行、楷三体，形成一种非楷非隶的书体，自称"六分半"书。同时又将画兰竹之法用于作书，点画、波磔至为奇古。运笔不拘一格，自由挥洒，极富变化。点画或呈隶书之波磔，或现北碑之撇捺，或具行草之连笔引带，或有黄庭坚之一波三折，或如兰叶之飘逸，或似竹叶之劲挺，顿挫抑扬，饶有趣味。其结体夸张奇异，取隶楷之扁方，带行草之敧侧，错综变化，伸缩自如，富有节奏感。章法也正斜相揖，疏密有致，大小照应，气势俱贯，有"乱石铺街"之喻。（图9-40）他积四十年的时间，专心表现竹子的精神。所画《墨竹》横幅（图9-41），笔势纵横，竹竿用笔劲挺，取势顶天立地，似有"千磨万击还坚劲，任尔东西南北风"的

气概。竹叶反正掩仰，各具姿态，浓淡疏密巧妙组合，无法而又有法，体现了倔强傲岸的豪气。他的创作也证明了"画之关纽可透于书中"的原理。《板桥题画》进一步发挥了他的美学见解："江馆清秋，晨起看竹，烟光、日影、露气，皆浮动于疏竹密枝之间。胸中勃勃，遂有画意。其实胸中之竹，并不是眼中之竹也。因而磨墨展纸，落笔倏作变相，手中之竹又不是胸中之竹也。"他揭示了艺术创作的几个阶段及其相互关系，具有深刻的理论意义。

仕途上失意的文人画家还有李方膺。字虬仲，号晴江，江苏南通人。其父为福建按察使，以诸生保举为山东乐安县知县，后又调任数处县令知府，终因其为人傲岸狷介而丢官。去官后居扬州以卖画自给，寓居借园，自号借园主人。诗画均表现出不阿权贵、恃才倔强的个性。他擅画松竹梅兰，尤长于画梅，被认为是"纵横跌宕，意在青藤白阳之间"。创作上力主师法自然，表现了个人的面貌。曾自题其画云："铁干铜皮碧玉枝，庭前老树是吾师。画家门户终须立，不学元章（王冕）与补之（杨无咎）。"他画《潇湘风竹图》（图9-42）也笔下生风，手法夸张，其劲健厚重的笔墨，与李鱓的气格比较接近。

黄慎，字恭寿，号瘿瓢子，福建宁化人，寓居扬州多年，以鬻字画为生。他善草书，渊源于钟、王、怀素、孙过庭，但善于取舍，出以画家巧思，用笔生涩而流畅，结体奇崛而平淡，章法跌宕而收留，一如"疏映横斜，苍藤盘结"，丰富其绘画性的表现。画工人物、山水、花鸟，师上官周，力求超出其艺，曾说："吾师绝技难以争名矣，志士当自立以成名，

图9-41 郑燮：墨竹图横幅，纸本墨笔，104.5cm×146.5cm，扬州博物馆藏

图9-42 李方膺：潇湘风竹图轴，纸本墨笔，168.3cm×67.7cm，清，1751年，南京博物院藏

图9-43 黄慎：渔翁渔妇图轴，纸本淡设色，118.4cm×65.2cm，清，南京市博物馆藏

图9-44 华嵒：天山积雪图轴，纸本设色，159.1cm×52.8cm，台北"故宫博物院"藏

岂肯居人后哉！"遂日夜琢磨画技，以怀素草书笔法入画，创立了独特的画风。早年笔墨工细，中年后专作粗笔挥写，以简驭繁，于粗犷中见精练。所作小景山水、小幅花鸟等皆笔力简劲纵放，曲尽其妙。《渔翁渔妇图》（图9-43）是其代表作。出身平民，黄慎所画多描绘下层人民生活。此图的情景就来自他对生活的细心观察和体验。他因以狂草笔法入画，所以能在画史上独树一帜。他勾勒人物衣纹极尽流动之趣，用笔迅疾，笔致抖动，显得狂放恣肆。中锋与侧锋随势而用，颇有奇趣。人物头部用淡墨写成，与身体的浓墨涂染形成对比，突出了渔翁、渔妇丰富的内心感受。

扬州八怪中以山水画见长的画家是高翔，字凤岗，号西唐，扬州本地人。他最仰慕石涛。石涛死时他才20岁。以后每逢清明节，都去为石涛扫墓，直至他自己去世。他的山水以笔法疏秀著称，亦长于画梅，可惜作品流传不多。

罗聘，字遯夫，号两峰，安徽歙县人，寓居扬州。师金农笔法，但比金农更为厚重。因为罗聘画技过人，金农常让他为自己代笔，以应各方之需。他的晚景十分凄凉，是扬州"八怪"中一位穷困潦倒的画家。秦祖永《桐阴论画》列其画为"神品"，称其画"笔情古逸，思致渊雅，深得冬心翁神髓。墨梅兰竹，均极超妙，古趣盎然……非寻常画史所能窥其涯涘者矣"。他擅画鬼，自称曾见鬼，所作《鬼趣图》，画出各种丑陋的魑魅魍魉，借以抨击现实社会中的黑暗现象，得到朝野人士的广泛赞誉。扬州当地人甚至传说："罗生醉眼发灵光，视见人间群鬼斗。"这也是漫画的一种。

另一位曾在扬州居住很久的花鸟画家华嵒（1682—1756），被认为是代表正统的花鸟画风的最后一位有影响的画家，其成就可以和恽格并驾齐驱。华嵒字秋岳，号新罗山人，福建上杭人，流寓杭州、扬州等地，以卖画为业。工诗书画，号称"三绝"。擅画人物、花鸟、虫鱼等，远师李公麟白描技法，近法陈洪绶、恽南田，能于工细之中兼有写意，益添生动之致。他善作巨幅大幛，无不纵逸驰荡，独开生面。秦祖永《桐阴论画》誉之为"领导标新，穷神之变"，"诚可为空谷之音"。其《天山积雪图》（图9-44）即为范例。前代作雪山行旅，疆域未及天山者，华嵒此图，亦显示了清代西北边疆地理知识的扩展。

指画是清前期新的绘画表现形式之一。高其佩，字韦之，号且园，汉军镶白旗人，铁岭人，官至刑部侍郎。据其孙高秉《指头画说》记载，高其佩从小学画，积稿盈尺，"弱冠即恨不能自成一家"，后梦中得老人指点，至土室以指蘸水摹画，悟出指墨一道，"职此遂废笔墨焉"。他曾自镌一印"画从梦授，梦自心成"。事实上，高氏的指墨法，很可能是他游历广州时，受岭南指画家吴韦的启发，进而发扬光大之。这一创造使传统的笔墨画有了新的参照，丰富了中国画的表现技法。指画用线一般是甲肉并用，如玉箸篆文，圆健有力；且由短线接成长线，有不齐之齐的效果。其用墨不宜停留，所以枯墨、焦墨、泼墨、误墨等方法极宜发挥。高其佩指画人物、花木、鱼龙、鸟兽，因此就有一种奇情异趣，往往"以笔难到处，指能传其神，而指所到处，笔勿能及也"。他画小幅人物花鸟，无名指、小指并用，故头绪似乱而实清，无板滞之病，省修饰之烦。高其佩传世的指墨作品很多，38岁时作《竹石花卉图册》，有自题云："曩在京师报国寺用数十钱买得傅青主先生《三石图》，指头蘸墨摹之者几年。兹幅从事管城，但自觉仍类我指头生活耳，其于仿摹何有万一。"所作《梧桐喜鹊图》（图9-45），章法奇特，以梧桐巨干直贯整幅，一枝从上左角斜下，数叶梧叶飘摇，树根处一喜鹊翘首啼鸣。以手指作水墨点画，爽捷简括，随浓随淡，亦干亦湿，运墨于有意无意之间，墨彩焕发，生动自然，呼之欲出，于雄浑中兼有风韵，是指画中上乘之作。指画的盛行反映了画坛上对变革既有画风的渴求。高其佩特殊的画风，直接启示了李鱓等人。这种通过指、腕、掌的变化而信手拈来的画法，吸引了许多满族画家，成为清代绘画中一个值得注意的现象。除了加入朝廷所提倡的"正统派"行列中的一些满族书画家外，分散在全国各地的旗籍画家也在寻求变革。指画的出现，为他们提供了一种独特的方案，来呼应江南艺术市场中层出不穷的创新热潮。

　　明清艺术市场对绘画的影响，苏州首当其冲。城市经济的发达，有力地推进了书画买卖、艺术品复制、艺术品作伪，以及适应大众消费的印刷文化。明清之际黄山画派的形成，也靠着徽商的有力赞助。从绘画市场的作用来看，"扬州八怪"与明代的吴门画派、明末清初的黄山画派有共同之处，只是扬州的经济较明代苏州和清初徽州更具流动性，所以其艺术市场的需求，不仅数量大，而且题材风格以花卉为多。相比之下，吴门画派和黄山画派多以山水为主，主要师承元人，前者在风格上还是属于小写意；后者以倪瓒、弘仁的风格为尚，又都从徽皖地区出来。到了"扬州八怪"，奢侈的文化消费激发画家们在鸟语花香的氛围中自创新格，开辟个人的市场。扬州画家在技法上得天独厚，经过徐渭、陈淳、石涛、八大山人的开拓，文人大写意花卉建立了丰富的图式，加上石涛晚年就生活在扬州，直接影响了"八怪"的风格取向。还有，写意花鸟也在新兴的碑学运动中找到资源，使

图9-45　高其佩：梧桐喜鹊图轴，指画，纸本设色，129cm×42.7cm，清，辽宁省博物馆藏

诗、书、画、印的相互结合，渐趋完美。从乾隆时期的花鸟画坛来看，宫廷和商业都会的两部分画家共同努力，创造了一个繁荣的局面。"扬州画派"的大胆创新精神，使适宜于挥洒应酬的写意花卉在笔墨的提炼、画面的布局、诗文题跋的应用等方面，有了一系列新的图式。在市场的催育下，作为酬应的即兴表演，成为不少鬻画生涯的一部分。这都为艺术的进一步市场化积累了经验，也为之付出了一定的代价。

## 第五节 金石学运动与海上画坛

正统派绘画依其惯性在乾隆以后继续延续，由戴熙（1801—1860）、汤贻芬（1778—1853）等人在维持，时称"戴汤"。与此同时，在扬州以卖艺为生的人数虽然可观，但有创造力的书画家如陈若木（1839—1896）等，却被铺天盖地的赝品所淹没。全国各地也有零星的艺术怪杰出现，如山东嘉祥人曾衍东（1750—1830）、广东顺德人苏仁山（约1814—1850）等，风格独特，带有漫画特点，惜乎天马行空，未成气候。

当正统派和个性派的绘画在清中叶后都处于停滞状态时，整个艺术界却正孕育着一次新的变革，即从道光、咸丰年间（1821—1861）出现在中国文化界的金石学热潮。黄宾虹率先标举其为"道咸画学中兴"，指出："金石之学，始于宣和，欧（阳修）、赵（明诚）为著；道咸之间，考核精确，远胜前人。中国画者亦于此际复兴，如包慎伯（世臣，1775—1855）、姚元之（1773—1852）、胡石查、张鞠如（士保，1805—1878）、翁松禅（同龢，1830—1904）、吴荷屋（荣光，1773—1843）、张叔宪、赵撝叔（之谦，1829—1884），得有百人，皆以博恰群书，融贯古今，其尤显者，画用水墨。"追溯这些人的主要成就，分别体现于书法、篆刻、文人写意画等几个方面，而通过其共同的努力，使中国画在万马齐喑的气氛中呈现出勃勃的生机与活力。

清代考据学的兴盛，起因是满族统治者大兴"文字狱"，迫使知识分子把精力投入到历史的故纸堆中，结果却开辟了中国学术史的一个新天地。这个天地不是像同时代欧洲知识分子那样在探索自然科学方面有革命性的发现，或是在社会政治经济制度等领域有划时代的建树，而是对中国古代的文献进行了一次较为科学的整理。从世界历史的发展来看，它使中国错过了一个迈向工业化社会的重要机遇，在欧洲工业革命蓬勃发展之时，维系现有的农耕文化。不过，在这个特定的时局中，清代学者却建立了人文科学研究的有效方法，奠定了中国近代学术繁荣的坚实基础。文献的考证范围从原来的书籍版本，迅速地扩展到碑刻和其他文物，使北宋出现的金石学在清代中叶形成了全国规模的运动，吸引了许多文人从书斋中走向田野，到实地考察各种古代的文化遗存。从明清之际已出现的"访碑"热，打开了人们的学术视野，直接启发了中国艺术家在民族遗产中开拓创新的信念和希望。考据学到乾隆、嘉庆年间蔚为大观，以实证主义方法重新认识中国古代历史文化的时潮，把宋明以来空谈心性的学风扫荡出学术圈。由此迎来书法史上"碑学"的兴盛。前面第四章介绍魏晋南北朝书法时，已经提到北朝书法中的碑刻体的重要价值。不过真正对其重要性的认识，还是从清乾隆年间的学术界开始明确起来的。如人们认识到：宋代以来受朝野上下尊崇的"帖学"，即将王羲之、王献之父子以来的法书汇刻成各种"法帖"，实际离真迹日远，所以转而研究前代的碑碣刻石，特别是魏晋南北朝楷体初兴时期的刻石。金农的"漆书"就是受这种魏碑体的启发而发明出来的。其笔画间多波磔，很有锋芒，非常遒劲有力，和一向为人喜好的纤弱的、已丧失活力的"台阁体"书法风格完全不同。考据学派的大师们身体力行，从金石学中创造出自己的书体，而金石学家们更是不遗余力地发掘出古典艺术的精华所在。除了书法的碑学运动之外，篆刻的发展也出现了空前繁荣的局面。这种书法篆刻风格爱好方面的变化，标志着中国绘画艺术中近代画风的开始，具有深刻的意义和价值。这是清代学术为近现代艺术家指出的一条光明出路。清代末年上海出现了一批绘画名手，就是其中最为杰出者。可以说，海上画坛的主要成就来自金石学运动，是"道咸画学中兴"结出的硕果。

从社会经济的演变而言，清末民国初年的绘画中心，已经从扬州转到上海。高邕（1850—1921）在《海上墨林·序》中描绘上海书画会活动时说："上海文物殷盛，邑中敦朴之士信道好古，娴习翰墨又代有闻人。雅尚即同，类聚斯广，此风兴起盖在百年以前。闻昔乾嘉时，沧洲李味庄观察廷敬备兵海上，提倡风雅，有诗书画一长者，无不延纳平远山房，坛坫之盛，海内所推。道光己亥（1839），虞山蒋霞竹隐君宝龄来沪消暑，集诸名士于小蓬莱，宾客列坐，操翰无虚日，此殆为书画会之嚆矢。"据研究，蒋宝龄因生活困顿来沪谋生，组织的画会可能是外地画家"揽环结佩"的互助形式，或得到他人赞助而开展活动。它和其他一些画社的出现，已经不同于传统的文人雅集。除了有组织机构外，在活动内容上不但切磋画艺，同时也强调相互提携，共求生存的功利目的。还有，其参加的成员包括不同艺术门类的行家，打破了原来在文人和各类手艺人之间的隔阂，促进了艺术的多元化交流。

图9-46 赵之谦：墨松图轴，纸本墨笔，176.5cm×96.5cm，1872年，北京故宫博物院藏

鸦片战争以后，上海于1843年11月17日正式成为对外开放的商埠，1845年开始设立外国租界，从此迅速发展成为"华洋杂居"的东方第一都会。原本广州、香港等口岸的时兴文化，也很快为上海所取代。如黄协埙（1851—1924）《淞南梦影录》所述："上海本弹丸蕞尔地，而富商大贾云集鳞从，以佻达为风流，以奢豪为能事，金银气旺，诗酒情疏，求昔之月地花天唱酬风雅者，盖已可望而不可即也。"1872年4月30日英人美查（Ernest Major，1841—1908）创办《申报》，1872年9月20日（阴历）老泰兴行拍卖洋画镜，1872年12月6日（阴历）介绍西人照相法，翌年5月22日（阴历）老泰兴行拍卖洋画、中国画。1884年5月8日《申报》发行《点石斋画报》，大众媒体开始显示巨大的力量……这些改变视觉文化的事件日新月异，不胜枚举，致使葛元煦《沪游杂记》1876年出版后，到1887年在日本有两个刻本（其一题为《上海繁昌录》），反映上海开埠后的惊奇变化。

这样的近代商业大都会，是以往苏州、徽州、扬州的艺术家们所不能梦见的。据《沪游杂记》，19世纪以来各地的古玩铺和经营时人字画的笺扇铺分门而立，有不同的顾客。前者逐渐转入国际的中国古玩字画市场，后者主要服务国内的艺术消费需求。开埠后寓居上海以字画为生的艺术家们，进一步组织同仁团体，为艺术家们谋利益。像同治元年（1862）成立的"蘋花社书画会"、宣统元年（1909）成立的"豫园书画善会"、1910年初成立的"中国画研究会"（翌年改为"海上题襟馆书画会"），诸如此类，都从文人雅集的模式中转化出来，成为行会性质的社团。后者更有明确的章程，公议书画润例："书例，四尺内整张直幅壹羊（即洋，下同），四尺外加一尺加半羊，纸过六尺另议。对开条幅照整张例七折，横幅照直幅条幅例加半。手卷每尺，册页每张各半羊，纨执扇同上，镜屏加倍，扁对及碑版寿屏，书撰不能合作者归专件论润。画例照书例加倍，点品工细，长题及金笺，绫绢均照例加倍。其余书画各件另议。"从清初徽州人郑旼的画润到"扬州八怪"之一郑燮的润格，均为个人的艺术作品标价。在上海的画会出现的书画润例，情况就大不相同了。字画可以成为一种商品在社会上生产流通，艺术家在社会上以此来生存和发展，这代表着社会身份的巨大变化。

由于这种独立的经济地位，上海画坛主要人物赵之谦、任熊（1823—1857）、朱熊（1801—1864）、张熊（1803—1886）、任颐、蒲华（1832—1911）、吴昌硕（1844—1927）（以上均为浙江人）和虚谷（1824—1896，安徽人），除赵之谦在沪时间较短外，都是在上海形成其艺术创作高峰的。他们大多以花鸟、人物为题材，画境纵逸隽雅，风格清新独特。他们的创作受书法碑学影响巨大，作品追求金石趣味，因此能别开生面。上海成为继扬州之后又一个有全国影响的重要绘画中心，然而"海派"的正名，则要到1935年才由黄宾虹赋予其明确的学术内涵。

赵之谦，会稽人。虽然一生居住上海的时间甚少，却是展开"海上"花鸟画风的一位先导人物。他一生坎坷，31岁中举后，几次赴京参加会试都名落孙山。但他精通金石书画篆刻之学，受到朝中显贵的赏识，在44岁（1872）时被举荐到江西为官，在鄱阳、奉新、南城先后任知县，1884年病卒于任上。他工楷、行、隶、篆各体。早年学颜真卿，后改习北碑，并融以治印之法，自成体格。楷书以魏碑为框架，沉雄方整，又施以颜体之力，有"颜底魏面"之称。行书近楷书，而更显流美、巧丽。他篆、隶均师邓石如（1743—1805），别有新意。篆字方圆合度，藏露相间，汲取了北碑、汉印之法，其气机流宕处，尤为精绝。

赵之谦把篆隶的书法笔墨以及篆刻刀法运用吸收到花卉之中，使花卉画的艺术风格直接处于乾隆、嘉庆以来的书法艺术新风气之下。另一方面，赵之谦从小画过灶画，对民间画家的用色方法比较熟悉，所以他能把朱砂、胭脂、石青、石绿等鲜丽的色彩和墨彩同时运用在画面上，产生一种富贵之气，做到雅俗共赏。更重要的是，他援碑学入画学，自开生面，如其《墨松图》（图9-46），用笔老辣生拙，圆浑滋厚。据画上自题，他参用了篆、隶、草三体的笔法，状写松树老干，笔力沉厚，气势雄浑，为其代表作之一。正如他所说的："独立者贵，天地极大，多人说总尽，独立难索难求。"

由明代吴门画家文彭引进石章，替代铜质印章，使文人雅士成为印坛的主要力量。同时婺源（原属安徽）人何震（约1530—1604）继之，开明清印章艺术之先河。他们师法秦汉，各抒灵性。加之不少印学论著的问世，使兴起于明代而极盛于清代的印章流派，呈现"印家如林，爱者如云"的昌盛景象。"刀法"成为篆刻艺术的基本造型语言，又在章法、印文等方面各呈其态。派别的成因，因开创者的姓氏，印家的籍贯或活动地区而定，如文彭、何震的"文何派"，以何震为代表的"皖派"，邓石如的"邓派"，以丁敬（1695—1765）为代表的"浙派"，由蒋仁（1743—1795）等人组成的"西泠八家"和吴昌硕为代表的"吴派"等，为时人和后世效法。其流风余韵，始终不衰，对同时期的书法、绘画有很大的推进作用。在这期间，赵之谦是较早在诗、书、画、印"四绝"上开创新貌的转折性人物。他对篆刻用功极深，尝曰："生平艺事皆天分高于人力，惟治印则天五人五。"初由浙派入手，后又取法皖派，同时兼收并蓄，对秦玺汉凿等究心探索。中年游寓北京，接触大量新出土文物，于是将凡

图9-47 赵之谦："悲庵"石章、印文及边款拓片，1862年，上海博物馆藏

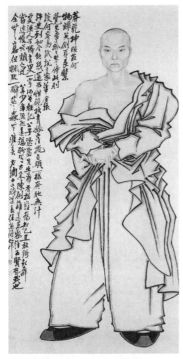

图9-48 任熊：自画像轴，纸本设色，164.2cm×77.6cm，1853年，浙江省博物馆藏

图9-49 任颐：蕉荫纳凉图轴，纸本设色，129.5cm×58.9cm，1904年，浙江省博物馆藏

可取法的权量诏版、砖瓦碑刻、镜铭泉布文字，一一融入印中，使篆刻艺术多姿多彩，风貌突变。作款首创魏书体，阳文入款，又镌刻汉画像石图形及魏晋六朝造像等，作了多方面的开拓，是晚清金石运动中推动印学发展的骁将。他所追求的金石气是与"书卷气""市井气"相对而成立的篆刻艺术独特的气韵，如古朴、典雅、苍茫，是金石铸凿、镌刻所体现的特殊审美趣味。他对篆刻刀法美有深切的体会，拓宽了传统书画笔墨表现的可能性。那些集诗书画印一体的视觉艺术作品，形成了后期金石运动的强大感染力。以其所镌"悲庵"印（图9-47），即为代表。他的作品兼容众家之长，开创新面，一时风靡于世。

海上人物画前辈的有萧山任熊（字渭长）及其弟任薰（1835—1893，字阜长），他们是擅长人物和花鸟画的名家，人称"海上三任"。尤其任熊的成就最显著，他追踪陈洪绶夸张变形的表现方法，强调个性描写，创作了《剑侠传》等成组的人物像，是海上画家中声誉颇著者，效学者众多。31岁时作《自画像》（图9-48），除了表现其对人体解剖知识的掌握，更重要的是突出了独立的个人价值。在其弟子中，最出色者就是任颐。

任颐，字伯年，浙江山阴人。幼时画承家学，后从任熊、任薰学画，在同治光绪年间卖画于上海，天才横溢。人物师承陈洪绶，在个性方面与后者很有相通之处。精白描写生，并以书法之中锋悬腕笔法作画，线纹工细劲健，所作肖像皆传神致意。他为吴昌硕作的肖像《蕉荫纳凉图》（图9-49），写怡然而坐的主人公，一派解衣盘礴的境界。在面相处理上，既继承了前辈的白描法，又有所变幻和创新，还融入了一定的西洋素描的技法，使吴昌硕的神情跃然纸上。他除了人物山水外，尤以花卉翎毛为著。技法赅备，常以勾勒、点簇、泼墨等多种技法交替使用。花鸟方面有极其宽阔的表现范围，一改恽格以来花鸟画家少画禽鸟，只长于花卉的风气，对画坛画风转变形成重大影响。他的画风纵逸隽秀，合徐渭、陈淳、石涛、石溪等画法为一体，又向明清版画、民间艺术和西洋水彩借鉴，尤喜用湿笔、淡彩，善于用水和用粉，达到外见宏肆奇崛而内蕴秀丽工致的效果。他作《荷花双燕图》（图9-50）等画，体现其画中常有的诗意境界。

虚谷上人，俗姓朱，名怀仁，新安（今安徽歙县）人，世居扬州。早年参加湘军，当过参将，但30岁时到苏州出家为僧。出家后，仍因性格磊落不羁，不受禅缚，不事佛，不茹素，往来苏州、上海之间。他不是职业画家，故无润例。其弟子许幻园称，人以重金来买画者，往往一言不合，则呵之去。他和任颐一样，有过人的写实能力。初工界画，后转作花卉果木、山水禽鱼等。作画敢于突破传统，善于变形，不为陈规所囿。他的变形常常带有抽象意味，如画梅花，往往只勾五个圆瓣，不写花蕊，作为一种新程式的提炼。他喜用偏锋干笔，淡施色彩，草草写意，然干而不枯，内具滋润之态，偏而不狭，有创新出奇之妙，草草而不荒疏，生动超逸之韵存焉。观其画，每觉创意新奇，冷峻峭拔之气扑面而来。他画名甚著，吴昌硕称其"一拳打破去来今"。所作《紫藤金鱼图》（图9-51），上画紫藤，下画池塘，藻荇点点，金鱼二三嬉戏于其间。画面上密下疏，密不见塞，疏正可以给金鱼游动以足够的空间。梅花以写意笔法为之，金鱼以没骨法为之，色彩鲜艳，笔墨处理多为侧锋逆行，重彩浓墨，精神倍出。他不但画方头方眼的金鱼形状，还通过大小金鱼的比较，表现水波的空明和鼓荡。这种写实和抽象并用的效果，于大开大合、大疏大密的和谐境界里，体现了作者强烈的艺术个性。

吴昌硕，初名俊，后改名俊卿，字昌硕，号缶庐，70岁之后以字行，浙江安吉人。他早年生活多磨难，22岁中秀才后，曾凑钱捐了个典吏。他曾为吴大澂（1835—1903）和端方（1861—1911，满族）等金石名家治印，受到端方赏识而被荐为江苏安东（今涟水）县令，上任一月余，即谢去。精于书法、篆刻、绘画，自谓三十学诗，五十学画。书法于各体均有创新，篆书成就最高，初学杨沂孙（1813—1881），中年后专习石鼓文，再参以秦权量、琅琊刻石，泰山刻石等笔意体势，兼取秦鈢汉印、封泥、砖瓦等文字的苍古意趣，故所书篆体笔画沉雄老辣，富有金石气，体势茂密壮伟，气格不凡。他为《蕉阴纳凉图》上的长题，可见一斑。其书法以浓郁的大写意风格与其绘画、篆刻融为一体，震撼了当时的书坛，名满海内外，日本书坛尤为之倾倒。篆刻能冥会前人，兼采秦玺汉印、浙皖诸派之长，又不蹈常规，在"化"字上大刀阔斧地开辟新境。作品看似乱头粗服，但草而不率，破而不碎，"奔放处不离法度，精微处照顾气魄"。融笔墨意趣于印中，又能将不同书体加以嬗变，巧妙结合。以钝刀硬入，故雄强苍朴，一扫世俗之气，使印风浑然天成，如其1885年为闵尔昌所镌一印所言，"惟陈言之务去"（图9-52），把几百年来的印学推向新的高峰。由他开创的印学流派也自然形成，人称"吴派"，又因他寓居上海，或称为"海派"，对齐白石（1864—1959）等人产生深刻影响。由于这些突出的贡献，吴昌硕被推选为西泠印社的首任社长。这个清末研究篆刻艺术最著名的学术团体由丁仁、王褆（1861—1942）、叶为铭（1866—1948）、吴隐（1866—1922）等于清光绪三十年（1904）创办于浙江杭州孤山，因地近西泠而命名。丁仁曾收藏许多印章、印谱和书画作品，加以整理和出版，对推动近现代印学发挥了积极的作用。借助吴昌硕的声望，西泠印社从建立到现在，对海内外的印

图9-50　任颐：荷花双燕图轴，纸本设色，129.5cm×58.9cm，清，天津市艺术博物馆藏

学和书法发展产生了重要的影响。

吴昌硕从事绘画创作虽然时间很晚，但他的画外功夫却使他高屋建瓴，异军突起。他工花卉、竹石，博取徐渭、朱耷、石涛、李鱓、赵之谦诸家之长技，借鉴任伯年以来的新风，兼以金石篆籀之笔入花鸟技法中，画风天真烂漫，雄健古厚，被称为"雄健古茂，盎然有金石气"。他的作品重整体构图，尚气势韵律，笔墨设色、题款、钤印等均极讲究。他对创新的认识是非常深刻的，曾这样说过："小技拾人者易，创造者难，欲自立成家，至少辛苦半世。"他大器晚成，代表作《葫芦图》（图9-53）对艺术内在节奏的把握已经到出神入化的地步，在狂放中有法度，也有画家的灵气精魂。

海上画坛的成就，以人物画和花鸟大写意为主，前者在任颐以后便急剧衰落，而由赵之谦为开山，吴昌硕达到巅峰的金石大写意，则形成了广泛的影响。像后来的齐白石、潘天寿（1897—1971）等卓越的花鸟画家，都从吴昌硕那里吸收了养分。而从有清一代的绘画艺术发展来看，海上画坛的这一成就是对清初个性派画家们的继承和创新。在清初黄山派画家所开辟的道路上，经过错综复杂的发展，最后诞生了20世纪最优秀的山水画家——黄宾虹。

## 小　结

清代美术是古代美术的终结，也是中国近代美术的开端。在这一章中，主要是要理解近代以前中国艺术风格发展的总趋势，认识它对近现代美术发展所提供的各种可能性。

认识中国古代美术的发展，可以看出它在世界美术中的地位和特点。中西文化到了明清之际真正开始了直接的对话。虽然耶稣会传教士的绘画并不代表十七八世纪欧洲文化的主流，中西双方相互传递的文化信息也充满了偏见和误解，但是，在中国的宫廷和部分沿海地区，欧洲的视觉艺术使中国画家们从观念和技法两个方面，找到了认识自己传统的参照系。这是一个划时代的突破，让中国画家知道自己传统的特色。清代绘画风格的变化，从大的方面来看，就是如何更深入地发掘传统艺术的精华。即使是五口通商之后，各种外来的文化艺术和先进科学技术出现在国人面前时，中国的知识界和艺术界仍然在传统本身寻找那些充满灵感的艺术源泉。西方视觉文化的影响在清末科举制度废除后才由近代的艺术教育向全社会普及，这在1919年"五四"新文化运动中具有更深远的影响。

就清代宫廷的文艺政策而言，满族统治者提倡"四王"的画风，强化宫廷的书画收藏，以及组织人员系统整理古代艺术文献，目的虽是禁锢文人的思想，但客观上对传统美术的成就

图9-51　虚谷：紫藤金鱼图轴，纸本设色，129.5cm×58.9cm，清，美国芝加哥艺术学院美术馆藏

图9-52　吴昌硕："惟陈言之务去"印文及边款拓片，1885年，《吴昌硕印谱》，上海书画出版社，1985年，页231

进行了全面的总结。

清初出现的"四王"与"四僧"的截然不同的艺术风格，都从董其昌的艺术认识论演化而来。他们分别发展了"南北宗论"的精华，使笔墨和悟性成为古代文人画的基本特质。两相比较，"四王"更偏重于笔墨形式结构的抽象，而"四僧"则在创作的思想境界上更胜一筹。这两个方面的深入开掘，形成了传统艺术发展的内在的张力。中国绘画的悖论——既要求日积月累的笔墨功力，又要求天真烂漫的个性表现，由此显现给19世纪以后的画家提出了大的难题。

在十八九世纪，扬州和上海分别成为全国的绘画中心，商业文化激励了一大批书画家从事个性化的创作。这是清帝国后期经济文化出现转型的一个产物，而且越来越趋向于国际化。中国绘画在石涛以后之所以没有衰亡，恰好在于金石书画运动的兴起，这股学术潮流是支撑清中、后期文人画发展的大梁。更重要的是，由乾嘉考据学带动的"碑学"暨金石学运动，影响已远远超出了"正统派"所能圈定的范围。碑学的最大特色就是开辟新的范畴，使帖学以外的书法成就，能够独立成为样板。"道咸画学中兴"是中国艺术家做的历史选择，在西方文化的全面冲击下，别具一格。

限于篇幅，对清代的民间美术未及加以介绍。像天津杨柳青、苏州桃花坞、四川绵阳等地的木刻年画，以及江西景德镇、江苏宜兴、广东德化等地的民间陶瓷业，还有各种各样的民间工艺美术，都是值得认真了解和借鉴的民族文化遗产。另外，在宗教建筑、雕塑方面（特别是作为清宫所崇尚的藏传佛教艺术），宫廷和私人园林在清代也进一步发展，营建了圆明园、颐和园、承德避暑山庄以及江南地区不计其数的私家园林，其成就也非常突出。而除宫廷收藏之外，全国私家艺术收藏的风气也极为兴盛。艺术史、艺术理论和艺术文献学随之有了空前的发展，成为世界美术研究的宝库之一。

图9-53 吴昌硕：葫芦图轴，纸本设色，120.5cm×44.7cm，1921年，上海人民美术出版社藏

## 术 语：

**清六家** 又称"四王吴恽"，指王时敏、王鉴、王翚、王原祁、吴历、恽格。他们并非一个画派，但都强调临古，特别推崇元人，以精熟的技巧，不仅见重朝廷，而且左右了清初百余年的画风，成为画坛的正统派。

**娄东派** 清初绘画流派，由曾受教于董其昌的王时敏开派，又由其孙王原祁为中坚。时敏、原祁为太仓人，太仓在娄江之东，故称"娄东派"。该派以黄公望为宗，极重笔墨功力。由于王原祁为朝廷重臣，画艺深得康熙皇帝欣赏，所以宫廷绘画即笼罩在其风格之下。弟子如唐岱等，对画学原理有深入的认识，但画艺本身尚未出王原祁之右者。

**虞山派**　清初绘画流派，其首领王翚为常熟人，常熟有虞山，故名。王翚被时人奉为"一代正宗"。在师事王时敏、王鉴的同时，他上溯宋元诸家，其纯熟的画法，极具艺术表现力，使从之者若鹜，著名者有杨晋等。

**新安派**　清初绘画流派，创自渐江，因其为新安（今安徽歙县）人，故名。仰慕其风格的同郡人汪之瑞、孙逸、查士标，绘画旨趣颇近，合称新安四大家。该派以元四家入手，尤重倪云林，又因经历明清易代，故思想内涵尤其深刻；更得益于黄山的启示，意境奇特。又有将其归入黄山画派。新安派对金陵、扬州等地的江南绘画产生深远影响。

**金陵八家**　明末清初聚居金陵（今江苏南京）的八位画家，即龚贤、樊圻、高岑、邹喆、吴宏、叶欣、胡慥、谢荪。他们虽不属于同一画派，但均不趋时尚，在师法北方山水等不同画风方面独树一帜，给当时以南宗为正统的画坛注入了新鲜的活力。

**扬州八怪**　或称"扬州画派"，是对清乾隆年间活动在扬州的一批革新派画家的总称，数目不一定局限于八位。主要有金农、黄慎、汪士慎、郑燮、李鱓、李方膺、高翔、罗聘、高凤翰等，因其不合于传统，不合于正统，艺术表现形式奇特，所以被目为"怪"。主要靠卖画为生，受市场需要的影响，在花鸟、人物等题材上进行了多种变形和开拓，对写意传统作了大胆的突破。

**海上画派**　清末民国初年的绘画流派。主要人物有赵之谦、任薰、任熊、朱熊、张熊、任颐、虚谷、蒲华和吴昌硕。1935年黄宾虹率先对"海派"的概念做了学术阐释。他们大多以花鸟、人物为题材，画境纵逸隽雅，风格雅俗共赏。他们的创作受书法碑学影响巨大，作品追求金石趣味，因此能别开生面，成为继扬州八怪之后又一个有全国影响的重要画派。

**指画**　中国传统绘画的表现形式之一，由清代满族画家高其佩借鉴同时代广东画家吴韦的经验，以手指代笔，形成特殊画风。通过指、腕、掌的变化，信手拈来，尽得其神。指画的盛行反映了画坛上对变革既有画风的渴求。

**一画**　中国传统画论术语，见于《石涛画语录》。其内涵有三：一是作为绘画的本体，"众有之本，万象之根"；二是理一万殊，"一画之法，乃自我立"；三是一气呵成，在作品中以有形的线迹蕴含弥贯宇宙的生命之线。

**三叠两段**　石涛总结的山水画构图的重要程式。三叠是一层地，二层树，三层山；两段是景在下，山在上。它是以心灵空间去融会自然空间的方法。这种图式的提出，体现了画家对

"思"与"景"相互关系的新认识。

**金石气**　与"书卷气""市井气"相对而成立的篆刻艺术的独特气韵，如古朴、典雅、苍茫，是金石铸凿、镌刻所体现的特殊审美趣味。艺术家对篆刻刀法美的体会，增强了传统书画墨笔表现的可能性。那些集诗书画印于一体的视觉艺术作品，显示了后期金石书画的强大感染力。

**西泠八家**　清代中期以丁敬为首的浙派印学独辟蹊径，带动了钱塘籍的一批印学家，有蒋仁、黄易、奚冈（1746—1803）、陈豫钟（1762—1806）、陈鸿寿（1768—1822）、（1781—1852）、钱松（1818—1860）等，后世将其合称"西泠八家"。他们兼容众家之长，开创新面，一时风靡于世，对后期文人画的发展也有很大的作用。

**吴派**　近代吴昌硕开创的印学流派。得力于石鼓陶瓦、汉凿和封泥，加之以钝刀硬入，创造性地将诗书画治于一炉，产生如泼墨大写意的独特风格，对齐白石等人影响很深。因吴寓居上海，所以又称为"海派"。

**西泠印社**　研究篆刻艺术最著名的学术团体。清光绪三十年（1904）由丁仁、王褆、叶为铭、吴隐等创办于浙江杭州孤山，因地近西泠而命名。首任社长为吴昌硕。它曾收藏许多印章、印谱和书画作品，并加以整理和出版，对推动近现代印学发挥了积极的作用。

**珂罗版印刷术**　现代印刷技术之一，是以玻璃为版基，在玻璃板上涂布一层用重铬酸盐和明胶溶合而成的感光胶制成感光版，经与照相底片密合曝光（晒版）制成印版进行印刷的工艺技术。它迅速地取代了传统木刻插图版画，成为大众媒体传播视觉图像的主要技术。


**思考题：**

1．清代宫廷的文艺政策对美术发展有什么影响？

2．清初"四王""四僧"是怎样得益于董其昌而自创局面的？

3．从陈寅恪《柳如是别传》可以注意到哪些中国女性艺术的特色？

4．扬州和上海作为十八九世纪绘画中心，其社会氛围有什么特点？

5．金石书画运动的兴起对清中、后期文人画发展有什么重要意义？

6．上海这个近代东方都会对建立国际性中国艺术市场起了什么作用？

**课堂讨论：**

回顾近代以前中国艺术风格发展的总趋势，谈谈它对近现代美术发展提出了哪些重要的视觉命题。

**参考书目：**

［意］马国贤：《清廷十三年：马国贤在华回忆录》，李天纲译，上海古籍出版社，2004年

［美］高居翰：《致用与怡情的图像——大清盛世的世俗绘画》，杨多译、洪再新校，生活·读书·新知三联书店，2013年

沙孟海：《近三百年的书学》《东方杂志》，卷27第2号，1930年

《黄山画派研究论文集》，上海人民美术出版社，1987年

《朵云》编辑部编：《清初"四王"研究论文集》，上海书画出版社，1993年

陈寅恪：《柳如是别传》，生活·读书·新知三联书店，2001年

［美］乔迅：《石涛：清初中国的绘画与现代性》，邱士华等译，生活·读书·新知三联书店，2010年

汪世清：《汪世清艺苑查疑补证散考（上下）》，河北教育出版社，2009年

杨新：《扬州八怪》，文物出版社，1981年

洪再新：《满族美术史》，《中国少数民族美术史》第1册，福建美术出版社，1996年

聂崇正：《清代宫廷绘画》，上海科学技术出版社，1999年

故宫博物院编、王时伟主编：《倦勤斋研究与保护》，紫禁城出版社，2010年

朱培初编著：《明清陶瓷和世界文化的交流》，轻工业出版社，1984年

黄韬朋、黄钟健：《圆明园》，中国香港三联书店、中国建筑工业出版社，1957年

葛元煦：《沪游杂记》，葛氏啸园本，1876年

王中秀、陈辉、茅子良：《近现代金石书画家润例》，上海画报出版社，2004年

万青力：《并非衰落的百年：19世纪中国绘画史》，广西师范大学出版社，2008年

上海书画出版社编：《海派绘画研究文集》，上海书画出版社，2001年

# 第十章 20世纪及其后的美术

## 引 言

　　20世纪的中国美术史跌宕起伏、波澜壮阔。在其纵横开阖的格局中——上承晚清视觉文化曲折演进的线路，下启千禧年以来中国和平崛起的态势，艺术这部任何伟大民族都引以为豪的自传，透过其"世纪之眼"告诉人们：这百年历史不再是政权更替与并存的实录，而是一个古老民族重新走上国际舞台的见证。在争取自立于世界民族之林的过程中，人的价值越来越成为时代发展的标志。在认识该时段的美术演进轨迹时，现有的出版物多以单一线性的叙述为主，困境重重：因为历时性的现象罗列，无法对已有的和正在出现的全球化事件、人物、观念作跨语境的考察。因此，要界定这"世纪之眼"，亟须一个有效的参照系。

　　这个参照系，就是21世纪前十来年的世界形势发生的巨变。中国在国民经济持续稳定地增长三十余年后，国内生产总产值在2010年超过日本，成为美国之后的世界第二经济体。这是毛泽东（1893—1976）1962年在7000人参加的大会上所预言的："从现在起，五十年内外到一百年内外，是世界上社会制度彻底变化的伟大时代，是一个翻天覆地的时代，是过去任何一个历史时代都不能比拟的。" 这就是说，以一个发展的眼光来认识刚刚过去的20世纪，必须立足于对人类社会发展大趋势的宏观把握。

　　这一思考和本书第一章史前美术的状况形成宏观的对比。从时段上讲，史前美术有一个神秘的起源，尚无定论可寻，唯一可考的是艺术在与宗教、科学的关系中所体现的独特智性功能。而20世纪美术，有一个开放的后续，也没有定论可言，唯有艺术的智性功能照常在激发和呈现人类无限的创造潜力。所不同的是，20世纪90年代以来出现了继农业化、工业化、信息化之后的"第四次浪潮"，它以生态环境、教育、娱乐为主

图10-1 东滩生态城，2008年—2040年，计算机模拟图景，上海崇明

导，第一次将"人"的因素，提升到社会发展的首位。这也导致了人类文明史上全球一体化的局面。如国际合作建设的上海崇明"东滩生态城"（图10-1），展现了未来几十年中人与环境的生态风貌。21世纪最初十余年的发展，为叙述过去百年的中国美术，提供了重要的时间坐标。这个坐标使我们凭借全球互联网络提供的信息交流平台，展开20世纪美术的跨语境研究。它挑战着现存的中国美术叙述模式，必将推动与之相关的物质文化史、视觉艺术史和思想观念史的再认识。

在本书各章节中，除史前时代、先秦、六朝、五代等时段，尽管有几个或十几个并存的诸侯国或不同民族的政权，但在同一时段内社会制度的差异毕竟有限，无外乎是人类生产力变化"第一次浪潮"中游牧文化与农耕文化的冲突。无论改朝换代的代价有多么惨烈，其复杂的程度都不能和20世纪相提并论：1911年辛亥革命，两千多年来封建制度的最后一个王朝"寿终正寝"；1912年中华民国成立；1927年国民革命军北伐，结束北洋政府统治，实现南北统一；1932年到1945年伪满洲国以及抗日战争期间，沦陷区日伪政权出现；1927年中国共产党南昌起义，红军经过二万五千里长征，于1935年到达延安，建立陕北根据地，先与国民党八年共同抗战，打败日本侵略者，继而展开三年解放战争，到1949年成立中华人民共和国，结束国民党的统治，成为国际社会主义阵营的一部分。1950年，抗美援朝战争和冷战的出现，到20世纪50年代后期中苏关系破裂，中国构成第三世界的主体。从1976年毛泽东去世、十年"文化大革命"结束，到邓小平（1904—1997）主政，实行改革开放，经济持续高速增长；1997年、1999年中国香港、中国澳门的回归。从跨世纪的眼光来看，所有的艺术家都经历了不同的社会制度，不管他们是从清朝到民国，从民国到中华人民共和国，还是从"文化大革命"到改革开放，或者是经历中国香港、澳门、台湾等不同地区不同社会制度的变化，其困境和机遇共同造就了变化多端、丰富多彩的20世纪中国艺术。

中国历史上没有一个时代能像20世纪一样，产生和包容如此多元和矛盾的艺术观念。春秋战国时期的"百家争鸣"，出现儒、道相辅相成的美学理念；魏晋时期的佛教传入，展示佛陀诸神与觉悟真理的法门；明清之际的西洋文化传入，探试基督教文明的普世性，本身都极为壮观。但比较20世纪的百年变迁，情形大不相同。中国先进的知识分子被世界经济发展的潮流卷入工业化的时代，所以能在一个前所未有的高度，来审视中西两大文明的长短优劣。从1905年邓实（1877—1951）提出"古学复兴论"、成立"国学保存会"，到1917年胡适（1891—1962）发表《文学改良刍议》，掀起"新文化运动"，他们以不同的立场，反思中西文化的普世价值。被称为"中国文艺复兴之父"的胡适指出："我们如果回头试看一下欧洲的文艺复兴，我们就知道，那是从新文学、新文艺、新科学和新宗教之诞生开始的。同时欧洲的文艺复兴也促使现代欧洲民族国家之形成。因此欧洲文艺复兴之规模与当时中国的（新文化）运动，实在没有什么不同之处。""中西双方还有一项极其相似之点，那便是一种对人类解放的要求，把个人从传统的旧风俗、旧思想和旧行为的束缚中解放出来。欧洲文艺复兴是个真正的大解放时代。个人开始抬起头来，主宰了他自己的独立自由的人格，维护了他自己的权利和自由。"1919年"五四"新文化运动介绍赛先生（Science）与德先生（Democracy）两位先生到中国来，对艺术观念的更新，产生了深远影响。如各种现代学科，以客观的知识作为学科分类的对象，进而提出艺术科学的理念，直接关系到物质文明的创造与研究。落实在最早的西式教育中，是对学生手工制作能力的培养。整个中国现代美术教育建制，更是处处以科学为准绳，到20世纪50年代，中国美术院校引进苏联"契斯恰可夫（Pavel Petrovich Chistiakov，1832—1919）素描教学体系"时，要求铅笔描绘对象如同科学家使用圆规制图一般精确。而德先生的作用，在确立艺术家独立人格与自由思想方面，意义重大。它一方面冲破了既往所有等级的观念，使艺术多元化成为可能；另一方面，它也帮助人们从唯物质的科学主义新桎梏中解脱出来。如数学史家钱宝琮（1892—1974）1948年率先向科学界引介"新人文主义"，与稍后中国画画家潘天寿提出中国画"白描造型法"，反思"素描是一切造型艺术的基础"的普适性，便是殊途同归。虽然"五四运动"发生在九十多年之前，但赛、德两位先生所展示的理念，一直是"世纪之眼"所关注的焦点所在。在第三、第四次社会生产力发展的浪潮中，计算机多媒体和国际互联网络正在从技术层面迅速清除阻拦信息共享、文化多元的障碍，为人类的思想交流和艺术对话，提供了一个无限开放的平台。当人工智能将"人人都是艺术家"的理念逐步变为现实时，当代中国艺术策展人，又开始面对新世纪前卫运动中"没有艺术品的艺术"这一重大视觉命题。

在20世纪之前，中国艺术文献的重心，受文人士大夫为主导的意识形态的影响，多集中于书法、卷轴画等视觉媒介，进而涉及篆刻、园艺等种类。清末知识界从日语引进"美术"的概念后，视觉媒介的种类就大大扩展，建筑和城市规划、雕塑、设计与工艺美术继续成为20世纪以来美术发展的重要内容。就跨媒体的特色来看，先秦的青铜艺术，六朝的石窟艺术，明清的诗、书、画、印"四绝"，就是不同艺术媒介的综合，通过宗祠、庙堂、寺观、石窟、园林、书斋等公共和私人空间加以展示和把玩，形成特定的艺术风格。

进入20世纪后半叶，视觉媒介的变化日新月异：一方面是近现代博物馆、美术馆开始有面向公众的专业化展示空间，而城市化的高速发展，也以初期的公共建筑对室内装饰的需求，扩展到广大城市居民的家庭装饰；另一方面，电影、电视、录像、计算机美术以及传播这些艺术的互联网、Smart Phone、iPad等各类工具和博客、微博等社会传媒层出不穷，为各种新潮和前卫运动，提供了多元的表现形式。在每一种视觉媒体的运用上，或者通过视觉媒体的演变，可以认识20世纪艺术家个人或群体在风格上的成就与不足。

20世纪中国艺术的时代话语有多元的源流。上溯中国传统，张彦远《历代名画记》前三卷的十五个命题，就是中唐时期艺术史家认识到的艺术话语。而其以纪传体式的叙述形式，则是其展开这些话语的框架。例如20世纪第一个十年出现"中国画衰败之极"的反省；20世纪第一个十年的"西画启蒙""国画复活"运动；20世纪30年代"反帝反压迫"为主旨的木刻运动；20世纪50年代关于"素描基础教育"的认识，"文化大革命"期间"三突出"的创作原则；20世纪80年代改革开放以来"自我设计"的理念，构成各个艺术运动的认识基础。了解其形成与转换的过程，对于把握20世纪美术发展的特征意义重大。从跨语境的眼光来看，了解这些过程，也有助于认识中国美术史自身建设的内容。

本章对20世纪及其后的语境、制度、观念、媒介、时代话语的根本性变化所做的考察，是一种新的学术尝试。不管以怎

样的篇幅，都无法穷尽这些议题；但若能把美术问题的意识做
一提示，将会有助于读者透过"世纪之眼"，来体认中国美术
在既往百余年内的艰辛而又壮观的历程。

## 第一节 百年美术风云

1898年的"百日维新"，亦称"戊戌变法"，虽与1911年
推翻帝制的"辛亥革命"性质不同，但两者的初衷却有相似之
处，即建成一个现代民族国家，自立于世界民族之林。孙中山
（1866—1925）的遗言"天下大势，浩浩荡荡：顺之者昌，逆
之者亡"，强调人类社会进步的趋势，遂为国人的共识。这和
"国粹""国学""国语""国画""国乐""国剧"等意识
的出现，是密不可分的。

实行共和制的革命派与幻想复辟的清朝遗老在认同民族国
家方面，持对立的政体观，但对20世纪前期中国文化的重建，
他们的贡献却相辅相成，缺一不可。民族国家的意识，典型地
体现在1925年双十节故宫博物院的建制上，是继一年前逊帝溥
仪（1906—1967，1909—1911年在位，1932—1945年为伪满洲
国皇帝）的清朝皇室被逐出紫禁城后的重要政治举措。虽然此
前清宫所藏书画、器物精品已大量散出宫外，成为溥仪政治复
辟的文化资产，故宫博物院的成立将辛亥革命未尽的使命之一
得以实现。和金城（1878—1926）1919年创建"北京古物陈列
所"这所国家博物馆的努力相比，故宫向全世界开放（图10-
2），宣告了一个民族国家对其既往艺术遗产的全面继承。

中国近代史充满了悖论。若就事论事，便难以跳出其怪
圈。以清遗民的极端例子来看，有1911年同时流亡京都的罗振玉
与王国维。如果以其保守的政治立场论，他们的愚忠似乎逆潮流

图10-2　故宫博物院同人欢迎瑞
典皇太子并在武英殿前摄影，黑
白照片，1926年，北京故宫博
物院藏

而动；但在现代国际学术领域，他们一流的学术眼光，通过和欧洲、日本著名汉学家如沙畹（Emmanuel-èdouard Chavannes，1865—1918）、伯希和（Paul Pelliot，1878—1945）、内藤湖南（1866—1934）等人的切磋交流，取得具有普世价值的杰出成就。王国维在1925年提到殷墟甲骨文、敦煌与居延汉简、敦煌文书、明清内阁大库档案以及西北边疆民族文字文献等学术新发现，大都和艺术史研究有密切关系。像甲骨文的发现、整理和研究，直接导致了中央研究院1928年对殷墟遗址的科学发掘，使中国古老的文明，第一次有了田野考古学的实证，也使商代都城、青铜文化（彩图6）、甲骨书刻文字（图2-4）作为人类文明的三大支柱，以其鲜明的个性，呈现在世界艺术史上。

与之相映成趣的是在建筑领域中被形容为"穿西装戴瓜皮帽"的中西合璧形式，即采用花岗石、混凝土材料加上飞檐大屋顶的做法，由美国建筑师茂飞（Henry Murphy，1877—1954，又译作墨菲）大力提倡，在民国建筑史上别具一格。茂飞整体设计规划了北平燕京大学、南京金陵大学等教会学校的校园，其中像燕园未名湖畔的博雅塔，集水塔的功能和古典琉璃塔的美观于一体，成为传世经典。他也因此成为"中国古典复兴"的旗手。受其启发，留美深造并在茂飞纽约和上海事务所任职的建筑师吕彦直（1894—1929），荣获南京中山陵设计方案竞赛首奖。他设计的南京中山陵（图10-3）以及广州的中山纪念堂和纪念碑，都是民国时期礼制建筑中的出色代表。响应并实践"中国古典复兴"这一理念的。还有美国建筑师开尔斯（Francis H. Kales，1882—1957），曾参加中山陵设计方案竞赛，获荣誉奖第三名。后应邀主持设计国立武汉大学，在东湖南侧珞珈山规划了校园，构思精当，布局合理，成为体现民族建筑形式的又一著名作品。

战争是政治的一种手段。20世纪的两次世界大战，给人类造成了空前的灾难。1937年开始到1945年的八年全面抗战期间，一批从崇尚自由独立的个体艺术家蜕变为效忠国家的艺术工作者，在国民政府的组织下，与文艺界人士开展跨媒介合作，进行了有声有色的文艺宣传活动。与此同时，则有发表于国际媒体以及国统区和延安等革命根据地的多重宣传媒介中的漫画和木刻，如万湜思（1915—1944）的《炸后》（1938）、彦涵（1916—2011）的《当敌人搜山时》（1944）等许多作品，发挥了鼓舞全民抗战士气的作用，在上海这个抗战时期的"孤岛"，美术家也起到了积极的作用。除了描绘相关题材之外，著名艺术家如徐悲鸿（1895—1953）、何香凝（女，1878—1972）等还在世界各地通过义卖字画，为抗日战争筹募

图10-3　吕彦直设计：南京中山陵，黑白照片，1929年，江苏省南京市

款项、支援前线将士、赈济各地灾民，作了自己的贡献。

抗日战争期间，清中叶以来西北边疆地理研究的传统，继续体现其重要性。以摹古见长的张大千（1899—1983）1940年赴敦煌临摹历代壁画，历时两年7个月，摹绘276幅作品，并为莫高窟重新编号。其画册的出版与展览的举办，积极地提升了民族士气。1944年敦煌艺术研究所成立，从那时起，敦煌的保护、维修和研究，是在学者调查、研究西北史基础上结出的硕果，进而为探讨古今中外文艺、学术交流提供了一个国际平台。

在面对不断变化的国际关系时，以中国共产党为核心的各党派国家意识的强化。1956年国家批准在北京、上海分别成立"中国画院"，1960年批准浙江美术学院（即原国立艺术院、国立杭州艺术专科学校、国立艺术专科学校、中央美术学院华东分院，现在的中国美术学院）创建书法篆刻专业，就是从20世纪50年代"全盘苏化"的文化政策中争取新的平衡。中国艺术界关于"油画民族化"，中国香港关于"水墨艺术"特质，中国台湾关于"胶彩画"性质等问题的讨论，都反映了类似的意识倾向。

20世纪中国在力图挣脱封建统治的同时，还继续承受外国殖民与半殖民文化的各种影响。1898年胶东半岛为德国租借，至1914年第一次世界大战德国自顾不暇，遂落入觊觎已久的日人之手；东北三省在1932年至1945年伪满洲国期间，受日本的统治；中国台湾在1945年光复前，曾为日本统治五十年；上海的外国租界在1943年前，分别为英、法、美、日等国租用或占领达数十至百余年不等；中国香港在1997年回归前，曾被英国实行统治一百五十五年；而中国澳门在1999年回归前，被葡萄牙实行统治的时间更长。所有这些，对20世纪中国美术的发展，构成了不可忽视的多重影响。清末民国初中国香港至上海之间的艺术变迁；抗日战争期间上海"孤岛"的文化作用；20世纪60年代以后中国台湾至中国香港的现代艺术运动；20世纪80年代以来内地与港澳的艺术交流，就是认识20世纪美术复杂性的典型事例。最引人注目者，是考察有关城市的市政规划与公共建筑群的设计。如青岛，其保存的19世纪至20世纪之交的北欧建筑文化，使之成为富于德国韵味的城市。而东三省和中国香港、澳门、台湾等地区保存的各国建筑风格，也各有特色。而这方面的考察，当以1949年前上海外滩浦西（图10-4）的新古典主义、艺术装饰风格（Art Deco）为主的建筑群为典范，作为"十里洋场"的视觉象征，正好与1978年"改革开放"以后外滩浦东出现的"东方明珠"电视塔等现代与后现代风格的建筑

图10-4　外滩公共租界，黑白照片，1928年，上海

群（彩图43）形成对比，共同构成一部记录百年沧桑的世纪大片。还有哈尔滨保留的俄国建筑文化经典，属于1896年到20世纪中期文化移民的产物，自成一格。所有的这些，都是反思殖民主义与后殖民主义理论，研究中国美术不平衡发展的特殊切入点。

1949年以后中国从舆论导向上强调无产阶级专政。在意识形态领域，重视历史画的创作，为此投入了大量的人力、物力。像清宫定制《乾隆平定伊犁回疆图》全套铜版画一样，政府作为艺术家的赞助人，集中全国最优秀的艺术家，表现战争题材。通过收藏与展览，赞助了一批高质量的艺术品。如罗工柳（1916—2004）的《地道战》（1951），詹建俊（1931—　）的《狼牙山五壮士》（1959），全山石（1930—　）的《英勇不屈》（1962），陈逸飞（1946—2005）、魏景山（1943—　）的《攻占总统府》（1977）等，堪称代表作。在涉及国家间领土争端的问题时，美术家除了绘制宣传招贴外，还创作了主题十分鲜明的艺术作品，如沈嘉蔚（1948—　）的《为我们伟大祖国站岗》（1974年，图10-5），直接以1969年中苏珍宝岛事件为背景，采用苏联社会主义现实主义的手法，可谓"借以其人之道，还治其人之身"。战争画的长足发展，不仅体现在为国家和地方各历史纪念馆创作的大型作品上，而且通过连环画和插图艺术，达到很高的水准。如刘继卣（1918—1983）的《鸡毛信》（1962）、许荣初（1934—　）的《白求恩大夫》（1975）等，曾一度家喻户晓。

经历了巨大的战争创伤，中国艺术家对世界和平的呼吁也举世瞩目。1941年张书旂（1900—1957）的《百鸽图》作为中国政府的礼品，赠给美国的罗斯福（Franklin D. Roosevelt，1882—1945）总统，享誉一时。1955年，齐白石（1864—1957）的《和平鸽》荣获世界和平理事会该年度国际和平金

奖，与西班牙画家毕加索（Pablo Picasso，1881—1973）的
《和平鸽》齐名，有力地声援了世界和平运动。

　　1978年以来中国经济持续三十多年的高速增长，创造了
历史的纪录。在多年承平的气象中，战争与和平这一永恒的命
题依然激发着艺术家的思考。这方面最具普世价值的是蔡国
强（1957—　）1996年在美国所做的行为艺术《有蘑菇云的世
纪：为二十世纪作的计划》（图10-6）。他不但采用中国古代
四大发明之一的火药，再现20世纪最有代表性的双关语义图像
"蘑菇云"——以灵芝这个中国人所珍视的长寿符号，来承载
寓意完全相反的物象，而且他的《曼哈顿计划》（即美国最早
研发的原子弹计划的代号）不幸言中了5年之后发生在曼哈顿
国贸大厦双塔惨遭空袭的"9·11"事件，体现出一个当代艺
术家对于人类命运深重的忧患意识。

　　从词义上讲，1919年的"五四"运动所掀起的新文化热潮，
和1966年至1976年间中国的"文化大革命"，都是以"文化"
为对象的社会运动。值得世人特别是艺术家深思的是：同在为大
众服务的旗号下，这两场社会实践的结果竟如此不同。时隔大半
个世纪，关于"新文化运动"和"文化大革命"的研究，有一点
已十分清楚：前者出现在开放的语境中，为现代化的努力提供了
多元发展的可能性；后者发生在极度封闭的语境下，致使中华文
明为个人崇拜付出了难以估量的惨痛代价。

　　正如学术界已经注意到的，"五四"爱国运动和当时出现
的"新文化"热潮并非完全等同。1919年后，每当"五四"到
来，全国各地常有民间或官方组织的纪念活动，说明爱国热忱
的持续高涨。新文化运动则有更为多元的趋向，如1917年初胡适
（1891—1962）受陈独秀（1879—1942）之聘，即将回国拉开文

图10-5　沈嘉蔚：为我们
伟大祖国站岗，布面油画，
189cm×159cm，1974年，私
人藏

图10-6　蔡国强：有蘑菇云的世
纪：为二十世纪作的计划（曼哈
顿），行为艺术，1996年

学革命大幕前，上海爱俪园（即哈同花园）的"广仓学宭"已经打着保存国粹旗帜，以发明文字的传说人物仓颉为偶像，反映出文言与白话的鲜明对立。在艺术领域，1918年在南北出现的两个社团，一为官方，一为民间，具体追求也各有侧重：1918年春，蔡元培（1868—1940）在北京大学成立"画法研究会"并任会长，聘请留学英法的李毅士（1886—1942）、吴法鼎（1883—1924），留日的郑锦（1891—？）、陈师曾（1876—1923，图10-7）、徐悲鸿（图10-8），北京画家贺良朴（1861—1937）、汤涤（1878—1948）等为导师。这个20世纪最早兼容中西、提倡以"科学精神"研究美术的社团，重点在中国画，聘请日本东京美术学校教授大村西崖（1868—1927）等前来讲学，在中日两国间，形成了回应德国表现主义运动的"文人画复兴"话语。1918年9月23日，江小鹣（1894—1939）、丁悚（1891—1972）等在上海图画美术院（1912年最初名为"上海美术学院"，1915年更名为"上海图画美术学院"，1920年更名为"上海美术专门学校"，1930年定名为"上海美术专科学校"）成立"天马会"，参加的人员众多，是不同媒体、不同年龄、不同风格的艺术家的群体表现，主要是对中国西画创作的一次深刻检讨，由此推动中国画的革新。该团体前后在上海举办了九次展览，直接带动了20世纪20年代前期上海的"西画启蒙运动"和"国画复活运动"，催生了众多的艺术社团。1927年吴昌硕（1844—1927）去世后的中国美术界，相继有国立艺术院的成立，有1932年到1935年出现的"决澜社"，有1933年成立的"百川画会"，有名目众多的新派尝试和林林总总的艺术刊物，其自由的空气，达到了前所未有的程度。直到1937年"七七事变"，民族救亡的任务，成为压倒了一切的头等大事。

在这些南北社团的周围，还有各国艺术家的参与。从1926年到1931年先后任教于北平和杭州两地的国立艺术学院的法国画家克罗多（André Claudot，1892—1982），曾与马蒂斯（Henri Matisse，1869—1954）一起在巴黎独立艺术家沙龙展出作品，是极左派的艺术家，与林风眠（1900—1991）有密切的关系，培养的学生中，包括李可染（1907—1989）等出色的人才。此外，还有捷克画家齐提（Vojtech Chytil，1896—1936），也是不应被遗忘的重要角色。他先后参加1919年初、20世纪20年代上海的万国画展，1922年在北京饭店举行第一次个人画展，任北平艺专教授。1926年元旦，创立"艺光社"，社员二十余人，被公推为社长。6月在中央公园社稷坛举行该社首届画展。开幕前，为陈列范人（即裸体模特儿画）事，事先向警吏交涉，蒙允许，东西洋记者惊喜交集。1927年夏，他与受业诸生话别，回捷克举办第一次东方美术展览会，并在伦敦、维也纳等地介绍齐白石等名家作品。他的学生中，有后来对水彩画发展作出贡献的李剑晨（1900—2002）。

天马会、"文人画复兴"和"国画复活运动"，环环相扣，波涛汹涌。特别是后者，由一批关心中国画命运的西洋画家提出，启发了中国传统画家寻找各自的解决问题的方案。这对胸怀改造中国画大志的高剑父（1879—1951，图10-9），影响很大。这位留学日本，冒死参加辛亥革命的革命画师，1911年以后从广东到上海发展，与高奇峰（1889—1933）、陈树人（1884—1948）等，通过发行《真相画报》、经营审美书馆等，吸收日本画的表现手段，率先标榜"折中派"，开风气之先。"折中派"的创新实验，如对于物象写生的重视，一度在美术界大获成功，尤其是通过新的大众媒体加以传播，成为人们喜闻乐见的样式。像高奇峰的《双鸭图》，在1915年旧金山巴拿马—太平洋万国博览会获金奖。但在市场宠儿的"月份牌"画面前，折中派的写实努力失去魅力，加上中日关系的复杂变化，高剑父在"天马会"中并未受人重视。于是他从上海撤退，移师南下，在岭南重新建立影响。他以"艺术救国"为宗旨，代表了岭南画派的革新精神。其后继者，活动在世界各地；上海一地则唯有1941年来沪发展的黄幻吾（1906—1985），可谓硕果仅存。

值得注意的是，"五四"之际陈独秀提倡"革王画的命"，本质上反正统，提倡"民学"精神，这一直为黄宾虹（1865—1955）等艺术家所坚持。后者1948年明确强调的《国画之民学》，与"君学"对立，揭示了艺术发展的一个内在矛盾：个性的解放，大都以挑战既有的陈规来实现。由此可见，伴随着新文化运动而来的美术运动，从传统媒体，不论是中国固有，还是海外舶来，都在不同的个人方案中寻找转机。这场思想解放运动，和此后的大众美术运动，以及1978年后的改革开放，都有内在的联系。

从理论上讲，1949年后中国的美术是在"为人民服务"的口号下继续发展的。"文化大革命"前的17年发展，在局部开放的语境中，使"百花齐放"的政策，取得了可喜的成果。黄宾虹、齐白石、潘天寿、傅抱石（1904—1965）、李可染（图10-10）等，通过和国际友人的交流，印证、反思、发展和升华书画传统。各种艺术媒体，都有可圈可点的精品。1959年北京的十大建筑中，人民大会堂和人民英雄纪念碑（图10-11），堪称是经典的代表。1953年董希文（1914—1973）的油画《开国大典》（图10-12a）被毛泽东自豪地称为"是大国，

图10-9　高剑父：乾坤再造图轴，纸本设色，80cm×42cm，于右任草书题字，1926年，中国香港艺术馆藏

图10-10　李可染：万山红遍层林尽染图轴，纸本设色，136cm×85cm，1964年，北京中国画院藏

图10-11　梁思成、刘开渠等人设计：人民英雄纪念碑，彩色照片，1958年建成，北京天安门广场

是中国"。他还说："我们的画拿到国际上去，别人是比不了我们的，因为我们有独特的民族形式。"但同一幅历史画，本身也成为政治权力斗争——1954年反高岗（1905—1954）（图10-12b）、1966年反刘少奇（1898—1969）（图10-12a）、1972年反林伯渠（1886—1960）和"文化大革命"后恢复原状的历史见证（图10-12a）。1957年的"反右"运动，大批优秀的艺术家将被归入另类。像创建了中央工艺美术学院的庞薰琹（1906—1985），他身为20世纪30年代上海"决澜社"现代派代表画家转到他的最爱——工艺美术设计（图10-13），但他的才华还未发挥，就成为专政的对象。"文化大革命"开始，像他这样的"右派"更加遭殃。因为这时中国的国际处境日益孤立，而执政党内部的权力之争达到白热化程度。选择"文化"作为革命的对象，视觉艺术起了极为重要的作用。历来作为舆论导向的大众媒体，在中央"文化大革命"领导小组的控制下，推出了适合政治宣传需要的摄影、绘画、戏剧、电影、音乐；而中央工艺美术学院的本科生刘春华（1944—　）创作的油画《毛主席去安源》（1967年，彩图44），其画片能够发行到九亿张，超过当时中国的人口数量，足以表明美术样板的作用。这和其后的"样板戏"，共同形成了当时流行的艺术话语，后文将展开论述。

　　"文化大革命"的美术普及，有陕西户县农民画，上海工农兵美术创作组，以及其他形式，并通过《人民画报》《中国文学》等媒体，由中国国际书店经营，用几十种语言向世界各地发行，以计划经济体制，在国际上制造舆论，展现国家形象。具有反讽意义的是，"文化大革命"所鼓吹的"灵魂深处闹革命"，却采用了似乎最开放的形式，即"大鸣、大放、大字报、大批判"，而且使传统的精英艺术——书法，成为人

图10-12a　董希文：开国大典，布面油画，230cm×405cm，1953年，中国国家博物馆藏

图10-12b　董希文：开国大典，油画，230cm×405cm，1954年修改

人参与的公共艺术。各类书体中，新魏碑体转折有力，顿挫分明，像1968年出版的《毛主席语录新魏体字帖》，适宜写大幅标语口号，影响颇巨。大字书法，也应运而生。

　　1978年开始的又一次思想解放运动，使百废待兴的国家，逐步实现从计划经济转向市场经济的转型，保证改革开放能一往直前。在意识形态方面，一批默默无名的非学院派艺术家，率先起事，组织了如"星星画会""无名画会"等团体，从"文化大革命"的禁锢中挣脱出来。他们在北京西单民主墙等公共场所，以不成熟的技法表达对于真、善、美的个人憧憬。像王克平（1949—　）的一系列木雕作品，对象征专制时代的偶像，辛辣嘲讽，大胆抨击。如诗人北岛（1949—　）所说，"在没有英雄的时代，我只想做一个人"。更为难能可贵的是，"无名画会"的中坚人物赵文量（1937—　）、杨雨澍（1944—　）在各种政治和社会环境下，都恪守着"艺术为艺术"的原则，坚持独立创作，成为充满悲剧色彩的中国在野艺术家。

　　在这新一轮的思想解放运动中，文学、戏剧、电影、美术，都有自己的代表作品，但不同媒体的互用，还没有成为时

图10-13　庞薰琹：《工艺美术集》封面装帧，38cm×29.2cm，1941年，常熟庞薰琹美术馆藏

尚。1977年全国大学恢复高考后，美术院校的新生很快成为反思"文化大革命"、反映现实的生力军。四川美术学院本科生罗中立（1948—　）1980年的油画《父亲》（彩图45），获得同年全国青年美术作品展金奖。照相写实主义的风格产生了强大的视觉震撼，从而开始了以罗中立、何多苓（1948—　）等为代表的"四川画派"。这与1978年上海举办的"法国19世纪巴比松画派作品展"影响的一代画家各领风骚。如中央美术学院研究生陈丹青（1953—　）的油画《西藏组画》，浑厚深重，富于建设性的构成。可以说，美术界的面貌大致反映了思想解放的潮流，有"新潮"涌动，有"图式"的批判，伴随着各种新近引进的理论和风格流派，进行大胆的尝试。在这一波的新潮涌动中，浙江美术学院毕业的研究生、本科生表现出了极大的开拓精神。黄永砯（1954—　）的"厦门达达"，谷文达（1955—　）的水墨实验，吴山专（1960—　）的"红色幽默"，耿建翌（1962—　）、张培力（1957—　）等举办的"85新空间"，王广义（1957—　）的"后古典系列"，诸如此类，迅速在全国形成影响，整体地体现出新一代艺术家客观审视传统、现实与艺术的深刻洞察力。

对照20世纪初期中国古画国际市场出现对国内中国画发展的反馈作用，20世纪后期的中国前卫作品也与国际艺术市场结合，不仅有内地和香港地区艺术家的交流，还有海外华裔艺术家的加盟，借助跨媒体等不同的形式，追求具有普世价值的当代意识。在此，现代展示文化发挥了越来越重要的作用。像上海双年展、广东三年展等代表性的视觉文化展示机构，已经成为中国了解世界和世界了解中国的窗口。1998年由批评家高名潞（1949—　）策划、在美国巡回展览的"内转外：中国当代艺术"，便是较为集中的反映。很快随着当代艺术市场的逐步完善，展览策划成为新兴的热门行业，意识形态的影响，也成为商业介入的重要考量因素。具有中国特色的艺术作品，在现代艺术的市场上大行其道，各地个人和企业的收藏、展览、拍卖机构，也如雨后春笋般遍布全国。现当代艺术名家的作品价位，不在古代大师的作品之下，就是很重要的市场指向。

千禧年的到来，不仅是划时代的时间标记，而且也开始了大国和平崛起的新纪元。在近十年中，最为国际化的艺术成就体现在建筑设计领域。北京2008年奥运会的主体场馆"鸟巢"（图10-14）和"水立方"，很好地塑造了中国作为现代大国的形象。中国展览型建筑和音乐厅建筑，引来中外建筑师竞相争标，有些成为世界上同类建筑的翘楚。和2012年广州举办第

图10-14  国家体育馆"鸟巢"（北京奥运会主场馆），2008年，北京

111届中国进出口商品交流会的传统比较，1996年开始的上海双年展和上海2010年的世界博览会，都具有代表国际新潮的时代意义。回溯到1840年的中英鸦片战争，中国人用了一百七十年的时间，从一个日趋没落的旧封建王朝，发展成为世界第二大经济体，其间的风风雨雨，惊涛骇浪，都记录在她的艺术之书里，使20世纪以来的美术，显得格外光彩夺目。

## 第二节  体制的断裂与延续

中外的艺术发展到近代，市场运作和官方的赞助互为补充，从体制上保障艺术活动的进行。20世纪中国美术的发展，也受制于这两个方面的影响。

晚清出现的民族革命，风起云涌。国内外的大众媒体，以势不可挡的视觉文化，为推翻封建王朝，立下了汗马功劳。民国期间，由市场主导的文化产业形成了异常活跃的民间艺术社团组织。艺术家们通过集会、展览、出版，形成不同的艺术主张与风格流派。中国有史以来第一部《美术年鉴》大致反映了1948年前主要的美术组织活动、艺术家、代表作品、有关学术论作等。

在国际都会上海，外国侨民也有定期的艺术展览。1912年黄宾虹任社长的金石考古社团——贞社，除了吸收日本等外国同仁参加之外，还在广州设有分社，声名鹊起。胡适1917年自美国归来，曾函告黄宾虹，请求专人为其治印。像上海地产大王哈同 （Silas Aaron Hardoon，1851—1931） 夫妇1916年出资创办的"广仓学宭"，多次举办雅集，推进艺术交流。

在北京也有各种美术社团，其中余绍宋（1882—1949）1915年组织的"宣南画社"，历时12年之久，在京城影响颇巨。余绍宋，字越园，浙江龙游人。留学时，专长法律。富收藏，专研传统书画理论。著有《书画书录解题》等，为现代画学目录学的嚆矢。画社由汤涤（1878—1948）为指导，有梁启超（1873—1929）、姚华（1876—1930）、陈师曾（1876—1923）、林纾（1852—1924）等参加。汤涤，字定之，汤贻芬之孙，任教北京女子高等师范及北平艺专，入室弟子有余绍宋、蒋复璁（1898—1992）、梅兰芳（1894—1961）、程砚秋（1904—1958）。姚华（1876—1930），字重光，号范父，贵阳人。留学日本，博学多能，长于碑版、器物和戏曲的研究。"宣南画社"中不少是余绍宋在司法界的同仁，都从汤定之学画，每周聚会一次，最多时有二三十人。这类以政府高级官员为主的艺术社团，代表了京城文化的一大特点。1920年北京地区的画家在金城、周肇祥（1880—1954）、陈师曾等人倡导下，成立了"中国画学研究会"，并组织了多次中日绘画联展，推进了传统艺术的国际交流。值得注意的是，北京的这些代表性画家，多数来自南方，因此有益于南北艺术家之间的交流。1926年金城去世后，其子金开藩（1895—1946）与周肇祥（1880—1954）发生分歧，另行成立"湖社画会"，取金城别号"藕湖渔隐"之"湖"字，以资纪念。而其成员也多以"湖"字为号。该社还有天津分会，并在东北产生影响。"湖社"则于1927年11月出版《湖社半月刊》，11期后改为月刊，到1936年3月停刊。而中国画学研究会于1928年1月出版《艺林旬刊》，72期以后改为《艺林月刊》，到1942年6月停刊。这两份美术刊物时间长，影响大，成为研究20世纪20年代至40年代美术发展的重要文献。清宗室成员中最著名的画家有溥儒（1896，一说1887—1963），初字仲衡，后改名心畬，别号西北居士。他与张大千在20世纪二三十年代的北京画坛号称"南张北溥"，声誉颇盛。而宗室画家如溥忻（1893—1966）等1925年组织的"松风画会"，仍以摹古为主，体现了受传统约束而难以突破的现状。1929年由朱启钤（1871—1964）创办的"中国营造学社"，以研究中国古代建筑史为重点，在调查、研究和测绘古建筑实例，搜集、整理和研究有关文献方面，成就卓著，不但编辑出版《中国营造学社汇刊》，而且培养了一批高级专业人才。

在岭南，继1912年贞社广州分社的活动，一批金石学家和书画家在1923年组织了"癸亥合作社"，1925年又扩大为"广东国画研究会"，与高剑父兄弟的"折中派"绘画形成了不同的价值取向。

在官方赞助方面，蔡元培先后在北平与杭州成立的国立艺术院，以及由国民政府组织的几届全国美术展览，诸如此类，也

图10-15　何香凝：虎，绢本水墨设色，26cm×30cm，1911年，深圳何香凝美术馆藏

都对中国当代美术的发展，起了重要的作用。1949年以来，中华人民共和国的党政合一制度，将官方的艺术赞助作为其计划经济的一部分。全国性的艺术家团体，如中国文化艺术联合会，各省区市的文联，中国美术家协会，各个省区市的美术家协会，各专业的美术团体——中国书法家协会、中国油画学会、中国水彩画家协会、中国版画家协会、中国工艺美术学会，诸如此类；全国和各省市地县的群众艺术馆、文化馆、少年宫，以及其他社会机构，如政治协商会议下属的文史馆等机构，这些组织形成了由上到下的层层网络，以实现中央对全国文艺美术活动的掌控。艺术院校也是如此，各地的高等艺术院校，其中各艺术机构的监管，都由政党负责，并调动全国的力量进行政治鼓动，做到文艺为政治、为工农兵和为社会主义"三个服务"。部分细节，可参考1993年出版的《中国美术年鉴：1949—1989》。值得一提的是，在制度的保障下，中国女性艺术家的地位有了很大的转变。以近代女性解放运动的领袖何香凝（1878—1972）为例，其绘画创作的方法、目的与风格，在女性数千年的艺术创作历程上具有特别的文化象征意义。她1911年为辛亥革命军事将领黄兴（1874—1916）绘制的《虎图》（图10-15），虎虎有生机。和阶级、种族等问题一样，女性问题的提出和反思构成艺术社会史的新视角。何香凝从最早参加孙中山的同盟会到晚年担任中国美术家协会主席，是杰出的社会公众人物，显示了女性艺术家在现代文化建设中的地位，揭示出"志于道、据于德、依于仁、游于艺"这个人文传

统的最高境界。作为比较，出身卑微但自强不息的女画家潘玉良（1895—1977）在国内与海外的坎坷经历，则更多是她个人奋斗的故事。同样值得一提的是，1934年在上海成立的"中国女子书画会"，直接得到黄宾虹等一批著名书画家的支持，在社会上形成了不小的影响。

艺术品作为特殊的商品，自古已然。明清时期先后在苏州、徽州、扬州和上海等地出现的国内艺术市场与19世纪在广州和中国香港出现的外销艺术市场，到20世纪初期，已经逐渐将国内市场（俗称"本庄"）和国际市场（俗称"洋庄"）一并包括在内。但是中国国内的艺术市场，直到20世纪90年代，并不是和20世纪初出现的国际性中国艺术市场同步发展的。换言之，"本庄"与"洋庄"的互动，要经历漫长的磨合过程。

长期在上海从事中国古玩交易的欧洲画商史德匿（E.A.Strehlneek，1871—1946），是一位长期被遗忘的神秘人物。作为冒险家，史氏来华时间和从事的活动，中外文献有多种传闻，出入很大。如其籍贯，就有英国、德国、瑞典、塞尔维亚、拉脱维亚等数说，而以后者为其1946年亲笔填写《上海古玩业同业公会会员志愿书》所认定。其"史德匿古玩行（Strehlneek's Gallery of Chinese Art）"的主顾，主要为来沪的外国人。第一笔大交易，是在1913年7月将其所藏的一批古画转手给瑞典收藏家法赫拉斯（Klas Fåhraeus，1863—1944）。随后，他和黄宾虹、吴昌硕、吴衡之（1872—？）、爱诗客（Florence Ayscough，1878—1942）等中外的同仁携手编撰了《中华名画：史德匿藏品影本》，委托商务印书馆出版中英文双语彩印本，于翌年在上海和海外同时发行。1914年7月2日首先在《神州日报》上刊出其广告，传递出重要的市场评估观念："凡有世界艺术之观念者，……而知中华美术之价格矣。"这是中国古代美术首次以如此规模和方式向国外市场行销商品，成为"古画出洋"的样板，即广告词所称"二十世纪新发明"。随后带动了多种类似的图录，将古今绘画和其他美术品销往海外市场，影响深远。受其激励，中国香港出生而来上海发展的混血实业家施德之（Star Talbot，1861—1935），以其商业摄影品牌耀华照相转而投资施德之"神功济众水"，又同时经营古董，于1922年入股创建"上海古玩书画金石珠玉市场"，随后以仿制所谓乾隆的"古月轩"窑名噪一时。他的所有实业都在上海不同媒体上连篇累牍地做广告，语言新颖，令人叫绝，在全国形成影响。1930年他出版了《中国美术》，以前所未有的七个语种形式（中、英、法、日、德、意、西班牙文）彩印一百件"古月轩"瓷品。这种市场的驱动，帮助艺术家们注意到"洋庄"的重要性。如1924年5月18日

《时事新报》发表汪亚尘（1894—1983）题为"卖画"的文章，
指出"古画有销洋庄，就是生存的画家也销洋庄，粗的销日本，
细的销西洋，有几位穷画家发了洋财"，就进一步传递了来自市
场的这类信息。

图10-16　南通博物苑，彩色照片，1905年建，江苏南通市

　　至于做"本庄"生意者，在历代的传统中，增添了结社的
新形式，通过组成行会，保护艺术家的权益。书画篆刻家比前
代更多地依赖大众媒体的作用，用名人推荐或艺术家自荐的方
式，挂笔单、刊润例，建立和市场的联系，也继续依靠文具纸
笺铺，尤其是笺扇（各种传统扇子在电风扇普及之前，是人手
必备的消夏用品）店等中介机构，形成定购、成交的场所，使
字画和金石篆刻的买卖，落实在都市消费文化的角角落落，一
方面保证艺术家的日常生活，另一方面延续传统艺术的发展。
同时，这个国内市场也成为社会慈善活动的主要场所，在救灾
赈济、公益募捐方面，发挥重要作用。

　　1949年后中国中国的艺术界受到国内外政治经济环境
的限制，基本上游离于中国艺术市场之外，而以香港、澳
门、台湾地区继续作为艺术集散的地区。做"洋庄"买卖
者，情形就更为复杂。20世纪80年代以后，艺术的市场化趋
势发展迅速，古今美术品的交易，直接改变了整个社会对于
美术价值的认识。更重要的是，通过世界各国各地区对中国
美术的收藏（包括那些以战争和其他非商业渠道获得的藏
品），人们对中国美术的了解发生了重要的变化，也反过来
影响中国当代艺术家对自己创作的定位。有些敏感的话题，
政治波普、性别表达等，往往通过国际展览出口转内销，形
成各自的规模。著名的如深圳的大芬油画村、北京的798艺
术区等，尝试以纯商业为营销模式的经营管理，兼具"洋
庄""本庄"的功能，逐步走向多元的市场模式。

　　作为变动中的艺术体制，和传统媒体（展览会、印刷出版
物等）并行的网络板块，在21世纪如雨后春笋，迅速发展。官
方和个人的艺术网站，具有全球的覆盖面，对推进艺术商品化
的进程，正在发挥日益重要的作用。尤其在艺术品拍卖市场方
面作用突出。著名的如雅昌艺术网（www.artron.net），提供专
人专题的拍卖行情记录，具有引导市场投资的参考价值。

　　和以往所有时期不同，20世纪的公共空间以前所未有的规
模扩展。以开民智为宗旨，现代展览会、博物馆，逐渐成为城
市生活不可或缺的组成部分。在1905年，实业家张謇（1853—
1926）在家乡江苏南通建立了中国第一个博物馆——南通博物
苑（图10-16）。它所带来的文化，对一个有五千年古老文明
的国度，是革命性的创举。和这一新制度匹配的，是现代的展

览制度。其中美术品的展览，像在沪的中外人士举办的中国古画展1909年已有数场，而1908年11月在上海亚洲文会博物馆举办的中国古瓷精品展，随后出版了英文本《中国古瓷美术谱》，将古瓷与新引进的"美术"概念并提，影响颇巨。和商业展销有关的博览会，亦称"赛会"，中国官方与民间都有组织和参与，其中包括了美术品的参展。比较北朝拓跋氏从5世纪中到6世纪末在云冈、龙门等地开凿石窟、兴造皇家寺院的功德，或者敦煌一地男女信众从4世纪到14世纪连续建造莫高窟的业绩，或者唐宋以来各大都市文化中的寺庙宫观，20世纪出现的博物馆、美术馆、画廊等机构，将美术的智性功能形象地呈现出来。在这一趋势中，蔡元培于1912年任中华民国教育总长的公文里提出"以美育代宗教"的口号，成为中国现代意识形态的重要内容。

1924年10月逊帝溥仪被逐出紫禁城之前，中国第一个国立博物馆是1914年2月4日成立的古物陈列所。该所于1915年6月在故宫内已毁的咸安宫基础上建成宝蕴楼，将沈阳等地的古代文物入库，并于10月10日开幕，向社会开放，开始了它前后24年的发展历程。作为故宫博物院的前身之一，古物陈列所奇特地体现了近代政治的复杂性。1911年辛亥革命成功后，北洋政府的"清室善后委员会"未对清室处置宫廷收藏的归属权加以限定，致使溥仪能在1922年至1923年间将其中的1318件法书、名画携出紫禁城外，先送往天津，再运至长春，直至1945年8月散佚。古物陈列所1927年成立文物鉴宝委员会，由罗振玉（1866—1940）、福开森（John Ferguson，1890—1944）、容庚（1894—1983）等十九人任委员，周肇祥任所长。1928年至1948年民国政府期间，由于1925年10月10日故宫博物院的成立，遂逐步并入故宫。考虑到日军入侵的威胁，民国政府于1933年将故宫文物与古物陈列所的5474箱文物，共计11549箱南迁。到1948年，古物陈列所和故宫博物院合并完成。20世纪30年代日本占领北平期间，古物陈列所所开设的国画研究会聘黄宾虹、于非闇（1887—1959）担任导师，陆鸿年（1914—1989）、田世光（1916—1999）、俞致贞（女，1915—1959）等入学后任助教，而成名的学生有郭味蕖（1908—1971）、晏少翔（1914—　）、王叔晖（女，1922—1985）等。古物陈列所和故宫博物院成立的意义在于：不但将原来秘不示人的历代艺术珍品公之于世，使艺术成为"民学"的重要组成部分，而且通过参加1935年伦敦中国艺术展，以及此后的各种对外展出，扩大了世人对中国历代艺术的全面了解。

百余年来，中国香港基本上是殖民文化的产物，但因其经济贸易方面的实力，使私人艺术收藏成为一大看点。中国台湾在媒体开放之后，美术活动空前活跃，加上20世纪70年代以来经济腾飞期出现的私人收藏热潮，保证了中国台湾在实验美术方面的宽松度。活跃于海外的中国美术家起初也和收藏活动密不可分，由此形成和当地艺术经营制度相顺应的格局。生活于日本、欧洲与美国的华人艺术家中，王季迁（1907—2003）的情况分外引人注目。他1948年离开中国前往美国，直到2003年在纽约去世，大半生时间在收藏和经营中国古画，不但带动了美国的中国绘画史研究，同时也从事中国书画的创作与教学，弟子有张洪（1954—　）等。类似的情况还有余静芝（女，1890—？）、张书旂、王济远（1893—1975）、汪亚尘等，而以曾幼荷（女，1923—　）在创作观念和手法上成就较大。20世纪80年代以来，陈逸飞、丁绍光（1937—　）等人在商业性绘画领域打开的局面，引发了大批中国艺术家移民到欧美、日本、澳大利亚等地，从事艺术实验，在市场化机制中生存发展。比较百余年来处在各种既定制度边缘的艺术空间，可以注意到，游移于既定制度之间的艺术家，在享受自由空间的同时，也面临更多的自我挑战。一位美国华侨报纸记者，20世纪90年代初曾采访中国年轻一代艺术家在纽约的生活，非常钦佩他们的才华。后来他注意到，这些艺术家中的许多人回国后，就消融于滋润的现代化生活中，忘却了当年使他们成功的那些梦想。从上海到巴黎的画家严培明（1960—　）曾指出：在中国，一夜成名，可以一劳永逸；在海外，成名意味着更加拼命。这方面能不断超越自我的代表，是蔡国强2008年在纽约古根海姆美术馆举办的"我想相信"个展，展示出艺术家如何将实验艺术跨越各种既定藩篱，上升到世界当代艺术的高度。

20世纪90年代以后的中国在博物馆、美术馆、展览会、画廊方面渐次转向市场机制。从中央到地方出现的建博物馆热，是民众信仰出现真空状态的社会文化系统中，反映出意识形态领域的困惑。在此情形下，大量专题博物馆的出现，是表现丰富多元的文化传承的一种途径。如2009年河南安阳建成中国文字博物馆，对系统了解中国视觉文化的核心——文字书法，有特殊的意义。而更重要的是强调艺术的智性功能，将艺术在科学、宗教等人类认知活动中的创造性特质揭示出来，如曹意强（1957—　）在浙江宁波主持规划建造的东钱湖国际教育论坛和教育博物馆，就是强调以艺术作为人类教育重要基础的工程。

另一方面，历代美术家的纪念场地，如青藤书屋、青云谱、郑板桥读书处、徐悲鸿纪念馆、黄宾虹纪念馆、潘天寿纪念馆、刘海粟美术馆、庞薰琹美术馆，诸如此类，由官方与私人合力，也成为中国历史文化遗产保护的对象，扩大了美术在文化语境中的作用。更重要的是，20世纪末的中国博物馆系统，再次融入世界博物馆的大系统之中。早在1921年，徐悲鸿就在《时事新报》上提出建立世界美术馆的主张，在近百年后，逐渐开始为国人重视。蔡国强收藏的康斯坦丁·马克西莫夫（Konstantin Maximov，1913—1993）的百余件作品，保存了曾在中国油画教育史上发挥过重要作用的艺术文献。而2010年杭州市政府斥巨资从德国私人藏家手中购买的代表现代工业设计先声的包豪斯设计作品及文献，并在中国美术学院建立专馆，进行陈列研究，更是具有国际影响的重要开端。

艺术教育与学院的作用是20世纪中国美术体制变化的重头戏。传统的美术教育，最典范的是北宋徽宗的画学（彩图15、彩图27、彩图29，图6-10、图6-13、图6-14），时间虽然不长，却有独特的体系。19世纪上海徐家汇土山湾天主教会开办的图画训练班，专为培养制作宗教绘画的画匠。而专门的学校教育，要到清末甲午战争后十年中日本教习传入的近代美术师范体系。当时通称图画，包含：毛笔画、油画、水彩画、铅笔、炭画、钢笔画。从手工到图画，侧重西画，侧重工艺美术，逐渐形成规模。作为传统绘画，毛笔画是其主体。萧俊贤（1865—1949）在两江师范学堂就是教毛笔画。国画亦称"国粹画"，"天马会"设有国粹画部，1923年上海美术专门学校设国画科，就是国粹画科。美术教育的范围大大超越了图画一端，受日本、欧洲的美术教育体制影响，将其他门类也包括在内。1900年广东岭海报馆出版章宗祥（1879—1962）所编《日本游学指南》，交代了详细的科目，尤以锻铸等雕塑工艺为主。而根据"上海美术学院"的早期历史，教学则集中在临摹与写生的区别上，目的并不在于具体的教学方法，而在更大的观念认同：是否符合现代教学的体制。这也是人们接受所谓"学院派"的一个前提。

但真正的"学院"概念，可用先后在北京和杭州成立的国立艺术院为例，因为其在现代美术教育史上的高起点。留学日本的广东香山人郑锦（1883—1959）于1918年出任首任校长的北京美术学校，到1919年改为高等美术学校，即中央美术学院前身。本科设中国画、西洋画、图案三系。中国画由留日归来的陈师曾、姚华、守旧派代表人物汤涤任教。西画科主任由先后留学日本、英国的李毅士（1886—1942）担任。1921年李毅士与留法归来的吴法鼎（1883—1924）等二十人组织"阿博洛（Apollo）学会"，传播西洋画。1918年4月北京大学校长蔡元培成立"画法研究会"，李毅士、钱稻孙（1887—1966）等为指导，校外导师有陈师曾、徐悲鸿、汤涤、金城等，出版有《绘学杂志》，徐悲鸿发表了《中国画改动论》，颇有振聋发聩之功。北京大学画法研究会的精神也是蔡元培1928年在杭州国立艺术院成立典礼上强调学院应为学术研究的机构的先声，保证千余年来文人画提高艺术家社会身份的传统得以光大。这一体制，以美术革命为己任，只是在建制上，更倾向于法国的模式。学院的自由精神，使其既有木刻前卫，又有油画新潮，产生了大批享誉国内外的艺术人才。到了1949年以后，体制的内容大为改观。除学院之外，全国和各地的美术家协会与各种专业美术种类的学会团体，直辖市和各省份的中国画院，形式多样，各司其职。在计划经济的模式中，地方和全国美术展览，成了变相的艺术科举制度，由此发现突出的艺术人才。其代价是巨大的，在一个统一的国家意识形态中，争取到最大的艺术自由。他们都避免不了制度的限定。尤其像书画等历史悠久的创作实践，想要突破，总要借鉴思考其他艺术媒体的优劣长短，然后异军突起，自开生面。

20世纪50年代的苏联美术教学模式，则规定了学院训练的基础，初衷也是强调素描的普世性。可这样做的结果，并不是没有代价的。民国前期林风眠聘请克罗多到两所国立艺专任教，用心良苦，为的是打开学生的视野，在个性发现中，成为真正的艺术创作者。这一理念显然和随后徐悲鸿采用的法国写实主义学院派教学，有很大的差别。虽然徐悲鸿1953年去世，其教学传统却和苏联的美术教学模式有一脉相承的关系，被保存下来。1954年9月苏联革命历史画家、肖像画家盖拉西莫夫（1881—？）作了《致中国美术家们的友谊宣言》和《社会主义国家的艺术》报告；1955年1月苏联美术院通讯院士扎莫施金巡访中国各地介绍苏联美术创作的经验；同年2月马可西莫夫在中央美术学院主持油画训练班，设计了学院第一份油画教学大纲，对提高画家的主题性创作能力，发挥了积极的作用。1957年油训班结业，5月中央美术学院举办"苏联油画家康·麦·马可西莫夫教授习作展"，进一步扩大其在中国美术界的影响，涉及雕塑、版画、壁画等诸多领域。而其素描教学所采用的契斯恰科夫体系，基本成为全国美术基础教学的指南。与之不同的是1960年至1962年到浙江美术学院授课的罗马尼亚画家博巴（Eugen Popa，1919—1997），采用了因人而异的教学方法，颇为中国学生所欣赏，其艺术观点也和潘天寿有相通之处。与此同时，一批中国学生到苏联、东欧等国学习美术，他们回国后，在原有的留学欧美和日本的画家群体之外，建立主流的艺术风格。

造成艺术教学的多元化局面是提出教育市场化命题之后出现的。美术学院扩招学生的目的是使毕业生和市场需求对接。然而，市场对艺术院校的全面渗透，也暴露出各种新老问题，尤其是在教学领域，尚未形成有效的适应机制以保障创造性人才的培养。

作为历史研究，敦煌研究所的成立，集中在绘画、彩塑、建筑等美术实体，然后转向与宗教、文化、社会、中外关系等大问题结合在一起，成为显示美术智性功能的途径。而中央美术学院民族美术研究所的成立，北京、上海成立中国画院，上海成立油画雕塑院等专门机构，都说明了研究体制的多重功能。从中央到地方，研究的观念还是有赖于这类教育研究体制的完善。随着经济发展，政府对美术机构的投入和市场的自发作用相比，有其特殊的效用。只是其学术性的参照，按照政治和经济的变化而加以调整。

和前代艺术家经历改朝换代的变化不同，20世纪的艺术家生活在各种不同的社会制度下，置身于迥异的国家文化情境之中，其阅历的丰富多彩是前所未有的。老一辈的艺术家像齐白石、黄宾虹那样在晚清、民国和中华人民共和国生活的代表人物，虽然一生在中国从事创作，但其独特的个人际遇使他们成为"代不数人"的艺术大师。而21世纪以来社会传媒手段的进步，更是深刻地改变人们的制度环境。今天的艺术家作为独立的个体，可以通过网络和社会传媒在地球村的范围内，随时重组同人团体，从微观或宏观或两者来界定其风格归属。与之共生的是策展人的作用，他们在推进新媒体和视觉展示文化发展上正扮演重要角色。在这一现象中，博物馆、美术馆或大专院校、美术学院的策展人［如巫鸿（1945—　）、高名潞（1949—　）、侯瀚如（1963—　）、高士明（1976—　）等］和一批独立策展人［如郑胜天（1938—　）、栗宪庭（1949—　）等］都是活跃在国内外展示文化舞台的风云人物。在这样全新的社会语境中，艺术制度问题将是大有文章可做。

## 第三节　观念的冲撞、转换与会通

看待中国美术的历史有重人和重艺两种角度：一是主张艺以人传，一是主张人以艺传。这两套认识系统在唐代已经出现，而看待19世纪中叶以来的美术发展，特别是观念的发展，也可作如是观。

前者以李叔同（1880—1942）、潘天寿、何香凝等为代表，把做人当作第一准则。李叔同的一生，凡事以认真著称。作为艺术家，他是介绍和制作油画的先驱者（图10-17），1910年在东京美术学校留学（1911年毕业），就对印象派等油画技法有专门的研究。作为宗教人士，他的独特人品铸就了不可模拟的书法风格。丰子恺（1898—1975）、潘天寿等得其亲炙，在从事美术教育时，突出了人格训练的重要性。何香凝的艺术道路是兼革命家和画家于一身，把从日本学来的风格用在宣传革命、宣传女性解放和支持抗战上。

而后者重视人以艺传，突出艺术的客观价值，可以黄宾虹、齐白石为代表。黄宾虹1923年发挥姚鼐（1731—1815）论诗文必五十年后方得真评的主张，也暗合艾略特(1888—1965)以诗学而不是诗人论诗的历史观，强调自我超越和艺术创造的内在联系，用以揭示艺术的内美，即人类的精神世界。从某种角度讲，内美的追求是真正的现代性之所在。根据这一史观，可以看到近现代美术的观念实体，在破与立的两端形成了短时段、中时段或长时段的影响。而在短时段中就是不同的时代话语。

图10-17　李叔同：自画像，布面油画，60.6cm×45.5cm，1910年，日本东京艺术大学美术馆藏

依据艺术的自身价值，本节要涉及的内容与第五节展开的时代话语互为表里。它通过冲撞、转换与会通等形式，超越国界，跨越学科，摆脱了个人的局限，体现其普世意义。大凡自觉的艺术家，总是在各种价值观念的冲撞、转换与会通过程中进行长时段的思索。黄宾虹晚年在《画学篇》中很清楚地表述了一个理念：一方面，中西绘画将不分畛域；而另一方面，中国艺术家将继续保持特殊的民族性。它看似悖论，实际揭示了普世价值的根本在于其多元性，是他大半个世纪的理论思考和创作实践的结晶。它启示人们摆脱单一语境的束缚，随时准备着和来者握手。其意义在于：数千年来自给自足的泱泱大国，依据中华文化，曾经有许多不同的参照系用来界定我者和他者的关系。16世纪欧洲大航海发现以来，使这一参照系出现了巨大的反差。在19世纪之前，已有明清之际欧洲的耶稣会士将西洋的宇宙观、绘画、建筑和腐蚀版画传入中国，并得到康、雍、乾三朝宫廷的赞助，产生了调和中西的画风在清朝流行，但没有根本地影响到以文人士大夫为主导的艺术创作。这种状况，要到1894年甲午中日海战的败北，才使国人彻底惊醒；因为向来作为"先生"的中华帝国，竟输给了自己的"学生"！其教训比1840年至1842年、1856年至1860年两次鸦片战争和1884年中法战争输在欧洲列强之手还要深刻。中国先进的知识分子开始做跨语境的思考。他们超越单一的东西地域的概念，思考日本1868年开始的明治维新，分析其后来居上、一跃成为亚洲现代强国的经验，从而建立由中国传统走向现代化的参照系。

甲午中日海战之后，日本教习的到来和中国学生的赴日求学，和此前中国官员、学者赴欧美考察、任教、留学相比，在规模和程度上都是空前的。在艺术一端，加速了实用美术教育的普及，使之迅速成为实业教育的重要部分。大量借用现代日语汉字词汇成为各种价值观念转化、会通的关键途径，包括"美术"这样基本的西方观念成为中华文明现代殿堂的一块金字招牌，不但被用来重写中国五千年艺术史，而且更重要的是被作为取代宗教的一种智性工具，辅佐社会教化。这对南朝谢赫《古画品录》"夫画者，成教化，助人伦"所界定的绘画功能是一个全新的肯定。除了中国香港、澳门、台湾等地区，其他通商口岸的外国租界内外来的文化影响，也无所不在。学术界提出"全盘西化"的主张，主观的意图是和20世纪50年代冷战格局下中国向苏联学习"一边倒"的客观情景相仿，都说明意识形态的转变有激进的倾向。从认识方法上看，无论是"殖民"还是"自我殖民"，把"我者"与"他者"置换的观念，忽视了两者存在的复杂性。更何况"我者"与"他者"概念本身，亦有多种界说的立场。加上置换的目的，是要体现19世纪以来欧洲的进步观念。且不说在幅员广大、经济文化发展极不平衡的中国实行单一的进步实验的巨大代价，单就艺术发展为对象，就可以看到进步的观念所面临的重重难关。因为艺术的反进步性格恰恰是它自身活力之所在，一部中国绘画史，在很大程度上是对其往昔的追忆，由此体现其独特的人文传承和价值品位。与此同时，近代走向国际化的中国艺术市场，不断暴露出"西学东渐"或"东学西渐"之类单向思维的问题，因为参与交流的各方都在跨语境的情况下发生变化。

在观念冲撞中，国粹主义也和全盘西化的主张一样，亦是短时段的权宜之计。即使开明如洋务派领袖张之洞（1837—1909）者，其"中学为体，西学为用"的思想，也有其与生俱来的问题。张1898年《劝学篇》所言的西学，包括"西政""西艺"，以及"西史"诸项。其中"西政"包括"学校、地理、度支、赋税、武备、律历、劝工、通商"等，即社会制度和行政管理措施；"西艺"则有"算、绘、矿、医、声、光、化、电"等，即各类科学技术；"西史"是指欧西历史。他批评守旧派将西学一概视为"奇技淫巧、异端邪行"，认为新学有助于使国家富强。但他同时把"体"与"用"对立起来，不仅将西学的理论与实践分裂开来，而且把西学的理论看作"无用之学"，恰恰暴露出中国传统学术缺乏独立地位的问题，特别是中国知识界缺乏独立思考精神的弊端。以古代中国的数学发展为例，长期处于天文、历法、水利等应用学科的附庸地位，无法独立成为逻辑思维的基础。这一缺陷，不能只从技能一端来解释，而要看其制度和观念方面存在的问题。从世界数学发展史看，纯数学理论和应用数学的扩展，如车之两辕，不可或缺。所以当欧洲的几何学被译介到中国时，特别是被落实在透视学的研究上，国人仅将其视为单一的技能，显然忽视了数学作为科学思想方法的重要性。再如，近代大众媒体普及人体知识和美术学院采用模特写生，除了科学的解剖知识外，更重要的是培养对人的自身审美价值的认识。在引进19世纪以来实验心理学，包括格式塔心理学（Gestalt psychology）在内的新学科时，其涉及的更多的是个体和社会心理的探索，对重新认识中国艺术的再现心理和画论，同样有内在的启示作用。换言之，西学不仅仅是科学技术，科学技术也不仅仅是"有用之学"，而是人类几千年文化的一大结晶。因此，王国维提出"学无有用无用"的见解，直接动摇了"中体西用"的立论基础，从更高的层面来展示其"学无中西"的长时段历史观。

比讨论学之新旧、中西、有用无用等问题更基本的一个观念，是与君学相对立的民学。虽然孟子有"民为重，社稷次之，君为轻"的民本思想，但几千年的封建大一统制度，却总是把民众视为草芥，并以江山社稷为托词，维护"君权神授"的道统。在大清被外国列强的坚船利炮打开国门后，中国知识界和艺术界不可避免地面临着启民智、争民权、表民意的社会需求和市场驱动。无论是改良派还是革命派，为民立言成为挑战根深蒂固的封建道德的一场空前的观念革命。而欧美各国的政治改革的经验，特别是俄国1917年十月革命一声炮响，则提供了民众解放的参照系，意义重大。不同政党和民众团体的社会实验，也掀起了一波又一波的大众美术运动：康有为（1858—1927）注重美术的实业功能，鲁迅（1881—1936）提倡大众美术，毛泽东（1893—1976）1942年《在延安文艺座谈会上的讲话》强调美术为人民大众服务，黄宾虹1948年重申"国画之民学"，以及1949年以后中国的革命美术，中国香港、台湾等地区的艺术界和中国改革开放以来的各类商品艺术和前卫艺术，诸如此类，不管艺术家自觉与否都被介绍给广大的民众，使他们在世界市场的舞台上，或在国内的政治风云中，寻找自己的位置。

在认识中国美术的民学传统方面，受惠于碑学运动的近现代书画家，都从反映君学的"帖学"传统之外，寻求新的审美范畴。根据这一切入点，可以看出民学与君学相辅相成、不断扩展的历史：从商周巫史到战国书法的变化，秦篆秦隶的并行发展，南北朝碑学的兴盛，辽、金、西夏、八思巴蒙文字的发明与应用，各种民族字体篆刻的出现，近代拉丁文字母文字的传播，直到新潮运动中对书法元素的应用，一步步从视觉文化的层面，改变着中国精英和大众美术的面貌。从清中叶起，

图10-18 吴山专：红色幽默系列，装置艺术，1986年

学碑的风气产生无数面貌不一的书家，这在19世纪末20世纪前期，达到了高潮。康有为1888年《广艺舟双楫》呼应学术界尊碑的风气，发动了艺术界一场意义深远的革命。近代田野考古学也推波助澜，从甲骨、吉金、陶契、玉石、封泥、简帛、摩崖等各种田野考古材料上，重新建构中国书法的早期历史。以甲金文字入书，极大地增强了书法的笔力，开辟了传统艺术从内部打出来的生路。新的书写习惯，对三千年来的视觉观看方式，做了重大的调整：过去在元时代与汉文书写同时出现的波斯文与八思巴蒙文，行式还是采用汉文的习惯，可是到了20世纪中期，简体字和横排左起格式，成为中国人的通行阅读习惯。这种努力，一直可以上溯到一个半世纪以前宁波人姜叙五等人编写《英话注解》［上海守拙斋，咸丰庚申（1860）］，体现了西化过程的普遍影响，即时人所谓"蟹行文字"的流行。而中国香港、台湾等地区和海外华人圈则仍保持了繁体字和传统直行右起的排版格式。千禧年以来，这种传统也出现变化，以便利海峡两岸和国际的文化交流。碑学的形成，本来是躲避清朝文字狱的一种选择，而它的政治化，在"文化大革命"时期，变本加厉。上海书家创造的"新魏碑体"，除了其直接取法民间刻工的刀法外，具有很强的视觉冲击力，而且还富于装饰效果。碑学的又一遗产，是强调书法的展览效果，从而把帖学所讲究的"雅集"形式，转回到宋以前书家追求公众围观所形成的创作氛围。20世纪的书法试验，还包括对儿童创作的模仿，对墨迹书法的尝试，更有对现存汉字与书法定式的批判与否定。碑学的更深远的意义是它作为观念艺术的一部分，从秦汉时期的"纪念碑式风格"，从汉武帝到武则天的"无字碑"，再到历代文人对断碑残碣的凭吊，无不体现了抽象的审美价值观。受"文化大革命"期间观念艺术的启发，吴山专（1960—    ）在1985年制作的《红色幽默》（图10-

18），开始了新时代的观念艺术试验，其后徐冰（1955—  ）的《天书》呈现了惊人的展示效果（图10-19）；邱志杰（1969—  ）《重复书写一千遍兰亭序》（图10-20），可以看作是对整个"帖学"的反思，以及中国书写传统的质疑；他制作的《磨碑》，将一北魏墓碑与20世纪初纽约一女孩的墓碑相向砥磨，在一个月时间内，从有到无，用拓片记录全部过程。其最后效果，和《重复书写一千遍兰亭序》正好相反，一白一黑，对"碑学"的神韵，做了跨语境的解读。这些例子可以说明为什么20世纪80年代以来的前卫艺术中，很多人要以书法来作为中国符号。而2008年吴山专在广东美术馆举办个展时所作"任何人都有权利拒绝成为吴山专"的视觉陈述，则是对这一系列试验的否定，突出其民学精神的根本，即人格的独立和思想的自由。

在倡导民学的观念时，有来自市场和官方的双重制约。1917年，从日本留学归来的陈师曾创作了《读画图》（图10-7），在纪实的场景中，描绘了有中外绅士淑女参与的公共展览，把对传统绘画的立轴、手卷、册页的欣赏，放在新的展示空间里释读，别开生面，表现了和旧时皇家收藏、私人收藏完全不同的新格局。这种公共空间的利用，总有信息的把关者。官方组织的全国美术展览，从来就是各种矛盾的焦点。1942年教育部在重庆举办第三届全国美展时，庞薰琹表现苗族生活的水彩作品曾被国画组和油画组双双拒绝，其窘境并不在他，而在官方的认识局限。艺术家在很不健全的政治体制下，继续不断地在呼唤民学的精神。而另一方面，市场环境下的美术创作则受到商品化的威胁。19世纪中叶以来涌向上海艺坛谋生的各地书画家有如过江之鲫，靠笔墨维持寒士生涯，绝大多数埋没在市场的无情竞争之中。其教训是批量生产，包括名家大量的自我复制，以及创作题材的实用化，销蚀着艺术家的才智，使其创作自由非但没有增强，反而有所减弱。讲究师出有名的文化传统，也注定了赝鼎伪作充斥市场的局面。各种大众媒体的作用，尤其是20世纪末以来数码技术和网络传播的普及，更是泥沙俱下、鱼龙混杂。经得起如此大浪淘沙的过程，艺术家需要在多元的机制中找到合理的定位。跨媒体的形式，也为民学繁荣提供了新的可能。与此同时，它也向每个艺术家提出了史无前例的挑战。其两难的境地，不仅在于沃霍尔（Andy Warhol，1928—1987）所说的大众媒体时代"每个人都会出名十五分钟"，而且在于21世纪呈现的巨大悖论：展示空间越大，艺术家脱颖而出的几率越小。影像艺术家陈界仁（1960—  ）的《帝国边界》（图10-21），就从区域政治和全

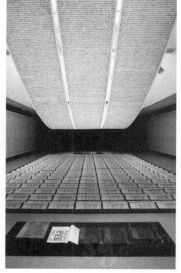

图10-19 徐冰：天书，混合素材装置，1987年—1991年，可变尺寸，中国香港艺术馆藏

图10-20 邱志杰：重复书写一千遍兰亭序，纸本，1990年—1995年，私人藏

图10-21　陈界仁：帝国边界II，西方公司，视屏摄像，2010年

球市场的边缘，体现出他独特的观察和过人的原创性。

在开启民智的观念更新过程中，私立和公办的美术院校提供了体制的保障，使古今中外、人文与实用的不同艺术观念，建构多元并存的文化实体，带动百川汇海般的局面。美术的涵盖面日益扩大，也使实用与审美的功能在近现代中国出现分化。如建筑学的教学和研究隶属于城乡建设部，工艺美术学院隶属于手工业部即轻工部，继续反映出"中体西用"观念的负面影响。中国香港、台湾等地区和改革开放中国的艺术学院设置环境艺术、工艺设计和建筑学院，是使与国计民生直接有关的艺术门类，同样体现深刻的人文关怀，突出以人为本的民学精神。如获得2012年普利兹克奖（The Pritzker Architecture Prize）的王澍（1963—　），其突出中国文人建筑实践的现代设计（图10-22）《中国美术学院象山校区》系列建筑，体现了对新颖空间理念的追求，但同时还面临着人类共同关注的能源、生态等基本问题。

为体现民学的基本精神，艺术家身为自觉的人，就要强调其独立的人格和自由的思想。其中作为人文学科的艺术史，对提升艺术的个人价值，有突出的意义。进入20世纪之前，中国的书画史学空前发达，代表了文人士大夫的理念与实践，在艺术表现的方面，独树一帜，是人类文明的宝贵遗产。它的现代发展，有20世纪至21世纪提供的跨语境的参照，内容层出不穷，作用不断强化。比较20世纪以前的中国美术史学，其观念的更新，在于三个方面：

第一，从民学的立场，对传统艺术遗存和史学成就加以整理，认识艺术在改变自然、社会、人与自我等不同层面所发挥的作用。值得一提的是，参加这个整理的艺术史家，来自世界各地，根据其收藏和实地考察所见的中国艺术品，重新分类、相互比照，帮助中国艺术家和世界上所有关心热爱中国艺术的

图10-22 王澍：《中国美术学院象山校区》系列建筑筑，2002年—2004年，浙江杭州

人以不同的角度来看待往昔这片异国土地上所发生的奇迹。这种跨语境研究的格局，不分中西，超越学科的界限，共同对作为现代学术有机组成部分的中国艺术史作出贡献。在系统研究中国美术的过程中，瑞典的安特生（Johan Gunnar Andersson，1874—1960）在原始社会美术研究，瑞典的高本汉在商周青铜器研究，芬兰出生的瑞典人喜龙仁在中国建筑、雕塑和绘画方面，都是筚路蓝缕的开创者。与此同时，国际中亚学与汉学的巨匠如德国的李希霍芬、英国的斯坦因（Marc Aurel Stein，1862—1943）、瑞典的斯文赫定（Sven Anders Hedin，1865—1952）、日本的内藤湖南（1866—1934）、美国的劳佛尔（Berthold Laufer，1874—1934）、法国的伯希和（1878—1945）、意大利的图奇（Giuseppe Tucci，1894—1984）、荷兰的高罗佩（Robert Hans van Gulik，1910—1967）等，都对中国美术研究做出了宏观与微观并重的卓越成就，功莫大焉。继踵其后，中外学者经过几代人的努力，获得了更多的成果。

第二，从民学的立场，人们重新来看待作为中国人自传之一的艺术之书。这和民国前期蔡元培提倡"美育代宗教"的主张既有联系，又有明显的区别。20世纪中国学术界重视美育和美学，并在很长时间内将其作为大众哲学的一部分在媒体传播。这是因为美术史学本身的方法和实践尚未对社会产生直接的影响，加上美术市场的不健全和有限的公共展示空间，使国人不了解艺术品与其生活和思考有怎样密切的关系。美术史最早是在浙江省第一师范学校由姜丹书（1885—1962）任教，编写有《美术史》（1917）作为教材。此后美术史长期在高等美术院校传授，似乎成了象牙塔中的专有品。在参考了欧美高等教育，特别是博雅教育中美术史的重要地位之后，梁思成

（1901—1972）、邓以蛰（1892—1973）于1948年向清华大学校方提出建立美术史系的规划设想，建议在美术院校以外传授艺术史。作为人文学科的现代艺术史学，在中国综合性院校建立的进程缓慢复杂。改革开放以后，尤其是千禧年以来，美术史正在不少综合性院校独立成为系科。

第三，从民学的立场，重视美术史研究的方法论。譬如，被誉为中国现代美术史学科之父的滕固（1901—1943），先留学日本，后在德国获得美术史博士学位，将形式风格论用来认识"没有艺术家的艺术史"，就是强调艺术发展的自律性。这一努力，虽因战争和政治斗争没有在学术界形成多少影响，但到20世纪80年代初，又由范景中通过主编浙江美术学院学报《新美术》、《美术译丛》（1989年停刊），将西方近代艺术史学名著及潮流系统地译介到国内，作为更新中国艺术史研究的有力参照，旨在让艺术史在中国独立成为一门现代人文学科。这一局面的产生，直接与中国香港、台湾地区和海外的中国美术研究有关，是中外研究中国美术史事业不断交流的产物。随着中国艺术国际和国内市场日益成熟，民众在收藏、鉴赏中国艺术品方面的能力和水平不断增强，会更清楚地认识艺术史作为一门人文学科的重要性，以及它在整个人文教育中所处的地位。从19世纪欧洲出现的"包罗万象史（Universal History）"到当下的"世界艺术研究（World Art Studies）"，都把美术史作为物质文化和视觉文化研究的重头戏，帮助人们了解研究艺术史的多种途径。在此情形下，各种观念的冲撞、转换与会通就有了更高层面的活动平台。

## 第四节　个人风格的建树与特色

研究20世纪的中国美术作品风格，如果不从一个有效的分类角度入手，是难以展开的。在讨论了制度、观念之后，可以集中在媒体介质一端，做纵横的比较，看待其建树与特色。这包括传统固有的媒体，外来媒体，以及综合媒体，或跨媒体，由此呈现出五彩斑斓的画面。有的艺术家兼及多种媒体，说明这种划分只是代表了人们现有的认识水平，而非绝对的分类标准。尤其对跨媒体的艺术家，重要的不仅仅是考虑作为艺术语言的媒体，而是语言所能规定的观念意识。从某种意义上讲，这就是当代先锋艺术家所要对付的现实，即"没有艺术品的艺术"。

在传统的媒体中，书画篆刻占很大比重，也使艺术创作成为一种个人文化修养的比赛。在前代积累的文人书画篆刻成就基础上，无论家传、自学还是科班出身的艺术家，都对其完成一件艺术品所需要的媒体特质有透彻的认识。其中在上海的画家群体中，以金石书画为其特长者，就不在少数。前面提到，书学中的尊碑的风尚，带有肩负从中国艺术本身蹚出生路的历史使命；因为在新文化和新市场的冲击下，传统书画的命运起伏不定，在采用各种实验方案时，都通过比较思考，摸索可能的途径。尽管绝大多数书画金石家是以此谋生，中间少数代表人物在进行艰难探索，各种不同类型的学术社团也起了很重要的作用，使一种或一类或一个时期的风尚，得以提倡，成为时代的产物。

　　在文字改革和文化扫盲的群众运动中，书法的发展一直受到语言规划的制约。无论是1918年至1928年启蒙思想下还是1929年至1949年间左翼大众式的"汉字改革"运动，最后体现在中国的简化汉字，推广普通话，制定和推行汉语拼音方案三项实验中，成为"五四"新文化运动"汉字革命"事业的继续。它们在数码时代，也成为从事学术和艺术研究与创作的宝贵资源。在20世纪至21世纪，互联网络和多语言成为现代语言规划的特色。令人深思的是，徐冰在美国推广了"新英文书法"，将英文二十六个字母（这也同样适合于任何拉丁化字母）方块化处理，组成部首单元，放置于大小相等的单体结字方块之中，成为别具特色的国际通行语书法。他以跨语境的方法，似乎在反思"五四"时期废除汉字、采用拉丁字母的改革呼声，显示方块字造字的兼容性。

　　在此种社会文化背景下，20世纪在碑学基础上发展起来的个性化风格，继续成为显学。各类书体的创作，呈多元的面貌。康有为（1858—1927）、郑孝胥（1860—1938）、曾熙（1861—1930）、李瑞清（1867—1920）、罗振玉、徐生翁（1875—1964）、鲁迅、沈尹默、林散之（1898—1989）、陆维钊（1899—1980）、王遽常（1900—1989）、沙孟海（1900—1992）、台静农（1903—1990）、赵朴初（1907—2000）、启功（1912—2005）等，都卓然成家。一批杰出的画家，如黄宾虹、高剑父、潘天寿、石鲁（1919—1982）等，也在书法上体现出鲜明的个人风貌。作为现代传播的载体，书法实验具有广泛的社会基础。而在处理个性化与大众化的关系上，书法家所做的努力带有悖论性质，尤其是在草书的发展和普及方面，最为典型。于右任（1879—1964，图10-9）和他在1932年组织的"中国标准草书社"对草书的提倡，与知识界重视"手头字"即简体字，不无关系。可惜这一套方块字的草体书写部首，实际上增加了民众学习汉字的负担。在20世纪80年代以来，新一代的书法家逐渐将大字书法、墨迹书法、书法装置等纳入现代艺术的范畴。像王冬龄

图10-23 王冬龄：逍遥游，草书巨幅，7m×12m，2003年，中国美术学院专家楼

图10-24 周昌谷：两个羊羔图轴，纸本设色，79cm×39.1cm，1954年，中国美术馆藏

（1945—　，图10-23）、邱振中（1947—　）等中坚人物，一直在做这类实验和探索。通过在部属美术院校执教的条件，他们将书法与当代艺术从理论与实践两方面结合起来，提升这一古老传统的现代学术品格。至于市场经济和特殊社会环境给国内书坛的名家带来的滋润生活，使人想到日本现代书坛巨匠井上有一（1916—1985）守拙知困、高蹈独立的人生选择，表明在商业环境中的成功，对于大艺术家而言，未必都是一件幸事。

界说某种媒体为中国的代表性绘画形式，离不开具体的参照系，因为不同的时代，突出不同的绘画形式。在绢、纸发明之前，岩画、地画、壁画等材质，是常见的媒体。在使用绢、纸以后，先后有画像砖、画像石、漆画、壁画，以及版画等丰富多样的形式来反映绘画的成就。从纯技法的立场，笔墨氤氲与赋彩设色为传统绘画在表现手法上的主要实践，有人称其"毛笔画"，有人称其"水墨画"，也有人改称其为"彩墨画"。从表现的精细程度上，有注重写意与讲究工笔的区分，也有兼两者而有之的努力，都体现出独特的表现力。然而要像美国人费诺罗萨（Ernest F. Fenollosa，1853—1908）在日本推出狩野画派最后传人狩野芳崖（1828—1888）作为"日本画"理想代表的现象，并没有出现在中国。民族国家意识在20世纪初开始将采用传统媒介的中国绘画定名为"国画""国粹画"，以区别于不同时期中国人心目中的"西洋画"，使之成为一个与"国医""国剧""国学"等并称的民族文化标志。

在看待民族绘画传统的实践上，各种方案都面对着自己的受众群。如果和古画的市场有关，则对复兴传统更有认同。如果和接受欧洲学院派风格的观众有关，则具象的艺术表现更有市场。如果和欧洲与日本的前卫艺术的受众有关，人们对表现主义的艺术更为敏感。受众的划分在这些大的框架下展开。但在具体技术上，有什么传统可以推进，成为20世纪"国画"创作的动力？在所有的努力中，不同个人的成就，相对于其自己的生存空间，做了有益的尝试，而收藏家和评论家也由此做出分类，使之成为这个时期的主要创作内容。这种多元的同时代记录，其历史的真实性，由于每种观察记录的局限，只能作为叙事的参考。最后经过筛汰，留下反映一个时期与所有历史时期相互比照的代表。

从数量众多的画家实践看，绘画是否有自己的指导原理，很大程度上表现出一个艺术家的学术前瞻能力，而在这些能力中，付诸实践的理论，更是难能可贵。在画家群中，乐于讨论艺术与学术关系者，多重视来自本国和外国的艺术史资源。在本国的资源开发上，黄宾虹的辛勤耕耘，找到了道光、咸丰年间（1820—1861）金石学对书画界整体冲击的意义，进而以此自励，找到解决墨法的途径。而与此同时，潘天寿也在同一方向中探索空间转换的可能性。他们都面对着写生所带来的优劣长短，使他们能够取长补短，达到自我表现的目的。在这些基本的途径中，20世纪的画家并没有比前代画家增添更多的内容，而是靠同时代的不同画家的追求，成为民众声音的组成部分。这里包括两层含义：一是区别于为官方宣传服务的政治鼓动，二是表现主观的情致，而且是合唱中的和声。

从比较的立场看，国画的宣传作用并没有其他新引进的画种那样旗帜鲜明，成功地突出现实而不仅仅是象征的作用。人民的定义，有很广的外延。在这些努力中，从画法的角度看，出现徐悲鸿的《愚公移山》、蒋兆和（1904—1986）的《流民图》、李斛（1919—1975）的《齐白石》、周思聪（女，1939—1996）的《人民和总理》、黄胄（1925—1997）的《风雪洪荒》和新浙派人物画代表周昌谷（1929—1985）的《两个羊羔》（图10-24）、方增先（1931—　）的《粒粒皆辛苦》（图10-25）、李震坚（1921—1992）的《在风浪中成长》等，都是明显的突破，增强了国画人物的表现力，很值得重视。工笔人物画中，刘凌沧（1908—1989）的成就，较为突出。而线描人物，张大千、张弦（1889—1936，图10-26）、庞薰琹（1906—1985）等都独具一格。

在传统的重镇山水领域，画家们的挑战最为严峻。林风眠（1900—1991）、潘天寿（1897—1971）、傅抱石（1904—1965）、李可染（1907—1989）、陆俨少（1909—1993）、张大千等人的创作，形成了20世纪的整体形象。而最为突出者，则是黄宾虹。其代表作《拟笔山水》（1952年，彩图46），将

图10-25　方增先：粒粒皆辛苦图轴，纸本设色，105cm×65cm，1955年，中国美术馆藏

图10-26　张弦：英雄与美人，布面油画，44cm×36.5cm，1935年，中国美术馆藏

图10-27　钱松嵒：常熟田图轴，纸本设色，52.8cm×35.7cm，1963年，中国美术馆藏

图10-28 张大千：庐山图卷，绢本水墨泼彩，180cm×1980cm，1981年7月7日至1983年1月，台北"故宫博物院藏"

图10-29 刘国松：升向白茫茫的未知，纸本水墨，94cm×58cm，1963年

道、咸年间金石学的精髓，融化在笔法与墨法的创新上，成为与同时代欧美抽象表现运动直接对话的现代艺术家。其题跋也勾勒出其自身风格演变的一条中国画史的脉络："汉魏六朝画重丹青，唐分水墨丹青南北二宗。北宋云中山顶，董元巨然画江南山；元季四家变实为虚，明代枯硬，清多柔靡，至道咸而中兴。"他之所以能高瞻远瞩，成为一代大家，取决于其终极关怀的普世性。换言之，他把中国绘画的悖论上升到一个新的高度，在跨语境的关怀中，代表了学无新旧、学无中西、学无有用无用的见识。

在体现20世纪的山水面貌方面，在早期的实验中，有陶冷月（1895—1985）对光色的表现，较之岭南画家高剑父等受"日本画"启发所做的尝试，更进一步。李可染的《万山红遍》、钱松喦（1899—1985）的《常熟田》（1963年，图10-27）、关山月（1912—2000）的《绿色长城》、贾又福（1942—　）的《太行丰碑》等，都洋溢着时代的气息。由广东二高一陈形成的"岭南画派"，到1949年后，还有黎雄才（1910—2001）、关山月、赵少昂（1905—1998）等人，在岭南、中国香港、澳门地区和海外的艺术界颇具声望。1948年以后，中国的画家如黄君璧（1898—1991）等入中国台湾，张大千晚年也定居台北，在泼彩山水的表现上，有很大的突破（图10-28）。值得一提的是，台北"故宫博物院"的作用，使文人画有了延续的研究和发展。如江兆申（1925—1996）的山水，就继承了这一艺术传统。而自学成才的余承尧（1898—1993）和触类旁通的陈其宽（1921—2007），在风格面貌上都自成一家。刘国松的太空山水（图10-29），开一时之风气，在表现光的努力中，做到了抽象与具象并美的效果。20世纪50年代至60年代为了适应新建设的需要，中国出现一批巨型国画创作作品。杰出作品如傅抱石、关山月所绘《江山如此多娇》（1959年，彩图47），给大型山水艺术制作提供了范本。在20世纪80年年代至90年代以后，大型艺术作品的需求更甚，连美术馆、博物馆的设计，都期待作品大一些的出现。但不是空洞的符号化图解，究竟会走向何处，仍然是一个谜。

20世纪的花鸟画也呈现了百花齐放的局面。民国初期，吴昌硕依然是耆旧大佬，虽然受来自新旧两派的质疑，仍在上海

画坛形成一种师生相传的局面，一度成为风气。受其影响，齐白石更是从民间传统中找到了艺术表现的活水源头。他在北京靠鬻画为生，处境非常艰难，但由于市场的肯定，尤其是1922年春陈师曾去日本参加中日绘画联合展览会时，代为"卖杏花等画，每幅百金，二尺纸之山水，得二百五十金"，令"海国都知老画家"。得贵人相助，他完成了衰年变法，创出一片清新的艺术天地。他应作家老舍（1899—1966）之邀，以清诗人查慎行（1650—1727）"蛙声十里出山泉"之句命题为画，创作了令人叫绝的名作（图10-30）。这样过人的想象力，不但使诗意具象化，而且更重要的是以小蝌蚪游出山涧的童年记忆，来激活体现乡村田野无限生趣的美好想象。潘天寿所绘《雁荡山花》（图10-31），也将其在"五四"新文化运动中所创作的新诗如《弟弟还未回来呀》《归心》等传达的山乡记忆，给传统的写生赋予全新的意义。而浙江美术学院的姚耕云（1931—1988）、方增先、卢坤峰（1934—  ）合作的《毛竹丰收》长卷（1972），则是"文化大革命"期间难得一见的佳作，给人耳目一新的深刻印象。与此同时，吕寿琨 （1917—1975）的抽象水墨，被分为"溯源""寻禅"，如《庄子自在》（图10-32）等新颖之作，成为现代水墨实验的先锋代表。

现代版画创作是20世纪中国美术的一大亮点。经过鲁迅的

图10-30 齐白石：十里蛙声出山泉图轴，纸本墨笔设色，129cm×34cm，1951年，中国现代文学馆藏

图10-31 潘天寿：雁荡山花图轴，纸本设色，122cm×121cm，1963年，潘天寿纪念馆藏

图10-32 吕寿琨：庄子自在图轴，纸本，水墨设色，139cm×70cm，1974年，中国香港艺术馆藏

提倡（图10-33），一方面是《北平笺谱》的总结，荣宝斋、朵云轩等传统水印木刻的技术得到保存，另一方面这又是中国现代艺术的源头之一，直接受到日本创作版画、苏联木刻插图艺术，特别是德国表现主义的影响，代表着大众美术的兴起。由于当时中国的艰难时局，亟须能够直接召唤民众的艺术形式和媒介，而千余年来一直作为颂扬佛教功德与推进民俗文化消费的插图版画，第一次凭借着大众传媒，独立成为创作的主体，并迅速地影响到社会各个阶层。这在以农村为基础的共产党政权组织中，尤其受到欢迎和重视，是一个特定时期的艺术现象，非常奇特。作为革命艺术中的轻骑兵，其战斗性之强，对中国的抗战作出了特别的贡献。从收藏的角度，版画有其便于复制的特性，因此在市场竞争力上有其局限。当战争年代和计划经济的社会环境过去后，其创作活力会受影响。尽管如此，中国的新兴版画运动，在艺术上取得了可贵的成就，其收藏的价值也将不断提升。

在战争年代，以李桦（1907—1995）《怒吼吧！中国》（1935年，图10-34）为代表，反映了整个世界对于中国政治的关注。如下一节将讨论的，其跨语境的特点，最能体现木刻版画的战斗力。至于政治与艺术的关系问题，在特定情形下是有主次之分，但从历史的长时段考察，得以传世的佳作，取决于其艺术品质的高下。这在20世纪的回顾中，已经有了很好的证明。古元（1919—1996）的《减租会》（1943）、彦涵《向封建堡垒进军》（1947年，套色木刻）、赵延年（1929—　）为鲁迅《阿Q正传》所作的插图（图10-35），都是经典之作。

版画创作的特性，要求画家具有综合的才智，将独立版

图10-33 沙飞：鲁迅与青年木刻家们，银盐纸基照片，8cm×10cm，1936年，周海婴旧藏

画的创作，作为体现个人综合能力的理想途径。不同画派的特点，广东、浙江、江苏、四川、黑龙江等地区，均有代表性的成就。像北大荒派代表晁楣（1931—　　）的《北方九月》（1964年，彩图48），以气势取胜。郾中铁（1917—1999）的《大江东去》（1963），吴凡（1923—　　）的《蒲公英》（1959），阿鸽（1948—　　）、徐匡（1938—　　）的彝族人物形象《主人》（1978），黄永玉（1924—　　）苗寨的风情，李焕民（1930—　　）的川藏生活图景，都透露出浓郁的时代气息。其中艺术创作中理想主义的成分，集中体现在艺术天才黄新波（1916—1980）的作品中。不论在什么政治气候之下，他都表现出超越时代的想象力，如晚年所作《创世纪》（图10-36）即是佳例。而徐冰、邱志杰的版画装置，则在当代艺术潮流中各领风骚。

图10-34　李桦：怒吼吧！中国，黑白木刻，20cm×15cm，1935年，中国美术馆藏

　　和版画并驾齐驱且大众喜爱的绘画形式是漫画，因其刊行与社会政治环境的制约有极为微妙的关系。尽管讽喻的传统可从中国古代绘画溯源，但它的普及主要得益于现代民学观念的兴起，包括对个人自我认识过程中幽默作用的重视。像丰子恺、张光宇（1900—1965）、叶浅予、张乐平（1910—1992）、廖冰兄（1915—2006，图10-37）、华君武（1915—2010）、丁聪（1916—2009）、蔡志忠（1948—　　）、赵汀阳（1961—　　）等几代漫画名家，发挥文学叙事、说理、言情诸手段，或单幅或连载，传达对人情世态的观察和对文明衍化的关怀，针砭时弊，入木三分，直指人心。每人的风格，特色鲜明，所绘形象，参以醒目文字，以少少许胜多多许，意味隽永，令人捧腹，令人深思，具有广泛的社会影响。由张仃（1917—2010）任美术总设计、韩羽（1931—　　）做造型设计、阿达（1934—1987）导演的《三个和尚》，获1981年第一届中国电影"金鸡奖"、最佳美术片奖，是传世的经典之作。

　　在大众化的绘画形式中，连环画和影视时代的动漫卡通普及，复现了19世纪末20世纪初由插图版画进入珂罗版印刷的历史。如1936年11月4日《时事新报》报道：上海"连环图画业情形，出品千余种，以神怪居多，大部系参照旧小说，简单化、通俗化、趣味化，文图各半，间有将社会新闻编成者。如七剑十三侠，荒江女侠，火烧红莲寺等诲深作品罕见，以阅读对象为儿童与粗识文字之成人，侠义小说较能吸引人。发行之书店，市内不下百余家，大部分开设于闸北蒙古路北公益里一带，该处已达八九十家，余如九亩地亦有数家，总计出版种类八九百种，每种一部至十余部不等，销路外埠批发甚盛，而以北方为多，市内贩卖者均系各里巷之书摊，用以租给附近居

图10-35　赵延年：阿Q正传之一，黑白木刻，25cm×18cm，1978—1994年，中国美术馆藏

图10-36 黄新波：创世纪，黑白木刻，30cm×40cm，1979年，广东美术馆藏

户之儿童阅读，最低之代价平均每部七分至一角。连环画虽不受知识分子之注意，但在低级社会与儿童之势力甚大，以其通俗简单趣味，故几无里无之，而商店工厂学徒之租阅是项读物者尤夥，唯以其内容神怪传奇，传儿童思想为之改变，较神怪电影之效力并不见逊，实为最普通之民众读物。教界人士以连环图画为推行社教之利器，故予以改良。出版者近年来已有数种，如上海社会教育社及儿童书局等，均用改良连环图画出版，近闻教部方面对此亦颇注意，正在筹议改编云"。从1949年到20世纪80年代，连环画作为计划经济体制内一种传播大众文化的商业形式，在电视、电子游戏等视觉媒体出现之前，形成了空前绝后的繁荣局面。高手林立，佳作频传，风格多样，雅俗共赏。代表画家和作品有王叔晖的《西厢记》（1962），程十发（1921—2007）的《哪吒闹海》（1957），顾炳鑫（1923—2001）的《渡江侦察记》（1956），贺友直（1922—）的《山乡巨变》（1961），华三川（1930—2004）的《白毛女》（1965），郑毓敏（1931—）、顾盼（1940—）、潘鸿海（1942—）的《鲁迅》（1975），刘宇廉（1948—1997）、陈宜明（1950—）、李斌（1949—）的《伤痕》（1978）、《枫》（1979）等，都具有突出的艺术价值。其中《伤痕》《枫》以及被禁止出版的《张志新》等，成为"伤痕美术"的里程碑。

出版于1948年的中国第一部《美术年鉴》，内有一项"图案"，颇可重视。1919年"天马会"成立伊始，便设图案部。从"图案"的现代衍化，可以看到代之而起的是"设计"的观念。在日本教习来华传授新学的课目中，就有现代意义的

图10-37 廖冰兄：自嘲，漫画，纸本水墨，1979年，中国美术馆藏

图10-38　赵树桐、王官乙等：
收租院，大型泥塑，1965年

"图案"，作为工业生产的产物。留学法国的庞薰琹、雷圭
元（1906—1989）等都致力于中国设计教育的普及与提高，通
过国立的美术院校，实现中国设计艺术现代化的梦想。而钱君
匋（1906—1998）、周令钊（1913—　）、张仃等人的设计，
涉及书籍装帧、大型公共标志、日常工艺品、邮票、动画片，
诸如此类，在对传统的继承中创出新意。而服装设计、工业设
计、环境设计等在计算机辅助下的飞速发展，使高等美术院校
和综合性大学的设计学院，如雨后春笋般，成为应用美术中的
热门，以满足国民经济在三十多年来持续高速增长的需求。

　　雕塑的发展在20世纪有鲜明的外来影响。留学欧美专攻
雕塑的李金发（1900—1976）、刘开渠（1904—1993）、滑田
友（1901—1986）、周轻鼎（1896—1984）、滕白也（1900—
1980）、张充仁（1907—1998）、王临乙（1908—1997）等，
不少在城市雕像的制作中，包括政治领袖、军事将领和文化
人物的公共造像的制作，以及北京天安门广场中央人民英雄
纪念碑座的大型浮雕作品，有突出的表现。广东艺术家潘鹤
（1926—　）的雕塑也自成一家，尤以表现红军长征的《艰难
岁月》（1957）著称。而大型泥塑《收租院》（1965年，图
10-38），由四川美术学院雕塑系教师赵树桐（1935—　）、
王官乙（1936—　）带应届毕业生五人，和当地美术工作者、
民间艺人集体创作完成，整个群雕总长96米，由114尊真人
等大的泥塑人像组成，包括男女老少农民94人，地主、师爷
管家、乡丁、保丁、袍哥、打手20人。有七个主题，如"交
租""验租盘剥""算账逼租""走向斗争"等，成为强调阶
级斗争的形象教材。翌年，它在北京故宫的神武门城楼展出，
并有复制品和图片资料，到欧亚多国展出，外文图册包括九个

语种的版本，在国际上引起很大的反响，成了与西方现代写实运动暗合的前卫作品。1999年6月，蔡国强邀请当年一名原作者配合，在第四十八届国际威尼斯双年展上，以《威尼斯收租院》为名，把36年前四川大邑县收租院创作组的制作过程在威尼斯城重新复制表演，获得大奖，被称为是"以最学院派的艺术样式，将制作过程变成一种行动艺术，在东西艺术对话之间做了一个非常有趣的桥梁"。在台北的雕塑界，朱铭（1938— ）的抽象作品，尤其是其"太极"系列，在当代艺术中自成面貌。

城市规划和生态设计，对于一个有五千多年文明的古国，从原理和实践上并不新颖，但其现代的应用，则为空前的社会实验。民国时期广州城的规划，曾有茂飞的参与，借鉴欧美大都市的设计，以体现新的政治理念。20世纪中叶以来，经济起飞使中国城市规划的情形大变。鳞次栉比的高层建筑群，是这一起飞的典型形象。如美籍华裔建筑师贝聿铭（I. M. Pei，1917— ）设计的中银大厦（Bank of China Tower，1989年落成），成为中国香港的新地标建筑之一。他与著名建筑师王大闳（1918— ）为哈佛同学，一起师承包豪斯创始人格罗皮乌斯（Walter Gropius，1883—1969），于1983年获得普利兹克奖，被誉为"现代主义建筑的最后大师"。台北的现代建筑以《台北101》最为著名，由曾在贝聿铭事务所任职的李祖原（1938—）及团队设计，2004年竣工。而最能反映中国百多年城市发展的风格转换者，当数上海黄浦江两岸的建筑群带。如前面提到的，浦西和浦东的建筑群，鲜明地代表了新古典和现代至后现代不同风格的演变，蔚为大观。近三十年来，中国作为建筑师们的试验场地，一直得到各级政府的多方资助，以作为每一届当事者的政绩标志。但是每一届当事者的眼光，也决定了一个城市、一个地区，乃至一个国家的长远规划和不同的发展趋向。如1949年后北京城的改造，便是值得反思的示范。北京的十大建筑，1959年和2009年前后半个世纪的差异，一方面说明了一个从百废待兴的城市走向现代国际都会的沧桑变化，另一方面也呈现出拒绝梁思成提出新老城区分建的方案所付出的巨大代价。而苏州、扬州等历史文化名城将新城与老城分建的做法，在保护历史文化遗产方面，提供了值得借鉴的宝贵经验。至于崇明岛东滩的生态城，则是一种前所未有的社会实验。

对于外来画种和媒体的采用，如素描、油画、水彩、水粉、铜版等等，十七八世纪就曾在中国的部分场合出现过，例如铜版画，清盛期曾到巴黎定制若干历史画，油画、水彩、水粉等，则在宫廷画和外销画的制作方面大量采用。尽管如此，它们没有成为学院化的训练对象。这种局面，到20世纪以后，才真正改观。但在吸收、消化外来的艺术养分时，手段和目的都是艺术家们所关注的，并达到了各自追求的水平。

　　油画在中国的历史，并不只是洋为中用的例子，而是改变中国人观看世界的一种视觉实验。因为材质的不同，油画语言的多样性，使中国的艺术家有很自由的选择空间。这与中国传统绘画，甚至书法篆刻的实践，有许多相同之处。归结一点，是对于范式的形成和转换有总体的认识。这在"五四"前后上海画坛出现的对于何者为"西画"以及中国画坛需要怎样的"西画"的讨论，有最典型的说明。事实上，早在耶稣会士将油画引入中国的17世纪，人们就注意到耶稣会教士对于欧洲同时代巴洛克风格的介绍。但从那时开始，欧洲的油画经历了许多变化，受到不同语境的制约，这种变化就更为复杂。所以，把油画在欧美和日本的发展，与它在中国的传授与发展，需要交错比照，看出它对中国知识界，特别是美术界的互动作用，是十分有意义的考察。所谓中国油画"民族性"的讨论，就像认识中国传统绘画的"世界性"一样，是同一个悖论的另一种体现。重要的不是如何突出"民族性"，而是突出其普世价值。如果是真正具有艺术价值的创作，它不仅是属于中国的，同时也是属于世界的，这在俄国"巡回画派"的实践和苏联"社会主义现实主义绘画"的创作中，包括它们在20世纪50年代以来数十年间中国画坛的巨大影响，就是清楚的证明。

　　20世纪以来几代中国油画家的实践，绝大多数艺术家注重教学，在学院的体制内，按照计划经济的规律，介绍适合政府提倡的风格，同时兼容若干不同的流派，使大批艺术爱好者掌握油画表现的技能，普及这一外来画种，使之成为广大中国观众所能接受的艺术形式。有很多的作品，是因为其题材的

图10-39　徐悲鸿：田横五百士，布面油画，197cm×349cm，1928—1930年，北京徐悲鸿纪念馆藏

图10-40　陈逸飞、魏景山：攻占总统府，布面油画，345cm×460cm，1977年，中国人民军事博物馆藏

图10-41 王亥：春，布面油画，165cm×95cm，1979年，中国美术馆藏

图10-42 郑曼陀：南洋兄弟烟草有限公司月份牌，水彩画，170cm×132cm，1920年代

特殊性而具有历史的价值，例如徐悲鸿的《田横五百士》（图10-39），董希文的《开国大典》，王式廓（1911—1973）的《血衣》，陈逸飞、魏景山的《攻占总统府》（图10-40），和为数可观的为博物馆定制的历史画作品。这在学院派的基础上，表现"中国特色"，帮助世界各国的观众来认识作为历史的图像。对现实的不同观察，以及时政对艺术家的不同要求，油画家们或受理想主义的熏陶，反映年轻人对未来的憧憬和迷惘，如温葆（女，1938— ）的《四个姑娘》（1962）和王亥（1955— ）的《春》（图10-41）；或受现实批判主义的启迪，揭示普通百姓对平凡生活的执着和渴求。罗中立的《父亲》，就用照相写实的手法，写出了"文化大革命"过后的中国广大民众的真实脸书。

至于能打破油画既定的范式，在创作上自开生面者，则屈指可数。旅法的画家中，常玉（1901—1966）、赵无极（1921—2013）、严培明等，有鲜明的个性风格，在该艺术媒体的自身发展中，作出贡献。在国内从事创作实践的油画家中，致力于油画的革新尝试，困难更大一些。20世纪30年代由倪贻德、庞薰琹等组织的"决澜社"，1935年昙花一现的"中华独立美术协会"，涌现了一批新潮艺术家。这和1907年周湘（1871—1933）在上海创办布景画传习所，随后1912年刘海粟（1896—1994）、乌始光（1885—？）、张聿光（1885—1968）等创办"图画美术院"，蔡元培在北京、杭州分别建立国立美术学校等，有很大的区别。原因在于，前者的独创或群体艺术表现状态，与后者的制度化建设相比，强调了个人的实际创造力。以广东画家赵兽（1912—2003）坚持一生的"超现实主义"实践为例，可与林风眠在1928年建立杭州国立艺术院时提出"介绍西洋艺术，整理中国艺术，调和中西艺术，创造时代艺术"的时潮，作一对照。后者的口号，并没有在林风眠本人的油画创作中成为标志，如他在1934年左右所绘制的女人体，还只是一种尝试。（彩图49）而赵兽将其在20世纪30年代东京美术院校所习得的前卫艺术语言，作了长达数十年的探索，体现了一个现代派画家坚定的理念。类似的努力，还有一些，像苏天赐（1922—2006）的意笔表现，像钟情抽象抒情却饱受争议的吴冠中（1919—2010），都成为非叙述性创作的佼佼者。

和油画相比，水彩、水粉等媒介的教学与创作，在中国也有一定的市场。早期如颜文樑（1893—1988）的粉画《厨房》，是一名迹。而关广志（1896—1958）、李剑晨、潘思同（1903—1980）等，也筚路蓝缕，作出了专门的贡献。王肇民（1908—2003）的水彩研究，则对该画种的艺术表现性，做

图10-43 杨福东：靠近海，十个视屏的电视装置，23分钟，金望配声，2004年

了深入的探索。在学院教学成一气候前，坊间师徒传授的水彩、水粉技法，主要是商业化的"月份牌"制作、参与者，曾有徐悲鸿、高剑父等人，而郑曼陀（1888—1961）1914年采用擦笔水彩的手法，产生平光照片"甜、糯、嗲、嫩"的媚俗趣味，风靡市场。（图10-42）同业中著名者有周柏生（1887—1955）、徐咏青（1880—1953）、杭稚英（1901—1947）、李慕白（1913—1991）等。1949年以后，这一实践和政治宣传接近，成为"年画"创作的一部分。中国台湾从近代以来，在传统书画的应用上，在近五十年间，发展起来"胶彩画"一门，有代表性的画家陈进（女，1907—1998）、林玉山（1907—2004）、郭雪湖（1908—2012）、陈慧坤（1907—2011）、林之助（1917—2008）等，专长表现宝岛风情民俗，自成体系。

20世纪，尤其是21世纪，中国美术门类中十分突出的现象是综合媒体，不少艺术家同时在几个媒体领域显示才华，而且注重在不同媒体之内的精专发展。他们在视觉艺术的范畴中，在二维、三维空间造型的基础上，吸收借鉴其他艺术范畴（如语言、音乐、舞蹈、戏剧、电影）的形式，构成不同的创新实践。在传统艺术中，综合媒体有优秀的范例。商周青铜艺术，大致包括了型塑、铸造、纹饰、铭文等几个方面，是群体合作的经典。而明清文人画的追求，在"诗、书、画、印"四绝上，则是个人表现所体现的楷模。所以，进入20世纪以来，突破既有媒体的局限，成为前卫派实验艺术的目标之一，而其关键，依然是一个范式的建立与转换问题。因此，装置艺术，影像艺术，多媒体和跨媒体艺术，诸如此类，成为艺术家们从事艺术实验的重要手段。作为前卫艺术的尝试，主要是通过某种观念的延伸，形成特定的风格语言。如20世纪80年代中期的美术新潮中，最具观念性的实验之一见于黄永砯的作品。他对艺术冲突的争执，有直截了当的界说，将《中国绘画史》和《西方现代艺术史》专著，放入洗衣机处理，几分种后成为一堆纸浆。这一装置行为，通过对文字的否定，突出观念冲突的即时性。这种和禅宗六祖惠能（638—713）呵祖骂佛的行径，殊途同归。宋冬（1966—　）的《印水》，用一枚刻有"水"字的大印，在西藏的圣河中连续一小时不停地打下印记，证明语言的转瞬即逝性。多数的影像艺术，也从不同的角度，阐述观念的特殊作用。杨福东（1971—　）的《靠近海》（2004年，图10-43）和他其他的影像作品一样，反映了年轻知识分子在富裕的物质生活与日益匮乏的精神世界之间的妥协和困惑，都有强烈的视觉冲击力。

## 第五节　时代话语的形成与反思

跨语境研究下，在影响美术界的重大观念中（参见前揭第三节的内容），20世纪至21世纪不同时段有自己特定的话语，来展开这一思想史的细节。因此，在看待无限丰富的美术现象时，不得不反思引领时代的一些重要话语的形成，以利于我们整体地把握美术创作实践的脉络。很有意义的一点，今天对20世纪美术的叙说，已经有整整一百年的自身对照。到了20世纪末，中国和世界发达国家的社会发展，逐渐分享着相同的时代命题，而21世纪以来的中国美术路程，更是如此，成为研究过去百年美术史的基本参考框架。

在"进步的观念"影响下，中国知识界关心民族存亡的可能性与现实性问题，民族美术的命运，也包括在内，引发了一系列时代话语。值得一提的是，民族意识的增长，同时伴随着人类意识的强化，因为人类进步不再是孤立存在的个别现象，而是整个世界潮流的驱动。在19世纪至20世纪之交，西方殖民化的进程，使英国作家威尔士（Herbert Wells，1866—1946）在其名著《世界史纲》中感叹"白种人的负担"。中国的问题，也是英国哲学家罗素（Bertrand Russell，1872—1970）来华演说的课题。中国的问题究竟在哪里？视觉文化和艺术史所走过的道路，可以提供很独特的启示。

譬如，关于何者为"新"的话语，取决于其上下文的界说。当吴昌硕在上海的卖画生涯出现困难的时候，王一亭（1867—1938）作为日清轮船株式会社中方的买办，将吴的作品介绍给日本的艺术消费市场，并得到日本文人画（即南画）家的共鸣，使吴能渡过难关，坚持不懈。1912年他应美国波士顿美术馆东方部主任冈仓天心（1863—1913）的邀请，书写了"与古为徒"的篆书匾额，从跨语境的立场，力图从他本来在中国传统语境中所谓"精华炫耀"的认识，提升到和传统相衔接的高度。到1913年的夏天，吴又受黄宾虹的启发，在给《中华名画：史德匿藏品影本》的序言中，提出"与古为新"的口号，强调了对传统的继承与发扬。"与古为徒"和"与古为新"，一字之差，体现了中国艺术家的认识飞跃。作为海上画坛的耆旧宿将，吴昌硕向海外中国古代艺术市场所发出的信息，不仅对于欧美、日本的收藏消费具有直接的影响，而且更重要的是为上海画坛上举步维艰的中国画家做一信心动员。

对同一话语，岭南画派的代表人物有明确的态度，那就是在1912年至1913年创刊于上海的《真相画报》连载由陈树人译述的《新画法》。这译自东京国民书院1909年出版的《绘画独习书》，由上海的审美书院结集，于1914年出版。黄宾虹为序，反思了"新"的话语，提出"沟通欧亚"的主张，从中外古今寻找中国绘画的普世价值。中外之间的比较，可见于"新画法"的日本版本，那也是译介欧洲绘画的初阶，而古今之间的比较，见于黄宾虹对《圣经·旧约·传道书》"日光之下无新物"的申述。有趣的细节是，他摘引了《圣经》英文钦定本的原文（There is no new thing under the sun），以突出跨语境的特色。更进一步，1914年7月9日《神州日报》的社论《中华艺术之西流：观史德匿君〈中华名画〉篇》深刻地提出："史君是举，又将使西方画系，开一新纪元矣。"这和陈树人《新画法》在中国语境中强调的"新"，却是不同的话语，因为此一"新"者，将发生在"西方画系"之中，也使吴昌硕序文中"与古为新"的口号，具有普世的意义。相比之下，脱离了跨语境的方法，当代学者对中国美术在20世纪的发展，就不可避免地出现误读。把中国现代美术视为"舶来而非送出的历史"，明显是非历史的判断。

在传统文化的自我审视方面，"文艺复兴"的理念通过变换的参照系，得以大行其道。那些在新学面前被认为应该行将就木的东西，包括许多带有"民族国家"色彩的文化遗产，借用"复兴"的口号，来"死而复生"。一方面，无死无生，物质恒常；另一方面，而死于一地者，可能在异地复生，在跨越语境后，发生意想不到的结果。历史上这样的事例不胜枚举。佛教在印度社会形成、演变、繁荣，却在笈多王朝后期渐渐淡出其本土，而通过丝绸之路和海上交通，流传到中国、朝鲜、日本和东南亚各国，成为东亚和东南亚最流行的宗教和最有影响的宗教艺术。南宋杭州一带的禅僧画家创造了禅画的样式，却没有成为文人收藏鉴赏家的所爱，结果流传到日本，成为室町时代武士阶层所珍视的宝藏。进入20世纪，历史以同样的方式重复自己，使关于中国传统艺术命运的讨论，成为重要的时代话语。

纵观20世纪提出"中国画衰败之极"说的理由，每隔几十年就出现一次，颇为震撼。以《广艺舟双楫》力倡"尊碑"理念的康有为，在1917年《万木草堂藏画目》序文中又有惊世骇俗之说："中国画学至国朝而衰弊极矣。岂止衰弊，至今郡邑无闻画人者。其遗余二三名宿，摹写四王、二石之糟粕，枯笔数笔，味同嚼蜡，岂复能传后，以与今欧美、日本竞胜哉？盖即四王、二石，稍存元人逸笔，已非唐、宋正宗，比之宋人，已同郐下，无非无议矣。唯恽、蒋二南，妙丽有古人意，其余则一丘之貉，无可取焉。墨井寡传，郎世宁乃出西法，它日当有合中西而成大家者。日本已力讲之，当以郎世宁为太祖矣。如仍守旧不变，则中国画学应遂灭绝。国人岂无英绝之士应运而兴，合中西而为画学新纪元者，其在今乎？吾斯望之。"稍后，美术学者吕澂（1896—1989）在1918年12月15日致函《新青年》时，不仅涉及的内容广，而且强调中国美术与普世之人的关系，宣传"美术革命"，指出："我国美术之弊，盖莫甚于今日，诚不可不亟加革命也。革命之道何由始？曰：阐明美术之范围与实质，使恒人晓然美术所以为美术者何在，其一事也。阐明有唐以来绘画雕塑建筑之源流理法（自唐世佛教大盛而后，我国雕塑与建筑之改革，也颇可观，惜无人研究之耳），使恒人知我国固有之美术如何，此又一事也。阐明欧美美术之变迁，与夫现在各新派之真相，使恒人知美术界大势之所趋向，此又一事也。即以美术真谛之学说，印证东西新旧各种美术，得其真正之是非，而使有志美术者，各能求其归宿而发明光大之，此又一事也。使此数事尽明，则社会知美术正途所在，视听一新，嗜好渐变，而后陋俗之徒不足辞，美育之效不难期矣。"到1944年，文学批评家李长之（1911—1978）出版《中国画论体系及其批判》，借鉴康德（Immanuel Kant，1724—1804）的批判哲学，从主观、对象和用具三个方面，力图找出一个画论体系，最后得出结论："我觉得中国画是有绝大价值，有永久价值的，然而同时我觉得他没有前途，而且已经过去了……主观上看，我们是不是还能铸造在士大夫的人生理想之中呢？社会变动了，我们的观念

动摇了，我们对于画的要求，是不是还要男性的呢？受了西洋
文化的熏陶以后的民族，是不是还安于那种老年的情趣呢？对
象上看，我们的生活理想是不是还可以山林为寄托呢？对于人
物器具的情感，是不是还能像先前那样冷淡呢？用具上看，我
们今天的知识分子，有没有工夫去作那笔墨上的三十年的练习
呢？即使练习了，其欣赏的普遍是不是能一如往昔呢？……中
国画在宋元达到了极峰，但也就是末途了……像希腊的雕刻一
样，不是只成了历史上的陈迹了吗？所以，中国新艺术的开
展，只有另行建造，另寻途径了！"四十余年后，时为南京艺
术学院本科生的李小山（1957—　），在1985年的《江苏画
刊》刊出《当代中国画之我见》，重提"中国画穷途末路"的
话语，引起新一波的争论。不管这几次"衰败说"的具体语境
如何，都表明一个问题，即断言死亡的必要性，以迎接中国艺
术的复兴。正像李长之1946年撰写的《迎中国的文艺复兴》
一书那样，作为前行的方向。

　　和"五四"新文化运动相呼应，更和日本南画（文人画）
与德国表现主义艺术相激励，20世纪20年代初关于"文人画
复兴"的话语，是跨语境交流的又一特例。任职北京的陈师
曾将大村西崖《文人画之复兴》与陈自撰之《文人画之价值》
结集，1922年在上海中华书局出版，冠以《中国文人画之研
究》，重心放在认识中国绘画的前景上，回应"衰败说"，给
出复兴的理论依据。如前揭第二节所介绍的，20世纪20年代初
上海的"国画复活运动"，其参与者，更多的是从事西画教学
和创作的自觉者，而且是从日本留学研求油画者，尤其是把时
代话语放在上海这个国际都会的语境中展开。像汪亚尘、王济
远等人，顺着李叔同为"西洋画"正名的思路，找到合理的参
照物。李叔同在1912年《西洋画法》序中认为："抑余更有告
诸君者，即西洋画究为何物是。入洋货店，见其悬于壁间者，
苹果、西瓜、猫狗之印刷物，人称之为西洋画；参观学堂，见
其所陈列之水彩、铅笔、擦笔肖像画等，亦称之为西洋画。但
此种之画，皆不足以代表西洋画之性质，前者为儿童玩弄品，
后者则取法卑下，似是而非。以是概论西洋画，是诬西洋画甚
矣。"1921年3月7日《时事新报》报道上海晨光画会的汪英宾
（1897—1971）演讲，讲题是："我们中国人要学的是哪种西
洋画"，目的也是要清理上海西洋画界鱼龙混杂的局面。还有
徐悲鸿、张聿光等从欧洲与日本报道的美术近况，于是在不到
一年的时间内，《时事新报》1922年2月28日刊载汪亚尘《近
五十年来西洋画的趋势》，从检视"何谓西洋画"入手，最
后回到中国艺术自身的问题，即他在同年10月11日发表《中

国艺术界十年来经过的感想》。这使人们想到1919年1月15日出版的《新青年》6卷1号上，陈独秀发表《美术革命——答吕澂》一文时的感叹："至于上海新流行的仕女画，他那幼稚和荒谬的地方，和男女拆白党演的新剧，和不懂西文的桐城派古文家译的新小说，好像是一母所生的三个怪物。要把这三个怪物当作新文艺，不仅为新文艺放声一哭。"美术界就是在这种四面出击的状况下，力图来确定自己的方向。对此，谢公展（1885—1940）1923年8月21日在《申报》上发表《对于改造国画的意见（三）》，切中肯綮："（甲）改造国画，要本来研究过国画、西画，有实在经验的；（乙）改造国画，要很晓得历代国画、西画变迁进化的特点；（丙）改造国画，要饱看过国画和西画的杰作；（丁）改造国画，要聚集一班长于国画和长于西画的学者，大家平心静气的虚怀探讨；（戊）改造国画，是艺术界进化的美性；（己）改造国画，是尊重国画的美性，绝非轻贱国画；（庚）改造国画，是艺术界独立的精神，绝非依赖的趣时的劣性。"

由此可见，"古学复兴""文人画复兴""国画复活"等时代话语，是中国艺术市场全球化的结果，显示西方艺术潮流的急剧变化。这种"进化"，穿插了有趣的曲折，即形成于上海的岭南派折中画法。由于它借鉴"日本画"呼应西方写实传统的标准，因此当上海画坛上清理劣等"西画"和批判"月份牌"画的呼声日高之时，也就悄悄地退出了上海的舞台，回到广州，在那里和"癸亥合作社（随后的广东国画研究会）"继续开展一场话语权的较量。

在新文化运动中，蔡元培"以美育代宗教"的主张，对现代中国的精神文化建设具有特殊的意义。作为时代话语，该主张涉及的艺术与宗教的关系，一直引起知识界的注意。对宗教意识未尝主导一切的中国文明，在20世纪如何面对广大民众的信仰自由要求，并非轻而易举的事情。古希腊、罗马的神庙中诸神的表现，突出了人体之美，成为西方公众审美的基础。法国大革命后教会制度的变革，许多教堂建筑成为国家博物馆，这使宗教艺术转化为美育的内容，至今仍然发挥重要的作用。以美育代宗教，从既有的艺术传统而言（包括宗教艺术在内），是突出视觉造型艺术的审美功能。因为在中国的宗教造像史上，最有系统、自成规模的是来自印度的佛教造像范式，要将其审美功能超越宗教的功能，本身也是悖论。因为其审美的最高境界，正是宗教精神的表现。所以，作为时代话语，蔡元培这一主张的局限性显而易见。如蔡氏所推重的画坛名家王一亭，更多的是在宗教界发

挥其举足轻重的作用，说明美育无法等同宗教。对于美学的
重视，在中国知识界由于蔡氏的这一话语，有广泛的社会影
响。"文化大革命"前后中国两度出现的"美学热"，便是
其余绪。但这种抽象的思辨，与美育的概念，不是完全等
同。而实际发挥美学作用者，是将去寺观朝觐的民众，吸引
到美术馆、博物馆，受美的熏陶，丰富人们的精神生活。考
察在"亚洲四小龙"经济起飞过程中，不同宗教的伦理功
用，并不亚于艺术的审美功用。这在中国的经济繁荣发展
中，恰恰暴露出严重的失衡，而美育的影响也大打折扣。所
以，在中国的博物馆、美术馆出现新热的21世纪，尤其是全
国各艺术和综合性院校美术史教学与研究的提高，美育的概
念，正在被世界美术史的普及所充实和替代。即使如此，宗
教作为信仰，是艺术所不能置换的。艺术的作用，特别是美
术史的作用，并不是作为信仰的对象，而是丰富世人感性、
智性能力的重要实践。概言之，"以美育代宗教"的话语，
带有其时代的烙印。

　　对于19世纪以来的中国近代史，民族救亡的意识不但在
知识界和艺术界强化，而且在广大民众中间也形成强烈的共
鸣。作为国际主义的战斗口号和主题，反帝反压迫的时代话
语构成一个跨语境、多媒体的文化事件，成为20世纪"普罗
文艺（无产阶级文艺）"的经典范例。1924年，苏联未来派
诗人铁捷克（Sergei Tretyakov，1892—1937）到北京大学教俄
文，写了《怒吼吧！中国》。两年后，他和实验话剧的代表
梅耶荷德（Vsevolod Meyerhold，1874—1940）合作，在莫斯
科的梅耶荷德剧场（Meyerhold Theatre）上演同名话剧。作为
先锋派戏剧的实验，1930年10月27日《怒吼吧！中国》在纽
约百老汇的马丁·贝可剧场（Martin Beck Theatre）首演，不
仅其舞美设计非常精致，而且参演人员多为亚裔（特别是华
裔）。在"极峰的资本主义的美国"上演共七十多场次，较
之在柏林、法兰克福、东京和曼彻斯特等地的演出，也更有
特色。1929年，陶晶孙（1897—1952）将铁捷克的诗译成中
文，陈勺水随后根据日文剧本将该剧介绍给国人，田汉作了
长篇评论。这位后来为《义勇军进行曲》作词的剧作家，给
予了这样的肯定："不能不热烈地希望中国人能自动地吼出
来！因为懂得被压迫民族的痛苦的，只有被压迫民族自己。"
在1931年"九一八"事件爆发前，欧阳予倩（1889—1962）
通过其主持的广东戏剧研究所，首演了《怒吼吧！中国》，
引起轰动，成为最前卫的民众剧。"九一八"事件两周年之
际，上海戏剧协社成功上演了《怒吼吧！中国》。1934年，

刘岘（1915—1990）以该演出为契机，绘制了一套二十八幅的连环画，作为插图。就在潘孑农（1909—1993）根据英译本重译的《怒吼吧！中国》由良友出版社于1935年底出版之时，李桦创作了划时代的木刻《怒吼吧！中国》（图10-36）。另外，胡一川（1910—2000）也曾创作过一幅同名的木刻，毁于日军1932年"一·二八"空袭上海的炮火；1936年赖少其（1915—2000）刻制了同名黑白版画；1937年卢沟桥事件发生前两个月，酆中铁在重庆的《商务日报》上发表了又一幅《怒吼吧！中国》。而美国黑人诗人休斯（Langston Hughes，1902—1967）1933年从莫斯科横跨欧亚大陆，在经日本回美国的途中，于7月中曾来到上海，目睹了畸形的繁华，令人震惊的贫困，童工的悲惨，以及欧美白人在中国土地上对中国人的歧视。四年以后，他在马德里反法西斯内战的炮火声中，回想"不可思议的上海"，于是在1937年9月国际纵队（International Brigade）的机关刊物《自由卫士》（*The Volunteer for Liberty*）发表慷慨激昂的诗篇：

> 大笑——怒吼吧，中国！吐火的时候到了！
> 东方古老的龙，张开你的嘴。
> 把扬子江上的炮舰吞下去！
> 把你天空里的外国飞机吞下去！
> 把子弹吞下去，你早就发明了鞭炮——
> 再朝着你的敌人把自由喷吐出来！……
> 站起来，然后怒吼吧，中国！
> 你知道你要的是什么！
> 要得到它的唯一方法
> 就是夺取它。
> 怒吼吧，中国！

这一牵动国际大众心弦的时代呼声，从普世的立场揭示出李桦《怒吼吧！中国》这一经典之作的历史底蕴，成为中国近现代美术史上不可多得的公共话语。

在20世纪50年代的冷战期间，向苏联一边倒的中国美术界，因提倡社会主义写实主义，格外重视"造型艺术"。全国美术院校流行的重要话语是以俄国美术教育家契斯恰可夫界定造型艺术的理念行事，将"素描作为一切造型艺术的基础"。以此标准，17世纪初以来欧洲人认为中国艺术不够科学的看法，似乎找到了教学上的根据。几千年来作为中国文明源远流长的基石之一的书法艺术实践，以及以笔法为主的中国字画艺术，就呈现了不同的二维、三维空间，与时兴的话语出现相互抵牾的状况。我们在"导论"中提到，法国人帕莲老1887年出版《中国美术》时，其叙述方法已将书法排斥在"美术"概念之外，并将绘画置于中国美术末端的。随后的各种西文出版的中国美术读物，包括大学的教材，尽管对中国画的书写特性不断强调，但真正将书法作为中国美术独立章节者，还要到1997年英国人柯律格的《在中国的美术》才算名正言顺，将书法作为"中国精英艺术"。由此可见，用"素描"作为授受一切造型艺术的入门，有其特别的空间观念在起作用，由此激发了对素描概念本身的反思，很有启发性。关于美术院校推行"素描"基础教学的实践，对中国传统绘画中的人物画发展，起到了积极的作用。这一实践，并不始于20世纪50年代，而从油画教学在中国开始之时，就已实行。而且素描的形式，也千变万化，像徐悲鸿的人体素描，线条与造型完美结合，取得了突出的成就。而张弦、庞薰琹等人的线描，同样具有鲜明的艺术特色。引进俄国教学法之后，国画人物技法出现了明显的改进。特别是在浙江美术学院（今中国美术学院），从新中国成立后成立彩墨系到形成"浙派人物画"，克服重重困难，为意笔人物画的开拓和发展，作出了无愧于时代的贡献。

而受苏联影响的美术史叙述的话语，即"现实主义与非现实主义不断斗争直至取得胜利"的主线，曾在中国的美术研究中起着一定的作用，用来编写中外艺术史，整理中国古代画论，实际上是针对再现性艺术发展的一种概括，并不能说明非再现性艺术的发展特征。在艺术创作上，"革命的现实主义与革命的浪漫主义相结合"的方法，也一度被奉为不二法门，将极为丰富的艺术实践及其历史，简化为一二抽象的教条。

在"文化大革命"美术中，左右美术家创作实践的时代话语是"三突出"，由戏剧家、音乐家于会泳（1925—1977）在1968年5月23日刊发于《文汇报》的《让文艺界永远成为宣传毛泽东思想的阵地》一文中提出：（一）要在所有人物中突出正面人物；（二）在正面人物中突出英雄人物；（三）在英雄人物中突出主要英雄人物。从理论上讲，"三突出"是在亚里士多德（Aristotélēs，前384—前322）借鉴古希腊戏剧三一律的特点，即时间的一致，地点的一致和表演的一致，以此来为无产阶级政治服务。虽然亚里士多德提出"三一律"理论的初衷只是描述一种客观的形式，即古希腊戏剧的情节通常只在一天之内发生，也不变换地点，而且情节上也往往只有一条主

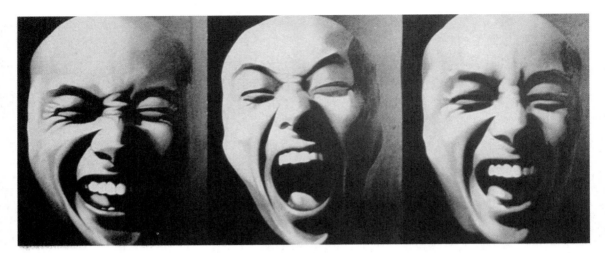

图10-44 耿建翌：第二状态，
布面油画，170cm×132cm，
1987年，私人藏

线，但并非所有的古希腊戏剧都遵循这一规律，也并不就是理
想形式。

作为中国思想历史上空前的大解放时代，20世纪80年代美术
界关于"自我表现"的话语，可从浙江美术学院八五届毕业创作
展请柬所刊的宝塔诗（又见《新美术》1985年第4期）来显示：

我

我你

我你他

一个世界

相同的世界

与不同的世界

我们存在的世界

我们共同享有世界

表明年轻一代正在从以往的理想主义走向独立的自我发现。

如思想史所显示的，人的自我觉醒，从轴心时代的百家
争鸣开始，到魏晋，到"五四"，每一次都回到人本身，每一
次都扩大和深化对人的认识，伴随而来的迷惘、犹疑、自我嘲
讽、自我剖析，每一次都在美术创作上留下自己的印记。像耿
建翌的《第二状态》（图10-44）所传达的玩世情绪，颇有代
表性。这样的话语，同时有许多尚未展开的方面，而为同时代
各国的前卫实验艺术所重视。其中具有时代性格的内容是普世
的多元观和人权观，例如对种族、宗教、性别、政治倾向、婚
姻选择，诸如此类，结合人口、资源、生态、环境等人类共同
面临问题，不断更新"自我表现"的语义。当然，在社会媒体
高度个性化、零距离、第一时间网络传播的语境中，"自我表

图10-45　佚名: 上海美术专科学校第十七届毕业班师生和裸体模特儿迟瑶合影, 1935年, 上海档案馆藏

现"在市场体制中, 会提出更多的艺术创作难题。如人体表现的问题, 在刘海粟20世纪20年代与军阀政治的对抗中, 还是一个反封建的内容 (图10-45); 而在20世纪90年代, 当张洹 (1965—　) 等人体表演《使无名山增高一米》 (1995年, 彩图50), 是对自我表现的反思, 因为放在群体之中会使个人黯然消失。

　　与自我表现的流行话语相对立的一面, 是对自我的制约, 或者更突出的是对自我的消解, 使之成为艺术作品本身的灵魂。在作品本身的历史中, 从远古时代到今天, 这样的杰作总是在挑战观众的认知力和想象力, 使他们思考自我之外的重要艺术审美价值。而这一点, 其实也是公众话语中常常所忽视的, 尤其在市场的机制运作下, 人们往往是为了新闻而制造新意, 进入转瞬即逝的新闻周期中自我表现。市场的系统, 总是在检验原来在计划体制下起决定作用的机构和体制, 如加入美术家协会, 书法家协会, 全国、省、市美术展览, 通过各级评审制度, 那种 "千军万马过独木桥" 的经历, 是对自我适应性的考验。这种来自社会群体的约束, 比较来自市场那只 "看不见的手" 的操控, 有时会有非常相似的状态。这就是说, 自我的最后实现, 是对自我的超越, 使之成为永恒的艺术作品。

　　从20世纪后半期到21世纪初, 学术界对于后殖民问题的关注, 已经成为美术界重新认识中国近现代史的热门话语。正如艺术策展人高世名所概述的: "后殖民主义从民族国家对历史—世界观的封闭与宰制中打拼出一方领地，这四十年来，它与种种社会运动结合，开辟出一个批评与叙述的空间，无论在文学、艺术还是政治领域，它的功勋都显而易见。然而，这些成就在短短二十年的时间内就已经迅速蜕变为一系列套路，在形形色色的国际大展上，在五花八门的研讨会上，我们到处听到、看到诸如'身份''他者''翻译''移民''迁徙''本土''差异''杂糅''多元''霸权''边缘''少数群体''另类现代性''压抑''可见—不可见''阶级''性别''种族'，这些文化批评的关键词及其五花八门的符号形式。在今天，这后殖民的工具箱，这些曾经作为革命批判力量的概念和理念，已经在'政治正确'的口号捍卫下，转化成为一种主导性的权力话语；那原本是解构性的、反霸权的批评策略，现在却正在建立起自己的政权，一个学术圈子里的'他者政权'。数十年来，后殖民主义不但构成了一个理论批评与策略的集合体，一个无所不包的话语场，而且构成了一种'话语政治'。这种话语政治所打造出的是一个形式上自由却无法实现自由的社会，一个膜拜差异却无从创造差异的社会。"其根本的一点，是试图在全球化的语境中来界定中国美术的身份问题。中国作为亚洲的中坚，在近现代史所经历的一切，对估衡整个世界发展的格局具有关键的作用。19世纪后期的中国、日本、印度、泰国的有识之士曾组织"兴亚会"，对亚洲地区的现代化问题达成共识。1927年高剑父曾致函印度文豪泰戈尔（Rabindranath Tagore，1861—1941），倡议组织"东方国际美术协会"。但由于冈仓天心的"亚洲一体观"不幸被用于阐发日本军国主义的政治理念，使中国人讳莫如深。因此，知识界很少看到有1924年邀请印度诗人泰戈尔提倡东方精神的那种热情，而是更加欢迎未来学家托夫勒（Alvin Toffler，1928— ）、奈斯比特（John Naisbitt，1929— ）在20世纪80年代提出"第三次浪潮"和"大趋势"的宏观认识。2000年美国外交史家孔华润（Warren Cohen）在哈佛做《亚洲的世纪》系列演讲，具体探讨21世纪地域政治经济发展模式。有鉴于此，2002年中国美术学院组织的《地之缘：亚洲当代艺术与地缘政治视觉报告》，在泰国（曼谷）、日本（京都）、伊朗（德黑兰）、土耳其（伊斯坦布尔）、中国（杭州）的五个城市进行考察，注意到几乎所有的亚洲国家都同时存在着两种历法——本土历法和西历（基督纪年），而"双重时间"可被视为亚洲现代性的表征。不同的时间观念促成当代世界美术多元发展的模式。通过这样的考察，前引后殖民主义话语的各种问题就暴露出来，引发了高世名在2008年策划第三届广州三年展的主题——"与后殖民说再见"。

前揭《怒吼吧！中国》所陈述的"反帝反压迫"话语，显示了20世纪20年代至30年代的世界潮流，表达的是中外劳苦大众一致的心声。"与后殖民说再见"的话语则很不一样，它既作为一个批判性的出发点，也给策展人出了一道难题，因为有来自不同立场的指责："在国内，许多艺术家不以为然，对他们来说，中国没有惨痛的殖民史，连殖民都谈不上，何谈后殖民，何谈与后殖民说再见？而在国际艺术界的许多权力人士看来，这是明显的'政治不正确'，是右派抬头；甚至，多元文化主义者会断然指出，这是一种向殖民主义的回归，一种新的'大国沙文主义'。"究竟这个文化批判的任务如何落实，21世纪中国美术对世界文明的新贡献如何体现，当代的艺术家正在尝试各种实验。但有一点是很明确的，所谓"现代性"的话语，就像所谓"艺术边界"的话语一样，只是一个参照系的问题，无法在一个封闭的语境中自圆其说。

21世纪十多年来的中国美术演进与展望将是另外一部书的任务，毕竟历史学家不是未来学家，所以，再过三十年来回顾中国美术家所将走过的路程，人们会看到怎样的变化，那只有等历史自己来回答。尽管如此，本章所涉及的几对重要范畴将依然故我，尤其是跨语境的角度和立场，会更加显示其学术的魅力。

# 小　结

20、21世纪之交的中国美术，重复了张彦远在撰写世界第一部美术通史的基本难题，即研究当代史所面临的悖论。一方面，材料多不胜数；另一方面，材料又极不齐全。由于缺乏一个历史的距离，或者说缺乏一个较长时段的参照，人们在难以穷尽的材料面前，要想提出那些值得一为的艺术问题，是对艺术史家史识高下的检验。在现有的篇幅内，关键的不是交代多少细节，而是要从能够掌握的细节和个案研究中，把主要的艺术问题和现当代艺术家解决这些问题的重要方案加以提示和说明。其中绝大多数是跨语境的现象，有待我们把语义学的工作做好，使读者看到一部引人入胜的观念史和艺术史。这一努力，早在1936年蔡元培为上海举办"中国现代画展"作序时已十分重视，原来"欧西之研究东方文化者，往往因陶醉于我国古代美术品，对于中国现代艺术多所忽视，甚且有谓我国现代无艺术之可言，殊属谬见。即以绘画而言，数千年来，其作风继承勿替，从未间断，迄于今日，其画风非唯依然留存，且更以发扬光大的现代作家，不独对于本国古代作家有深邃的探究，即于西洋大家的作品，亦深得其奥妙。故以此等现代作家之学养，而从事于整理发扬我国固有艺术，当有新颖不凡之见地与意匠。此次国际剧院所筹办之现代中国画展，其出品人类皆此等负有复兴中国现代艺术之作家也"。这个提示呈现了一个基本的事实：中国艺术并不仅有辉煌的历史，而更重要的是它在继续创造每一个今天，充满了巨大的活力和生机。没有这样无限扩展的时空观照，剪刀加糨糊式的拼贴，在网络主题词检索时代，已失去了学术的生命力。

还有，20世纪的中国美术已经进入历史，成为世人解读的对象。这中间能够提供的启示，可以说是对此前数千年美术实践的高度总结。与此同时，从20世纪迈向21世纪，中国美术作为世界美术的重要组成，在市场的机制下，前景变幻莫测。世人对中国、现代、美术这些概念均有了新的解读，在日益开放的社会中，任何对20世纪美术的思考，都能够用来反思发生在当下的美术事件。虽然现当代史的许多环节，像所有共生现象那样，还都付之阙如，但是历史的航道已经开通，使自觉的艺术创作者，能够从前代遗留的悖论中，寻找到新的解答方案。

## 术 语：

**"中国画衰败说"** 由康有为在1917年《万木草堂序》中提出，认为明清以来的中国绘画处于日渐衰败的状况，不仅和宋元绘画的精神相去日远，而且难与欧美、日本的近现代艺术发展颉颃比肩，亟须进行革新。在此后一些学者和艺术家的表述中继续重复类似的观点，成为宣扬变革的一个口号。

**月份牌** 又称时装美人画。一种商业美术的样式，也是视觉设计的开始，将商业广告与传统年画市场结合起来，成为新的大众文化内容。1876年1月3日，上海棋盘街的海利号商行在《申报》销售华英月牌，为其先声。"月份牌"画家郑曼陀1914年采用擦笔水彩的手法，制造出平光照片"甜、糯、嗲、嫩"的媚俗趣味，风靡一时，成为销售快乐的廉价媒体。

**岭南派** 由留学日本的广东画家高剑父、高奇峰兄弟及陈树人等组成的中国绘画革新画派之一。通过吸收明治中期从狩野画派改造而成的"日本画"，表现较强写实效果的形象。它在1912年上海出版的《真相画报》公开亮相，自我定名为"折中派"，一度有很大的影响。鉴于上海画坛的多元发展，该努力未能继续引领潮流，而是转移到岭南一地，继续以"艺术救国"为宗旨，20世纪50年代成为重要的地方性画派。

**贞社** 1912年到1922年间由黄宾虹任社长的一批金石书画家和收藏家组成的艺术社团，先在上海集会，成员有吴昌硕等，还有来自日本的金石收藏家，研究内容涵盖了中国艺术的主要领域。贞社的宣言在《真相画报》上刊出，随即有广州分社的成立，扩大了影响范围。

**天马会**　近代中国有影响的美术团体，主要由上海美术专科学校的西画教授发起组织，成立于1919年9月23日，同时组织作品展，每年邀请会员和非会员参加，先后举办九次画展。该会吸收了美术界各方人士，探讨学术，批评商榷，活动频繁，见于《时事新报》等大众媒体的报道。

**"文人画复兴"**　这是日本东京美术学校教授大村西崖1921年出版的书名，通过回应德国的表现主义运动，来估衡日本南画（文人画）的自我表现性，使之在"日本画"和洋画为主体的画坛上得以复兴。陈师曾将其译为中文，加上自撰"文人画之价值"一文，以《中国文人画研究》为题，由上海中华书局于1922年出版。

**"国画复活运动"**　该名称见于胡怀琛（1886—1938）1933年撰写的"上海的学艺团体"一文，是指20世纪20年代前期上海画坛关于中国艺术现状的一系列学术讨论和创作实践，却不以传统国画家唱主角。其中心命题，围绕着变幻中的欧洲和日本画坛，来审视传统国画的问题和潜力，形成一场重要的思想解放运动。

**国立艺术院**　世界著名的美术教学和研究机构之一，1928年由蔡元培提议建立，由林风眠为首任院长。八十多年来，数易其名，先后为国立艺术院、国立杭州西湖艺术专科学校、国立艺术专科学校、中央美术学院华东分院、浙江美术学院，今称中国美术学院，产生了一大批享誉中外的艺术家、作家和学者，对中外美术的创作和研究，作出了巨大的贡献。

**新兴木刻运动**　由鲁迅于1931年在上海倡导发起，旨在以艺术为普通大众服务。新兴木刻受到日本创作版画和德国表现主义艺术的启发，是不同于传统插图版画的独立创作。它同时在国民党和共产党所辖区迅速发展，对抗日救亡运动，起到了重要的宣传鼓舞作用。

**中国营造学社**（Society for the Study of Chinese Archi-tecture）1929年由朱启钤在北京创办，1946年停止活动。以研究中国古代建筑史为重点，在调查、研究和测绘古建筑实例，搜集、整理和研究有关文献方面，成就卓著，不但编辑出版《中国营造学社汇刊》，而且培养了一批像梁思成、林徽因（1904—1955）、罗哲文（1924—2012）那样的高级专业人才。

**决澜社**　20世纪重要的现代艺术团体之一，由庞薰琹、倪贻德、王济远等于1930年开始酝酿，1932年正式成立，至1935年止，先后举办四次展览，影响颇巨。该社有明确的宣言，以提倡现代艺术为己任，具有独特的艺术个性。

**中国标准草书社** 由政治活动家和书法家于右任于1932年创建并任社长，收集历代草书典籍、碑刻，认为可分为章草、今草、狂草三种，依据易认、易写、准确、美丽的原则，创造了标准草书，使之规范化，"为过去草书作一总结账"。出版有《标准草书》，附有草书部首字典，以便查用，发挥其普及文化的特殊文字功能。

**百川画会** 1933年由黄宾虹、王济远、刘抗（1911—2004）等在沪的画家组成，取"百川汇海"之意，通过不同画种艺术家之间的共同努力，了解传统艺术，创造时代艺术，体现出中国艺术家强烈的历史使命感。

**中华独立美术协会** 1935年在上海成立的艺术团体，以追求野兽派和超现实主义为宗旨，由梁锡鸿（1912—1982）、赵兽、李东平、曾鸣、白砂等留日学生组成，通过出版和展览，渴望和欧洲与日本的现代艺术同步发展。由于其纯艺术的理想直接挑战了体制内的艺术观念与实践，很快招致批评，使之昙花一现，一年之后即告完结。而其骨干成员则坚持"超现实主义"理念，在广州、台北等地继续发展。

**普罗文艺** "普罗"是法语proletariat的简称，意思为无产阶级的。普罗文学来源于20世纪现实主义文学，强调文学为政治服务，文学是政治经济的产物，受到俄国政治家普列汉诺夫（Georgi Valentinovich Plekhanov，1856—1918）和中国作家老舍等人的推崇，对20世纪20年代以来的中国文艺界影响很大。

**《在延安文艺座谈会上的讲话》** 包括毛泽东1942年5月2日在延安文艺座谈会上的讲话的引言和5月23日所作结论两个部分，正式发表于1943年10月19日延安的《解放日报》。它是体现共产党文艺政策的基本纲领。

**契斯恰可夫素描教学体系** 契斯恰可夫是俄国批判现实主义画家和著名美术教育家。他表现素描关系准确微妙，采用的色调灰暗浓重，突出强烈的空间感。根据中苏文化艺术交流协定，他的素描教学体系20世纪50年代被引进作为所有美术门类教学的基础，对中国高等美术教育产生了巨大的影响，但同时也引起一些争议。

**马克西莫夫油训班** 根据文化艺术交流协定，由苏联国立美术学院著名油画教育家马克西莫夫教授于1955年到1957年在中央美术学院举办油画培训班，他帮助制订了第一份油画教学大纲。培训班十八名学员来自全国各美术院校，包括了国内油画创作与教学的中坚力量，它对推进中国现实主义主题绘画创作，有不容忽视的价值。

**北大荒版画**　中国新兴版画发展中的重要流派，起因是10万转业官兵开垦北大荒，由晁楣等人为代表，表现艰苦创业，变"北大荒"为"北大仓"的动人历程。从1958年到1988年经过了三个阶段，在创作体裁与手法上都有很大的创新。与四川、江苏、浙江版画创作并驾齐驱，带动了新中国版画艺术的发展。

**浙派人物画**　20世纪50年代以来表现主题性现代人物画的重要风格流派，由周昌谷、方增先、李震坚等人为代表。因为他们在杭州从事创作教学，故名为"浙派人物画"。他们受过严格的写实训练，又对古代中国壁画和其他民族绘画做临摹、研究，作品既有很强的造型功底，又充分发挥笔墨线条的表现力，成为中国人物画史上描绘现实主义题材的新突破，对现代人物画的创作，起到了推进作用。

**星星画会**　20世纪70年代末在北京出现的艺术团体，由一批体制外的艺术家组成。他们追求自由和自我表现，创作具有现代主义风格的实验性作品，同时表现具有特殊历史意义的活动与事件。两届画展分别在1979年、1980年举办，展览的形式不拘一格，在社会上产生巨大的反响，由此展示出当代艺术的一个方向。

**八五新潮**　八五新潮是由1985年在杭州的一批年轻艺术家举办的"85新空间"展览为象征的现代美术创作活动，立刻在全国引起反响，由《美术》杂志、《中国美术报》等媒体宣传报道，引发了此后一系列的学术和艺术探索活动。在理论上，范景中通过浙江美术学院学报《新美术》、《美术译丛》，系统介绍欧美艺术史学的传统，使得学生的思想认识空前活跃。从1985年到1989年的四年间，这股新潮作为20世纪80年代文化精英的启蒙结果，形成了20世纪中国艺术史上的一场思想解放运动。

**跨媒体艺术**　重新认识艺术创作的各种媒体特征，通过不同传播媒体（载体）来传达艺术理念。如影像艺术、多媒体技术处理、装置行为等等，以提升信息传播效应，扩大受众规模，扩大艺术品的感染力。内容方面的考虑，多与媒体本身的特点有关，因为媒体也是信息，直接影响到艺术传递的效果。

**上海双年展**（Shanghai Biennial）　始于1996年，由上海美术馆策划，上海市政府出资举办。其宗旨是通过双年展，推进世界当代艺术的发展。每次的主题，根据策展人的构想，邀请海内外艺术家参加，体现当代艺术的前卫观念、材料媒介和动态走势。首届为"开放的空间"，包括雕塑、绘画、装置作品。此后每届都提出新的视觉命题，成为世界了解中国和中国了解世界的窗口。

**广州三年展**（Guangzhou Triennial）　由广东美术馆策

划，广东省政府出资举办，于2002年创办。这是体现中国当代前卫艺术的实验地，发挥广东广州在与港澳台及海外艺术界长期交流的优势，通过与国内外著名策展人、评论家和艺术家的共同协作，大力推进当代美术的繁荣。

**展示文化** 这是现代博览会、美术馆、画廊等公共空间陈列展示的内容，反映世界视觉文化的发展态势，构成不同模式的艺术生产消费体制，兼具视觉文化和展览实验的双重功能，通过国内外策展人、评论家、艺术家与专家学者的互动，呈现与展示各种艺术体制的现实与发展前景。

**思考题：**

1．怎样从"美术"与"国画"概念的比较中认识近现代中国艺术的特点？

2．20世纪初中国古画国际市场的出现对传统绘画的生存与发展有何意义？

3．如何认识艺术家个人及其受众在20、21世纪中国美术发展中的互动关系？

4．展示文化的出现怎样标志了中国当代美术发展的重大转折？

5．黄宾虹"准备着和任何来者握手"的心态怎样体现出20世纪中国艺术大家的终极关怀？

6．"与后殖民说再见"与当代艺术新潮中中国艺术家的自我选择有何内在的联系？

**课堂讨论：**

中国当代美术的发展在21世纪面临怎样的挑战与机遇？如何处理这一研究存在的悖论？

**参考书目：**

王国维：《最近二三十年中中国新发现之学问》，1925年发表在《清华周刊》，《王国维遗书》第3册，上海书店出版社，1996年.

胡适口述，唐德刚译注，广西师范大学出版社，2005年

黄宾虹：《国画之民学：八月十五日在上海美术茶会讲词》，黄宾虹著、王中秀导读《虹庐画谈》，上海书画出版社，2007年.

王扆昌主编：《美术年鉴》，中国图书杂志公司，1948.

李长之：《中国画论体系及其批判》，独立出版社，1944.

［英］苏立文：*Art and artists of twentieth century China*，

Berkeley: University of California Press, 1996.

Michael Sullivan：*Chinese art in the twentieth century*，Berkeley, University of California Press, 1959.

［美］安雅兰（Julia Andrews），沈揆一（Kuiyi Shen）：*The Art of Modern China*. Berkeley: University of California Press, 2012.

Julia Andrews：et al，*A century in crisis: modernity and tradition in the art of twentieth century China*，New York: Guggenheim Museum: Distributed by Harry N. Abrams, 1998.

Julia Andrews：*Painters and politics in the People's Republic of China, 1949—1979*，Berkeley: University of California Press, 1994.

［美］谢柏轲（Jerome Silbergeld）：*Outside in: Chinese x American x contemporary art*，Princeton, N.J.: Princeton University Art Museum，2009.

Jerome Silbergeld，龚继遂（Jisui Gong）：*Contradictions: artistic life, the socialist state, and the Chinese painter Li Huasheng*，Seattle: University of Washington Press, 1993.

郎绍君：《论中国现代美术》，江苏美术出版社，1988年

郎绍君、水天中：《二十世纪中国美术文选》，上海书画出版社，1999.

水天中：《20世纪中国美术纪程》，人民出版社，2012.

李伟铭:《图像与历史》，中国人民大学出版社，2009.

刘曦林：《二十世纪中国画史》，上海人民美术出版社，2012.

刘曦林主编：《中国美术年鉴：1949—1989》，广西美术出版社，1993.

中国美术馆编：《20世纪中国美术：中国美术馆藏品选》，浙江人民美术出版社、山东美术出版社，1999.

中国美术馆：《百年美术 馆藏精品——纪念中国美术馆建馆40周年》，人民美术出版社，2003.

关山月美术馆：《开放与传播——改革开放30年中国美术批评论坛文集》，广西美术出版社，2009.

龚继先主编：《中国当代美术家人名录》，上海人民美术出版社，1992.

臧杰：《民国美术先锋：决澜社艺术家群像》，新星出版社，2011.

龙红、廖科：《抗战时期陪都重庆书画艺术年谱》，重庆大学出版社，2011.

栗宪庭：《艺见的鸣放：从国家意识形态中出走》，艺术家出版社，2010.

潘耀昌：《中国近现代美术史》，北京大学出版社，2009年

阮荣春、胡光华：《中国近现代美术史》，天津人民美术出版社，2005.

［日］陆伟荣：《中国近代美术史论》，明石书店，2010年

［日］陆伟荣：《中国の近代美术と日本——20世纪日中関系の一断面》，大学教育出版，2007.

［法］阿兰·拜迪（Alain Badiou）："The Cultural Revolution: The Last Revolution?"，Bruno Bosteels英译，*positions: east asia cultures critique*, v. 13, n. 3, Winter 2005：481—514.

邹跃进：《毛泽东时代美术（1942—1976）》，湖南美术出版社，2005.

邹跃进：《新中国美术史：1949—2000》，湖南美术出版社，2002.

邹跃进：《他者的眼光：当代艺术中的西方主义》，作家出版社，1996.

王林：《当代中国的美术状态》，江苏美术出版社，1995年

陈瑞林编著：《中国现代美术史教程》，人民美术出版社、陕西人民美术出版社，2009.

张晓凌主编：《中国现代美术史文献集》，人民美术出版社，2007.

吕澎：《20世纪中国艺术史（增订版）》，北京大学出版社，2009.

高名潞（Gao Minglu）：*Total modernity and the avant-garde in twentieth-century Chinese art*，Cambridge, Mass：MIT Press, 2011.

Gao Minglu：*Inside/out: new Chinese art*，San Francisco: San Francisco Museum of Modern Art; New York: Asia Society Galleries; Berkeley: University of California Press, 1998.

高名潞：《"无名"：一个悲剧前卫的历史》，广西师范大学出版社，2007.

高名潞：《中国当代美术史：1985—1986》，上海人民出版社，1991.

［美］巫鸿：*Contemporary Chinese art: primary documents*，New York: Museum of Modern Art; Durham, N.C.: Distributed by Duke University Press, 2010.

Wu Hung：*Reinventing the past: archaism and antiquarianism*

*in Chinese art and visual culture*，Chicago: Center for the Art of East Asia, University of Chicago: Art Media Resources, 2010.

Wu Hung：*Remaking Beijing: Tiananmen Square and the creation of a political space*，Chicago: University of Chicago Press, 2005.

Wu Hung：*Between past and future: new photography and video from China*，Chicago: Smart Museum of Art, University of Chicago; New York : International Center of Photography; Göttingen, Germany: Steidl Publishers, 2004.

Wu Hung：*Reinterpretation: a decade of experimental Chinese art: 1990—2000*，Guangzhou : Guangdong Museum of Art, 2002

Wu Hung：*Exhibiting experimental art in China*，Chicago: David and Alfred Smart Museum of Art, the University of Chicago, 2000.

Wu Hung：*Transience: Chinese experimental art at the end of the twentieth century*，Chicago, Ill. : David and Alfred Smart Museum of Art, University of Chicago, 1999.

许江、高士明等：《地之缘：亚洲当代艺术与地缘政治视觉报告》，中国美术学院出版社，2004年

高士明：《"后殖民之后"的观察和预感》，《中国美术馆》，2008年第10期，http://www.cnki.com.cn/Article/CJFDTotal-ZGMG200810013.htm.

潘耀昌：《中国近现代美术教育史》，中国美术学院出版社，2002.

中国美术学院七十周年院庆画册编辑委员会编：《世纪传薪》，中国美术学院出版社，1998.

李寄僧：《浙江美术学院中国画六十五年》，浙江美术学院出版社，1993.

宋忠元主编：《艺术摇篮：浙江美术学院六十年》，浙江美术学院出版社，1988.

赵力、余丁：《中国油画文献：1542—2000》，湖南美术出版社，2002.

中国教育学会书法教育专业委员会编：《近现代书法史》，天津古籍出版社，2010.

周斌主编：《中国近现代书法家辞典》，浙江人民出版社，2009.

管继平：《民国文人书法性情》，汉语大词典出版社，2006.

沈伟：《中国当代书法思潮：从现代书法到书法主义》，

中国美术学院出版社，2001.

张强：《游戏中破碎的方块：后现代主义与当代书法》，中国社会出版社，1996.

孙洵：《民国篆刻艺术》，江苏美术出版社，1994年

金通达主编：《中国当代书法家辞典》，浙江人民出版社，1990.

金通达主编：《中国当代国画家辞典》，浙江人民出版社，1990.

姜寿田：《当代国画流派地域风格史（1985—2005）》，西泠印社出版社，2006.

《浙江当代国画优秀作品展》组委会编：《浙江中国画研究》，中国美术学院出版社，2003.

刘淳：《中国油画史》，中国青年出版社，2005.

彭肜：《全球化与中国图像：新时期中国油画本土化思潮》，四川美术出版社，2005.

林惺岳：《中国油画百年史：二十世纪最悲壮的艺术史诗》，艺术家出版社，2002.

葛维墨主编：《当代中国油画：1979—1989》，山东美术出版社、中国香港地平线出版社，1990.

陶咏白主编：《中国油画：1700—1985》，江苏美术出版社，1988.

袁振藻：《中国水彩画史》，上海画报出版社，2000.

《现代中国水粉画家》，河北美术出版社，2002.

赖德霖：《中国文人建筑现代复兴与发展之路上的王澍》，《中国建筑学报》，2012年第5期，第1—5页.

赖德霖：《中国建筑革命：民国早期的礼制建筑》，博雅书屋有限公司，2011.

赖德霖：《中国近代建筑史研究》，清华大学出版社，2007.

张幼云：《泥塑〈收租院〉的沉浮》，上海人民美术出版社，2005.

中国雕塑壁画艺术总公司编：《中国当代雕塑壁画艺术选集》，中国建筑工业出版社，1985.

姜维朴：《新中国连环画60年 》（上下），人民美术出版社，2009.

唐小兵（Xiaobing Tang）：*Origins of the Chinese avant-garde: the modern woodcut movement*，Berkeley: University of California Press, 2008.

唐小兵：《〈怒吼吧！中国〉的回响》《读书》，2005年

第9期，http://www.eywedu.com/dushu/dush2005/dush20050904—1.html.

［日］瀧本弘之：《中国抗日戦争時期新興版画史の研究》，研文出版，2007.

齐凤阁：《中国现代版画史》，岭南美术出版社，2011年

齐凤阁：《中国新兴版画发展史》，吉林美术出版社，1994年

李小山、邹跃进主编：《春华秋实：1949—2009新中国版画集》，湖南美术出版社，2009.

李小山、邹跃进主编：《明朗的天：1937—1949解放区木刻版画集》，湖南美术出版社，1998.

李桦、李树声、马克编：《中国新兴版画运动五十年：1931—1981》，辽宁美术出版社，1981.

中国新兴版画五十年选集编辑委员会编：《中国新兴版画五十年选集》，上海人民美术出版社，1981.

凌承纬、凌彦：《四川新兴版画发展史》，四川美术出版社，1992.

［法］易凯（Éric Lefebvre）: *Artistes chinois à Paris*, Paris: Musée Cernuschi, 2011.

包遵彭：《中国博物馆史》，中华丛书编审委员会，1964年

中国博物馆学会编：《中国博物馆志》，华夏出版社，1995.

郑作良：《中国美术馆：中国的近现代艺术摇篮》，大地地理出版社，2001.

卢炘主编：《中国书画名家纪念馆》，中国美术学院出版社，1997.

北京画院编：《20世纪北京绘画史》，人民美术出版社，2007.

马琳：《周湘与上海早期美术教育》，天津人民美术出版社，2007.

徐昌酩主编：《上海美术志》，上海书画出版社，2004年

《'98上海百家艺术精品展》论文集编辑委员会编：《世纪之交的上海美术》，上海书画出版社，1999.

李超：《上海油画史》，上海人民美术出版社，1995年

蔡涛：《中华独立美术协会研究》，硕士论文，广州美术学院，2006.

蔡涛：《1938年：国家与艺术家——黄鹤楼大壁画与抗战初期中国现代美术的转型》，博士论文，中国美术学院，2013.

中国香港艺术中心与艺倡画廊联合举办：《上海绘画：蜕

变中的中国艺术》，中国香港艺术中心，1987.

赵绪成主编：《江苏美术五十年：1949—1999：版画　连环画　插图　漫画　年画　宣传画》，江苏美术出版社，1999.

李健儿：《广东现代画人传》，俭庐文艺苑，1941.

黄小庚、吴瑾编：《广东现代画坛实录》，岭南美术出版社，1990.

［加］郭适（Ralph Croizier）：*Art and Revolution in Modern China: The Lingnan　（Cantonese）　School of Painting*, 1906—1951, Berkeley: University of California Press, 1988.

杨孟哲：《日本统治时代の台湾美术教育：一八九五——九二七》，同时代社，2006.

王庭玫主编：《台湾美术家名鉴》，艺术家出版社，2006年

《立异：九〇年代台湾美术发展》，台北市立美术馆，2005.

陈盈瑛、陈静文、韩伯龙：《开新：八〇年代台湾美术发展》，台北市立美术馆，2004.

刘永仁、余思颖、宋健行：《反思：七〇年代台湾美术发展》，台北市立美术馆，2004.

林葆华、方紫云：《长流：五〇年代台湾美术发展》，台北市立美术馆，2003.

谢里法：《日据时代台湾美术运动史》，艺术家出版社，1992.

谢里法：《台湾美术运动史》，艺术家出版社，1978.

李乾朗：《台湾建筑百年：1895—1995》（增订版），室内杂志，1998.

莫家良、陈雅飞编：《香港书法年表：1901—1950》，中国香港中文大学艺术系，2009.

朱琦：《香港美术史》，三联书店（中国香港）有限公司，2005.

陈翠儿、蔡宏兴主编：《空间之旅：香港建筑百年》，三联书店（中国香港）有限公司，2005.

陈海鹰：《香港美术教育五十年》，1986.

中国香港艺术中心主办：《八十年代：香港绘画》，中国香港艺术中心，1984.

郑工：《边缘上的行走：澳门美术》，文化艺术出版社，2005.

澳门市政厅：《贾梅士博物馆澳门绘画藏品展》，澳门市政厅，1989.

［拉托维亚］史德匿（E.A.Strehlneek）：《中华名画：

史德匿藏品影本》（*Chinese Pictorial Art: E. A. Strehlneek Collection*），商务印书馆，1914.

施德之（Star Talbot）：《中国美术》（*The Marvellous Book: an album containing one hundred studies of famous Chinese porcelains reproduced in full colors, complete with descriptive and historical notes in English, French, German, Japanese, Spanish, Italian and Chinese*），自刊，1930.

中国人民政治协商会议天津市委员会学习和文史资料委员会编：《近代天津十大收藏家》，天津人民出版社，2007.

郑重：《海上收藏世家》，上海书店出版社，2003.

赵铁信等主编：《中华收藏名家大典》，中国文史出版社，2002.

洪再新："Moving onto a World Stage: The Modern Chinese Practice of Art Collecting and Its Connection to the Japanese Art Market." *In The Role of Japan in Modern Chinese Art*, edited by 傅佛果(Joshua Fogel), Berkeley: University of California Press, 2013：115—130.

洪再新：《艺术鉴赏收藏与近代中外文化交流史：以居廉、伍德彝笔〈潘飞声独立山人图〉为例》《故宫博物院院刊》，2010年第2期，第1—12页.

Hong Zaixin："An Entrepreneur in an 'Adventurer's Paradise'：Star Talbot and His Innovative Contributions to the Art Business of Modern Shanghai." in *Looking Modern: East Asian Visual Culture from the Treaty Ports to World War II*, edited by Jennifer Purtle and Hans Thomsen. Chicago: University of Chicago Art Media Resources, 2009：85—105.

Hong Zaixin："From Stockholm to Tokyo: E. A. Strehlneek's Two Shanghai Collections in A Global Market for Chinese Painting in the Early 20th Century"，in *Moving Objects: Space, Time, and Context*, Tokyo: the Tokyo National Research Institute of Cultural Properties，2004：111—134.

洪再新：《皇家名分的确认与再确认——清宫至伪满洲国收藏钱选〈观鹅图〉始末》《故宫博物院院刊》，2004年第3期，页114—148.

洪再新：《古画交易中的艺术理想——吴昌硕、黄宾虹与〈中华名画：史德匿藏品影本〉始末》《美术研究》，中央美术学院学报，2001年第4期，页39—48；2002年第1期，第40—43页.

# 彩色图版

彩图1　几何纹盆，彩陶，高
16.4cm，口径37.4cm，河南陕县
庙底沟遗址出土，北京故宫博物
院藏

彩图2　几何文饰瓶，彩陶，高
28.5cm，口径13cm，青海省民
和县马家窑类型出土，青海省文
物考古所藏

彩图3　浮雕人形双耳壶，彩陶，高34.4cm，口径9.3cm，马厂类型，青海省乐都县柳湾马家窑文化遗址出土，中国国家博物馆藏

彩图4　女神头像，陶塑，高22.5cm，宽23.5cm，辽宁牛河梁红山文化遗址出土，辽宁省考古研究所藏

彩图5　鹳鱼石斧图，彩陶缸，高47cm，口径32.7cm，河南省临汝县阎村仰韶文化遗址出土，河南省博物馆藏

彩图6　后母戊方鼎及铭文拓片，青铜，通高133cm，口长79.2cm，商代后期，中国国家博物馆藏

彩图7　四羊方尊，青铜，高58.3cm，湖南省宁乡县出土，商代后期，中国国家博物馆藏

彩图8　四龙四凤方案，铜质错金银，通高36.2cm，上框边长47.5cm，环座径31.8cm，河北平山县中山国墓出土，河北省文物考古研究所藏

彩图9　佚名：龙凤仕女图，绢本墨笔，31.2cm×23.2cm，湖南省长沙市陈家大山楚墓出土，湖南省博物馆藏

彩图10　佚名：轪侯妻墓帛画，墨笔设色，高205cm，上横92cm，下横47.7cm，前186年，长沙马王堆一号汉墓出土，湖南省博物馆藏

彩图11　漆棺彩绘云气异兽图（局部），木胎漆绘，棺长256.5cm，宽118cm，高114cm，前186年，长沙马王堆一号汉墓出土，湖南省博物馆藏

彩图12　佚名：墓主夫人出行图，壁画，4m×6.3m，571年，山西省太原市王家峰村北齐徐显秀墓室东壁

彩图13　禅定佛，彩绘泥塑，高80cm，北魏，敦煌莫高窟第259窟北壁下层

彩图14　佚名：鹿王本生图（局部），壁画，96cm×385cm，北魏，敦煌莫高窟第257窟

彩图15 佚名：引路菩萨，绢本设色，80.5cm×53.8cm，唐，敦煌藏经洞出土，英国伦敦大英博物馆藏斯坦因绘画第47号

彩图16 张萱：捣练图卷（宋徽宗摹本），绢本设色，37cm×147cm，美国波士顿美术馆藏

彩图17 周昉：簪花仕女图卷，绢本设色，46cm×180cm，唐，辽宁省博物馆藏

彩图18　佚名：侍马图木框紫绫边屏风（选六扇），绢本设色，53.7cm×23.6cm，唐，新疆吐鲁番阿斯塔那188号墓出土，新疆维吾尔自治区博物馆藏

彩图19　顾闳中：韩熙载夜宴图卷（12世纪摹本，局部），绢本设色，28.7cm×335.5cm，五代，北京故宫博物院藏

彩图20　彩塑一铺，彩塑，纵439cm，横471cm，高503cm，盛唐，敦煌莫高窟第45窟西壁

彩图21　供养菩萨，彩塑，高100cm，盛唐，敦煌莫高窟第384窟

彩图22　佚名：反弹琵琶（《观无量寿经变》局部），壁画，唐，敦煌莫高窟第112窟南壁东侧

彩图23　佚名：青绿山水（《文殊经变》局部），壁画，盛唐，敦煌莫高窟第172窟

彩图24　罗汉坐像（局部），泥塑粉彩，
通高152cm，北宋，山东长清灵岩寺千
佛殿

彩图25　侍女立像两尊，泥塑粉彩，通高
分别为158cm，164cm，北宋，山西省太
原市晋祠圣母殿

彩图26　佚名：出水芙蓉图，纨扇页，绢本设色，23.8cm×25cm，宋，北京故宫博物院藏

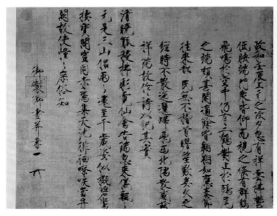

彩图27　赵佶：瑞鹤图，册页，绢本设色，51cm×138.2cm，1112年，辽宁省博物馆藏

渾如冷蕊宿花房
擁抱檀心憶舊香
開到寒梢尤可愛
此般必是漢宮粧

彩图28　马麟：层叠冰绡图轴，绢本设色，101.7cm×49.6cm，南宋，北京故宫博物院藏

彩图29　王希孟：千里江山图卷（局部），绢本设色，51.5cm×1191.5cm，北宋，北京故宫博物院藏

彩图30　佚名：江山秋色图卷，绢本设色，56.6cm×323cm，宋，北京故宫博物院藏

彩图31　影青青花釉里红塔式盖罐，通高22.5cm，口径7.7cm，1278年，1974年江西景德镇出土，江西省博物馆藏

彩图32　刘贯道（传）：元世祖出猎图，绢本设色，182.9cm×104.1cm，元，台北"故宫博物院"藏

彩图33　钱选：浮玉山居图卷，纸本设色，29.6cm×98.7cm，元，上海博物馆藏

彩图34　赵孟頫：鹊华秋色图卷，纸本设色，28.4cm×93.2cm，1295年，台北"故宫博物院"藏

彩图35　北京紫禁城鸟瞰

彩图36　北京天坛鸟瞰

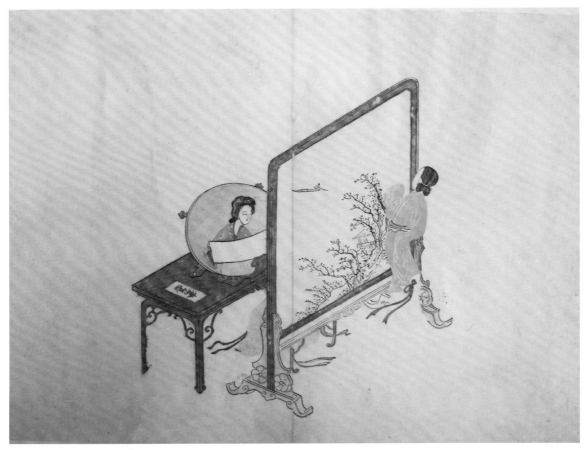

彩图37　闵齐伋：西厢记插图第十，妆台窥简，彩色套印版画，25cm×32cm，明，崇祯十三年（1640）刻本，德国科隆东亚美术馆藏

彩图38　文徵明：万壑争流图轴，纸本设色，132.4cm×35.2cm，南京博物院藏

彩图39　董其昌：青卞山图轴，纸本墨笔，224.5cm×67.2cm，1617年，美国克里夫兰美术馆藏

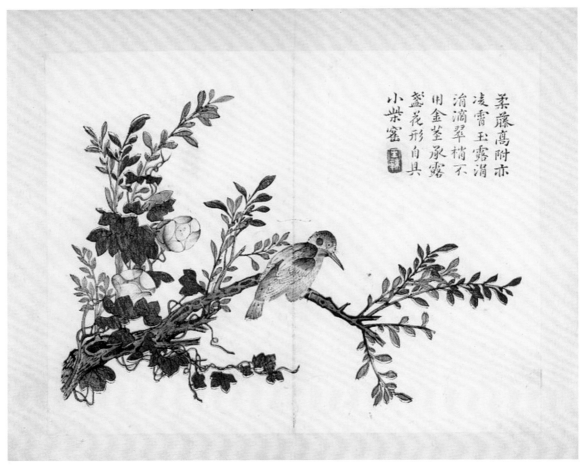

彩图40　芥子园画传，清康熙四十年（1701）芥子园甥馆沈心友刊彩色套印版本，18.8cm×22.2cm，英国维多利亚与阿尔伯特博物馆藏

彩图41　吴历：湖天春色图轴，纸本设色，123.5cm×62.5cm，1676年，上海博物馆藏

彩图42　石涛：墨荷图轴，纸本墨笔，90.2cm×50.4cm，清，北京故宫博物院藏

彩图43　上海浦东外滩建筑群，彩色照片

彩图44　刘春华：毛主席去安源，布面油画，220cm×180cm，1967年，中国建设银行藏

彩图45　罗中立：父亲，油画，360cm×216cm，1980年，中国美术馆藏

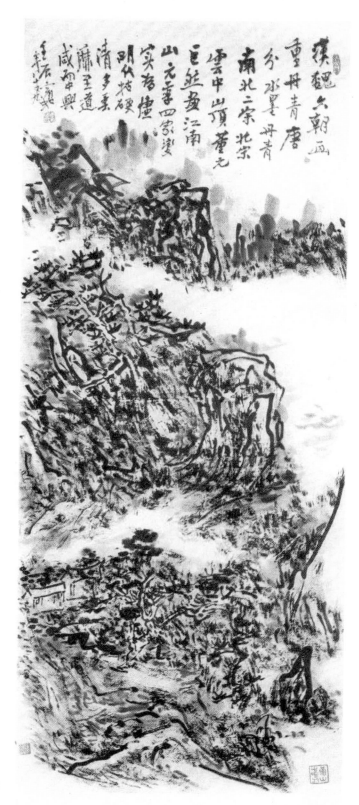

彩图46 黄宾虹：拟笔山水轴，纸本墨笔，1952年，新加坡百虹楼旧藏

彩图47　傅抱石、关山月：江山如此多娇，纸本设色，500cm×900cm，1959年，北京人民大会堂藏

彩图48　晁楣：北方九月，套色木刻，40.4cm×60.2cm，1963年，中国美术馆藏

彩图49 林风眠：人体，布面油画，80.7cm×63.2cm，1934年，中国香港佳士得拍卖行藏

彩图50 张洹、王世华、苍鑫、高炀、祖咒、马宗垠、马六明、张彬彬、朱冥：使无名山增高一米，吕楠摄影，66.7cm×102.4cm，1995年，美国西雅图美术馆藏

# 人名索引 （按人物首字拼音顺序排列）

# 后　记

身为艺术史学者，我认同美国史学家罗文索尔（David Lowenthal）提出"往昔即异域"的卓见和英国哲人科林伍德（R. G. Collingwood，1889—1943）关于"任何历史都是当代史"的慧识。前者提示我们，中国既往的艺术是值得我们花气力去探索的人类遗产，并不限于研究者所在的国度；后者则表明，世人在探索这部分人类遗产时，都不可避免地带有其时代的特征。对此，英国史学家卡尔（Edward Carr，1892—1982）在《什么是历史》一书中说得尤为具体："汝欲了解历史，即需了解撰写该历史的史家；汝欲了解该史家，即需了解该史家生活的社会环境。"此话深得治史之道中的"虚实"奥秘。这些认同，在我看来，均为王国维"学无新旧，无中西，无有用、无用"理念的国际诠释。

笔者自大学随徐规（1920—2010）教授治宋史，做了北宋大博物学家沈括的书画收藏个案，而黄时鉴教授将元史作为中西交通关系研究的典范，为我开启了从事断代美术研究的全新视野。1982年师从王伯敏（1924—　）教授治中国美术史，通过参与其主编的《中国美术通史》（山东教育出版社，1988年，8卷本）、《中国少数民族美术史》（福建美术出版社，1996年，6卷本）的实践，注意到通史与专题史编写的难点所在。而1992年随高居翰教授展开艺术史"视觉命题"的考察，使我进一步注意到个案研究所必须揭示的普世价值，做到独辟蹊径，高屋建瓴。三十年来，范景中教授、曹意强教授不断地从世界文化史和观念史的高度看待美术史，不仅将艺术史作为独立的人文学科的理念在中国成为现实，而且强调艺术在与宗教、科学的关系中所体现的独特智性功能，对我的教学研究启迪尤多。

在编写本教材时，我纳入了个人的跨语境研究所得，同时也尽量吸收国内外专家学者重要的科研新成果。原编辑陈平博士，对本书的初版贡献良多。限于体例，这次修改增订所引的观点材料，仍未能以注释形式注出，仅见于参考目录，在此说明。我要感谢读者与网友的批评指正。高世名教授2011年秋访美期间，我们做了多次长谈，使我对新添第十章的构架，有了明确的思路。修订过程中，得到王中秀先生、赖德霖博士、王霖教授、李若晴博士、蔡涛教授、刘畑先生、大学历史系同窗梅宇兄、内子张欣玮的帮助，高情厚谊，令人感佩。还有，我所在学院的亚洲研究中心，几年来提供了Trimble Asian Studies Summer Awards，使我能在亚洲各国从事实地考察研究。中国美术学院张书彬先生细心审读了校样，编辑章腊梅女士为本书的再版做了不少工作，一并在此鸣谢。限于笔者的学识能力，错误在所难免，希望读者匡正不逮，便于日后再做修订。

从1977年秋到1978年春在母校浙江大学附属中学的代课开始，教学就成为我的挚爱。不论是后来在国内美术学院任教，还是在国外博雅教育体制中讲学，不论是教授来自不同学科选读美术史的本科生，还是指导学有所专、阅历丰富的博士生，以非常规思维/批判性思维（the unconventional/critical thinking）来培养国际通用的一流人才，渐成我的教学理念。饮水思源，这一切都要感谢养育我，并为我树立教师楷模的父母亲。所以，我将此《中国美术史》修订版，敬献给他们的在天之灵。

2012年10月18日于杭州栖霞岭积学致远斋